ASP.NET Core
技术内幕与项目实战
——基于DDD与前后端分离

杨中科 著

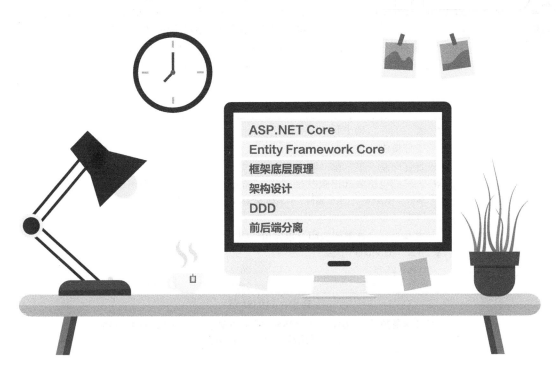

ASP.NET Core
Entity Framework Core
框架底层原理
架构设计
DDD
前后端分离

人民邮电出版社
北 京

图书在版编目（CIP）数据

ASP.NET Core技术内幕与项目实战：基于DDD与前后端分离 / 杨中科著. -- 北京：人民邮电出版社，2022.7
ISBN 978-7-115-58657-5

Ⅰ. ①A… Ⅱ. ①杨… Ⅲ. ①网页制作工具－程序设计 Ⅳ. ①TP393.092.2

中国版本图书馆CIP数据核字(2022)第025160号

内 容 提 要

本书讲解.NET 平台下的异步编程、LINQ、依赖注入、配置系统、日志等相关技术的原理与应用；深入且全面地介绍 Entity Framework Core 在项目中的应用场景，剖析 Entity Framework Core 的实现原理。本书在讲解使用 ASP.NET Core 进行 Web API 开发的同时，结合作者的实践经验介绍 REST、前后端分离等编程理念在 ASP.NET Core 中的实现。此外，本书还会介绍领域驱动设计（DDD）的理念，并且通过来自项目开发一线的案例讲解 DDD 理念在项目中的技术落地方案。最后，本书通过真实的英语学习网站的项目案例讲解 ASP.NET Core 技术在项目中的应用。总体而言，本书不仅介绍技术的使用，而且讲解技术的底层原理；不仅介绍作者在项目开发一线的实践经验，而且讲解综合项目案例的具体实现。

本书可供具有一定编程基础的开发人员学习 ASP.NET Core 的使用方法，也可供具有一定经验的.NET 开发人员了解.NET 的内部原理和学习相关项目实战经验，还可作为大中专院校学生的 ASP.NET Core 教材。

◆ 著　　　　　杨中科
　　责任编辑　　王 宣
　　责任印制　　王 郁　陈 犇
◆ 人民邮电出版社出版发行　　北京市丰台区成寿寺路 11 号
　　邮编　100164　　电子邮件　315@ptpress.com.cn
　　网址　https://www.ptpress.com.cn
　　北京七彩京通数码快印有限公司印刷
◆ 开本：800×1000　1/16
　　印张：25.75　　　　　　　　2022 年 7 月第 1 版
　　字数：573 千字　　　　　　2025 年 3 月北京第 6 次印刷

定价：119.00 元

读者服务热线：**(010)81055256**　印装质量热线：**(010)81055316**
反盗版热线：**(010)81055315**

推荐序一

2022 年是.NET 第一个正式版本发布的 20 周年。如果按照人类的年龄算，2022 年正是.NET 朝气蓬勃、青春焕发的年纪。回首这 20 年，.NET 确实从一个含着金钥匙出生的婴儿，经过一路的学习、摸索、锻炼，成长为一位英姿飒爽的健壮青年。

随着.NET 的成长而一路发展起来的.NET Core 有着许多框架不曾有的丰富而又曲折的经历：从闭源到开源，从封闭生态到开放社区，从单 Windows 平台到真正的跨平台，从设计缺陷导致的"带病生产"到具有前卫引领作用的设计模式和特性……其中，包含着.NET 在设计和发展理念上的不断突破与革新。.NET 的发展过程中有一些历史"包袱"和误解需要诠释和正名，也有很多面向未来的优异特性和潜质值得诉说和期待。本书的面世，正好是对 20 岁的.NET 所行的"冠礼"。

在本人对.NET 的学习和工作实践中，接触过杨老师的不少优秀文章和思想，无论是代码还是图书，我知道杨老师都非常注重作品的质量。因此在拿到本书之前，我心里一直有一个疑问：已经有这么多.NET Core 方面的文章和书籍了，那么这次杨老师又会玩出什么花样来？

拿到本书后，当我一看到杨老师的自序，便直接给这本书下了一个定义：好书！

我也曾经花费数年著书，深知著书背后的艰辛，更知道一本"好书"面市的背后所包含的作者超乎寻常的付出，及其对作者深厚功底和毅力的考验。当我看完本书目录和全书后，我觉得杨老师的这本书，不仅是"好书"，更是"精品"！

"精"：全书从.NET Core 的入门知识点，到进阶的源代码和原理分析，再到落地案例及其优化，可谓囊括了.NET Core 初学者和进阶开发者的大部分学习线路，而这些线路被浓缩在 10 章的内容中，还能讲得通透，可谓章章都是精华。

"品"：本书内容由浅入深，有对 C#新语法的诠释，也有对源代码和反编译代码的严谨解析，更有配合上手练习的案例，以及不少针对.NET 和组件的揭秘，逻辑严谨，层层深入。从本书的细节上更是能够看到杨老师的用心，书中有非常多对可能会影响读者理解的周边知识点的及时说明，可见杨老师在编写本书的时候时刻都在换位思考。这是对读者的尊重，对技术的敬重，当然也是对作者的折磨。这些细致入微的思考与打磨，也奠定了一本有品质的图书的基石。

由于我最近一直从事的工作与开源框架的架构有关，我对书中关于 DDD（domain-driven design，领域驱动设计）的内容特别感兴趣，正如书名所示"项目实战"，实战就离不开和场景匹配的成熟的架构与设计模式，而 DDD 正是我近些年关注和实战最多的设计模式，我认为这也是截至目前非常适合广泛使用的面向微服务、面向复杂业务场景的设计模式之一。当然，DDD 也同样有不适合的场景。我非常认同书中所阐述的观点："架构设计存在一定的主观因素，而且因行业、公司、团队的不同而不同，并没有哪个架构设计是绝对对的或错的，没有最好的架构，只有最适合的架构。"书中从 DDD 的历史背景和概念，到完整的落地案例和技巧，精致而饱满，一口气读下来酣畅淋漓。相信学习完.NET Core 的基础开发技能，加上适合自己的设计模式，开发者一定能够如虎添翼般地开展相关的开发工作。

能够看到如此优质的图书出版，我非常开心。在赞叹本书是.NET 开发者的福音的同时，我也要代表广大开发者感谢杨老师花费 3 年的时间为我们精心撰写这本好书！

盛派网络创始人兼首席架构师
微软 RD/MVP
微软技术俱乐部（苏州）主席
苏震巍
2022 年 4 月 24 日

推荐序二

　　本书是 ASP.NET Core 领域非常值得尊重的参考书之一。为了本书的编写与出版，杨老师付出了非凡的努力！他用了 3 年的时间完成了这一本浓缩了他在 IT 行业多年工作经验的.NET 6 图书。

　　虽然杨老师在网上有很多面向初学者的技术讲解视频，但是本书不是一本写给初学者的图书。如果你是一名.NET 技术的初学者，我建议你可以先结合微软官方的.NET 文档和杨老师在网上的技术讲解视频把基础知识学好，然后通过本书进行进一步的深入学习。

　　杨老师长期从事培训工作，极具使命感。我和他认识多年，也曾在.NET 社区最低谷的 2018 年一起探讨过如何培养.NET 的"新鲜血液"。他非常聪明，善于打破沙锅问到底，能够深刻理解技术对于开发者的真正影响，同时，他也非常坦诚，从不惧怕说出自己的想法。书中每一行代码都通过了杨老师的测试，因此读者对书的质量就没有什么好担心的了。他在书中所写的每个知识点和具有深度的实践应用案例，都是他开展深入研究之后所产出的成果。

　　这些特质也使杨老师成为了一名出色的作家。他的文字直指技术的本质，他也能够敏锐地指出技术的真正价值和所存在的问题，进而向读者提供完整的信息，不讲废话。因此，请读者好好享用这本书。

微软 MVP、腾讯云 MVP、华为云 MVP

深圳市友浩达科技有限公司 CEO

张善友

2022 年 4 月 24 日

推荐序三

2014 年，微软宣布.NET 开源，这对于.NET 技术生态的影响是巨大的，即.NET 从一个 Windows 平台技术生态走向了跨平台（如 Windows、Linux、macOS 等）、涉及多领域（如云计算、机器学习、大数据等）的技术生态。.NET 发布了 20 年，但其一直随着时代的变化而在不断成长。有不少人问"为什么要学习.NET？""应该在哪里学习最新的.NET 技术？"".NET 开源后的变化是怎么样的？"等问题。在.NET 发布 20 周年的纪念活动上，我找了非常多的国内.NET 技术专家（如微软 MVP、.NET 企业专家、微软.NET 团队成员等）在社区向大家解答了上面的问题，但我发现其实社区中的用户更希望获得一系列能跟得上.NET 发展的图书。

当得知杨老师在写一本关于.NET 的书时，我觉得很多小伙伴和我一样都非常兴奋，因为大家可以拥有一本非常专业的用于学习.NET 后端技术基础和架构的书了，而且这本书是基于最新的.NET 6 的。有很多人说国内的.NET 教育是滞后的，影响了相关技术的发展节奏，同时也影响了很多人对.NET 的了解和在技术选择上的决定。我觉得这本书可以作为中国读者入门.NET 的首选，也可以作为国内高校里.NET 相关课程的教材，给更多人认识和学习最新的.NET 技术提供支撑。

当我收到杨老师的邀请而为这本书写序时，我很高兴，也非常感谢杨老师给我这个机会。收到本书后，我认真阅读了所有的章节，我想说的是我要给杨老师一个大大的赞，因为他用了 3 年时间对这本书的内容进行了整体规划，使这本书对.NET 后端技术——.NET Core 所涉及的知识点进行了全覆盖，并把在实际场景中可能会遇到的问题编进了这本书，而且进行了非常详细的描述，所以说这本书是近年来国内非常优秀的.NET 入门图书。我极力建议大家认真阅读这本书每一章的内容，这样大家就会发现书里提及的知识点是非常全面的。

本书把官方文档中没有提及的一些问题也都说到了，可以说是对官方文档的一个非常棒的补充，当然我更希望那些停留在.NET Framework 技术领域的小伙伴能够通过本书升级一下自己关于.NET 的技能知识。

杨老师长期从事.NET 的教育工作，有约 30 万的粉丝，影响了很多年轻的开发者。和大家说个故事，我在进入微软之前，在高校从事信息化工作的时候，就有很多人和我说他们的.NET 入门技术都是从杨老师身上学习的。这就是杨老师令我非常敬佩的地方，因为大家知道一个技术生态的发展离不开年轻人。这本书除了干货满满，语言也是非常年轻化的。希望年轻的小伙伴们在阅读这本书的时候能够感受到杨老师的诚意及其在本书中所注入的心血。

在.NET 发布 20 周年之际，杨老师开了一个好头。我希望有更多的技术专家能像杨老师一样发布更多的与.NET 技术相关的内容，也希望国内有更多企业选择.NET，进而营造一个更好的.NET 技术生态。

再次感谢杨老师的付出。

微软云技术布道师
卢建晖
2022 年 4 月 24 日

自　序

在我从事软件开发工作的近 20 年里，尽管 C#、Java、Python、C 等编程语言我都深度应用过，但是 C#依然是我最爱的编程语言，.NET 依然是我喜欢使用的框架。我的程序员生涯中第一行商业化 C#代码写于 2007 年，我录制的一套.NET 视频教程从 10 年前就在互联网上开始流行，我编写过多本关于 Java、C 语言的书，但是编写一本关于.NET 的书是我这 10 年以来的梦想，这个梦想现在终于成真了。

我最初构思这本书，是在 3 年前（即 2019 年），当时.NET Core 已经基本成熟，很多使用.NET Framework 的开发人员都对.NET Core 感兴趣。由于.NET Core 的入门门槛比.NET Framework 高了一些，读者需要一本系统讲解.NET Core 项目实战的书，因此我从那时开始准备编写本书。

为什么本书用了 3 年才完稿呢？编写一本关于.NET Core 的书并不难，但是编写一本关于.NET Core 的好书太难了！如果只是为了编写一本讲解.NET Core 的书，我只要照着微软的官方文档去改编一下就行了，但是这样编写出来的书有多大的价值呢？微软的.NET 文档所讲的内容已经非常丰富了，我没有必要再去把它们重复一遍。我需要讲解微软官方文档中没有的内容，读者也需要这样的书。本书包括的主要内容如下。

- ❑ 讲解相关技术背后的原理。
- ❑ 讲解相关技术应用在哪些场景中。
- ❑ 讲解相关技术有哪些优缺点。
- ❑ 讲解相关技术在项目中如何应用。
- ❑ 讲解真实项目的架构和技术实现。

为了达成上述目标，我在编写本书的时候做了大量的底层源代码的研究工作。比如，在编写 2.2 节"异步编程"的时候，我翻阅了.NET 中异步编程的源代码，以帮助读者更好地理解和应用异步编程；又如，在编写 5.3 节"表达式树"的时候，我翻阅了 EF Core 的表达式树翻译引擎，并且实现了一个关于翻译引擎的开源项目，以帮助读者理解表达式树的底层原理。

项目中很多技术的讲解需要基于具有一定深度的实践应用案例，这样才能避免技术的讲解流于表面，因此我在本书中编入了很多具有深度的案例。比如，在依赖注入部分，我通过开发一个配置系统和日志系统，讲解依赖注入是如何把系统组件装配在一起的；又如，在 ASP.NET Core 中间件部分，我通过编写一个模仿 ASP.NET Core Web API 的框架，为读者讲解中间件的实际应用。

在进行软件开发的时候，我们还会遇到很多架构层面的问题。这些架构层面的问题需要落实到技术实现上来解决，而且这些问题在解决的时候并没有绝对的标准答案，而是需要技术人员根据项目的情况进行权衡。在编写关于架构设计相关内容的时候，我不仅把我近 20 年的软件开发经验进行了汇总，而且在国内外的技术社区中阅读了大量一线开发人员编写的文章，以及很多经典的图书。我把这些业界的实践经验和我自己的项目经验结合起来，最终编写出通俗易懂且实践性强的项目架构指南。比如，我在编写关于 REST 的内容时，在知乎、Stack Overflow 等社区看了大量关于 REST 实践的帖子，还阅读了罗伊·菲尔丁（Roy Fielding）博士的与 REST 相关的专著；又如，我在编写关于 DDD 的内容时，不仅参考了国内外相关技术网站中关于 DDD 的实践经验，而且参考了 Java、.NET 等多个应用了 DDD 思想的开源项目，此外我还阅读了《领域驱动设计：软件核心复杂性应对之道》《实现领域驱动设计》《领域驱动设计与模式实战》等关于 DDD 的专著。关于架构设计的问题，不同的技术人员有很多不同甚至完全对立的观点。在本书中，我并未罗列所有的观点，我根据自己的项目经验对这些观点进行梳理、分析，最终给出一套我建议的项目架构的技术落地方案。架构设计中的很多概念是非常抽象的，为此，我在本书中给出了读者"拿来就能用"的实践指南。

我害怕自己编写的内容误导读者，因此对于编写的每一句话我都小心求证，对于编写的每一行代码我都进行实践验证，力求把业界的优秀实践经验准确无误地传达给各位读者。我这样力求完美的想法在一定程度上耽误了本书的如期出版。3 年间，人民邮电出版社的编辑多次询问"杨老师好，书什么时候写好？"，今天我终于可以说"书写好了！"。

在本书完稿之际，我首先要感谢我自己，悬在自己心头的一块大石头终于落地了，我终于可以去追寻自己的下一个目标了，希望本书能够成为"流传多年的行业经典名著"；然后，我要感谢我的妻子对我的支持，今年是我们相识的 10 周年，希望我们"幸福和快乐是结局"；最后，我要感谢我的女儿和儿子，每次深夜写作的时候，回头看到他们熟睡的小脸，我都会倍感温暖。

感谢"风起云涌"的 IT 行业，感谢激发技术人员灵感的开源社区，是它们让喜欢技术的我能用自己最爱的代码参与这个世界的建设。我是杨中科，一名快乐的程序员。

杨中科

2022 年 3 月 1 日

前　言

　　本书主要讲解如何使用 ASP.NET Core 进行 Web 项目开发。经过多年的发展，与 ASP.NET Core 相关的资料已经非常多了，包括网上的文章、帖子等，而非常系统和权威的资料当属微软的官方文档，但是这些资料大部分只讲解某一技术怎么用，而没有涉及"这一技术的底层原理是什么？""它适用于什么场景？""它有哪些优缺点？"等内容，很少讲解如何在实际项目中综合应用这些技术。为了解决这一问题，作者编写了本书。

　　关于 ASP.NET Core 的每个技术点怎么使用，微软的官方文档中已经写得非常详细了，因此作者没有必要把这些内容再重复一遍，否则本书就成了用作者的语言重新复述一遍的"ASP.NET Core 手册"了。本书重点阐述：为什么要有这些技术、这些技术适用于什么场景、这些技术有哪些优缺点、这些技术的常见用法、使用这些技术的时候有哪些需要注意的问题、这些技术的底层原理、如何将这些技术组合起来用到项目中。对于具体的技术点，作者会讲解常用的用法，对于不常用的用法作者会指导读者阅读官方文档。本书还会讲解作者在实际项目开发中的故事、经验、想法，比如如何根据不同项目及开发团队的情况搭建项目架构、如何构建安全的系统、如何进行系统的优化等。

■　谁应该读这本书

　　本书是写给对 ASP.NET Core 跨平台开发感兴趣的.NET 开发人员的。本书不要求读者懂得.NET Core 技术，也不要求读者做过 Web 后端开发，但是要求读者懂得基本的 Web 前端开发相关的技术，比如 HTML、JavaScript 等。本书不讲解数据库的基本知识，因此读者需要掌握数据库开发的知识及常用的 SQL 语句。本书不讲解 C#语法，因为 C#和主流编程语言非常类似。如果读者具有使用其他编程语言进行 Web 开发的经验，请先花几天时间找资料熟悉一下 C#语法。

　　本书也可以作为具有一定的 C#、HTML、JavaScript、数据库开发经验的大中专院校学生的 ASP .NET Core 教材。

■　关于.NET 的版本

　　在微软的官方文档中，.NET 这个名字经常被单独提出来。在微软的术语体系中，.NET 是.NET Core、.NET Framework、Xamarin 等技术的总称。当提到产品的版本号时，微软一般用.NET 来说明，比如.NET 6，而不会说.NET Core 6。本书主要讲解.NET Core，因此主要使用.NET Core 这个说法，但是有时在和 Java 等其他技术进行比较或者提到.NET 6 等版本号的时候，作者仍然会使用.NET 这样的说法。

作者在编写本书时使用了最新版本.NET 6，因为.NET Core 技术自.NET Core 2.0 后已经稳定了，新版本中一般只会增加新功能，而不会对旧版本中的功能进行改变，所以如果读者阅读本书的时候.NET 有了新的版本，那么原则上也不会影响您学习本书中的知识。当然为了避免不必要的麻烦，建议读者学习本书的时候使用和本书中一样的版本。

本书共 10 章，第 1 章讲解.NET Core 开发的基础概念，第 2 章讲解 C#的新语法、异步编程和 LINQ，第 3 章讲解依赖注入、配置系统和日志，第 4～5 章讲解 Entity Framework Core，第 6～8 章讲解 ASP.NET Core 技术，第 9 章讲解 DDD 及其技术落地，第 10 章讲解一个真实的项目案例。

■ 关于配套资源

鉴于篇幅受限，作者不能把本书每个案例的每一行代码都写到书中，因此书中的代码都是关键代码。如果读者想要本书配套的全部代码，则可通过人邮教育社区本书主页（www.ryjiaoyu.com/book/details/44908）下载获取。

■ 关于视频教程

本书还赠送读者配套的视频教程。在视频教程中，作者从与图书不同的角度对技术进行诠释。读者结合视频教程学习本书，效果会更好。读者可以通过哔哩哔哩网站搜索"杨中科"以观看相关视频教程，也可以通过人邮教育社区本书主页下载相关视频教程。

■ 遇到问题怎么办

读者可以通过人邮教育社区本书主页获取作者的联系方式并与作者进行交流，同时可以将您针对本书的修改建议与意见反馈给作者。关于本书的勘误与答疑，读者可以通过人邮教育社区本书主页进行了解。祝您学习愉快！

杨中科

目　录

第1章 .NET Core 入门

在学习一个新技术之前，对技术整体进行了解是非常有必要的。本章将对.NET Core 技术做整体的介绍，内容包括：什么是.NET Core；微软为什么创造.NET Core；它和.NET Framework 相比有什么区别；.NET Core 开发环境如何搭建等。了解这些内容后，读者才能够对.NET Core 的战略定位有整体认知，从而更好地应用这个技术。

1.1 .NET Core 概述

.NET Core 是微软推出的新一代跨平台开发技术，它吸收了.NET Framework 的优点，又具有跨平台运行的特性。重要的是，.NET Core 插上了云原生的翅膀，让开发人员可以开发能运行在容器环境中的微服务，以便于开发能应对高并发、高负载的系统。ASP.NET Core 是在.NET Core 平台下进行 Web 开发及后端接口开发的技术。

1.1.1 .NET 平台的昨天

谈到.NET Core，就不得不提到它的"前辈".NET Framework。.NET Framework 是 2002 年由微软推出的开发平台，经过近 20 年的发展，它已经成为在微软平台上进行软件开发的主要开发平台。无论是在桌面应用软件开发、企业信息系统开发中，还是在互联网开发中，.NET Framework 都有着广泛的应用。

随着软件行业的发展，系统的复杂性和访问量激增，传统的软件开发、部署模式已经力不从心。比如很多电商网站在十几年前刚开始创建的时候，可能只有电商前台系统、后台管理系统、财务系统等少量的几个系统，由于用户量不多，几台服务器就能够支撑它们了。但是发展到如今，其系统数量已经成百上千了，服务器也有上万台。因此，系统的开发、部署、运维等都和以前有了不同，云服务平台、容器、微服务等技术应运而生。

.NET Framework 是约 20 年前诞生的技术，那时候还没有云服务平台、容器、微服务等概念，也就不能在平台中考虑这些因素，因此我们基于.NET Framework 进行新项目的开发就会有些力不从心。

考虑到如上这些因素，微软于 2016 年推出了新一代的开发平台，并且将其命名为.NET Core。

1.1.2 为什么要跨平台

Windows Server 是非常优秀的服务器操作系统，但是不少公司倾向于将 Linux 作为服务器操作系统，包括但不限于如下原因。

（1）**安全考虑**：由于 Windows 是闭源的，而 Linux 是开源的，因此有的客户认为 Linux 比 Windows 更安全。我们不谈这种认知是否客观，但是这种固有认知是很难被改变的，开发人员只能去适应这种认知。特别是在近几年，政企项目开始要求"国产化"，也就是数据库、操作系统等都使用国产的产品，而国产操作系统大部分都是基于 Linux 的，因此在 Linux 下运行系统的需求非常迫切。

（2）**成本原因**：由于 Windows 是收费的，而很多 Linux 发行版都是开源、免费的，对于服务器数量很多的系统，其操作系统的成本是一个不得不考虑的因素。

（3）**软件生态**：由于 Linux 是开源的，因此吸引了大批开发人员为 Linux 开发软件，比如 Apache、Nginx、MySQL、Kafka、Redis、Docker 等，数不胜数。虽然这些软件大部分也移植到了 Windows 下，但是这些毕竟是优先为 Linux 开发的软件，它们在 Windows 下的版本只能说是"可以运行"而已，其性能和功能与 Linux 版本的比起来都有一定的差距。并不是说基于 Windows 平台开发不出同样优秀的软件，而是说很少有人愿意优先基于 Windows 开发服务器端软件。这就导致了比较优秀的服务器端软件生态环境大多在 Linux 下。

基于以上原因，微软把.NET Core 打造为可以在 Windows、Linux、macOS 等操作系统下开发和运行程序的框架；使用.NET Core 开发的程序甚至可以运行在嵌入式设备上，这样.NET Core 就成为物联网开发中的一个重要技术。

1.1.3 .NET Core 是.NET Framework 的升级版吗

需要特别注意的是，.NET Core 不是.NET Framework 的升级版，而是一个从头开始开发的全新平台，因此在.NET Framework 下开发的程序并不能直接在.NET Core 下运行。但是这并不意味着.NET Core 和.NET Framework 没有任何关系。.NET Core 的很多代码都是直接从.NET Framework 中迁移或改造过来的，因此.NET Core 中的大部分技术、类库都和.NET Framework 保持一致，绝大部分类的用法都没有变，这样就保证了.NET Framework 开发人员掌握的技术并没有过时。

读者可能知道有一个技术叫作 Mono。Mono 是一个诞生于开源社区的、跨平台版本的.NET Framework。可以借助于 Mono 把由 ASP.NET 开发的网站放到 Linux 服务器上运行。既然 Mono 已经可以让.NET Framework 跨平台运行了，那么为什么微软还要推倒重来，开发全新的.NET Core 呢？

可以从微软官方对 ASP.NET Core 的定义中一探究竟，微软对 ASP.NET Core 的官方定义是：ASP.NET Core 是一个跨平台的、高性能的开源框架，用来构建基于云且通过互联网连接的应用程序。这里的关键词是"跨平台"和"基于云"。

"基于云"是指程序可以运行在云服务平台上，并且可以和云服务平台的其他产品进行集成。云服务平台的大部分技术都是开放的，而不是绑定某个具体语言的，因此主流的编程语言都能用于"基于云"的开发，用.NET Framework 也可以进行"基于云"的开发。但是"可以"不等于"适合"，就像 C 语言也能用于开发网站后台，但是很少有开发人员用 C 语言来开发网站后台一样。

为什么.NET Framework 不适合用来开发"基于云"的程序呢？因为经典的"基于云"的场景是把程序部署到容器等运行环境中，这些运行环境不是一个完整的操作系统，所以要求运行在其中的应用程序有很好的自治能力并且占用更少的资源。

考虑到.NET Framework 具有如下缺点，故其不适合用来开发"基于云"的程序。

（1）.NET Framework 属于系统级别安装的程序。操作系统内的所有程序共享一个.NET Framework 安装实例，如果一个应用程序需要升级.NET Framework 或者为.NET Framework 安装补丁，则其他程序也会受影响。

（2）.NET Framework 必须安装到操作系统上才能使用，不能和应用程序打包到一起独立部署。

（3）ASP.NET 框架和 IIS（internet information services，互联网信息服务）[①]深度耦合。在生产环境中，ASP.NET 只能运行在 IIS 上，而 IIS 只能运行在 Windows 上，且不同 Windows 版本的 IIS 版本也不同。

（4）ASP.NET 消耗的资源比较多。为了兼容旧版程序，ASP.NET 在运行的时候有很多不必要的内存和 CPU 消耗。据估计，ASP.NET 程序在运行时占用的内存是它实际需要内存的 3 倍。再如，在 ASP.NET MVC（model-view-controller，模型-视图-控制器模式）中，当用户请求到达 IIS 后，中间要经过非常多的处理管道，最后才能到达控制器。这些管道大多是硬编码的，即使用不到它们，也无法将它们移除，因此 ASP.NET 程序无法最大化地发挥硬件的性能。

（5）.NET Framework 诞生的时候是没有云计算的概念的，因此.NET Framework 从创立之初其开发人员就没有考虑到程序会运行在云服务环境中，而且对很多.NET Framework 组件的设置都要求被放到 Windows 系统级别，这导致.NET Framework 程序无法做到完全自治。

除此之外，.NET Framework 还有很多历史包袱问题。在.NET Framework 诞生之初，ASP.NET 就等同于 ASP.NET Web Forms，但是用 ASP.NET Web Forms 开发的系统不符合新一代项目开发的要求，因此 ASP.NET Web Forms 早已被淘汰了，它被 2009 年正式发布的 ASP.NET MVC 以及更晚出现的 ASP.NET Web API（application program interface，应用程序接口）所取代。从微软的定位来说，ASP.NET 运行时应该为.NET 平台下的所有 Web 框架提供基础支持，无论是 ASP.NET Web Forms，还是 ASP.NET MVC、ASP.NET Web API 等，都应该是基于 ASP.NET 运行时的平等关系。但是微软在早期开发 ASP.NET 运行时的时候，在 ASP.NET 运行时中有很多专门为 ASP.NET Web Forms 编写的代码，而这些代码是 ASP.NET MVC、ASP.NET Web API 所不需要的，但是 ASP.NET MVC、ASP.NET Web API 也只能带着这些它们不需要的

---

① IIS 是微软开发的 Windows 版网站服务器。

代码去运行，这导致使用 ASP.NET 开发出来的系统无法最大化地利用硬件资源。

可以看到，.NET Framework 已经有很多不满足新一代的软件设计要求的地方了，而且已经背负很重的历史包袱。如果微软强行把.NET Framework 进行跨平台移植，那么这个跨平台版本的.NET Framework 为了兼容以前 Windows 版本的.NET Framework，需要做很多兼容性的处理工作，这样它身上背负的历史包袱就会越来越重，也会把.NET Framework 的设计缺陷都带过来。这也是 Mono 在移植.NET Framework 到其他平台时所遇到的困难，正因为这些困难，Mono 对于.NET Framework 的移植一直是不完善的，这种不完善也导致了没有大的商业项目使用 Mono 构建 Web 系统。Mono 目前的成功应用反而是用来开发跨平台游戏的 Unity 和开发手机 App 的 Xamarin，因为它们不是 Web 系统，所以只用到了.NET Framework 的核心功能，没有用到历史包袱重的 Web 模块。

基于以上这些考虑，微软做出了艰难的决定：推倒重来，从头开发.NET Core。这样.NET Core 开发团队就可以摆脱历史包袱来开发.NET Core，因此.NET Core 有如下优点。

（1）.NET Core 采用模块化开发。.NET Core 核心只包含很少的文件，所有其他模块都需要单独安装。我们开发的程序用到什么模块，就安装什么模块，这样各个模块都可以单独升级。不同的程序可以选择适合自己版本的组件，不用受系统上安装的其他程序的影响。比如，A 程序可以用一个模块的 1.5 版本，而 B 程序可以用这个模块的 1.8 版本，它们不会互相干扰。

（2）.NET Core 支持独立部署，也就是说，可以把.NET Core 运行时环境和开发的程序打包到一起部署。这样就不需要在服务器上安装.NET Core 运行环境，只要把程序复制到服务器上，程序就能运行，这对容器化、无服务器（Serverless）等非常友好。

（3）程序的运行效率更高。.NET Core 的所有管道都是可以插拔的，我们可以决定程序需要哪些管道及它们的执行顺序，因此用.NET Core 开发出来的程序运行效率更高。

（4）ASP.NET Core 程序内置了简单且高效的 Web 服务器——Kestrel。Kestrel 被嵌入 ASP.NET Core 程序中运行，因此整个 ASP.NET Core 程序其实就是一个控制台程序。Kestrel 可被配置上安全、HTTPS、限流、压缩、缓存等功能，从而成为直接面向终端用户的 Web 服务器，这样网站运行不依赖于 IIS；也可以将其配置成轻量级的 Web 服务器，而安全、HTTPS、限流、压缩、缓存等功能则由部署在它前面的 IIS、Nginx 等反向代理服务器完成。

（5）.NET Core 更符合如今的软件设计思想。由于.NET Core 是重新开发的，因此它可以更好地实现如今的编程理念，比如依赖注入、单元测试等。

虽然.NET Core 是从头开发的，但.NET Core 更多是对底层的调整，而对于开发人员使用的 API，微软则尽力保证.NET Core 和.NET Framework 的一致性，也就是开发人员在.NET Framework 中学到的绝大部分技术都可以迁移到.NET Core 中，因此不会浪费开发人员在".NET Framework 时代"的技术投资。

1.1.4　.NET Framework 中哪些技术不被支持

微软尽力保证.NET Framework 开发人员的技术投资不被浪费，从而让他们可以快速地迁移到.NET Core 开发上。但是.NET Core 相对.NET Framework 而言是无法向前兼容的破坏性创新，也就是.NET Core 不支持.NET Framework 中的少数功能。这样做的好处是.NET Core 可以抛开历史包袱做出突破性创新。

下面是还没有或者永远不会被.NET Core 支持的.NET Framework 技术。

（1）WinForms、WPF（Windows presentation foundation，Windows 呈现基础）这两项技术由于和 Windows 平台深度耦合，是很难被迁移到其他操作系统下的，因此微软官方已经声明没有对 WinForms、WPF 在.NET Core 中进行跨平台支持的计划。从.NET Core 3.0 开始，可以在.NET Core 中使用 WinForms、WPF，不过在.NET Core 下开发出来的 WinForms、WPF 程序只能运行在 Windows 下，不能跨平台地运行在 Linux、macOS 等操作系统下。和.NET Framework 下的 WinForms、WPF 相比，在.NET Core 上进行 WinForms、WPF 开发，可以利用.NET Core 的独立部署、模块化、更高性能等特性，这些是在.NET Framework 下进行 WinForms、WPF 开发所不具备的。

（2）ASP.NET WebForms 技术已经过时，因此微软没有把它移植到.NET Core 中。

（3）WCF（Windows communication foundation，Windows 通信基础）的服务器端开发不被.NET Core 支持，而且未来也不会被支持，只有在.NET Core 中调用.NET Framework 中运行的 WCF 服务被支持。作者个人其实一直不喜欢 WCF，因为 WCF 太复杂，不符合框架设计的 KISS（keep it simple and stupid，保持简单和傻瓜化）原则。如果仅是进行网络通信，我们完全可以使用 ASP.NET Core Web API、gRPC 等技术，如果想要使开发出来的系统具备有序消息、队列服务、分布式事务、限流等高级特性，也可以选用有对应功能的开源组件，而不是使用 WCF 这样复杂的集成框架。不过开源的魅力就在于技术的发展不再受制于官方，微软 WCF 团队成员马特·康纽（Matt Connew）在 2019 年开源了他开发的 CoreWCF，用这个开源项目，开发人员就可以继续在.NET Core 中使用 WCF 进行服务器端开发了。

（4）WF（Workflow foundation，工作流框架）不被.NET Core 支持，读者可以使用开源的 Workflow Core。

（5）由于.NET Remoting 用的是微软的私有协议，而且性能不理想，因此在.NET Core 中不被支持。我们可以用谷歌开源的 gRPC 作为替代品，而且在 ASP.NET Core 中已经内置了对 gRPC 项目的支持。

（6）AppDomain 不被.NET Core 支持。在.NET Framework 中，AppDomain 可以用来在进程内对代码执行进行隔离，但是 AppDomain 技术有很多缺陷和局限性，因此在.NET Core 中不被支持。在.NET Core 中，我们可以用多进程模型或者容器实现类似 AppDomain 的效果。

.NET Framework 中还有一些 Windows 特有的技术，这些技术在其他操作系统下没有对等的实现，这些技术包括但不限于 WMI（Windows management instrumentation，Windows 管理规范）、ODBC（open database connectivity，开放式数据库互连）、Windows ACL（access control list，访问控制列表）、Code Page、Windows 事件日志、Windows 性能计数器、Windows 注册表、Directory Services。在.NET Core 中，我们可以通过 Windows Compatibility Pack 继续使用这些技术，但是使用这些技术开发的程序只能运行在 Windows 下。

.NET Core 做了很多创新，因此.NET Core 项目的很多结构性的东西和.NET Framework 的差别很大，比如 csproj 文件的格式、配置文件、ASP.NET Core 项目结构、ASP.NET Core 项目启动代码等。不过，微软在努力保证开发人员在.NET Framework 时代的技术投资不被浪费，因此在编写业务代码的时候，大部分在.NET Framework 时代的知识都可以直接拿过来用。目前.NET Framework 上的大部分类都已经被移植到.NET Core 上，而且用法变化不大。比如，作者曾经有一个基于 ASP.NET MVC 技术开发的项目，将它移植到.NET Core 平台下只用了半小时，项目中的代码改动非常少。

1.1.5 .NET Standard 是什么

在 Visual Studio 中新建项目的时候，除了.NET Framework 和.NET Core 之外，我们还会看到.NET Standard 的身影，如图 1-1 所示。

在"类库"项目中，.NET Standard 和.NET Core、.NET Framework 具有同等地位，但是.NET Standard 只在"类库"项目中出现过，在"控制台""Web 应用程序"等项目中都没有它的身影。那么.NET Standard 到底是什么呢？

在.NET 大家庭中有.NET Framework、.NET Core、Xamarin 等具体的实现，在这些实现中，有一些其他实现所不具有的特性。比如，.NET Framework 中有访问 Windows 注册表的类，很显然这是其他实现所不具备的；再如，Xamarin 中有拨打电话的类，很显然这也是其他实现所不具备的。但是这些实现也有一些可以共享的类，比如读写文件的类、List 集合类、字符串类等。假如每

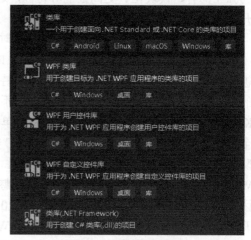

图 1-1　新建项目向导

个.NET 实现中，这些可以共享的类（也叫"基础库"）都有自己的一套做法，如图 1-2 所示，就有可能出现同样功能的类在不同的实现中各不相同的情况，比如在.NET Framework 中操作文件的类叫 FileStream，但是到了.NET Core 中对应的类叫 Storage。这样就会带来一个问题：如果我们想开发一个读写文件的代码库供.NET Framework、.NET Core 等使用，代码编写起来就很麻烦了。

反之，如果微软为文件操作、集合等所有.NET 实现中都具有的部分制定一个规范，无论是.NET Framework、.NET Core 还是 Xamarin 都要遵守这个规范。比如这个规范规定操作文件的类必须叫 FileStream，而且 FileStream 类必须要有 Read、Write、Flush 等方法，参数和返回值也必须统一。这样编写通用库的时候就会简单多了。这个"各个实现通用的基础库规范"叫作.NET Standard，如图 1-3 所示。

.NET Standard 规定了一系列需要被所有.NET Core、.NET Framework 及 Xamarin 等共同实现的 API，包括有哪些类、有哪些方法、参数和返回值是什么等。需要说明的是，.NET Standard 只是一个规范，不是一个框架。不要以为.NET Standard 是一个被.NET Framework、.NET Core、

Xamarin 等共用的基础库,.NET Standard 只是规定了需要被实现的规范,但是不负责具体实现。

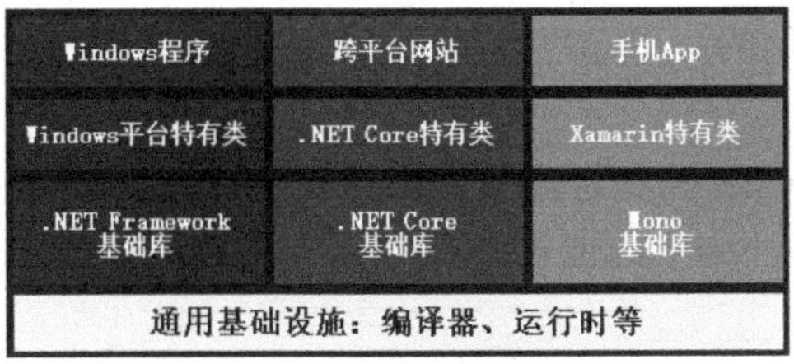

图 1-2　不好的组件复用　　　　　　　图 1-3　.NET Standard 在.NET 体系中的位置

对于.NET Standard 类型的类库项目,当我们分别在.NET Core 项目和.NET Framework 项目中引用这个类库的时候,就可以看到它们执行时的差别。比如,编写一个.NET Standard 类库项目,在其中创建一个 DemoNetStandardClass 类,并且在类中定义一个 Test 方法,使用 Test 方法输出 FileStream 类所在程序集的路径,如代码 1-1 所示。

代码 1-1　输出 FileStream 类所在程序集的路径

```
Console.WriteLine(typeof(FileStream).Assembly.Location);
```

在 Visual Studio 中,查看 FileStream 类的定义,发现它是定义在 netstandard.dll 程序集中的,如图 1-4 所示。

```
#region 程序集 netstandard, Version=2.0.0.0, Culture=neutral,
PublicKeyToken=cc7b13ffcd2ddd51
// C:\Users\cowne\.nuget\packages\netstandard.library\2.0.3\build
\netstandard2.0\ref\netstandard.dll
```

图 1-4　.NET Standard 中的 FileStream 类所在的程序集

反编译[①].NET Standard 的核心程序集 netstandard.dll 中的 FileStream 类,会发现它的所有方法都是空实现,如图 1-5 所示。

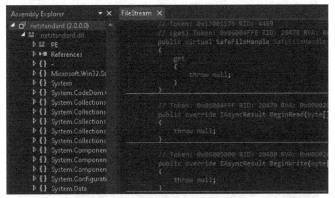

图 1-5　.NET Standard 中的 FileStream 类

① 反编译指的是把程序集还原为代码的过程,常用的反编译器有 ILSpy、dnSpy 等。

可以发现，netstandard.dll 以及同文件夹下的其他 DLL（dynamic linked library，动态链接库）文件中的代码都只有类和成员的定义，没有具体实现。这说明，netstandard.dll 等 .NET Standard 中的程序集只是在开发时给 Visual Studio 用的，运行的时候它们是不会被调用的。那么在运行的时候，代码实际调用的是什么呢？

分别创建一个 .NET Core 和一个 .NET Framework 控制台项目，然后这两个项目都分别引用上面开发的 .NET Standard 类库并且调用 DemoNetStandardClass.Test 方法，执行结果如图 1-6 和图 1-7 所示。

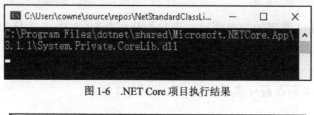

图 1-6　.NET Core 项目执行结果

图 1-7　.NET Framework 项目执行结果

可以看到，对于同样一个类库中的 FileStream 类，项目在 .NET Framework 和 .NET Core 中执行的时候加载的程序集不一样。也就是说，同样的 .NET Standard 代码在运行时对应不同的实现。

分别查看 .NET Core 和 .NET Framework 中 FileStream 类的 BeginRead 方法的代码，可以看到它们有很多区别，如图 1-8 和图 1-9 所示。

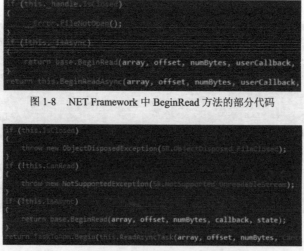

图 1-8　.NET Framework 中 BeginRead 方法的部分代码

图 1-9　.NET Core 中 BeginRead 方法的部分代码

.NET Framework 和.NET Core 中的 FileStream 类定义的方法也有区别，请仔细查看图 1-10 和图 1-11 中圈出的部分。

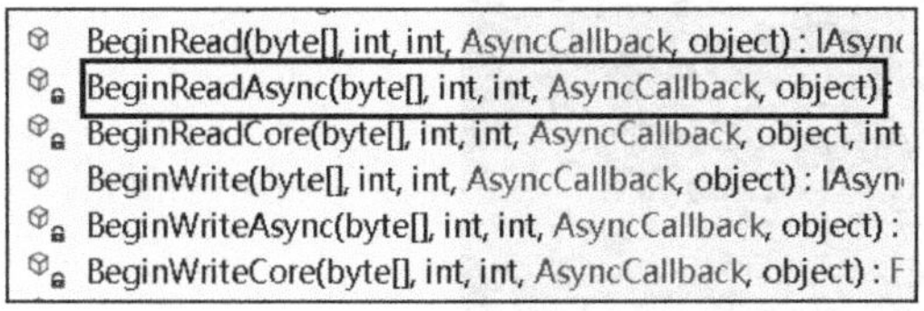

图 1-10 .NET Framework 中的 FileStream 类

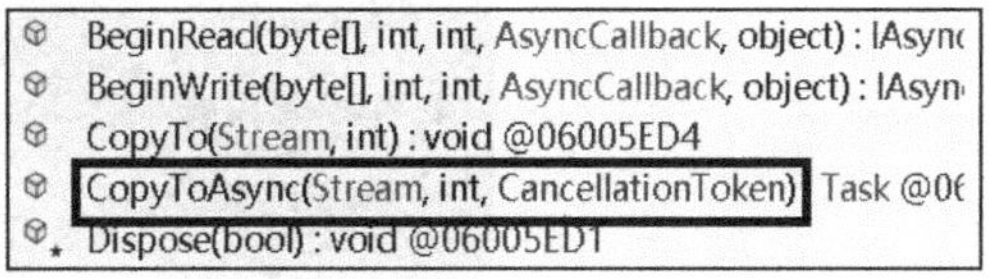

图 1-11 .NET Core 中的 FileStream 类

虽然.NET Core 和.NET Framework 的类中方法的定义和方法的实现存在不同的地方，但是对于在.NET Standard 中规定的类、方法，它们必须实现。因此.NET Standard 相当于定义了.NET Core、.NET Framework、Xamarin 的交集，只要是.NET Standard 类库，都可以被.NET Core、.NET Framework、Xamarin 等项目引用。

.NET Standard 随着.NET 技术的升级而升级，不同版本的.NET Core、.NET Framework 等支持不同版本的.NET Standard，越高版本的.NET Core、.NET Framework 等支持的.NET Standard 版本越高。表 1-1 列出了.NET Standard 版本和.NET Core、.NET Framework 版本的对应关系，这里没有列出 Xamarin、Unity 等的版本，对之感兴趣的读者可以访问微软官方文档的.NET Standard 部分查看详细情况。

表 1-1　　　　　　　　　　　.NET Standard 及各实现版本的对应关系

.NET 实现	版本对应关系								
.NET Standard	1.0	1.1	1.2	1.3	1.4	1.5	1.6	2.0	2.1
.NET Core	1.0	1.0	1.0	1.0	1.0	1.0	1.0	2.0	3.0
.NET Framework	4.5	4.5	4.5.1	4.6	4.6.1	4.6.1	4.6.1	4.6.1	不支持

如果一个类库遵守一个版本的.NET Standard 规范，那么不低于对应这个版本的.NET Core、.NET Framework 的项目都可以使用这个类库。比如一个类库遵守.NET Standard 2.0 规范，那么不低于.NET Core 2.0 或者不低于.NET Framework 4.6.1 的项目就都可以使用这个类库。

如果我们要编写一个给公众使用的类库，为了让.NET Core、.NET Framework、Xamarin 等开发人员都能使用这个类库，这个类库就应该是.NET Standard 类库，并且.NET Standard 的版本应尽可能低一些，这样低版本的.NET Core、.NET Framework、Xamarin 的项目也能使用这个类库。.NET Standard 版本越高，代码中能用的 API 也就越多。作者的建议是先把项目的.NET Standard 版本选到最低，如果发现开发时用到的类在这个.NET Standard 版本中不存在，再逐步提升项目的.NET Standard 版本。和其他类型的项目一样，.NET Standard 类库的目标版本可以在项目属性的"目标框架"中选择，如图 1-12 所示。

如果要开发项目内部使用的类库，并且这个类库只会被.NET Core 项目引用，不会被.NET Framework、Xamarin 等项目引用，作者还是建议直接建立.NET Core 类库项目，因为这样可以省去很多麻烦，而且可以使用.NET Core 中一些特有的类和方法。

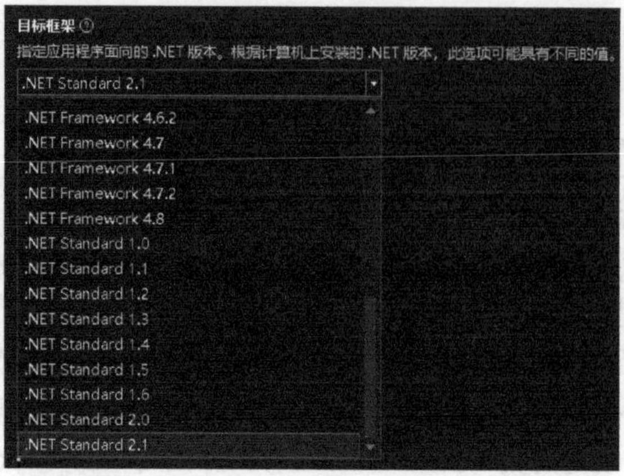

图 1-12　选择项目的.NET Standard 类库的目标版本

最后需要注意的一点就是，因为.NET Standard 只是规范，不是.NET Framework、.NET Core 这样的实现，所以只能建立.NET Standard 类库项目，不能建立.NET Standard 控制台项目或者 Web 应用程序等可以直接运行的项目。

总而言之，.NET Standard 是一个.NET 平台下的规范，使得我们开发的类库可以被.NET Framework、.NET Core、Xamarin 等使用，提高了代码的复用性。.NET Standard 已经完成了它的历史使命。从.NET 5 开始，微软将不再更新.NET Standard，而是会把.NET 5、.NET 6 等视为单一的代码库，并会通过编译期和运行时的检查来解决不同平台下它们所支持的功能具有差异这一问题。

1.1.6　项目应该使用.NET Core 开发吗

我们对.NET Core 已经了解了很多，那么我们的项目应该采用.NET Core 开发吗？

必须知道的是，微软已经宣布，它将不会为.NET Framework 增加新特性，以后对.NET Framework 只会修复程序缺陷。因此，如果读者想体验.NET 的新特性，并且使用跨平台、独立部署、模块化等特性，请考虑使用.NET Core。

对于现有的.NET Framework 项目，如果已经运行得很好，并且不需要再升级或者增加新的功能，这个项目没必要用.NET Core 重写。如果项目比较特殊，必须使用某些.NET Framework 支持而.NET Core 不支持的特性，这个项目也不能选择.NET Core。此外，如果项目中用到了一些.NET Framework 版本的商业组件或者硬件接口组件，并且这些组件不存在.NET Core 版本，那么也要谨慎选择使用.NET Core。以上提到的这些情况是很少出现的，对于绝大部分项目，都可以放心地使用.NET Core 进行开发。

1.2　.NET Core 开发环境的搭建

工欲善其事，必先利其器。本节将会介绍.NET Core 开发环境的搭建。本书假设读者已经掌握了 C#语法等基础知识，并且熟悉了 Visual Studio 的安装和基本使用方法，因此本节重点介绍和.NET Core 相关的开发环境搭建问题。

1.2.1　用什么开发工具开发.NET Core

尽管开发人员可以使用"命令行+文本编辑器"的方式进行.NET Core 开发，但是由于没有智能提示、重构等功能，这种开发方式还是过于原始，开发效率不高，因此在一般情况下，开发人员应使用集成开发环境进行.NET Core 开发。

.NET Core 开发的主流集成开发环境有 Visual Studio、Visual Studio for Mac 和 Visual Studio Code（简称 VS Code）等。

Visual Studio 是微软经典的集成开发环境，功能很全且非常强大，也非常容易使用，缺点是只能运行在 Windows 操作系统下。

如果读者使用的不是 Windows，就需要使用 VS Code 进行开发。VS Code 是跨平台的开发工具，在 Windows、Linux、macOS 下都可以使用。Visual Studio Code 的名字里虽然有"Visual""Studio"这两个单词，但是其实它和 Visual Studio 没有直接关系，从使用上来讲也和 Visual Studio 区别很大。VS Code 中.NET Core 的开发体验仍然比 Visual Studio 中的差很多，因此，作者还是建议开发人员使用 Visual Studio 进行.NET Core 开发。

如果读者使用的是 mac OS，那么既可以使用 VS Code 进行开发，也可以使用 Visual Studio for Mac 进行开发。Visual Studio for Mac 是微软专门为 macOS 打造的集成开发环境。它不是把 Visual Studio 的 Windows 版对应功能移植到了 mac OS 下，而是基于微软收购的 Xamarin Studio 打造的，它的目标是把 Visual Studio 中良好的开发体验带到 Visual Studio for Mac 中。

无论是 Visual Studio、Visual Studio for Mac 还是 VS Code，它们都只是一些代码编辑器而已。无论用哪个，最终都可以写出同样的代码，也可以随时切换到其他集成开发环境继续开发。

本书将使用编写本书时的最新版 Visual Studio 2022 进行开发，由于 Visual Studio 的不同版本的使用差别不大，因此本书中的内容对于今后发布的更新版本的 Visual Studio 在原则上也适用。在安装 Visual Studio 的时候，一定要勾选"ASP.NET 和 Web 开发"这个模块，如图 1-13 所示。

图 1-13　安装相关模块

1.2.2　.NET Core 项目结构的创新

在本小节中，我们将编写一个.NET Core 控制台程序，并且分析它的项目结构。本书主要讲解 ASP.NET Core，不过在第 1～5 章中，我们仍然会编写.NET Core 控制台程序，因为这些章节的内容都和 Web 开发没有直接关系，而且 ASP.NET Core 程序也只是一个复杂一些的控制台程序而已。通过编写控制台程序，我们能更加关注问题的重点，并且更清楚 Visual Studio 的 ASP.NET Core 向导生成模板代码的原理。

在新建项目的时候一定要区分创建的是.NET Framework 项目还是.NET Core 项目，如图 1-14 所示。

图 1-14   项目向导

从 Visual Studio 2022 开始，微软开始淡化.NET Framework 的概念，在项目向导中，只有使用带".NET Framework"的项目模板创建的才是.NET Framework 项目，使用其他模板创建的都是.NET Core 项目。因此，如果读者想创建.NET Framework 版本的控制台项目，请选择"控制台应用（.NET Framework）"，如果选择的是"控制台应用"，则创建的是.NET Core 版本的控制台项目。

一旦创建好项目后，进行的代码编写、调试、运行等和在.NET Framework 项目中的没有任何区别。下面主要讲解.NET Core 项目和.NET Framework 项目的不同。

首先关注项目工程文件*.csproj。对于.NET Framework 项目来说，必须到文件资源管理器中找到它的*.csproj 文件，然后用文本编辑器打开它，而对于.NET Core 项目，可以直接在 Visual Studio 中双击项目节点打开*.csproj 文件。

再创建一个.NET Core 控制台项目，然后打开它的*.csproj 文件，对比一下它和.NET Framework 项目的*.csproj 文件有什么区别。图 1-15 和图 1-16 分别展示的是.NET Framework 和.NET Core 项目中*.csproj 文件的内容。

图 1-15   .NET Framework 项目中的*.csproj 文件   图 1-16   .NET Core 项目中的*.csproj 文件

显而易见的区别就是.NET Core 项目中的*.csproj 文件比.NET Framework 中的简单很多。可以发现，.NET Core 项目的*.csproj 文件中竟然没有像.NET Framework 那样把文件 Program.cs 添加进来。再向.NET Core 项目中添加几个新 C#文件，我们会发现它们的名字也没有被加入*.csproj 文件中。这是.NET Core 项目和.NET Framework 项目的一个不同。

在.NET Framework 项目中，项目中所有的代码文件都要添加到*.csproj 文件中，如果一个 C#文件放在项目文件夹下，但是没有被添加到*.csproj 文件中，那么这个文件是不会被编译的。

用.NET Framework 开发过团队项目的开发人员也许遇到过*.csproj 文件修改冲突的问题。两个开发人员共同开发一个项目，各自向项目中添加了文件，就很容易造成*.csproj 文件修改冲突的问题，这非常影响团队开发的效率。

　　但是.NET Core 项目就不同了，.NET Core 项目中的文件不用添加到*.csproj 文件中，项目下所有的文件默认都被自动包含到项目中，除非被手动排除。*.csproj 文件中.NET Framework 项目中的配置方式正好和.NET Core 中的相反，毕竟在开发项目的时候，开发人员主动排除某个文件不是经常发生的，而向项目中添加文件是非常频繁的操作，.NET Core 这样的优化尽可能避免了文件修改的冲突，从而提升了团队开发的效率。

　　.NET Framework 和.NET Core 项目还有一个不同之处就是.NET Core 项目没有 App.config 或 Web.config 文件，因为.NET Core 项目中的配置有不同的使用方式，这一点将在 3.2 节中详细讲解。

1.3　本章小结

　　本章首先介绍了开源且跨平台的开发技术.NET Core；然后介绍了因为.NET Framework 的局限性，所以微软重新开发了.NET Core；最后讲解了.NET Core 开发环境的搭建方法，并且讲解了.NET Core 项目结构的创新之处。

第 2 章　.NET Core 重难点知识

本章首先介绍能够提升开发效率的 C#的新语法；然后对.NET Core 中的一些常用的基础知识进行重点讲解，包括异步编程、LINQ（language integrated query，语言集成查询）等技术。为了避免在本章中引入 ASP.NET Core 技术时增加不必要的复杂度，本章将会使用控制台项目对知识点进行演示，这些知识点在 ASP.NET Core 中应用的时候和在控制台程序中应用是一样的。

2.1　C#的新语法

C# 8.0、C# 9.0 和 C# 10.0 中增加了很多新语法，这些新语法能够帮助开发人员更好地编写代码。本节将会对几个常用的语法进行讲解。

2.1.1　顶级语句

在以前版本的 C#语法中，即使只编写一行输出"Hello world"的 C#代码，也需要创建一个 C#类，并且需要为这个 C#类添加 Main 方法，才能在 Main 方法中编写代码。从 C# 9.0 开始，C#增加了"顶级语句"语法，它使得可以直接在 C#文件中编写入口代码，不再需要声明类和方法。

在 Visual Studio 2022 中，新建一个控制台程序之后，向导生成的 Program.cs 如代码 2-1 所示。

代码 2-1　最简单的 C#代码

```
Console.WriteLine("Hello, World!");
```

可以看到，这样的代码比以前版本 C#中的代码简洁了很多。

反编译上面的程序生成的程序集，可以得到代码 2-2。

代码 2-2　反编译后的代码

```
1  [CompilerGenerated]
2  internal class Program
3  {
```

```
4     private static void <Main>$(string[] args)
5     {
6         Console.WriteLine("Hello, World!");
7     }
8 }
```

可以看到，编译器自动生成了一个 Program 类，并且把我们编写的代码放到这个类中。因此，顶级语句语法的功能是让编译器帮助我们简化工作。

由于顶级语句只是让编译器帮助开发人员简化工作，因此同一个项目中只能有一个文件具有顶级语句。顶级语句并不是用来替代原本的 Main 方法的，我们仍然可以用传统的 Main 方法编写入口代码。

在顶级语句中，可以直接使用 await 语法调用异步方法，而且在顶级语句文件中也可以声明方法，如代码 2-3 所示。

代码 2-3 顶级语句的高级用法

```
1 int i = 1, j = 2;
2 int w = Add(i,j);
3 await File.WriteAllTextAsync("e:/1.txt", "hello"+w);
4 int Add(int i1,int i2)
5 {
6     return i1 + i2;
7 }
```

2.1.2 全局 using 指令

在编写项目代码的时候，我们经常需要引用非常多的.NET 官方及第三方的类库，而这些类库通常位于不同的命名空间下，这样就需要在每个 C#文件头部编写重复的 using 语句来引入这些命名空间，非常烦琐。

C# 10.0 中增加了"全局 using 指令"语法，我们可以将 global 修饰符添加到任何 using 关键字前，这样通过 using 语句引入的命名空间就可以应用到这个项目的所有源代码中，因此同一个项目中的 C#代码就不需要再去重复引入这个命名空间了。在实践中，通常创建一个专门用来编写全局 using 代码的 C#文件，然后把所有在项目中经常用到的命名空间声明到这个 C#文件中。

比如，项目中经常要用到 Microsoft.Data.Sqlite、System.Text.Json 这两个命名空间，那么可以在该项目中创建一个 Usings.cs 文件（文件名没有特殊限制），文件内容如代码 2-4 所示。

代码 2-4 Usings.cs 文件

```
1 global using Microsoft.Data.Sqlite;
2 global using System.Text.Json;
```

使用全局 using 指令，项目中的其他 C#文件不需要再去单独声明这些命名空间的 using 语句。

更令人兴奋的是，只要在*.csproj 文件中加入了<ImplicitUsings>enable</ImplicitUsings>，编译器会根据项目类型自动为项目隐式地增加对 System、System.Linq、Microsoft.AspNetCore.Http 等常用命名空间的引入。可见，全局 using 指令大大减少了项目中引入命名空间的代码量。

2.1.3　using 声明

我们知道，C#中可以用 using 关键字来简化非托管资源的释放，当变量离开 using 作用的范围后，会自动调用对象的 Dispose 方法，从而完成非托管资源的释放。但是，如果一段代码中有很多非托管资源需要被释放，代码中就会存在多个嵌套的 using 语句。代码 2-5 中使用了传统的 using 语法对 ADO.NET 对象进行释放。

代码 2-5　using 的嵌套

```
1  using (var conn = new SqlConnection(connStr))
2  {
3      conn.Open();
4      using (var cmd = conn.CreateCommand())
5      {
6          cmd.CommandText = "select * from T_Articles";
7          using (SqlDataReader reader = cmd.ExecuteReader())
8          {
9              while (reader.Read()){}
10         }
11     }
12 }
```

可以看到，代码 2-5 中存在多层 using 作用域的嵌套，因此代码结构比较复杂。在 C# 8.0 及之后的版本中，可以使用简化的"using 声明"语法来避免代码的嵌套，如代码 2-6 所示。在声明变量的时候，如果类型实现了 IDisposable 或 IAsyncDisposable 接口，那么可以在变量声明前加上 using 关键字，这样当代码执行离开被 using 修饰的变量作用域的时候，变量指向的对象的 Dispose 方法就会被调用。

代码 2-6　简化的 using 声明

```
1  using var conn = new SqlConnection(connStr);
2  conn.Open();
3  using var cmd = conn.CreateCommand();
4  cmd.CommandText = "select * from T_Articles";
5  using var reader = cmd.ExecuteReader();
6  while (reader.Read()){}
```

由此可见，using 声明语法在保证资源回收的前提下，保持了代码的优美。当然，由于使用"using 声明"语法声明的变量是在离开变量作用域的时候，比如方法执行结束时，才进行资源的回收，而不是像之前使用传统 using 语法那样可以由开发人员定义资源的回收时机，因此在使用它的时候要避免一些可能的陷阱。

如代码 2-7 所示，先使用 File.OpenWrite 方法创建一个用于写入数据到文件的流，然后再创建 StreamWriter 对象，并把一个字符串写入文件，最后，调用 ReadAllText 方法读取刚才写入的文件内容。

代码 2-7　有问题的代码

```
1  using var outStream = File.OpenWrite("e:/1.txt");
2  using var writer = new StreamWriter(outStream);
3  writer.WriteLine("hello");
4  string s = File.ReadAllText("e:/1.txt");
5  Console.WriteLine(s);
```

执行这段代码后，会因为第 4 行代码抛出如下的异常：

System.IO.IOException:"The process cannot access the file 'e:\1.txt' because it is being used by another process."

由于 outStream 和 writer 两个变量在方法执行结束后才被释放资源，程序在执行到第 4 行代码的时候，文件仍然被占用，因此第 4 行代码抛出了异常。如果希望上面的代码能够正常执行，要么使用传统的 using 语法进行资源的释放，要么手动添加花括号把需要释放的资源放到单独的作用域中，如代码 2-8 所示。

代码 2-8　正确的代码

```
1  {
2      using var outStream = File.OpenWrite("e:/1.txt");
3      using var writer = new StreamWriter(outStream);
4      writer.WriteLine("hello");
5  }
6  string s = File.ReadAllText("e:/1.txt");
7  Console.WriteLine(s);
```

可以看到，在第 1～5 行代码中，通过手动添加一个花括号构建了一个独立的代码块。根据 C#语法的规范，第 1～5 行代码组成的代码块就是一个独立的作用域，因此程序在离开这个作用域以后，outStream、writer 两个变量指向的对象就会被释放。

2.1.4　文件范围的命名空间声明

在之前版本的 C#中，类型必须定义在命名空间中，而从 C# 10.0 开始，C#允许编写独立的 namespace 代码行声明命名空间，文件中所有的类型都是这个命名空间下的成员。这种语法能够减少 C#源代码文件的嵌套层次，如代码 2-9 所示。

代码 2-9　简化的命名空间声明

```
1  namespace TMS.Admin;
2  class Teacher
3  {
```

```
4     public int Id { get; set; }
5     public string Name { get; set; }
6 }
```

2.1.5　可为空的引用类型

我们知道，在 C#中，数据类型分为值类型和引用类型，值类型的变量不可以为空，而引用类型的变量可以为空。但是，在使用引用类型的时候，如果不注意检查引用类型变量是否可为空，程序中就有可能出现 NullReferenceException 异常。

C# 8.0 中提供了"可为空的引用类型"语法，可以在引用类型后添加"?"修饰符声明这个类型是可为空的。对于没有添加"?"修饰符的引用类型的变量，当编译器发现存在为这个变量赋值 null 的可能性的时候，编译器会给出警告信息。在 Visual Studio 2022 中，这个特性是默认启用的，可以通过删除项目*.csproj 文件中的<Nullable>disable</Nullable>关闭这个特性。

如代码 2-10 所示，编写一个包含 Name、PhoneNumber 两个属性的 Student 类。

代码 2-10　没有应用可为空的引用类型的类

```
1  public class Student
2  {
3      public string Name { get; set; }
4      public string PhoneNumber { get; set; }
5      public Student(string name)
6      {
7          this.Name = name;
8      }
9  }
```

上面的代码在编译的时候，编译器会给出"在退出构造方法时，不可为 null 的 属性 PhoneNumber 必须包含非 null 值"这样的警告信息。Name、PhoneNumber 两个属性都是 string 类型，因此它们都是"不可为空的 string 类型"，但是 Student 类的构造方法中只为 Name 属性赋值了，这样就存在 PhoneNumber 属性没有被赋值，从而导致其属性值为空的可能性，因此编译器给出了这样的警告信息。如果想消除这个警告信息，可以将构造方法声明为 Student(string name, string phoneNumber)，并为两个属性都赋值，但是如果 PhoneNumber 属性确实可以为空，就可以把 PhoneNumber 属性声明为 string?类型，也就是允许为空的 string 类型，如代码 2-11 所示。

代码 2-11　使用可为空的引用类型的类

```
1  public class Student
2  {
3      public string Name { get; set; }
4      public string? PhoneNumber { get; set; }
5      public Student(string name)
```

```
6    {
7        this.Name = name;
8    }
9 }
```

由于上面定义的 Student 类的 PhoneNumber 属性可能为空，因此代码 2-12 中的第 3 行代码执行后会出现"解引用可能出现空引用"这样的警告信息。

代码 2-12　没有进行可为空处理的代码

```
1 Student s1 = GetData();
2 Console.WriteLine(s1.Name.ToLower());
3 Console.WriteLine(s1.PhoneNumber.ToLower());
4 Student GetData()
5 {
6     Student s1 = new Student("Zack");
7     s1.PhoneNumber = "999";
8     return s1;
9 }
```

可以用代码 2-13 所示的方法对 PhoneNumber 属性进行非空检查来避免这个警告。

代码 2-13　对可为空类型的成员进行检查

```
1 Student s1 = GetData();
2 Console.WriteLine(s1.Name.ToLower());
3 if (s1.PhoneNumber != null)
4 {
5     Console.WriteLine(s1.PhoneNumber.ToLower());
6 }
7 else
8 {
9     Console.WriteLine("手机号为空");
10 }
```

当然，如果确认被访问的变量、成员不会出现为空的情况，也可以在访问可为空的变量、成员的时候加上!来抑制编译器的警告，如代码 2-14 所示。当然，要尽量避免使用!抑制警告。

代码 2-14　使用!抑制警告

```
1 Student s1 = GetData();
2 Console.WriteLine(s1.Name.ToLower());
3 Console.WriteLine(s1.PhoneNumber!.ToLower());
```

对于可为空的引用类型的属性，编译器会在属性上添加 NullableAttribute，因此可以在运行时通过反射判断一个引用类型属性的可空性。很多.NET 下的框架都充分利用了可为空的引用类型，从而对引用类型的属性、参数等进行更加智能化的处理。

2.1.6 记录类型

编写程序的时候，有时候需要比较两个对象是否相等，C#中的==运算符默认判断两个变量指向的是否是同一个对象。如果两个对象是同一种类型，并且所有属性完全相等，但是它们是两个不同的对象，导致==运算符的比较结果是 false，则可以通过重写 Equals 方法、重写==运算符等来解决这个问题，不过这要求编写非常多的额外代码。

在 C# 9.0 中增加了记录（record）类型的语法，编译器会自动生成 Equals、GetHashcode 等方法。代码 2-15 中定义了一个 record 类型。

代码 2-15 典型的 record 类型的用法

```
1  public record Person(string FirstName, string LastName);
```

可以看到，上面的 Person 类型的定义前面写的是 record，而不是熟悉的 class 或者 interface。Person 类型中定义了 FirstName 和 LastName 两个属性。

下面就可以用 Person 类型来编写代码了，如代码 2-16 所示。

代码 2-16 调用 record 类型的代码

```
1  Person p1 = new Person("Zack ", " Yang ");
2  Person p2 = new Person("Zack "," Yang ");
3  Person p3 = new Person("Kim", "Yoo");
4  Console.WriteLine(p1);
5  Console.WriteLine(p1==p2);
6  Console.WriteLine(p1==p3);
7  Console.WriteLine(p1.FirstName);
```

程序执行结果如图 2-1 所示。

图 2-1 程序执行结果

编译器会根据 Person 类型中的属性定义，自动为 Person 类型生成包含全部属性的构造方法。默认情况下，编译器会生成一个包含所有属性的构造方法，因此，new Person()、new Person("Yang")这两种写法都是不可以的。

编译器同样会为 record 类型生成 ToString 方法和 Equals 方法等，因此代码 2-16 中的第 4 行代码会输出对象的所有属性值，而第 5 行和第 6 行代码会根据对象属性的值进行比较。

下面反编译由代码 2-15 生成的程序集。为了避免反编译器的优化让我们看不到编译器生成的代码，需要把反编译器生成的代码改成 C# 8.0 的语法。反编译后的主干内容如代码 2-17 所示。

代码 2-17　反编译后的主干内容

```
1   public class Person : IEquatable<Person>
2   {
3      public string FirstName { get; set /*init*/; }
4      public string LastName { get; set /*init*/; }
5      public Person(string FirstName, string LastName)
6      {
7         this.FirstName = FirstName;
8         this.LastName = LastName;
9      }
10     public override string ToString()
11     {
12        //省略代码
13     }
14     public virtual bool Equals(Person? other)
15     {
16        //省略代码
17     }
18  }
```

可以看到，编译器确实把 record 类型的 Person 类型编译成一个 Person 类，并且提供了构造方法、属性、ToString 方法、Equals 方法等。因此 record 类型编译后仍然只是一个普通的类，record 是编译器提供的一个语法糖[①]。

代码 2-15 所示的是典型的 record 类型的用法，在这种定义方法中，编译器会为类型生成一个包含所有属性的构造方法，这样在初始化对象的时候，它可以确保对象的所有属性都被赋值。record 所有的属性默认都是只读的，因此编写 p1.FirstName="Meng"这样的代码修改属性的值是不可以的。

综上所述，record 类型提供了为所有属性赋值的构造方法，所有属性都是只读的，对象之间可以进行值的相等性比较，并且编译器为类型提供了可读性强的 ToString 方法。在需要编写不可变类并且需要进行对象值比较的时候，使用 record 可以把代码的编写难度大大降低。

当然，record 类型的定义是比较灵活的，比如可以用代码 2-18 所示的方法实现部分属性只读而部分属性可以读写的效果。

代码 2-18　高级的 record 类型的用法

```
1   public record Person(string LastName)
2   {
3      public string FirstName { get; set; }
```

---

① 语法糖指的是编译器提供的简化编程的语法，它们最终会被编译成旧版的语法代码。

```
4    public void SayHello()
5    {
6      Console.WriteLine($"Hello, 我是{LastName} {FirstName}");
7    }
8  }
```

可以用代码 2-19 所示的方法调用 Person 类型。

代码 2-19　调用 Person 类型的代码

```
1  Person p1 = new Person("Yang");
2  Person p2 = new Person("Yang");
3  Console.WriteLine(p1);
4  Console.WriteLine(p1==p2);
5  p1.FirstName = "Zack";
6  p1.SayHello();
7  Console.WriteLine(p1==p2);
```

可以看到，Person 类型的 LastName 属性仍然是用 record 类型语法定义的只读属性，编译器为 Person 类型生成了包含为 LastName 属性赋值的构造方法。而 FirstName 属性是用传统的语法定义的普通属性，这个属性是可读可写的。程序执行结果如图 2-2 所示。

图 2-2　程序执行结果

在 record 类型中，也可以为类型提供多个构造方法，从而提供多种创建对象的途径。如代码 2-20 所示，为 User 类型声明了一个额外的构造方法。

代码 2-20　为 record 类型提供一个额外的构造方法

```
1  public record User(string UserName,string? Email,int Age)
2  {
3    public User(string userName, int age)
4      :this(userName,null,age)
5    {
6    }
7  }
```

上面的 User 类型中声明了 3 个属性：不可为空的 string 类型的 UserName 属性，可为空的 string 类型的 Email 属性，以及 Age 属性。编译器自动生成一个包含这 3 个属性的构造方法，同时提供了一个为 userName 和 age 赋值的构造方法，这个构造方法通过 this 关键字调用编译器默认的构造方法完成对象的初始化。

可以通过如代码 2-21 所示的方法调用不同的构造方法来创建 User 类型的对象。

代码 2-21　调用不同的构造方法

```
1  User u1 = new User("Zack", 18);
2  User u2 = new User("Zack", "yzk@example.com", 18);
```

record 类型的对象的属性默认都是只读的，而且我们也推荐使用属性都为只读的类型。所有属性、成员变量都为只读的类型叫作"不可变类型"，不可变类型可以简化程序逻辑，并且可以减少并发访问、状态管理等麻烦。

由于 record 类型属于不可变类型，而在使用 record 类型的时候，有时候需要生成一个对象的副本，这个副本的其他属性值与原对象的相同，只有一个或者少数几个属性改变，此时可以用代码 2-22 所示的方法来实现想要的效果。

代码 2-22　手动创建 record 对象的副本

```
1  User u1 = new User("Zack", "yzk@example.com", 18);
2  User u2 = new User(u1.UserName, "test@example", u1.Age);
```

C#中提供了更简单的语法完成这项工作，那就是 with 关键字，用法如代码 2-23 所示。

代码 2-23　使用 with 关键字简化代码

```
1  User u1 = new User("Zack", "yzk@example.com", 18);
2  User u2 = u1 with { Email= "test@example" };
3  Console.WriteLine(u2);
4  Console.WriteLine(u1);
5  Console.WriteLine(Object.ReferenceEquals(u1,u2));
```

程序执行结果如图 2-3 所示。

图 2-3　程序执行结果

可以看到，在第 2 行代码中，使用 with 关键字创建了 u1 对象的一个副本，其他属性都复制自 u1 对象，只有 Email 属性采用不同的值。从图 2-3 所示的程序执行结果来看，with 操作生成的 u2 对象是 u1 对象的一个副本，原有的 u1 对象的 Email 属性值并没有改变。

除了本节讲解的这些语法，C#还有很多优秀的新增语法，比如元组、解构、本地方法、模式匹配、默认接口方法、索引和范围、null 合并赋值、分部方法、源代码生成器等，读者可以参考微软的官方文档了解这些语法。

2.2　异步编程

近些年，.NET 增加了很多新特性，其中令人兴奋的一个特性就是异步编程，因为.NET 的异步编程模型把复杂的异步编程变得简单易用,使得开发人员可以轻松开发出更高性能的应用程序。本节将介绍异步编程。

需要注意的是,在异步编程中有一个"同步上下文"(SynchronizationContext)的概念,不同类型的框架有不同类型的同步上下文,不同类型的同步上下文的异步代码的行为也不同。同样,有的框架还不存在同步上下文,它们的行为也会不同。在 WinForms 和 WPF 中是存在同步上下文的,但是在 ASP.NET Core 和控制台项目中,则是不存在同步上下文的。本书主要研究 ASP.NET Core,不再讲解涉及不同同步上下文的行为问题,因此本节中的少数代码在 WinForms、WPF 中执行时可能会有不同的结果。

2.2.1 为什么要用异步编程

读者都有过到餐馆点餐的经历,有的餐馆的服务员在客人翻看菜单点餐的时候,一直在桌子旁边等待。客人点一道菜,他们就记一下,一直到客人点完了,他们才带着记录好的点菜单离开。如果餐馆客人比较多而服务员比较少的话,就可能会造成很多客人等待点餐而服务员忙不过来的情况。我们称这种方式为"同步点餐"。

而有的餐馆则是客人来了之后,服务员把菜单和点菜单给客人留下,然后就招待别的客人去了。这桌的客人自己翻看菜单和写点菜,写完之后再把点菜单给服务员,服务员再把点菜单传给后厨去备菜。我们称这种方式为"异步点餐"。在这种点餐方式下,服务员不用一直等待客人点餐,在客人翻看菜单的时候他们可以去招待别的客人,因此服务员可以同时服务更多的客人。

"异步点餐"的优点是服务员可以同时服务更多的客人;缺点是单个客人点餐的时间变长,因为在"同步点餐"模式下,点餐的时候服务员一直在客人的旁边等待,客人点完餐后可以立即把点菜单给服务员,而在"异步点餐"模式下,客人在写完点菜单后再呼叫服务员,这时服务员可能正在招呼别的客人,服务员可能会说"稍等一下",也许要过上一两分钟才能过来拿点菜单,这样单个客人单次点餐的时间就变长了。"异步点餐"可以让服务员同时服务更多客人,但是不会使得服务单个客人的时间变短,甚至有的情况下还可能变长。

对于网站也有类似的情况。假如我们实现一个对用户上传的图片进行美化的功能,代码2-24 所示的是实现这个功能的伪代码。

代码 2-24 同步美化图片的伪代码

```
1  void BeautifyPic(File photo, Response response)
2  {
3      byte[] bytes = 美化图片(photo);
4      response.Write(bytes);
5  }
```

"美化图片"是一个将给定的参数指向的图片进行美化的方法,这个方法会把美化之后的图片内容以 byte[]返回。

由于"美化图片"方法里有很复杂的图片美化逻辑,它需要 3s 才能处理完一张图片,那么当 Web 服务器接收到客户端上传的一张图片之后，程序就会把这张图片转给 BeautifyPic 方法，等图片美化完毕后，BeautifyPic 方法再把美化后的内容返回给客户端。由于 Web 服务器能够同时"接待"的请求数量是有上限的，而有很多请求都是在"等待美化图片方法执行完成"，因此 Web 服务器可能只能同时接待 500 个请求。

接下来，用异步编程改造上面的伪代码，如代码 2-25 所示。

代码 2-25　异步美化图片的伪代码

```
1   void BeautifyPic(File photo, Response response)
2   {
3       美化图片(photo,bytes=> response.Write(bytes));
4   }
```

代码 2-25 中第 3 行代码的意思是：开始美化图片的任务时方法就执行结束了，其并不会等待图片美化任务结束。在图片美化任务执行完毕后，response.Write(bytes)这行回调的代码会被调用，而 bytes 是美化后图片的内容。

由于"美化图片"方法被调用完成后立即返回，处理这次请求的 Web 服务器的线程不等待图片美化结束，在图片美化结束的时候，response.Write(bytes)代码才会被调用，从而让 Web 服务器的线程把 bytes 返回给客户端。在图片美化期间，负责接待我们的 Web 服务器的线程就可以去处理别的请求了，这样 Web 服务器可能同时接待 2 000 个请求。

对照"异步点餐"的例子，异步编程的优点就是可以提高服务器接待请求的数量，但不会使得单个请求的处理效率变高，甚至有可能略有降低。

2.2.2　轻松上手 await、async

微软很早就在.NET Framework 中加入了异步编程的技术，但是由于很多类不支持异步执行，而且异步调用的代码也很复杂，因此异步编程技术在.NET 中一直没有流行起来。直到.NET 4.5 中很多类开始支持异步执行，并且 C#中引入了 async 和 await 关键字，这些让.NET 中的异步编程变得非常简单，异步编程才在.NET 开发中流行起来，并且在.NET Core 中成为主流用法。

用 async 关键字修饰方法后，这个方法就成了"异步方法"。异步方法有如下几点需要注意。

（1）异步方法的返回值一般是 Task<T>泛型类型，其中的 T 是真正的返回值类型，比如方法想要返回 int 类型，返回值就要写成 Task<int>。Task 类型定义在 System.Threading.Tasks 命名空间下。

（2）按照约定，异步方法的名字以 Async 结尾，虽然这不是语法的强制要求，但是方法以 Async 结尾可以让开发人员一眼就看出来它是异步方法。

（3）如果异步方法没有返回值，可以把返回值声明为 void，这在语法上是成立的。但这样的代码在使用的时候有很多的问题，而且很多框架都要求异步方法的返回值不能为 void，因此即使方法没有返回值，也最好把返回值声明为非泛型的 Task 类型。

（4）调用泛型方法的时候，一般在方法前加上 await 关键字，这样方法调用的返回值就是泛型指定的 T 类型的值。

（5）一个方法中如果有 await 调用，这个方法也必须修饰为 async，因此可以说异步方法是有传染性的。

下面以代码 2-26 为例对上面提到的几点进行演示。

代码 2-26　异步方法的使用

```
1  Console.WriteLine("before write file");
2  await File.WriteAllTextAsync("d:/1.txt", "hello async");
3  Console.WriteLine("before read file");
4  string s = await File.ReadAllTextAsync("d:/1.txt");
5  Console.WriteLine(s);
```

程序执行结果如图 2-4 所示。

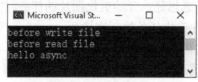

图 2-4　程序执行结果

🖏 **提醒：**

    C# 9.0 中新增的顶级语句允许直接在入口代码中使用 await 关键字，如果在不使用顶级语句的项目中，我们需要用 async 修饰 Main 方法，然后把方法的返回值修改为 Task 类型。

在第 2 行代码中调用的 File.WriteAllTextAsync 方法是一个返回值为 Task 类型的方法，用于向文本文件中异步写入字符串。对于返回值为 Task 类型的方法，调用它们之前一般要在前面加上 await 关键字。await 关键字的意思是：调用异步方法，等异步方法执行结束后再继续向下执行。如果查看 WriteAllTextAsync 方法的源代码，我们会发现 WriteAllTextAsync 方法其实没有标注 async，如代码 2-27 所示。

代码 2-27　WriteAllTextAsync 方法的源代码

```
1  public static Task WriteAllTextAsync(string path, string? contents)
2  => WriteAllTextAsync(path, contents, UTF8NoBOM);
```

其实只要方法返回值为 Task 类型或者 Task<T>类型，我们就可以使用 await 关键字对其进行调用。对于调用者来说，被调用方法是否修饰为 async 没有区别。修饰为 async 只是为了在方法内使用 await 关键字。

代码 2-26 的第 4 行代码中调用的 File.ReadAllTextAsync 方法是一个返回值为 Task<string>类型的方法，用于读取文本文件的内容，并且把读取的文本通过 Task<string>返回。对于返回值为 Task<T>类型的方法，在调用这种方法的时候同样要在前面加上 await 关键字，调用经过 await 修饰的方法会自动把真正的返回数据从 Task 中提取出来。虽然 ReadAllTextAsync 方法的返回值是 Task<string>类型，但是有了 await 关键字的帮助，在代码中可以直接使用 string 类型的变量 s 去获取这个返回值。

在调用异步方法的时候，除非我们真的不想等异步方法结束就继续，否则一定要使用 await 关键字。下面举一个例子，我们把 WriteAllTextAsync 方法前面的 await 关键字去掉了，如代码 2-28 所示。

代码 2-28　没有用 await 调用异步方法

```
1   string fileName = "d:/1.txt";
2   File.Delete(fileName);
3   string text = new string('a',1000000);
4   File.WriteAllTextAsync(fileName, text);
5   string s = await File.ReadAllTextAsync(fileName);
6   Console.WriteLine(s);
```

代码 2-28 在 Visual Studio 中执行时会在第 4 行代码处出现警告，如图 2-5 所示。

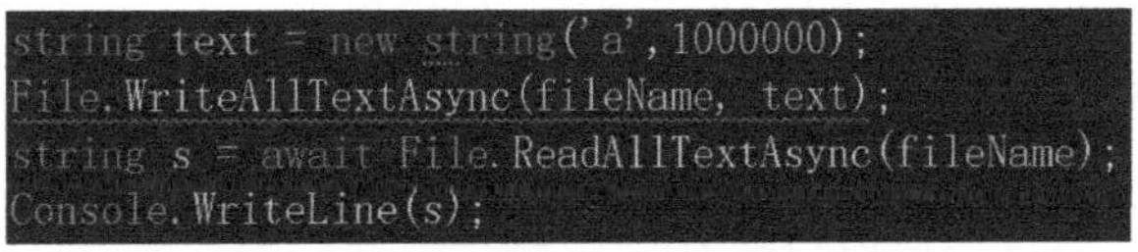

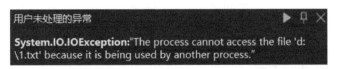

图 2-5　没有用 await 关键字出现的警告

虽然说 Visual Studio 对代码给出了警告，但是这段代码仍然是可以被编译成功并且运行的。对异步方法进行调用后，如果不写 await 关键字，异步方法也是会执行的，但是程序并不等待被调用的异步方法执行结束就继续向下执行。为了能让写入操作消耗比较长的时间，第 3 行代码中构建了一个包含 100 万个 a 的大字符串。除非硬盘的写入速度非常快，否则代码 2-28 运行到第 5 行代码的时候会抛出图 2-6 所示的异常。因为执行到这一行的时候 File.WriteAllTextAsync 还在写入过程中，所以文件不能被读取。

图 2-6　代码运行中抛出的异常

总结：在调用异步方法的时候，一般都要加上 await 关键字。一个方法中如果有 await 关键字，则该方法也必须修饰为 async。await 关键字让我们可以用类似于同步的方式调用异步方法，从而简化异步编程。

2.2.3　如何编写异步方法

我们可以编写一个自定义的异步方法。下面封装一个方法，这个方法会向指定网页发出 HTTP 请求，并且把响应报文体写入文件，然后把响应报文体的字符数作为方法的返回值，如代码 2-29 所示。

代码 2-29 自定义的异步方法

```
 1  Console.WriteLine("开始下载人民邮电出版社有限公司网站首页");
 2  int i1 = await DownloadAsync("https://www.ptpress.com.cn", "d:/ptpress.html");
 3  Console.WriteLine($"下载完成, 长度{i1}");
 4  async Task<int> DownloadAsync(string url, string destFilePath)
 5  {
 6      using HttpClient httpClient = new HttpClient();
 7      string body = await httpClient.GetStringAsync(url);
 8      await File.WriteAllTextAsync(destFilePath, body);
 9      return body.Length;
10  }
```

下面是对于这段代码的讲解。

第 4 行代码：因为方法要返回网页正文的字符数，所以返回值应该是 int 类型的，由于这个方法是异步方法，因此把返回值类型写成 Task<int>。因为方法体中用到了 await 关键字，所以方法要修饰为 async。

第 6 行代码：这里创建了一个用于发送 HTTP 请求的类 HttpClient 的对象。

🏮 **提醒:**

需要说明的是，这里用 new HttpClient()创建 HttpClient 类的对象不是推荐的做法，推荐的做法是使用 HttpClientFactory，不过这会涉及"依赖注入"技术。为了简化问题，这里暂时用 new HttpClient()创建 HttpClient 类的对象。

第 9 行代码：这里用来设定返回值。虽然方法的返回值是 Task<int>类型的，不过由于我们用 async 修饰了方法，因此在方法内部，只要直接返回 int 类型的值就可以了，编译器会帮助我们把 int 转换为 Task<int>。如果方法没有用 async 修饰，就需要我们通过代码创建 Task<T>对象。

由于 DownloadAsync 方法中用到了 await 关键字，因此 DownloadAsync 方法必须被修饰为 async，这也再次说明了 async、await 是具有"传染性"的。

2.2.4 async、await 原理揭秘

引入 async、await 关键字后，我们就可以"傻瓜化"地进行异步编程了。不过我们不能停留于"傻瓜化"使用的层次，必须明白它们背后的原理是什么，否则遇到一些难题的时候，我们可能很难解决它们。本小节将剖析 async、await 背后的原理。

我们先看一下结论：编译器会把 async 方法编译成一个类，并且把异步方法中的代码切分成多次方法调用。下面就来验证这个结论。

首先，编写一个供研究用的.NET Core 项目，如代码 2-30 所示。

代码 2-30 测试异步编程原理的代码

```
 1  using HttpClient httpClient = new HttpClient();
```

```
2   string html = await httpClient.GetStringAsync("https://www.ptpress.com.cn");
3   Console.WriteLine(html);
4   string destFilePath = "d:/1.txt";
5   string content = "hello async and await";
6   await File.WriteAllTextAsync(destFilePath, content);
7   string content2 = await File.ReadAllTextAsync(destFilePath);
8   Console.WriteLine(content2);
```

接下来，生成项目，然后到项目的生成路径中查看项目所生成的程序集。异步项目编译生成的文件如图 2-7 所示。

需要注意的是，在 Windows 下通过"异步编程原理.exe"文件来运行生成的程序，但是我们要反编译"异步编程原理.dll"文件，因为"异步编程原理.exe"文件只是给 Windows 平台用的启动器，由它来加载、运行"异步编程原理.dll"文件，代码是被编译到"异步编程原理.dll"文件中的。

图 2-7　异步项目编译生成的文件

这里用 dnSpy 这款反编译器做演示。dnSpy 非常强大，它默认会把编译器对 await、async 方法编译的类重新还原成接近于源代码的形式，这种优化对于日常开发很方便，但是在需要了解 await、async 背后原理的时候，这样的优化反而让我们无法发现背后的真相，因此我们要把 dnSpy 这个默认的操作关掉。在 dnSpy 中单击主菜单的【调试】→【选项】，在弹出的对话框中切换到【反编译器】，把【反编译异步方法（async/await）】前面的复选框取消选中，然后单击【确定】按钮，如图 2-8 所示。

在 dnSpy 中打开"异步编程原理.dll"文件，然后查看一下反编译后的结构，如图 2-9 所示。

图 2-8　关闭对 async 的反编译设置

图 2-9　DLL 文件反编译后的结构

可以看到，除了我们编写的 Main 方法之外，编译器还生成了<Main>d__0 类。编译器生成的类、方法、变量等的名字都很特别，这些名字并不符合 C#语法的命名规范，因为 C#编译器利用了它的特权——避免自动生成的这些名字和我们编写的代码中的名字冲突。

<Main>d__0 类实现了状态机的 IAsyncStateMachine 接口，由于篇幅所限，反编译后的代

码被适当地简化，如代码 2-31 所示。

代码 2-31 反编译且简化后的代码

```
1  class <Main>d_0 : IAsyncStateMachine
2  {
3      void IAsyncStateMachine.MoveNext()
4      {
5          int num = this.<>1_state;
6          TaskAwaiter awaiter; TaskAwaiter<string> awaiter2;
7          switch (num)
8          {
9          case 0: break;
10          case 1:
11              awaiter = this.<>u_2;
12              this.<>u_2 = default(TaskAwaiter);
13              num = (this.<>1_state = -1); goto IL_177;
14          case 2:
15              awaiter2 = this.<>u_1;
16              this.<>u_1 = default(TaskAwaiter<string>);
17              num = (this.<>1_state = -1); goto IL_1E9;
18          default:
19              this.<httpClient>5_4 = new HttpClient(); break;
20          }
21          TaskAwaiter<string> awaiter3;
22          if (num != 0)
23          {
24              awaiter3 = this.<httpClient>5_4.GetStringAsync("https://www.ptpress.com.
                  cn").GetAwaiter();
25              if (!awaiter3.IsCompleted)
26              {
27                  num = (this.<>1_state = 0);
28                  this.<>u_1 = awaiter3;
29                  <Main>d_0 <Main>d_ = this;
30                  this.<>t_builder.AwaitUnsafeOnCompleted<TaskAwaiter<string>, <Main>
                      d_0>(ref awaiter3, ref <Main>d_);
31                  return;
32              }
33          }
34          else
35          {
36              awaiter3 = this.<>u_1;
37              this.<>u_1 = default(TaskAwaiter<string>);
38              num = (this.<>1_state = -1);
39          }
40          this.<>s_6 = awaiter3.GetResult();
41          this.<html>5_5 = this.<>s_6;
```

```
42        Console.WriteLine(this.<html>5_5);
43        if (num < 0 && this.<httpClient>5_4 != null)
44        {
45            ((IDisposable)this.<httpClient>5_4).Dispose();
46        }
47        this.<httpClient>5_4 = null;
48        this.<destFilePath>5_1 = "d:/1.txt";
49        this.<content>5_2 = "hello async and await";
50        awaiter = File.WriteAllTextAsync(this.<destFilePath>5_1, this.<content>5_2)
          .GetAwaiter();
51        if (!awaiter.IsCompleted)
52        {
53            num = (this.<>1_state = 1);
54            this.<>u_2 = awaiter;
55            <Main>d_0 <Main>d_ = this;
56            this.<>t_builder.AwaitUnsafeOnCompleted<TaskAwaiter, <Main>d_0>
              (ref awaiter, ref <Main>d_);
57            return;
58        }
59        IL_177:
60        awaiter.GetResult();
61        awaiter2 = File.ReadAllTextAsync(this.<destFilePath>5_1).GetAwaiter();
62        if (!awaiter2.IsCompleted)
63        {
64            num = (this.<>1_state = 2);
65            this.<>u_1 = awaiter2;
66            <Main>d_0 <Main>d_ = this;
67            this.<>t_builder.AwaitUnsafeOnCompleted<TaskAwaiter<string>, <Main>d_0>
              (ref awaiter2, ref <Main>d_);
68            return;
69        }
70        IL_1E9:
71        this.<>s_7 = awaiter2.GetResult();
72        this.<content2>5_3 = this.<>s_7;
73        Console.WriteLine(this.<content2>5_3);
74        this.<>1_state = -2;
75        this.<>t_builder.SetResult();
76    }
77    public int <>1_state;
78    public AsyncTaskMethodBuilder <>t_builder;
79    private string <destFilePath>5_1;
80    private string <content>5_2;
81    private string <content2>5_3;
82    private HttpClient <httpClient>5_4;
83    private string <html>5_5;
84    private string <>s_6;
```

```
85    private string <>s_7;
86    private TaskAwaiter<string> <>u_1;
87    private TaskAwaiter <>u_2;
88 }
```

反编译后的代码很复杂，不过我们不需要完全读懂，只要能看懂大概的过程即可。

编译器把 Main 方法分成了 3 个主要的片段（其实不止 3 个，这里只是为了方便读者理解而做的简化），每个片段对应一个状态。源代码如图 2-10 所示。

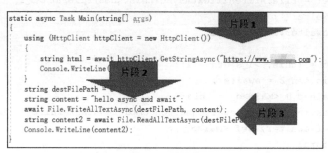

图 2-10　源代码

<Main>d__0 类实现了 IAsyncStateMachine 接口，这个接口中定义了一个重要的方法 MoveNext，这是一个典型的状态机模式。类中的成员变量<>1__state 用来记录当前执行到哪个状态，MoveNext 方法会被多次调用，每次被调用的时候都表明对象进入了下一个状态。

我们编写的源代码 Main 方法中的 html、destFilePath、httpClient 等局部变量被编译成为类的成员变量<html>5_5、<destFilePath>5_1、<httpClient>5_4 等后，这些变量就能被 MoveNext 方法访问到了。由于这些变量是类的成员变量，因此在同一个对象的不同状态中可以共享变量的值，这样就达到了"用成员变量模拟局部变量"的效果。

MoveNext 方法中的 switch 语句会根据当前的状态决定调用哪段代码。比如 num==1 的时候，第 61～68 行代码会被执行，以完成 ReadAllTextAsync 调用；匹配到 default 的时候，则 new HttpClient()会被执行，从而创建一个 HttpClient 类的对象。

接下来，再反编译 Main 方法，如代码 2-32 所示。

代码 2-32　Main 方法反编译后的代码

```
1  static Task Main(string[] args)
2  {
3    <Main>d__0 <Main>d__ = new <Main>d__0();
4    <Main>d__.args = args;
5    <Main>d__.<>t_builder = AsyncTaskMethodBuilder.Create();
6    <Main>d__.<>1__state = -1;
7    AsyncTaskMethodBuilder <>t_builder = <Main>d__.<>t_builder;
8    <>t_builder.Start<<Main>d__0>(ref <Main>d__);
9    return <Main>d__.<>t_builder.Task;
10 }
```

Main 方法中创建了一个<Main>d__0 类的对象，然后调用 AsyncTaskMethodBuilder 去执行 <Main>d__0 类的状态机，从而完成异步调用。

综上所述，async 方法会被 C#编译器编译成一个类，并根据 await 调用把方法切分为多个状态，对 async 方法的调用就会被拆分为若干次对 MoveNext 方法的调用。

2.2.5　async 背后的线程切换

看了 2.2.4 小节中分析的 async 原理，可能会疑惑：为什么编译器要把一个 async 方法拆分为多个状态呢？也可能会对代码 2-29 提出疑问："不是说异步的好处是避免线程等待耗时操作吗？但是使用 await 还是要等待。反正都是等待，有什么区别呢？"本小节中，我们来看一下隐藏在 async 背后的线程切换，这才是异步的真正价值所在。

这里我们先看结论，然后通过例子论证：在对异步方法进行 await 调用的等待期间，框架会把当前的线程返回给线程池，等异步方法调用执行完毕后，框架会从线程池再取出一个线程，以执行后续的代码。我们把这种由不同线程执行不同代码段的行为称作"线程切换"。

下面通过代码来验证一下这个结论，如代码 2-33 所示。

代码 2-33　线程切换的演示

```
1  Console.WriteLine("1-ThreadId=" + Thread.CurrentThread.ManagedThreadId);
2  string str = new string('a',10000000);
3  await File.WriteAllTextAsync("d:/1.txt", str);
4  Console.WriteLine("2-ThreadId=" + Thread.CurrentThread.ManagedThreadId);
5  await File.WriteAllTextAsync("d:/2.txt", str);
6  Console.WriteLine("3-ThreadId=" + Thread.CurrentThread.ManagedThreadId);
7  File.WriteAllText("d:/3.txt", str);//同步写入
8  Console.WriteLine("4-ThreadId=" + Thread.CurrentThread.ManagedThreadId);
```

代码中 Thread.CurrentThread.ManagedThreadId 用来获得当前线程 ID，如果两段代码中获得的线程 ID 相同，就说明它们运行在同一个线程中，否则就说明它们运行在不同线程中。

程序执行结果如图 2-11 所示。

如代码 2-33 所示，4 次输出分别位于方法的最开始、异步地向 1.txt 写入完成后、异步地向 2.txt 写入完成后，以及同步地向 3.txt 写入完成后。可以看到，前 3 次执行代码获取的线程 ID 都不一样，说明它们是在不同的线程中执行的，而第 4 次执

图 2-11　程序执行结果

行代码获取的线程 ID 和第 3 次的相同，说明它们是在相同的线程中执行的。

上面的程序证明了这个结论：异步调用前的线程在异步等待期间会被放回线程池，等异步等待结束之后，一个新的空闲线程会从线程池中被获取，异步等待调用后续的代码会运行在这个新的空闲线程中。从理论上来讲，存在程序等待异步执行结束后获取的新空闲线程还是之前被放回去的线程的可能性，不过实际运行中出现这种情况的概率并不高。

如果读者没有学过 2.2.4 小节所述 async 的原理，那么一定会感觉惊讶，因为按照计算机执行的原理，对于同一个方法的一次调用期间，这个方法中的所有代码都会运行在同一个线程中，不会出现一个方法的代码的其中一段和另一段运行在不同线程中的情况。但是学过了 async 原理，读者就应明白，异步方法的代码被拆分成了对 MoveNext 方法的多次调用，对 MoveNext 方法的多次调用当然就可以运行在不同的线程中了。

我们用餐馆点餐的例子阐述一下线程切换的过程：服务员给客人安排好位置后，就被放回了"空闲服务员池"；等客人完成看菜单、写点菜单操作，喊"服务员，菜点好了"后，餐馆会从空闲服务员池中取一个空闲的服务员出来完成帮客人把点菜单交给后厨的操作。这样的好处显而易见：没有任何一个服务员处于一直等待某个客人的状态，因此每个服务员都被充分利用起来，餐馆的接待能力就提升了。

使用 await、async 进行异步调用的好处也是类似的：当需要等待一个异步操作的时候，这个线程就会被放回线程池；当异步调用执行结束后，程序再从线程池取出一个线程来执行后续代码。因此服务器中的每个线程都不会空等某个操作，服务器处理并发请求的能力也就提升了。

await、async 让开发人员像编写同步代码一样编写异步代码，看起来线程在等待异步方法的执行，但是其实没有线程在等待异步方法的执行。微软把复杂的异步编程用 await、async 进行了简化，让开发人员可以像编写同步代码一样编写异步代码。

总结：编译器把 async 拆分成多次方法调用，程序在运行的时候会通过从线程池中取出空闲线程执行不同 MoveNext 调用的方式来避免线程的"空等"，这样开发人员就可以像编写同步代码一样编写异步代码，从而提升系统的并发处理能力。

2.2.6　异步方法不等于多线程

很多开发人员对异步方法有一个非常大的误解，那就是异步方法中的代码一定是在新线程中执行的。很多开发人员把异步方法和多线程画上了等号。其实异步方法中的代码并不会自动在新线程中执行，除非把代码放到新线程中执行。

我们编写代码来验证一下。首先编写一个耗时的方法，如代码 2-34 所示。

代码 2-34　耗时的方法

```
1  Console.WriteLine("1-Main:" + Thread.CurrentThread.ManagedThreadId);
2  Console.WriteLine(await CalcAsync(10000));
3  Console.WriteLine("2-Main:" + Thread.CurrentThread.ManagedThreadId);
4  async Task<decimal> CalcAsync(int n)
5  {
6      Console.WriteLine("CalcAsync:" + Thread.CurrentThread.ManagedThreadId);
7      decimal result = 1;
8      Random rand = new Random();
9      for (int i = 0; i < n * n; i++)
10     {
11         result = result + (decimal)rand.NextDouble();
12     }
```

```
13      return result;
14  }
```

代码 2-34 没有什么特别的含义，主要逻辑就是生成 n*n 个随机数，并且计算它们的和。在作者的电脑上，当给 CalcAsync 方法的参数 n 传递 10 000 的时候，这段代码大约需要 6s 才能执行完毕。程序执行结果如图 2-12 所示。

可以看到，CalcAsync 方法内输出的线程 ID 和 Main 方法内输出的线程 ID 是一样的，也就是 CalcAsync 和 Main 方法的代码是运行在同一个线程中的，CalcAsync 没有在新的线程中执行。这就验证了我们的结论：异步方法中的代码并不会自动在新线程中执行。

图 2-12　程序执行结果

那么如何让代码在新线程中执行呢？常用的就是调用 Task.Run 方法，我们可以把要执行的代码以委托的形式传递给 Task.Run，这样系统就会从线程池中取出一个线程执行我们的代码了。Task.Run 也可以执行有返回值的代码块，它会把代码块的返回值直接作为 Run 方法的返回值。对 CalcAsync 方法的代码进行修改，如代码 2-35 所示。

代码 2-35　用 Task.Run 方法执行代码

```
1   async Task<decimal> CalcAsync(int n)
2   {
3       Console.WriteLine("CalcAsync:" + Thread.CurrentThread.ManagedThreadId);
4       return await Task.Run(() => {
5           Console.WriteLine("Task.Run:" + Thread.CurrentThread.ManagedThreadId);
6           decimal result = 1;
7           Random rand = new Random();
8           for (int i = 0; i < n * n; i++)
9           {
10              result = result + (decimal)rand.NextDouble();
11          }
12          return result;
13      });
14  }
```

程序执行结果如图 2-13 所示。

可以看到 Task.Run 的线程 ID 和 Main 方法中的线程 ID 不同，这说明 Task.Run 中的代码被放到新线程中执行了。

综上所述，异步方法的代码并不会自动在新线程中执行，除非把代码放到新线程中执行。把代码放到新线程中执行可以用 Task.Run 方法，也可以用 Task.Factory.StartNew 方法。Task.Factory.StartNew 方法提供的参数更多，可以对执行的线程做更精细化的控制，其实 Task.Run 就是对 Task.Factory.StartNew 方法的封装而已。

图 2-13　程序执行结果

2.2.7　为什么有的异步方法没有 async

对于 async 方法，编译器会把代码根据 await 调用分成若干片段，然后对不同片段采用状态机的方式切换执行。不过，这个语法糖有时候反而是一个负担，这时我们就可以编写不用 async 修饰的异步方法。

如代码 2-36 所示，代码中的 ReadFileAsync 是一个普通的异步方法，它根据参数 num 的值来决定读取不同的文件。

代码 2-36　根据参数的值读取不同的文件

```
1   string s1 = await ReadFileAsync(1);
2   Console.WriteLine(s1);
3   async Task<string> ReadFileAsync(int num)
4   {
5       switch (num)
6       {
7           case 1:
8               return await File.ReadAllTextAsync("d:/1.txt");
9           case 2:
10              return await File.ReadAllTextAsync("d:/2.txt");
11          default:
12              throw new ArgumentException("num invalid");
13      }
14  }
```

我们知道，编译器会把 ReadFileAsync 方法中的代码编译成一个类，然后根据 await 把代码分成多段执行。因此，异步方法会被编译成对应的类，这不仅会加大程序集的尺寸，而且程序的运行效率一般也会比普通方法的低。

我们可以调整代码，如代码 2-37 所示。

代码 2-37　未用 async 修饰的方法

```
1   string s1 = await ReadFileAsync(1);
2   Console.WriteLine(s1);
3   Task<string> ReadFileAsync(int num)
4   {
5       switch (num)
6       {
7           case 1:
8               return File.ReadAllTextAsync("d:/1.txt");
9           case 2:
10              return File.ReadAllTextAsync("d:/2.txt");
11          default:
12              throw new ArgumentException("num invalid");
13      }
14  }
```

上面代码的执行结果和代码 2-36 的执行结果相比，有什么不同呢？唯一的区别就是 ReadFileAsync 方法没有用 async 修饰，而且调用 File.ReadAllTextAsync 的时候没有写 await。因为

方法没有用 async 修饰，所以在方法内部不能用 await，而方法要求返回 Task<string>，File.ReadAllTextAsync 方法的返回值是 Task<string>，因此我们可以直接把 File.ReadAll-TextAsync 方法的返回值作为 ReadFileAsync 方法的返回值。当 Main 方法调用 ReadFileAsync 方法的时候，ReadFileAsync 方法的返回值是 Task 类型，因此我们就可以在 Main 方法中用 await 调用 ReadFileAsync 方法。可以看到，只要方法的返回值是 Task 类型，我们就可以用 await 关键字对其进行调用，而不用管被调用的方法是否用 async 修饰。

图 2-14 反编译后的程序集结构

反编译代码 2-37 生成的程序集，图 2-14 所示是反编译后的程序集结构。

代码 2-38 所示的是 ReadFileAsync 方法的反编译结果。

代码 2-38　ReadFileAsync 方法的反编译结果

```
1   Task<string> ReadFileAsync(int num)
2   {
3       Task<string> result;
4       if (num != 1)
5       {
6           if (num != 2)
7           {
8               throw new ArgumentException("num invalid");
9           }
10          result = File.ReadAllTextAsync("d:/2.txt",
11          default(CancellationToken));
12      }
13      else
14      {
15          result = File.ReadAllTextAsync("d:/1.txt",
16          default(CancellationToken));
17      }
18      return result;
19  }
```

由于 ReadFileAsync 方法没有用 async 关键字修饰，因此我们没有看到 ReadFileAsync 方法的代码编译生成的类，ReadFileAsync 内部也不像 async 方法那样复杂，而只是简单地调用 File.ReadAllTextAsync 方法。ReadFileAsync 方法没有编译生成类，因此不会增加程序集的尺寸，而且运行效率更高。因此，如果一个异步方法只是对别的异步方法进行简单的调用，并没有太多复杂的逻辑，比如获取异步方法的返回值后再做进一步的处理，就可以去掉 async、await

关键字。

在.NET Core 源代码中有时就能看到类似用法，比如查看 GitHub 上.NET Core 源代码，会发现 ReadAllTextAsync 方法的源代码如代码 2-39 所示。

代码 2-39　ReadAllTextAsync 方法的源代码

```
1  public static Task<string> ReadAllTextAsync(string path, CancellationToken ct)
2      => ReadAllTextAsync(path, Encoding.UTF8, ct);
```

ReadAllTextAsync 方法有 2 个参数，它只是把请求转发给有 3 个参数的 ReadAllTextAsync 方法，因此这个方法就没有用 async 修饰。而最终调用的方法 InternalReadAllTextAsync 中由于逻辑比较复杂，用到了 await，因此修饰为了 async。InternalReadAllTextAsync 方法的关键源代码如代码 2-40 所示。

代码 2-40　InternalReadAllTextAsync 方法的关键源代码

```
1  static async Task<string> InternalReadAllTextAsync(string path, Encoding encoding,
2      CancellationToken cancellationToken)
3  {
4      StringBuilder sb = new StringBuilder();
5      while (true)
6      {
7          int read = await sr.ReadAsync(buffer, 0, buffer.Length).ConfigureAwait(false);
8          if (read == 0)
9          {
10             return sb.ToString();
11          }
12          sb.Append(buffer, 0, read);
13      }
14      return sb.ToString();
15  }
```

对于使用 async 的异步方法，如果返回值是 Task 类型，我们可以直接用 return 结束方法的执行。比如，方法的返回值是 Task<int>类型，我们写 return 5，编译器会负责把它们转换为 Task 对象。但是在编写不用 async 修饰的异步方法时，则需要开发人员手动创建 Task 对象，如代码 2-41 所示。

代码 2-41　手动创建 Task 对象

```
1  await WriteFileAsync(3, "hello");
2  string s1 = await ReadFileAsync(5);
3  Console.WriteLine(s1);
4  Task WriteFileAsync(int num, string content)
5  {
6      switch (num)
7      {
8          case 1:
9              return File.WriteAllTextAsync("d:/1.txt", content);
```

```
10          case 2:
11              return File.WriteAllTextAsync("d:/2.txt", content);
12          default:
13              Console.WriteLine("文件暂时不可用");
14              return Task.CompletedTask;
15      }
16 }
17 Task<string> ReadFileAsync(int num)
18 {
19     switch (num)
20     {
21          case 1:
22              return File.ReadAllTextAsync("d:/1.txt");
23          case 2:
24              return File.ReadAllTextAsync("d:/2.txt");
25          default:
26              return Task.FromResult("Love");
27      }
28 }
```

对于第 14 行代码，如果我们不写这条语句，从语法上来讲 WriteFileAsync 方法的这个分支是没有返回值的，会有语法错误，因此要返回 Task.CompletedTask 对象，表示方法调用结束。对于第 26 行代码，用 Task.FromResult 方法把需要返回的值转换为 Task 对象。

2.2.8　异步编程的几个重要问题

在使用异步编程的时候，还需要注意以下问题。

（1）.NET Core 的类库已经全面拥抱异步了，大部分耗时的操作都提供了异步方法。有的类为了兼容旧 API，也提供了非异步的方法。建议开发人员只使用异步方法，因为这样能提升系统的并发处理能力。

（2）如果由于框架的限制，我们编写的方法不能标注为 async，那么在这个方法中就不能使用 await 调用异步方法。对于返回值为 Task<T>类型对象的异步方法，可以在 Task<T>类型对象上调用 Result 属性或者 GetAwaiter().GetResult 来等待异步执行结束获取返回值；对于返回值为 Task 类型对象的异步方法，也可以在 Task 类型对象上调用 Wait 方法来调用异步方法并且等待任务执行结束，如代码 2-42 所示。

代码 2-42　同步方法中调用异步方法

```
1  string s1 = File.ReadAllTextAsync("d:/1.txt").Result;
2  string s2 = File.ReadAllTextAsync("d:/1.txt").GetAwaiter().GetResult();
3  File.WriteAllTextAsync("d:/1.txt", "hello").Wait();
```

不过，这样的调用方式不推荐使用，因为这样会阻塞调用线程，导致系统的并发处理能力下降，甚至会引起程序死锁。在.NET Framework 时代，由于历史遗留问题，还是有一些地方不能使用 async，但是在.NET Core 时代，我们很少会遇到这种情况，因此请读者统一用 await 调用异步方法。

（3）异步暂停的方法。如果想在异步方法中暂停一段时间再继续执行，那么不要用 Thread. Sleep，因为它会阻塞调用线程，要使用 await Task.Delay。比如代码 2-43 就实现了先获取人民邮电出版社官网的内容，隔 3s 后再获取人邮学院的内容。

代码 2-43　Delay 的使用

```
1  using HttpClient httpClient = new HttpClient();
2  string s1 = await httpClient.GetStringAsync("https://www.ptpress.com.cn");
3  await Task.Delay(3000);
4  string s2 = await httpClient.GetStringAsync("https://www.rymooc.com");
```

（4）读者可能注意到，.NET Core 的很多异步方法中都有一个 CancellationToken 类型的参数，我们可以通过 CancellationToken 类型的对象让异步方法提前终止。比如在用 ASP.NET Core 开发的网站中，一个操作比较耗时，如果我们希望用户能提前终止这个操作，就可以通过 CancellationToken 对象进行。

（5）可以使用 Task.WhenAll 同时等待多个 Task 的执行结束，比如代码 2-44 展示了 t1、t2、t3 这 3 个 Task 都执行结束才继续向下执行，并且通过 WhenAll 的返回值获取 3 个 Task 的返回值。

代码 2-44　同时等待多个 Task 的执行结束

```
1  Task<string> t1 = File.ReadAllTextAsync("d:/1.txt");
2  Task<string> t2 = File.ReadAllTextAsync("d:/2.txt");
3  Task<string> t3 = File.ReadAllTextAsync("d:/3.txt");
4  string[] results = await Task.WhenAll(t1, t2, t3);
5  string s1 = results[0];
6  string s2 = results[1];
7  string s3 = results[2];
```

这种用法可以应用到如下的场景中：有一个任务需要拆分为多个子任务，然后放到多个线程中执行，并且在所有子任务执行完毕后，再进行汇总处理。

.NET 中还提供了一个 Task.WhenAny 方法用于等待多个任务，只要其中任何一个任务执行完成，代码就会继续向下执行。

（6）由于 async 用于提示编译器为异步方法中的 await 代码进行分段处理，而且一个异步方法是否用 async 修饰对于方法的调用者来说是没有区别的，因此对于接口中的方法或者抽象方法是不能修饰为 async 的，但是这些方法仍然可以把返回值设置为 Task 类型，在实现类中再根据需要为实现方法添加 async 关键字的修饰。

2.3　LINQ

LINQ 是.NET Core 中提供的简化数据查询的技术。使用 LINQ 技术，可以用几行代码就实现复杂的数据查询。LINQ 不仅可以对普通的.NET 集合进行查询，而且在 Entity Framework

Core 中应用广泛，因此读者必须熟练掌握 LINQ。

2.3.1 Lambda 表达式

Lambda 表达式是 C#中的语法，它可以让我们进行函数式编程，可大大减少代码量。Lambda 表达式在 LINQ、ASP.NET Core 等很多场合都用得非常多。不过，有不少.NET 开发人员对 Lambda 表达式理解得不深入，造成使用 Lambda 表达式的时候遇到很多困难。因此，在本小节中，我们将会对 Lambda 表达式做详细的讲解。

谈到 Lambda 表达式，我们就要先从委托谈起。委托是 C#的语法，由于本书不讲解 C#语法，如果读者对委托不熟悉，请先阅读相关资料，本小节只对委托做概括性的介绍。

委托是一种可以指向方法的类型，比如代码 2-45 展示了委托的用法。

代码 2-45　委托的用法

```
1  MyDelegate d1 = SayEnglish;
2  string s1 = d1(3);
3  Console.WriteLine(s1);
4  d1 = SayChinese;
5  string s2 = d1(5);
6  Console.WriteLine(s2);
7  static string SayEnglish(int age)
8  {
9     return $"Hello {age}";
10 }
11 static string SayChinese(int age)
12 {
13    return $"你好 {age}";
14 }
15 delegate string MyDelegate(int n);
```

程序执行结果如图 2-15 所示。

委托类型规定了方法的返回值和参数的类型。比如代码 2-45 中定义了委托类型 MyDelegate，MyDelegate 类型的变量 d1 可以指向与 MyDelegate

图 2-15　程序执行结果

类型相容的方法，然后我们就可以像调用方法一样调用委托类型的变量。调用委托变量的时候执行的就是变量指向的方法。

在.NET 中定义了最多可达 16 个参数的泛型委托 Action（无返回值）和 Func（有返回值），因此一般我们不需要自定义委托类型，可以直接使用 Action 或者 Func 这两个委托类型。

委托变量不仅可以指向普通方法，也可以指向匿名方法，如代码 2-46 所示。

代码 2-46　委托变量指向匿名方法

```
1 Func<int, int, string> f1 = delegate (int i1, int i2) {
2    return $"{i1}+{i2}={i1 + i2}";
```

```
3 };
4 string s = f1(1, 2);
5 Console.WriteLine(s);
```

上面的代码中，使用 Func 定义了一个有两个 int 类型参数并且返回值为 string 类型的委托变量 f1，f1 指向匿名方法，其中的第 2 行代码是匿名方法的方法体。

定义匿名方法也可以采用 Lambda 表达式的语法，比如代码 2-46 中第 1~3 行代码也可以用 Lambda 表达式改写，如代码 2-47 所示。

代码 2-47　用 Lambda 表达式改写

```
1 Func<int, int, string> f1 = (i1,i2) =>{
2     return $"{i1}+{i2}={i1 + i2}";
3 };
```

代码 2-46 和代码 2-47 不同的地方是，代码 2-47 中去掉了 delegate 关键字，并且省略了参数的数据类型，因为编译器能根据委托类型推断出参数的类型，然后用=>作为定义方法体的关键字。

接下来还可以进一步简化这些代码。如果=>之后的方法体中只有一行代码，并且方法有返回值，那么还可以省略方法体的花括号及 return 关键字。代码 2-48 所示的是进一步简化后的代码。

代码 2-48　进一步简化后的代码

```
Func<int, int, string> f1 = (i1, i2) => $"{i1}+{i2}={i1 + i2}";
```

除此之外，匿名方法用 Lambda 表达式改写还有如下简化的规则。

（1）如果一个方法没有返回值，并且方法体只有一行代码，也可以省略方法体的花括号，如代码 2-49 所示。

代码 2-49　省略方法体的花括号

```
Action<int, string> a1 = (age, name)=> Console.WriteLine($"年龄{age},姓名{name}");
```

（2）如果一个方法只有一个参数，那么 Lambda 表达式参数中的圆括号也可以省略，如代码 2-50 所示。

代码 2-50　Lambda 表达式省略参数中的圆括号

```
Func<int,int> f1=i1=>i1*2;
```

代码 2-51 所示的 MyWhere 方法是一个按照 filter（过滤条件）对 nums 中的数据进行过滤的方法。

代码 2-51　Lambda 表达式的例子

```
1 int[] arrays = { 2, 8, 29, 19, 12, 13, 99, 89, 105, 108, 81 };
2 var nums2 = MyWhere(arrays, n => n > 30);
```

```
3   Console.WriteLine(string.Join(",", nums2));
4   var nums3 = MyWhere(arrays, n => n % 2 == 0);
5   Console.WriteLine(string.Join(",", nums3));
6   static IEnumerable<int> MyWhere(IEnumerable<int> nums, Func<int, bool> filter)
7   {
8       foreach (int n in nums)
9       {
10          if (filter(n)) yield return n;
11      }
12  }
```

程序执行结果如图 2-16 所示。

在代码 2-51 的第 2 行代码中，通过 n=>n>30 这样
一个 Lambda 表达式完成了过滤"大于 30 的数"这样
的任务。在第 4 行代码中，通过 n=>n%2==0 这样一个
Lambda 表达式完成了过滤偶数这样的任务。对于第 2
行代码，如果用匿名方法的写法，将会如代码 2-52 所示。

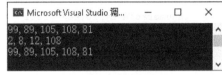

图 2-16   程序执行结果

代码 2-52   匿名方法的写法

```
1   Func<int, bool> f1 = delegate (int n) {
2       return n > 30;
3   };
4   var nums2 = MyWhere(arrays, f1);
```

如代码 2-52 所示，其写法比 Lambda 表达式的写法复杂很多。可见，Lambda 表达式让我
们编写匿名方法更简单。

2.3.2   常用集合类的扩展方法

LINQ 关键的功能是提供了集合类的扩展方法，所有实现了 IEnumerable<T>接口的类都可
以使用这些方法。这些方法不是 IEnumerable<T>中的方法，而是以扩展方法的形式存在于
System.Linq 命名空间的静态类中。

为了方便后面的演示，我们需要先准备一些测试用的数据。首先定义一个表示员工的
Employee 记录类型，这个类型的各个属性的含义如下：Id 属性是主键，Name 属性是姓名，
Age 属性是年龄，Gender 属性是性别（true 为男，false 为女），Salary 属性是工资。然后再准
备一些初始数据放到 List<Employee>类型的集合中，Employee 类型和初始数据的代码请参考
随书源代码。

接下来我们开始讲解 LINQ 中常用的集合类的扩展方法。

（1）数据过滤。Where 方法是用于根据条件对数据进行过滤的。Where 方法的声明如下：

```
IEnumerable<TSource> Where<TSource>(this IEnumerable<TSource> source, Func<TSource,
bool> predicate)
```

LINQ 中集合类的扩展方法大部分都是泛型方法，方法中的返回值、参数等很多都和集合的泛型一致，因此可以充分利用泛型来流畅地编写代码。

Where 方法的 predicate 参数是一个参数为元素类型，返回值为 bool 类型的委托。source 参数集合的每一项数据都会经过 predicate 的测试，如果针对一个元素 predicate 执行的返回值为 true，那么这个元素就会放到返回值中。Where 方法的返回值是通过 predicate 条件测试的元素的集合。

如代码 2-53 所示，使用 Where 方法获取工资高于 2 500 元且年龄小于 35 岁的员工。

代码 2-53　Where 方法的例子

```
1  IEnumerable<Employee> list1 = list.Where(e => e.Salary > 2500 && e.Age <35);
2  foreach(Employee e in list1)
3  {
4      Console.WriteLine(e);
5  }
```

程序执行结果如图 2-17 所示。

图 2-17　程序执行结果

Where 方法是一个 Lambda 表达式格式的匿名方法，方法的参数 e 表示当前待判断的元素值。参数的名字不一定非要是 e，只要不违反变量的命名规则并且不和作用域内的其他变量名冲突即可，不过一般 Lambda 表达式中的变量名长度都不长，一般都是一个字符，这样可以避免 Lambda 表达式的代码太长。

（2）获取数据条数。Count 方法用于获取数据条数，它有两个重载方法，一个没有参数，另一个有 Func<TSource, bool> predicate 类型参数。没有参数的重载方法用于获取集合的数据条数，而有 predicate 参数的则可以获取集合中符合 predicate 条件的数据条数。因此，如果想获得"工资高于 5 000 元，或者年龄小于 30 岁的员工"的个数，如代码 2-54 所示的两种写法都是可以的。

代码 2-54　Count 的用法

```
1 int count1 = list.Count(e => e.Salary > 5000 || e.Age < 30);
2 int count2 = list.Where(e => e.Salary > 5000 || e.Age < 30).Count();
```

第 1 行代码演示了直接用 predicate 条件计算数据条数。第 2 行代码则演示了先用 Where 过滤数据，然后用 Count 方法获取过滤后的数据条数，因为 Where 会返回过滤后的数据。Where 方法的返回值也是 IEnumerable 类型的，所以可以继续链式地调用其他扩展方法。

如果过滤条件返回的数据条数太多，超过了 int 类型的最大值，那么可以调用返回值为 long

类型的 LongCount 方法，其用法和 Count 方法的一样。

（3）判断是否至少有一条满足条件的数据。Any 方法用于判断集合中是否至少有一条满足条件的数据，返回值为 bool 类型。Any 方法同样有两个重载方法，一个是没有参数的，另一个是有 Func<TSource, bool> predicate 类型参数的。代码 2-55 所示的是两种判断是否存在工资高于 8 000 元的员工的方法。

代码 2-55　Any 方法的演示

```
1  bool b1 = list.Any(e => e.Salary > 8000);
2  bool b2 = list.Where(e => e.Salary > 8000).Any();
```

其实，我们用 Count 也可以实现类似的效果，也就是判断 Count 方法的返回值是否大于 0，比如：bool b3 = list.Count(e => e.Salary > 8000) >0。

不过，由于 Any 只关心"有没有符合条件的数据"，而不关心符合条件的有几条数据，但是 Count 要计算有几条数据，因此在执行的时候，Any 只要遇到一个满足条件的数据就停止继续向后检查数据，但是 Count 则要一直计算到最后一条才能知道满足条件的数据条数，因此通常用 Any 实现的效率比用 Count 实现的更高。如果只是想判断数据是否存在，请使用 Any 方法。

（4）获取一条数据。LINQ 中有 4 组获取一条数据的方法，分别是 Single、SingleOrDefault、First 和 FirstOrDefault。这 4 组方法的返回值都是符合条件的一条数据，每组方法也同样有两个重载方法，一个没有参数，另一个有一个 Func<TSource, bool> predicate 参数。下面解释一下这 4 组方法的区别。

- Single：如果确认有且只有一条满足要求的数据，那么就用 Single 方法。如果没有满足条件的数据，或者满足条件的数据多于一条，Single 方法就会抛出异常。
- SingleOrDefault：如果确认最多只有一条满足要求的数据，那么就用 SingleOrDefault 方法。如果没有满足条件的数据，SingleOrDefault 方法就会返回类型的默认值。如果满足条件的数据多于一条，SingleOrDefault 方法就会抛出异常。
- First：如果满足条件的数据有一条或者多条，First 方法就会返回第一条数据；如果没有满足条件的数据，First 方法就会抛出异常。
- FirstOrDefault：如果满足条件的数据有一条或者多条，FirstOrDefault 方法就会返回第一条数据；如果没有满足条件的数据，FirstOrDefault 方法就会返回类型的默认值。

我们通过代码 2-56 演示一下这 4 组方法的用法。

代码 2-56　获取一条数据的方法

```
1  Employee e1 = list.Single(e=>e.Id==6);
2  Console.WriteLine(e1);
3  Employee? e2 = list.SingleOrDefault(e => e.Id == 9);
4  if(e2==null)
5      Console.WriteLine("没有 Id==9 的数据");
6  else
```

```
7      Console.WriteLine(e2);
8  Employee e3 = list.First(e => e.Age>30);
9  Console.WriteLine(e3);
10 Employee? e4 = list.FirstOrDefault(e => e.Age > 30);
11 if (e4 == null)
12     Console.WriteLine("没有大于 30 岁的数据");
13 else
14     Console.WriteLine(e2);
15 Employee e5 = list.First(e=>e.Salary>9999);
```

程序运行结果如图 2-18 所示。

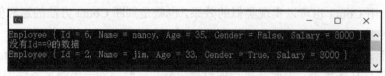

图 2-18　程序运行结果

在运行到第 15 行代码的 First 方法的时候，程序抛出了异常，因为不存在工资大于 9 999 元的员工。

合理地使用这些方法可以提高程序的正确性，比如编写程序的时候，如果确认能且只能查出来一条满足条件的数据，那么就可以用 Single 方法。这样，如果程序数据有问题，导致有不止一条满足条件的数据，程序就能及时报错，帮助我们及早发现程序逻辑上的错误。一个健壮的程序，不应该隐藏异常，而是有了异常要及早暴露出来，以避免引起更大的问题。

（5）排序。OrderBy 方法可以对数据进行正向排序，而 OrderByDescending 方法则可以对数据进行逆向排序，如代码 2-57 所示。

代码 2-57　排序

```
1  Console.WriteLine("------按照年龄正序排列------");
2  var orderedItems1 = list.OrderBy(e => e.Age);
3  foreach(var item in orderedItems1)
4  {
5      Console.WriteLine(item);
6  }
7  Console.WriteLine("------按照工资倒序排列------");
8  var orderedItems2 = list.OrderByDescending(e => e.Salary);
9  foreach (var item in orderedItems2)
10 {
11     Console.WriteLine(item);
12 }
```

程序执行结果如图 2-19 所示。

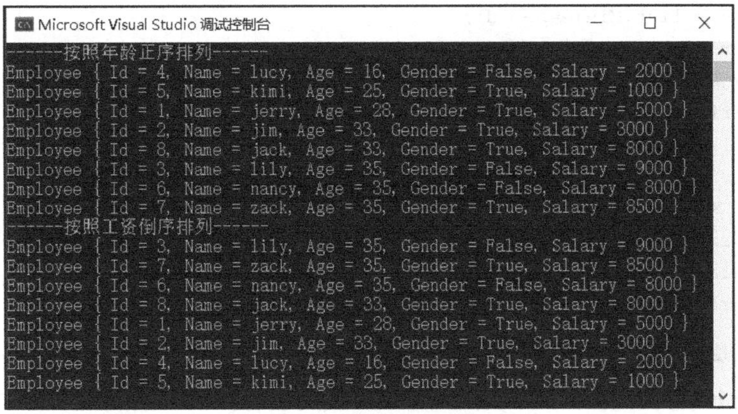

图 2-19 程序执行结果

（6）限制结果集。限制结果集用来从集合中获取部分数据，其主要应用场景是分页查询，比如从第 2 条开始获取 3 条数据。Skip(n)方法用于跳过 n 条数据，Take(n)方法用于获取 n 条数据。代码 2-58 所示的是从第 2 条开始获取 3 条数据的方式。

代码 2-58　限制结果集

```
1  var orderedItems1 = list.Skip(2).Take(3);
2  foreach (var item in orderedItems1)
3  {
4      Console.WriteLine(item);
5  }
```

程序执行结果如图 2-20 所示。

图 2-20　程序执行结果

Skip、Take 方法也可以单独使用，比如 list.Skip(2)用于跳过 2 条数据，然后一直获取最后一条数据，而 list.Take(2)用于获取 list 的前 2 条数据。

（7）聚合函数。我们知道，SQL 中有 Max（最大值）、Min（最小值）、Avg（平均值）、Sum（总和）、Count（总数）等聚合函数。LINQ 中也有对应的方法，它们的名字分别是 Max、Min、Average、Sum 和 Count，这些方法也可以和 Where、Skip、Take 等方法一起使用，如代码 2-59 所示。

代码 2-59　聚合函数

```
1  int maxAge = list.Max(e=>e.Age);
2  Console.WriteLine($"最大年龄:{maxAge}");
```

```
3   long minId = list.Min(e=>e.Id);
4   Console.WriteLine($"最小 Id:{minId}");
5   double avgSalary = list.Average(e => e.Salary);
6   Console.WriteLine($"平均工资:{avgSalary}");
7   int sumSalary = list.Sum(e=>e.Salary);
8   Console.WriteLine($"工资总和:{sumSalary}");
9   int count = list.Count();
10  Console.WriteLine($"总条数:{count}");
11  int minSalary2 = list.Where(e => e.Age > 30).Min(e=>e.Salary);
12  Console.WriteLine($"大于 30 岁的人群中的最低工资:{minSalary2}");
```

程序执行结果如图 2-21 所示。

如果集合是 int 等值类型的集合，我们也可以使用没有参数的聚合函数。如代码 2-60 所示，scores 数组代表成绩，可以用聚合函数获取最低成绩及合格成绩中的平均值。

代码 2-60　没有参数的聚合函数

```
1   int[] scores = { 61,90,100,99,18,22,38,66,80,93,55,50,89};
2   int minScore = scores.Min();
3   Console.WriteLine($"最低成绩: {minScore}");
4   double avgScore1 = scores.Where(i => i >= 60).Average();
5   Console.WriteLine($"合格成绩中的平均值: {avgScore1}");
```

程序执行结果如图 2-22 所示。

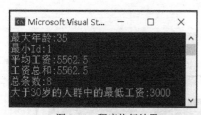

图 2-21　程序执行结果

图 2-22　程序执行结果

（8）分组。LINQ 中支持类似于 SQL 中的 group by 实现的分组操作。GroupBy 方法用来进行分组，其声明比较复杂，如代码 2-61 所示。

代码 2-61　GroupBy 方法的声明

```
1   IEnumerable<IGrouping<TKey, TSource>> GroupBy<TSource, TKey>
2       (this IEnumerable<TSource> source, Func<TSource, TKey> keySelector);
```

GroupBy 方法的参数 keySelector 是分组条件表达式，GroupBy 方法的返回值为 IGrouping<TKey, TSource>类型的泛型 IEnumerable。IGrouping 是一个继承自 IEnumerable 的接口，IGrouping 中唯一的成员就是 Key 属性，表示这一组数据的数据项。由于 IGrouping 是继承自 IEnumerable 接口的，因此我们依然可以使用 Count、Min、Average 等方法进行组内的数据聚合运算。

如代码 2-62 所示，根据年龄进行分组，然后计算组内的人数、平均工资等。

代码 2-62　GroupBy 方法的演示

```
1  IEnumerable<IGrouping<int, Employee>>  items = list.GroupBy(e => e.Age);
2  foreach(IGrouping<int, Employee> item in items)
3  {
4      int age = item.Key;
5      int count = item.Count();
6      int maxSalary = item.Max(e=>e.Salary);
7      double avgSalary = item.Average(e => e.Salary);
8      Console.WriteLine($"年龄{item.Key},人数{count},最高工资{maxSalary},平均工资
       {avgSalary}");
9  }
```

程序执行结果如图 2-23 所示。

图 2-23　程序执行结果

IGrouping 是一个泛型类型，因此 Key 的类型和分组条件表达式中值的类型一致，代码 2-62 中的分组条件是 int 类型的 Age，因此代码 2-62 的第 4 行代码中的 item.Key 就是 int 类型。

C#中的 var 是一个能让编译器根据变量上下文环境推测变量类型的语法，它可以帮开发人员避免编写 IEnumerable<IGrouping<int, Employee>>等过于复杂的变量类型，特别是与匿名类型结合起来使用非常方便，因此 var 在编写 LINQ 相关代码的时候用得非常多。对 var 不熟悉的读者，请参考相关资料。

如代码 2-63 所示，根据性别进行分组，然后统计各个分组的人数、平均工资和最小年龄。

代码 2-63　GroupBy 的综合案例

```
1  var items = list.GroupBy(e => e.Gender);
2  foreach (var item in items)
3  {
4      bool gender = item.Key;
5      int count = item.Count();
6      double avgSalary = item.Average(e => e.Salary);
7      int minAge = item.Min(e => e.Age);
8      Console.WriteLine($"性别{gender},人数{count},平均工资{avgSalary:F},最小年龄{minAge}");
9  }
```

由于分组条件表达式用的是 bool 类型的 Gender 属性，因此第 4 行代码的 item.Key 就是

bool 类型。第 1、2 行代码中声明变量的时候使用 var 简化了变量的类型声明。程序执行结果
如图 2-24 所示。

图 2-24　程序执行结果

（9）投影。可以对集合使用 Select 方法进行投影操作，通俗来说就是把集合中的每一项逐
项转换为另外一种类型，Select 方法的参数是转换的表达式，如代码 2-64 所示。

代码 2-64　Select 方法的例子

```
1   IEnumerable<int> ages = list.Select(e => e.Age);
2   Console.WriteLine(string.Join(",", ages));
3   IEnumerable<string> names = list.Select(e=>e.Gender?"男":"女");
4   Console.WriteLine(string.Join(",",names));
```

上面的第 1 行代码中，Select 方法把 list 中每一项的 Age 通过投影操作提取出来，因为 Age
是 int 类型的，所以 Select 方法的返回值就是 IEnumerable<int>类型。第 3 行代码是把 bool 类
型的 Gender 转换为字符串类型，所以 Select 方法的返回值就是 IEnumerable<string>类型。

程序执行结果如图 2-25 所示。

图 2-25　程序执行结果

在 Select 方法中也可以使用匿名类型。如代码 2-65 所示，用 Select 方法从 list 的每一项中
提取出 Name、Age 属性的值，并且把 Gender 转换为字符串，Select 方法的返回值是一个匿名
类型的 IEnumerable 类型，因此我们必须用 var 声明变量类型。

代码 2-65　Select 方法中使用匿名类型

```
1   var items = list.Select(e=>new {e.Name,e.Age,XingBie= e.Gender ? "男" : "女"});
2   foreach(var item in items)
3   {
4       string name = item.Name;
5       int age = item.Age;
6       string xingbie = item.XingBie;
7       Console.WriteLine($"名字={name},年龄={age},性别={xingbie}");
8   }
```

（10）集合转换。集合操作的扩展方法的返回值大部分都是 IEnumerable<T>类型，但是有

一些地方需要数组类型或者 List<T>类型的变量，我们可以用 ToArray 和 ToList 方法分别把 IEnumerable<T>转换为数组类型和 List<T>类型，如代码 2-66 所示。

代码 2-66　ToArray 和 ToList 方法的演示

```
1  Employee[] items1 = list.Where(e => e.Salary > 3000).ToArray();
2  List<Employee> items2 = list.Where(e => e.Salary > 3000).ToList();
```

上面讲的这些方法中，Where、Select、OrderBy、GroupBy、Take、Skip 等方法的返回值都是 IEnumerable<T>类型，因此它们是可以被链式调用的。如代码 2-67 所示，完成"获取 Id>2 的数据，再按照 Age 分组，并且把分组按照 Age 排序，然后取出前 3 条，最后投影取得年龄、人数、平均工资"这样复杂的任务。

代码 2-67　LINQ 扩展方法的链式调用

```
1  var items = list.Where(e => e.Id > 2).GroupBy(e => e.Age).OrderBy(g => g.Key).Take(3)
2      .Select(g => new { Age = g.Key, Count = g.Count(), AvgSalary = g.Average(e => e.
   Salary) });
3  foreach(var item in items)
4  {
5      Console.WriteLine($"年龄:{item.Age},人数: {item.Count},平均工资:{item.AvgSalary}");
6  }
```

程序执行结果如图 2-26 所示。

图 2-26　程序执行结果

2.3.3　LINQ 的另一种写法

在 2.3.2 小节中我们学到的使用 Where、OrderBy、Select 等扩展方法进行数据查询的写法叫作"方法语法"。除此之外，LINQ 还有另外一种叫作"查询语法"的写法。

比如，代码 2-68 所示的是准备用"查询语法"改写的数据查询代码。

代码 2-68　准备改写的代码

```
1  var items1 = list.Where(e => e.Salary > 3000).OrderBy(e => e.Age)
2      .Select(e=>new {e.Name,e.Age,Gender=e.Gender?"男":"女"})
```

上面的代码可以用"查询语法"写成如代码 2-69 所示的形式。

代码 2-69　"查询语法"版本的代码

```
1  var items2 = from e in list
2      where e.Salary > 3000
```

```
3        orderby e.Age
4        select new { e.Name, e.Age, Gender = e.Gender ? "男" : "女" };
```

"方法语法"并没有发明新的语法，用的都是扩展方法、Lambda 表达式等 C#中已经存在的语法，而"查询语法"则是新的 C#语法。C#编译器会把"查询语法"编译成"方法语法"形式，也就是在运行时它们没有区别。所有的"查询语法"都能用"方法语法"改写，所有的"方法语法"也能用"查询语法"改写。

"查询语法"看起来更新颖，而且比"方法语法"需要写的代码会少一些，但是在编写复杂的查询条件的时候，用"方法语法"编写的代码会更清晰。根据作者的经验，使用"方法语法"的.NET 开发人员更多，因此本书不再详细讲解"查询语法"。

2.4　本章小结

本章首先介绍了 C#中常用的新语法；然后介绍了异步编程技术，通过学习这些，读者可了解异步编程的优点，知道 await、async 的原理，以及线程切换等内部机制；最后讲解了用简单的几个声明就可以完成复杂数据处理任务的 LINQ 技术。

第3章 .NET Core 核心基础组件

.NET Core 程序的各个部分是通过依赖注入功能被组装在一起的，可以说依赖注入是.NET Core 的骨架，它支撑起了.NET Core 程序的运行。为了避免把一些选项硬编码到程序中，我们应该允许运维人员通过配置系统调整这些选项。如果把程序在运行过程中的一些关键信息输出到日志中，将能够更好地发现程序的问题。因此，本章将介绍.NET Core 中依赖注入、配置系统和日志这 3 个重要的基础组件。

3.1 依赖注入

控制反转（inversion of control，IoC）是设计模式中非常重要的思想，而依赖注入（dependency injection，DI）是控制反转思想的一种重要的实现方式。依赖注入简化了模块的组装过程，减小了模块之间的耦合度，因此.NET Core 中大量应用了依赖注入的开发模式。

3.1.1 什么是控制反转、服务定位器和依赖注入

在传统的软件开发中，代码依赖的对象都是由调用者自己编写代码进行创建和组装的。如代码 3-1 所示，先从配置文件 Web.config 读取数据库连接字符串，然后创建程序到数据库的连接。

代码 3-1 传统读取配置的方式

```
1  var connStr = ConfigurationManager.ConnectionStrings["connStr1"] ConnectionString;
2  SqlConnection conn = new SqlConnection(connStr);
3  conn.StatisticsEnabled = true;
```

这样做的缺点是开发人员需要清楚每个类的作用，以及如何构建和组装它们，代码也对这些组件有强依赖性。以代码 3-1 为例，开发人员需要知道 "使用 ConfigurationManager 类读取连接字符串" 这个知识点，并且需要知道要把连接字符串作为参数来调用 SqlConnection 的构造方法，以创建数据库连接对象。开发人员必须了解这些细节。这增加了开发人员的负担，使开发人员无法专注于业务逻辑代码的开发。同时，这些代码也与 ConfigurationManager、SqlConnection 等类强耦合。如果需要把从配置文件 Web.config 读取改为从环境变量读取或者

改为连接 MySQL 数据库，就要对代码进行修改。

控制反转的目的就是把"创建和组装对象"操作的控制权从业务逻辑的代码中转移到框架中，这样业务代码中只要说明"我需要某个类型的对象"，框架就会帮助我们创建这个对象。框架甚至可以用装饰者模式把原始的对象包装起来，透明地提供权限控制、缓存、日志等功能，从而实现面向切面编程。

如果我们对代码 3-1 用控制反转的思想改造的话，有以下两种主要的改造方式。

第一种方式是服务定位器（service locator）。假设框架中有一个类叫 ServiceLocator，只要调用它的 GetService 方法就可以获取想要的对象，至于对象是如何创建的我们不用关心。服务定位器如代码 3-2 所示。

代码 3-2　服务定位器

```
IDbConnection conn = ServiceLocator.GetService<IDbConnection>();
```

第二种方式是依赖注入。假设框架中有一个自动为类的属性赋值的功能，只要在代码中通过属性声明说明我们需要什么类型的对象，框架就会创建这个对象。依赖注入如代码 3-3 所示。

代码 3-3　依赖注入

```
1  class Demo
2  {
3      public IDbConnection Conn { get; set; }
4      public void InsertDB()
5      {
6          IDbCommand cmd = Conn.CreateCommand();
7      }
8  }
```

上面的代码运行在某个框架中，这个框架创建 Demo 的对象之后，它会自动为 Conn 属性赋值一个合适的对象。这种框架自动创建对象的动作就叫作"注入"（injection）。

无论是哪种方式，只要采用了控制反转的思想，我们在编写代码的时候就可以不用关心对象的创建过程。当然，这一切仍然是需要通过代码来创建对象并且把对象注册到框架中的，这些注册功能可以由框架提供，也可以由开发人员自己进行注册。我们把负责提供对象的注册和获取功能的框架叫作"容器"，注册到容器中的对象叫作"服务"（service）。

从以上代码可以看出，依赖注入的方式更简单，只要容器给它们赋值即可，不需要像服务定位器那样需要我们通过代码去获取服务。因此我们优先选择依赖注入的方式，只有在依赖注入不满足要求的情况下，才使用服务定位器。

综上所述，控制反转就是把"我创建对象"，变成"我要对象"。实现控制反转的时候，我们可以采用依赖注入或者服务定位器两种方式。程序启动的时候，需要把服务注册到容器中，由容器负责服务的管理。

3.1.2 .NET Core 依赖注入的基本使用

.NET Core 中内置了控制反转机制，它同时支持依赖注入和服务定位器两种方式，由于依赖注入是推荐的方式，因此微软把内置的控制反转组件命名为 DependencyInjection，但是它包含了服务定位器的功能。我们将尊重微软的习惯，把这个功能统一称为依赖注入。

依赖注入框架中注册的服务有一个重要的概念叫作"生命周期"，通俗地说就是"获取服务的时候是创建一个新对象还是用之前的对象"。依赖注入框架中服务的生命周期有 3 种。

（1）瞬态（transient）：每次被请求的时候都会创建一个新对象。这种生命周期适合有状态的对象，可以避免多段代码用于同一个对象而造成状态混乱，其缺点是生成的对象比较多，会浪费内存。

（2）范围（scoped）：在给定的范围内，多次请求共享同一个服务对象，服务每次被请求的时候都会返回同一个对象；在不同的范围内，服务每次被请求的时候会返回不同的对象。这个范围可以由框架定义，也可以由开发人员自定义。在 ASP.NET Core 中，服务默认的范围是一次 HTTP 请求，也就是在同一次 HTTP 请求中，不同的注入会获得同一个对象；在不同的 HTTP 请求中，不同的注入会获得不同的对象。这种方式适用于在同一个范围内共享同一个对象的情况。

（3）单例（singleton）：全局共享同一个服务对象。这种生命周期可以节省创建新对象的资源。为了避免并发修改等问题，单例的服务对象最好是无状态对象。

随书视频中演示了这 3 种不同的生命周期的运行效果。对于"在瞬态、范围、单例这 3 种生命周期中如何选择"的问题，作者的建议是：如果一个类没有状态，建议把服务的生命周期设置为单例；如果一个类有状态，并且在框架环境中有范围控制（比如 ASP.NET Core 中有默认的请求相关的范围），在这种情况下建议把服务的生命周期设置为范围，因为通常在范围控制下，代码都是运行在同一个线程中的，没有并发修改的问题；在使用瞬态生命周期的时候要谨慎，尽量在子范围中使用它们，而不要在根范围中使用它们，因为如果我们控制不好，容易造成程序中出现内存泄漏的问题。

提醒：

不同的服务之间可能有依赖关系，比如 A 服务中有一个 B 服务的属性，那么被依赖的 B 的生命周期不能比 A 的生命周期短，否则就会出现 B 已经失效了，而 A 还可用这样的问题。

依赖注入框架是根据服务的类型来获取服务的，因此在获取服务的时候必须指定获取什么类型的服务。依赖注入框架中注册服务的时候可以分别指定服务类型和实现类型，这两者可能相同，也可能不同。比如在注册服务的时候，可以设定服务类型和实现类型都是 SqlConnection，这样在获取 SqlConnection 类型服务的时候，容器就会返回注册的 SqlConnection 类型的对象；也可以在注册服务的时候，设定服务类型是 IDbConnection，实现类型是 SqlConnection，这样在获取 IDbConnection 类型服务的时候，容器就返回注册的 SqlConnection 类型的对象。

提醒:

注册服务的时候，如果服务类型是 IDbConnection，实现类型是 SqlConnection，那么在注入服务的时候只能要求注入 IDbConnection 类型的服务，不能直接要求注入 SqlConnection 类型的服务。

在面向对象编程中，推荐使用面向接口编程，这样我们的代码就依赖于服务接口，而不是依赖于实现类，可以实现代码解耦。因此在使用依赖注入的时候，推荐服务类型用接口类型。

为了方便演示，我们先准备一个测试用的服务的接口 ITestService 和实现类 TestServiceImpl，如代码 3-4 所示。

代码 3-4　测试用接口和实现类

```
1  public interface ITestService
2  {
3      public string Name { get; set; }
4      public void SayHi();
5  }
6  public class TestServiceImpl : ITestService
7  {
8      public string Name { get; set; }
9      public void SayHi()
10     {
11         Console.WriteLine($"Hi, I'm {Name}");
12     }
13 }
```

为了使用依赖注入，首先要通过 NuGet 安装对应开发包：

```
Install-Package Microsoft.Extensions.DependencyInjection
```

然后在代码中引用对应的命名空间：

```
using Microsoft.Extensions.DependencyInjection
```

因为在获取服务之前，需要先注册服务，所以我们先要创建用于注册服务的容器。容器的接口是 IServiceCollection，其默认实现类是 ServiceCollection。IServiceCollection 接口中定义了 AddTransient、AddScoped 和 AddSingleton 这 3 组扩展方法，分别用来注册瞬态、范围和单例服务。注册完成后，我们调用 IServiceCollection 的 BuildServiceProvider 方法创建一个 ServiceProvider 对象，这个 ServiceProvider 对象就是一个服务定位器。由于 ServiceProvider 对象实现了 IDisposable 接口，因此需要使用 using 对其进行资源的释放。在我们需要获取服务的时候，可以调用 ServiceProvider 类的 GetRequiredService 方法。

服务的注册及获取过程如代码 3-5 所示。

代码 3-5　服务的注册及获取过程

```
1  using Microsoft.Extensions.DependencyInjection;
2  ServiceCollection services = new ServiceCollection();
3  services.AddTransient<TestServiceImpl>();
4  using (ServiceProvider sp = services.BuildServiceProvider())
5  {
6      TestServiceImpl testService = sp.GetRequiredService<TestServiceImpl>();
7      testService.Name = "tom";
8      testService.SayHi();
9  }
```

上面的第 3 行代码中，我们把 TestServiceImpl 注册为瞬态服务，然后在第 6 行代码中通过 GetRequiredService 方法来获取 TestServiceImpl 对象，很显然，这种用法属于服务定位器方式。

.NET Core 中提供了丰富的注册服务的方法，这些方法能帮助我们灵活地进行服务的注册，读者可以查看微软官方文档或者随书视频了解这些方法的使用。

看到上面的代码，读者内心可能会想："简单的一个 new TestServiceImpl 能够完成的事情被你搞得这么复杂，有什么意义？"不要急，很多技术开始的时候都让人感觉"多此一举"，比如刚接触"反射技术"的时候，读者肯定也产生过类似的疑问，但是我们用到的很多框架都是基于反射技术实现的。依赖注入的"美丽面纱"需要作者一层层地揭开，最后读者一定会感叹依赖注入这个技术的神奇。

> **提醒：**
> 如果一个被依赖注入容器管理的类实现了 IDisposable 接口，则离开作用域之后容器会自动调用对象的 Dispose 方法，这样就可以及时释放非托管资源。

再次强调，不要在长生命周期的对象中引用比它短的生命周期的对象。比如不能在单例服务中引用范围服务，否则可能会导致被引用的对象已经释放或者导致内存泄漏。在 ASP.NET Core 的默认依赖注入容器中，这种"在长生命周期的对象中引用短生命周期的对象"的代码会引发异常。

3.1.3　依赖注入的魅力所在

严格来讲，在代码 3-5 中实现的并不是依赖注入的用法，因为我们是使用 IServiceProvider 的 GetRequiredService 方法获取资源的，这是服务定位器模式。.NET Core 的 DependencyInjection 框架的亮点是依赖注入，也就是由框架帮我们进行服务的获取。

只有涉及服务之间依赖的时候才会体现出依赖注入的优点，因此假设一个场景：我们要开发一个传统的分层项目结构，UI（user interpace，用户界面）访问业务逻辑类，业务逻辑类访问数据访问类，然后数据访问类访问 ADO.NET 来操作数据库。

我们需要实现一个简单检查用户名、密码是否匹配的功能。因此，在 SQL Server 数据库中建一个名为 T_Users 的表，这张表中有 Id（主键）、UserName（用户名）、Password（密码）3 列。

　　首先，基于面向接口编程的原则，先定义业务逻辑接口和数据访问接口，如代码 3-6 所示。

代码 3-6　要注册的服务

```
1  record User(long Id, string UserName, string Password);
2  interface IUserDAO
3  {
4      public User GetByUserName(string userName);      //查询用户名为 userName 的用户信息
5  }
6  interface IUserBiz
7  {
8      public bool CheckLogin(string userName, string password);// 检查用户名、密码是否匹配
9  }
```

　　接下来，编写 IUserDAO 的实现类 UserDAO，如代码 3-7 所示。

代码 3-7　UserDAO 类

```
1  class UserDAO: IUserDAO
2  {
3      private readonly IDbConnection conn;
4      public UserDAO(IDbConnection conn)
5      {
6          this.conn = conn;
7      }
8      public User? GetByUserName(string userName)
9      {
10         using var dt = SqlHelper.ExecuteQuery(conn,
11             $"select * from T_Users where UserName={userName}");
12         if(dt.Rows.Count<=0) return null;
13         DataRow row = dt.Rows[0];
14         long id = (long)row["Id"];
15         string uname = (string)row["UserName"];
16         string password = (string)row["Password"];
17         return new User(id,uname,password);
18     }
19 }
```

　　UserDAO 类通过构造方法要求依赖注入容器为其注入一个 IDbConnection 对象。GetByUserName 方法中通过 SqlHelper 类操作数据库，SqlHelper 类的代码请查看随书源代码。

　　接下来，编写 IUserBiz 的实现类 UserBiz，如代码 3-8 所示。

代码 3-8 UserBiz 类

```
1  class UserBiz : IUserBiz
2  {
3      private readonly IUserDAO userDao;
4      public UserBiz(IUserDAO userDao)
5      {
6          this.userDao = userDao;
7      }
8      public bool CheckLogin(string userName, string password)
9      {
10         var user = userDao.GetByUserName(userName);
11         if (user == null) return false;
12         else return user.Password == password;
13     }
14 }
```

UserBiz 类通过构造方法要求注入 IUserDAO 服务，注意这里要求注入的是 IUserDAO 接口，而不是 UserDAO 类，因为我们要面向接口编程，而不是面向实现编程。由于这里是基于接口编程的，因此其实我们可以在注册服务的时候使用 IUserDAO 接口的其他实现类：比如我们要把数据库从 SQL Server 改成 MySQL，只要把注册服务代码中的 SqlConnection 改成 MySQLConnection 即可，而 UserDAO 中的代码不受影响；又如 UserBiz 和 UserDAO 要由不同的开发人员开发，那么只要约定好 IUserDAO 接口就可以了，UserDAO 的开发人员可以独立开发，而 UserBiz 的开发人员可以先暂时开发一个实现了 IUserDAO 接口的 Mock 类[①]，然后使用这个 Mock 类作为 IUserDAO 的实现类进行开发测试，等 UserDAO 类被开发好之后再切换使用 UserDAO 类进行测试。

最后，通过编写容器的代码把服务组装起来，如代码 3-9 所示。

代码 3-9 组装服务

```
1  ServiceCollection services = new ServiceCollection();
2  services.AddScoped<IDbConnection>(sp => {
3      string connStr = "Data Source=.;Initial Catalog=DI_DB;Integrated Security=true";
4      var conn = new SqlConnection(connStr);
5      conn.Open();
6      return conn;
7  });
8  services.AddScoped<IUserDAO, UserDAO>();
9  services.AddScoped<IUserBiz, UserBiz>();
10 using (ServiceProvider sp = services.BuildServiceProvider())
11 {
12     var userBiz = sp.GetRequiredService<IUserBiz>();
13     bool b = userBiz.CheckLogin("yzk", "123456");
```

---

① Mock 指的是一个对真实服务进行模拟的、供测试用的服务。

```
14        Console.WriteLine(b);
15  }
```

在第 2~7 行代码中，注册了生命周期为"范围"的 IDbConnection 服务；在第 8 行代码中，把 UserDAO 注册为 IUserDAO 服务的实现类，其他类需要访问 DAO 的时候，需要使用 IUserDAO 这个类型，而不是 UserDAO 这个实现类。

可以看到，除了第 4 行代码中的 new SqlConnection()之外，其他地方没有通过 new 关键字创建服务，所有的服务对象都是通过依赖注入容器获取的。

📖 提醒：

依赖注入是有"传染性"的，如果一个类的对象是通过依赖注入创建的，那么这个类的构造方法中声明的所有服务类型的参数都会被依赖注入赋值；但是如果一个对象是由开发人员手动创建的，这个对象就和依赖注入没有关系，它的构造方法中声明的服务类型参数不会被自动赋值。因此，一旦使用依赖注入，就要尽量避免直接通过 new 关键字来创建对象。

还可以通过在构造方法中声明多个服务类型来注入多个服务；如果有一个服务有多个实现对象，可以把参数声明为 IEnumerable<T>类型，那么这个服务的多个实现对象都会被注入。

本书的配套视频中，作者讲解了基于依赖注入实现一个简单的日志框架和配置系统框架，学习它不仅有利于读者更深入地理解依赖注入，而且有助于读者理解.NET Core，推荐读者学习。

3.2　配置系统

在专业的软件项目中，一些配置项的值应该是可以修改的，我们不应该把这些值硬编码到代码中，.NET Core 中提供了非常强大的配置系统以简化配置相关代码的编写方法。

3.2.1　配置系统的基本使用

在传统软件开发中，我们一般把数据库连接字符串等配置项放到配置文件中，比如.NET Framework 中的 Web.config 文件，这样如果需要修改程序连接的数据库，我们只要修改配置文件就可以了。然而，当项目变复杂以后，这种简单的配置文件就显得力不从心了。.NET Core 中的配置系统支持非常丰富的配置源，包括文件（JSON、XML、INI 等）、注册表、环境变量、命令行、Azure Key Vault 等，配置系统还支持自定义配置源。

.NET Core 中读取配置有很多种方式，既可以通过 IConfigurationRoot 读取配置，也可以使用绑定的方式把配置读取为一个 C#对象。

首先，在项目根目录下添加一个 JSON 文件，如文件名为 config.json，文件内容如代码 3-10 所示。

代码 3-10　config.json 文件

```
1  {
2    "name": "zack",
3    "proxy": {
4      "address": "192.168.1.9",
5      "port": 1088
6    }
7  }
```

因为程序在运行的时候默认加载 EXE 文件同文件夹下的配置文件，而不是项目中的 config.json 文件，所以我们需要把 config.json 文件设置为生成项目的时候自动被复制到生成目录。因此请在 Visual Studio 中，在 config.json 文件上右击，选择【属性】，然后在【属性】窗口中把【复制到输出目录】属性修改为"如果较新则复制"。

.NET Core 中配置系统的基础开发包是 Microsoft.Extensions.Configuration，而读取 JSON 文件的开发包是 Microsoft.Extensions.Configuration.Json，因此请先用 NuGet 安装这两个包。

接下来，编写手动读取配置的代码，如代码 3-11 所示。

代码 3-11　手动读取配置的代码

```
1  ConfigurationBuilder configBuilder = new ConfigurationBuilder();
2  configBuilder.AddJsonFile("config.json", optional: false, reloadOnChange: false);
3  IConfigurationRoot config = configBuilder.Build();
4  string name = config["name"];
5  Console.WriteLine($"name={name}");
6  string proxyAddress = config.GetSection("proxy:address").Value;
7  Console.WriteLine($"Address:{proxyAddress}");
```

第 2 行代码向 ConfigurationBuilder 添加了一个待解析的配置文件。optional 参数表示这个文件是否可选，如果它的值为 true，则当配置文件不存在的时候，程序不会报错；如果它的值为 false，当配置文件不存在的时候，程序会报错。在刚开始学习配置系统的时候，作者建议把 optional 参数的值设置为 false，这样如果文件名写错或者文件路径搞错了的话，能够及时发现。reloadOnChange 参数表示如果文件修改了，是否重新加载配置。

第 3 行代码构建了 IConfigurationRoot 对象，我们能够通过它读取配置项，如果配置分级，也可以用"proxy:address"这种冒号分隔的方式读取配置项。

需要注意的是，IConfigurationRoot 中有一个 GetConnectionString(string name) 方法用于获取连接字符串，它读取"ConnectionStrings"节点下的名为 name 的值作为连接字符串。"ConnectionStrings"只是一个建议，不是.NET Core 要求必须使用这个节点保存数据库连接字符串。

3.2.2　使用选项方式读取配置

使用选项方式读取配置是.NET Core 中推荐的方式，因为它不仅和依赖注入机制结合得更好，而且它可以实现配置修改后自动刷新，所以使用起来更方便。

使用选项方式读取配置需要通过 NuGet 为项目安装 Microsoft.Extensions.Options。由于这种方式是对绑定方式的封装，因此我们仍然需要同时安装包 Microsoft.Extensions.Configuration.Binder。

首先，在项目中建立一个配置文件 appsettings.json，内容如代码 3-12 所示。

代码 3-12   appsettings.json 文件

```
1  {
2    "Logging": {"LogLevel": {"Default": "Warning"}},
3    "DB": {"DbType": "SQLServer",
4      "ConnectionString": "Data Source=.;Initial Catalog=DemoDB; Integrated Security
       =True"
5    },
6    "Smtp": {"Server": "smtp.youzack.com",
7      "UserName": "zack","Password": "hello888"
8    },  "AllowedHosts": "*"
9  }
```

我们的程序只对配置系统中"DB"和"Smtp"这两部分感兴趣，因此程序只读取这两部分。

接下来，建立对应配置项的两个模型类，如代码 3-13 所示。

代码 3-13   两个模型类

```
1  public class DbSettings
2  {
3      public string DbType { get; set; }
4      public string ConnectionString { get; set; }
5  }
6  public class SmtpSettings
7  {
8      public string Server { get; set; }
9      public string UserName { get; set; }
10     public string Password { get; set; }
11 }
```

由于使用选项方式读取配置的时候，需要和依赖注入一起使用，因此我们需要创建一个类用于获取注入的选项值。声明接收选项注入的对象的类型不能直接使用 DbSettings、SmtpSettings，而要使用 IOptions<T>、IOptionsMonitor<T>、IOptionsSnapshot<T>等泛型接口类型，因为它们可以帮我们处理容器生命周期、配置刷新等。它们的区别在于，IOptions<T>在配置改变后，我们不能读到新的值，必须重启程序才可以读到新的值；IOptionsMonitor<T>在配置改变后，我们能读到新的值；IOptionsSnapshot<T>也是在配置改变后，我们能读到新的值，和 IOptionsMonitor<T>不同的是，在同一个范围内 IOptionsMonitor<T>会保持一致性。

　　通俗地说，在一个范围内，如果有 A、B 两处代码都读取了某个配置项，在运行 A 之后且在运行 B 之前，这个配置项改变了，那么如果我们用 IOptionsMonitor<T>读取配置，在 A 处读到的将会是旧值，而在 B 处读到的是新值；如果我们用 IOptionsSnapshot<T>读取配置，在 A 处和 B 处读到的都是旧值，只有再次进入这个范围才会读到新值。

　　由于 IOptions<T>不监听配置的改变，因此它的资源占用比较少，适用于对服务器启动后就不会改变的值进行读取。由于 IOptionsMonitor<T>可能会导致同一个请求过程中，配置的改变使读取同一个选项的值不一致，从而导致程序出错，因此如果我们需要在程序运行中读取修改后的值，建议使用 IOptionsSnapshot<T>。综上所述，IOptionsSnapshot<T>更符合大部分场景的需求，因此本书主要讲解 IOptionsSnapshot<T>。

　　首先，编写用于测试读取配置的 Demo 类，如代码 3-14 所示。

代码 3-14　用于测试读取配置的 Demo 类

```
1  class Demo
2  {
3    private readonly IOptionsSnapshot<DbSettings> optDbSettings;
4    private readonly IOptionsSnapshot<SmtpSettings> optSmtpSettings;
5    public Demo(IOptionsSnapshot<DbSettings> optDbSettings,
6      IOptionsSnapshot<SmtpSettings> optSmtpSettings)
7    {
8      this.optDbSettings = optDbSettings;
9      this.optSmtpSettings = optSmtpSettings;
10   }
11   public void Test()
12   {
13     var db = optDbSettings.Value;
14     Console.WriteLine($"数据库: {db.DbType},{db.ConnectionString}");
15     var smtp = optSmtpSettings.Value;
16     Console.WriteLine($"Smtp: {smtp.Server},{smtp.UserName},{smtp.Password}");
17   }
18 }
```

　　这里，通过构造方法注入 IOptionsSnapshot<DbSettings>、IOptionsSnapshot<SmtpSettings>两个服务，我们可以通过 IOptionsSnapshot<T>的 Value 属性获取 DbSettings、SmtpSettings 等具体配置模型对象的值。

　　接下来，编写注入服务到容器的代码，如代码 3-15 所示。

代码 3-15　注入服务到容器

```
1  ConfigurationBuilder configBuilder = new ConfigurationBuilder();
2  configBuilder.AddJsonFile("appsettings.json", optional: false, reloadOnChange: true);
3  IConfigurationRoot config = configBuilder.Build();
4  ServiceCollection services = new ServiceCollection();
5  services.AddOptions()
```

```
6        .Configure<DbSettings>(e=>config.GetSection("DB").Bind(e))
7        .Configure<SmtpSettings>(e => config.GetSection("Smtp").Bind(e));
8    services.AddTransient<Demo>();
9    using (var sp = services.BuildServiceProvider())
10   {
11       while (true)
12       {
13           using (var scope = sp.CreateScope())
14           {
15               var spScope = scope.ServiceProvider;
16               var demo = spScope.GetRequiredService<Demo>();
17               demo.Test();
18           }
19           Console.WriteLine("可以改配置啦");
20           Console.ReadKey();
21       }
22   }
```

上面的代码中用到了依赖注入和 JSON 配置文件的读取，因此我们仍然需要安装 Microsoft.Extensions.Configuration.Json、Microsoft.Extensions.DependencyInjection 等 NuGet 包。

在第 2 行代码中，把方法的 reloadOnChange 参数设定为 true，以启用"修改后重新加载配置"的功能；在第 5 行代码中，通过 AddOptions 方法注册与选项相关的服务，然后使用第 6 行代码把 DB 节点的内容绑定到 DbSettings 类型的模型对象上。

由于 IOptionsSnapshot<T>的生命周期为"范围"，因此 Demo 这个用于读取配置的类的生命周期不能是单例，我们在第 8 行代码中把 Demo 注册为瞬态服务。

在第 11 行代码中建立了一个无限循环，这样就方便我们一直反复测试、修改配置文件。在第 20 行代码中，程序在每次循环结束后都用 Console.ReadKey 等待我们改完配置文件后回到程序按任意键来执行下次读取配置的代码。

由于 IOptionsSnapshot<T>会在新的范围中加载新配置，因此在第 13 行代码中，在每次循环中都创建一个范围。

接下来，运行程序，图 3-1 所示的是程序第一次循环的结果。

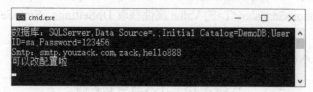

图 3-1 程序第一次循环的结果

接下来不要关闭程序，并且用文本编辑器打开生成目录下的 appsettings.json 文件，修改一下这个文件然后保存。比如，把 smtp 的 password 值修改为 abc999，DB 的 DbType 值改为 MySQL。

🦝 **提醒：**

不是修改项目中的 appsettings.json 文件，因为这是源文件，程序运行中加载的是程序生成文件夹下的 appsettings.json 文件。

修改这个文件后，保存修改，然后回到程序界面，按 Enter 键，让程序继续执行下一次的循环，程序运行结果如图 3-2 所示。

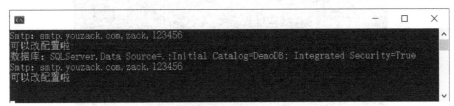

图 3-2　程序运行结果

可以看到，程序中已经加载了修改后的配置内容。

3.2.3　从命令行读取配置

除了从 JSON 文件中读取配置，还可以从命令行读取配置。通过命令行读取配置特别适合容器化的运行环境，因为容器中给应用程序传递配置最方便的方式之一就是通过命令行。

要从命令行读取配置，除了要通过 NuGet 安装 Microsoft.Extensions.Configuration 之外，还要安装 Microsoft.Extensions.Configuration.CommandLine 包，然后在 ConfigurationBuilder 对象上调用 AddCommandLine 方法即可，如代码 3-16 所示。

代码 3-16　从命令行读取配置

```
1  ConfigurationBuilder configBuilder = new ConfigurationBuilder();
2  configBuilder.AddCommandLine(args);
3  IConfigurationRoot config = configBuilder.Build();
4  string server = config["server"];
5  Console.WriteLine($"server:{server}");
```

命令行的值是通过入口代码中的 args 参数传递的，因此在第 2 行代码中，调用 AddCommandLine 方法，将命令行参数的值传递给 AddCommandLine 方法进行解析。

接下来从命令行进入项目的生成目录下，然后用图 3-3 所示的方式为程序传递参数。

图 3-3　程序运行结果

从程序运行结果可以看到，程序已经把命令行参数中 server 的值读出来了。

如果每次我们都要到命令行窗口下为程序传递参数的话，开发的时候会很麻烦。Visual Studio 中提供了一个可以设置命令行参数的选项。在项目的属性的【调试】选项卡中，可以在【从命令行读取配置】中设置命令行参数，这样在 Visual Studio 中调试、运行程序的时候，Visual Studio 会自动把这里设定的参数以命令行参数的形式传递给程序，如图 3-4 所示。

图 3-4　设置命令行参数

3.2.4　从环境变量读取配置

通过环境变量进行配置也是一种常见的系统配置方式，.NET Core 中从环境变量读取配置需要安装 Microsoft.Extensions.Configuration.EnvironmentVariables 包，然后调用 AddEnvironmentVariables 方法进行注册即可。AddEnvironmentVariables 方法存在无参数和有 prefix 参数两个重载版本，无参数版本会将所有环境变量都加载进来，但是由于系统中的环境变量非常多，这样容易和其他程序的环境变量产生冲突，因此建议读者使用有 prefix 参数的 AddEnvironmentVariables 重载方法进行注册。

prefix 指的是环境变量名字的前缀，程序会加载所有名字中包含该前缀的环境变量，这样就把其他无关的环境变量排除了。在代码中读取环境变量的时候忽略这个前缀即可，如代码 3-17 所示。

代码 3-17　读取环境变量

```
1  ConfigurationBuilder configBuilder = new ConfigurationBuilder();
2  configBuilder.AddEnvironmentVariables("TEST_");
3  IConfigurationRoot configRoot = configBuilder.Build();
4  string name = configRoot["Name"];
5  Console.WriteLine(name);
```

第 2 行代码将环境变量的前缀设置为"TEST_"，第 4 行代码读取名字为"Name"的配置项，因此我们要在环境变量中设置"TEST_Name"这个配置项。

3.2.5　其他配置提供程序

.NET Core 中还提供了其他类型的配置提供程序。比如配置文件还支持 INI、XML 格式；如果程序运行在 Azure 上，推荐使用 Azure Key Vault，这是 Azure 上的配置中心；如果使用 Docker，.NET Core 也支持 Key-per-file 格式的配置文件。

.NET Core 的配置系统是开放的，允许我们开发第三方的配置提供程序。比如 Apollo 是携程网开源的一个配置管理平台，提供了灰度发布、权限控制、审核等复杂的配置管理功能，已经在携程网之外的很多互联网公司落地，是目前国内应用非常广泛的一个配置管理平台。Apollo 就提供了.NET Core 的配置提供程序，因此我们可以在.NET Core 中连接 Apollo 读取配置。

3.2.6 案例：开发自己的配置提供程序

除了可以使用.NET Core 内建的配置提供程序及第三方配置提供程序，我们也可以开发自己的配置提供程序。比如有的公司有自己特有的配置文件格式，有的公司使用 Git、数据库等进行配置管理，有的公司有自己的配置中心服务器。

由于我们有很多的系统都要连接数据库，因此可以用数据库作为配置服务器。作者开发了一个从数据库中读取配置的配置提供程序，并且把它开源到 GitHub 上，项目名是 Zack.AnyDBConfigProvider。这个项目的特点如下。

（1）配置项保存到数据库表中，管理起来很简单。

（2）支持几乎所有关系数据库，只要是.NET Core 能连接上的数据库，它都支持。

（3）支持配置的版本化管理。

（4）支持符合.NET 配置命名规则的多级配置的覆盖。

（5）配置项的值类型丰富，既支持简单的字符串、数字等类型，也支持 JSON 等格式。

这个开源项目的具体用法和源代码请查看项目的 GitHub 页面，这里主要介绍它的实现原理。

.NET 中自定义配置提供者都要实现 IConfigurationProvider 接口，其一般都继承自 ConfigurationProvider 这个抽象类。ConfigurationProvider 类中最重要的方法就是 Load，自定义配置提供者都要实现 Load 方法来加载配置数据，加载的数据按照键值对的形式保存到 Data 属性中。Data 属性是 IDictionary<string, string>类型，其中键为配置的名字，它们遵循.NET 的"多层级数据的扁平化"规范。如果配置项发生了改变，则需要调用 OnReload 方法来通知监听配置改变的代码。

下面分析一下 Zack.AnyDBConfigProvider 中的 DBConfigurationProvider 类的主要代码。首先，看 DBConfigurationProvider 类的构造方法，如代码 3-18 所示。

代码 3-18　构造方法的主干内容

```
1  if(options. ReloadOnChange)  {
2      ThreadPool.QueueUserWorkItem(obj => {
3          while (!isDisposed)
4          {
5              Load();
6              Thread.Sleep(interval);
7          }
8      });
9  }
```

可以看到，如果我们启用了 ReloadOnChange 选项，那么每隔指定的时间，程序就会调用

Load 方法重新加载数据。代码 3-19 所示的是 Load 方法的主要代码。

代码 3-19　Load 方法的主要代码

```
1   public override void Load()
2   {
3       var clonedData = Data.Clone();
4       string tableName = options.TableName;
5       lockObj.EnterWriteLock();
6       Data.Clear();
7       using (var conn = options.CreateDbConnection())
8       {
9           conn.Open();
10          DoLoad(tableName, conn);
11      }
12      lockObj.ExitWriteLock();
13      if (Helper.IsChanged(clonedData, Data))
14      {
15          OnReload();
16      }
17  }
```

　　Load 方法的主要运行逻辑是：首先它会创建 Data 属性的一个副本 clonedData，用于稍后比较 "数据是否修改了"。如果启用了 ReloadOnChange 选项，那么 Load 是在线程中被定期调用的，而读取配置的代码最终会调用 TryGet 方法读取配置。为了避免 TryGet 读到 Load 加载一半的数据，从而造成数据混乱，我们使用锁控制读写的同步。因为通常读的频率高于写的频率，为了避免使用普通的锁造成的性能问题，这里使用 ReaderWriterLockSlim 类实现 "只允许一个线程写入，允许多个线程读"。我们把加载配置写入 Data 属性的代码放到 EnterWriteLock、ExitWriteLock 之间。

　　需要注意，在 Load 方法中，一定要把 OnReload 放到 ExitWriteLock 之后，否则会导致运行时程序抛出 "A read lock may not be acquired with the write lock held in this mode" 异常。因为 OnReload 方法会导致程序调用 TryGet 读取数据，而 TryGet 中用了 "读锁"，这样就造成了 "写锁" 中嵌套 "读锁" 这个 ReaderWriterLockSlim 默认不允许的行为。

　　在 DoLoad 方法中，程序会从数据库中读取与配置相关的数据并将它们加载到 Data 属性中。在 Load 方法的最后，我们会把 clonedData 和加载之后的新的 Data 属性值进行比较，如果发现数据有变化，调用 OnReload 通知数据的变化，程序中其他模块就可以加载新的配置内容了。

　　DoLoad 方法主要用来加载与配置相关的数据到 Data 属性中，使用这个方法虽然需要编写的代码比较多，但是逻辑并不复杂，主要就是根据 "多层级数据的扁平化" 规范来解析和加载数据，具体请查看这个开源项目的代码。

3.2.7 多配置源问题

.NET Core 的配置系统中允许添加多个配置源，这在复杂的系统中是很常见的。比如，我们开发的软件从配置中心服务器中读取配置，我们临时需要改变配置的值，但是担心会影响同样使用这个配置的其他程序。这时，可以在本地添加一个配置项覆盖配置中心服务器的配置，等我们想继续从配置中心服务器读取配置的时候，只要把本地的配置项删掉就可以了。

.NET Core 中的配置系统支持"可覆盖的配置"，也就是我们可以向 ConfigurationBuilder 中注册多个配置提供程序，后添加的配置提供程序可以覆盖先添加的配置提供程序。下面来演示一下。

首先，新建一个控制台项目，由于测试代码中需要同时添加命令行、环境变量、JSON 文件 3 种配置提供程序，因此需要通过 NuGet 安装如下几个开发包：Microsoft.Extensions.Configuration、Microsoft.Extensions.Configuration.Binder、Microsoft.Extensions.Configuration.CommandLine、Microsoft.Extensions.Configuration.EnvironmentVariables、Microsoft.Extensions. Configuration.Json。

接下来，创建 JSON 配置文件 appsettings.json，如代码 3-20 所示。

代码 3-20　appsettings.json

```
1  {
2    "Server": "smtp.test.com",
3    "UserName": "abc",
4    "Password": "123456"
5  }
```

然后，在项目属性页中设置【应用程序参数】为"UserName=yzk Port=25"，然后在【环境变量】中设置"Test1_UserName=zack"和"Test1_Password=abc123"两项。为了避免和其他环境变量重名造成冲突，我们给环境变量中的名字增加了"Test1_"这个前缀。

最后编写代码，使用多个配置提供程序来读取多配置源，如代码 3-21 所示。

代码 3-21　读取多配置源

```
1  ConfigurationBuilder configBuilder = new ConfigurationBuilder();
2  configBuilder.AddJsonFile("appsettings.json")
3      .AddEnvironmentVariables("Test1_").AddCommandLine(args);
4  IConfigurationRoot config = configBuilder.Build();
5  string server = config["Server"];
6  string userName = config["UserName"];
7  string password = config["Password"];
8  string port = config["Port"];
9  Console.WriteLine($"server={server},port={port}");
10 Console.WriteLine($"userName={userName},password={password}");
```

配置提供程序的添加顺序是 JSON 文件、环境变量、命令行，它们的内容应该如表 3-1 所示。

添加顺序	server	userName	password	port
JSON 文件	smtp.ptpress.com.cn	abc	123456	
环境变量		zack	abc123	
命令行		yzk		25

表 3-1　　　　　　　　　　　　　　配置内容

按照"后添加的配置提供程序中的配置覆盖之前的配置"的原则，程序运行结果应该是：server=smtp. ptpress.com.cn，userName=yzk，password=abc123，port=25。

运行程序验证一下，运行结果如图 3-5 所示，和我们的猜想完全一致。

图 3-5　程序运行结果

当配置提供程序和配置项比较多的时候，我们可能需要查看一下最终读到的配置项的值来自哪个配置提供程序。可以调用 IConfigurationRoot 的扩展方法 GetDebugView，它会返回一个包含配置项来源，即配置提供程序信息的字符串。比如对于上面的代码 3-21，我们可以如代码 3-22 所示输出 GetDebugView 的返回值。

代码 3-22　输出配置的调试信息

```
Console.WriteLine(config.GetDebugView());
```

程序运行结果如图 3-6 所示，我们可以看到每个配置项的读取来源。

图 3-6　程序运行结果

3.3　日志

日志（logging）是程序运行中的"黑匣子"，在程序出现问题以后，我们可以通过分析日志来查找问题。例如，作者曾经开发过一个代缴公积金的银行系统，这个系统每天凌晨 2 点自动到公积金管理中心的 FTP（file transfer protocol，文件传输协议）服务器上下载一个包含代缴公积金记录的文件，然后分析这个文件并且完成自动扣款。在程序的关键节点，作者都设置输出了日志信息，比如"凌晨 2 点了，开始执行代缴程序""准备从公积金管理中心的 FTP 服务器下载文件""从公积金管理中心的 FTP 服务器下载文件失败，开始重试第 1 次""从公积金管理中心的 FTP 服务器下载文件成功，文件 MD5 值是***，核对成功""准备扣款""扣款成功"等。有一天银行工作人员跟作者说公积金扣款失败了，作者打开系统日志就发现问题了，日志文件的内容如代码 3-23 所示。

代码 3-23　公积金系统日志

```
凌晨 2 点了，开始执行代缴程序
准备从公积金管理中心的 FTP 服务器下载文件
从公积金管理中心的 FTP 服务器下载文件失败，开始重试第 1 次
从公积金管理中心的 FTP 服务器下载文件失败，开始重试第 2 次
从公积金管理中心的 FTP 服务器下载文件失败，开始重试第 3 次
3 次下载失败
```

从日志文件可以看出，问题在于程序连不上公积金管理中心的 FTP 服务器，这样就帮我们锁定了问题，我们下一步可以排查公积金管理中心的 FTP 服务器或者网络的问题。

3.3.1　.NET Core 日志基本使用

.NET Core 中的日志系统可以把日志记录到控制台、事件日志、调试窗口等地方，还可以使用第三方日志提供程序把日志记录到文件、日志服务器等地方。和配置系统一样，.NET Core 中的日志提供了标准接口及官方的一些实现，同时允许开发人员编写第三方实现。

我们先介绍简单的把日志输出到控制台的使用方式。

日志系统核心的开发包是 Microsoft.Extensions.Logging，因此需要通过 NuGet 安装它。如果使用控制台输出日志的方式，还要为程序安装 Microsoft.Extensions.Logging.Console 包。简单的日志程序如代码 3-24 所示。

代码 3-24　简单的日志程序

```
1  ServiceCollection services = new ServiceCollection();
2  services.AddLogging(logBuilder => { logBuilder.AddConsole(); });
3  using (var sp = services.BuildServiceProvider())
4  {
5      var logger = sp.GetRequiredService<ILogger<Program>>();
6      logger.LogWarning("这是一条警告消息");
7      logger.LogError("这是一条错误消息");
8      string age = "abc";
9      logger.LogInformation("用户输入的年龄: {0}", age);
10     try
11     {
12         int i = int.Parse(age);
13     }
14     catch (Exception ex)
15     {
16         logger.LogError(ex, "解析字符串为 int 失败");
17     }
18 }
```

程序运行结果如图 3-7 所示。

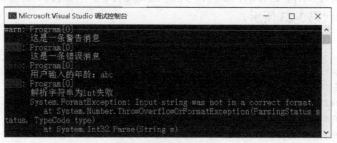

图 3-7 程序运行结果

在第 2 行代码中，用 AddLogging 方法将与日志相关的服务注册到容器中，在 AddLogging 方法的委托中，调用 AddConsole 方法将控制台日志输出的功能添加到日志中。

在第 5 行代码中，使用泛型的 ILogger 接口从容器中获得一个用于输出日志的对象，泛型类型一般用当前类，这样在输出日志的时候默认会把当前类名输出（注意图 3-7 中输出信息中的 Program[0]就是由于我们把泛型设置为 Program），这便于我们定位某一条输出信息来自哪个类。注意，在注入 ILogger 服务的时候，不能使用非泛型的 ILogger 接口，否则是获取不到服务的。

ILogger 中有 LogTrace、LogDebug、LogInformation、LogWarning、LogError、LogCritical 这 6 组方法用于输出不同严重性级别的消息（严重性级别依次提高）。假如我们开发一个每天凌晨 1 点定时从服务器下载文件的功能，要求是"如果下载失败则重试，如果重试 3 次还下载失败，则不再重试"，那么输出"凌晨 1 点了，开始准备下载"这样的消息就用 LogInformation，而输出"第 1 次下载失败，准备第 2 次重试"就用 LogWarning，而重试 3 次都下载失败，输出"重试 3 次失败，任务结束"则可以用 LogError。

从第 9 行代码可以看出，日志输出消息可以采用占位符的格式；从第 16 行代码还可以看出，在程序遇到异常的时候，我们还可以把异常对象作为参数传递给 LogError 方法，这样在输出信息中就会看到异常堆栈信息。

3.3.2 文件日志提供程序 NLog

向控制台输出日志只适用于开发时使用，在生产环境中不可能有人 24 小时盯着控制台输出。我们需要一种把日志写入存储介质的方式，比如写入文件。很多开发人员和运维人员更喜欢文本格式的日志文件。.NET Core 并没有内置的文本文件日志提供程序，我们需要使用第三方的日志提供程序。

常用的第三方日志提供程序有 Log4Net、NLog、Serilog。这里推荐使用 NLog 或者 Serilog，因为它们不仅使用简单，而且功能强大。这些日志提供程序的配置过程中涉及的代码比较多，由于篇幅所限，请读者查看 NLog 的官方文档，作者也把 NLog 的配置过程录制成了教程放到随书视频中，请感兴趣的读者查看。

3.3.3　集中式日志

对于传统的应用程序，使用普通文本文件日志就够用了，这是我们在几十年项目开发中一直采用的方式。但是随着系统越来越复杂，这种传统的日志已经逐渐无法满足项目的要求。

在集群环境中，如果每台服务器都把日志写入本地的文件中，那么在对日志进行分析的时候，我们就需要逐个打开各台服务器的磁盘中的日志文件，这非常麻烦。因此，在分布式环境下，我们最好采用集中式的日志服务器，各台服务器都把产生的日志写入日志服务器。

现在有很多成熟的集中式日志系统。如果我们的系统运行在 Azure、AWS（Amazon web service，亚马逊网络服务）、阿里云等云服务环境中，这些环境中都提供了强大的集中式日志系统。如果系统运行在自己的数据中心，或者我们不想使用云服务提供的集中式日志系统，那么也可以使用自行托管的集中式日志系统。作者推荐两个开源项目——Exceptionless 和 ELK。Exceptionless 是用.NET Core 开发的开源项目，因此运行环境的搭建对.NET 开发人员而言更友好，搭建步骤也简单；ELK 是目前流行的开源集中式日志分析系统，资料非常丰富，不过由于 ELK 是用 Java 开发的，因此运行环境的搭建对于不熟悉 Java 的开发人员来说难度更高，而且搭建步骤也较为烦琐。

Exceptionless 的开发人员主推它们的日志云服务，也就是不用自己搭建服务器，而是直接购买他们的云服务，然后程序直接把日志发送给他们的服务器即可，因此在 Exceptionless 的官网是看不到自己部署服务器的页面的，需要到它的 GitHub 开源页面去找文档的"Self Hosting"这一节。图 3-8 所示的是 Exceptionless 的日志查看页面截图。

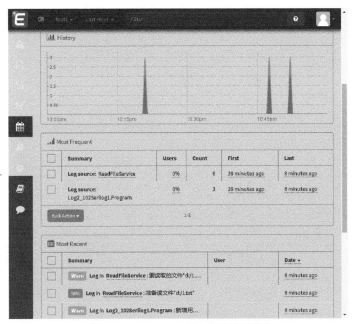

图 3-8　Exceptionless 日志查看页面截图

　　无论是 Exceptionless 还是 ELK，它们都提供了在线的云服务，不过由于它们的服务器都在境外，在国内访问它们的服务器的速度很慢，因此我们一般选择自己部署日志服务器的方案。

　　.NET Core 的日志框架非常灵活，我们不用改业务代码就可以灵活地切换和配置不同的日志提供程序。如果我们开发的是传统的单体系统，可以继续使用本地文本文件日志；如果我们的系统运行在云服务平台上，那么建议选择对应云服务平台上的集中式日志服务；如果我们想自己控制日志平台，那么可以自己部署 ELK、Exceptionless 等开源的集中式日志系统。

3.4 本章小结

　　本章介绍了依赖注入、配置系统和日志这 3 个模块。依赖注入可以让程序组件以低耦合的形式组装在一起；配置系统允许我们通过命令行、环境变量、配置文件甚至自定义配置源来进行系统的配置，多配置源的机制能让我们更灵活地对系统进行配置；使用日志功能，可以把日志信息按照不同的级别输出，也可以在不改变业务代码的前提下，对于日志的输出进行灵活的定制。

第4章 Entity Framework Core 基础

Entity Framework Core（简称 EF Core）是.NET Core 中的 ORM（object relational mapping，对象关系映射）框架，它可以让开发人员以面向对象的方式进行数据库操作，从而大大提高开发效率。本章将讲解 EF Core 的使用及在项目开发中使用 EF Core 需要注意的问题。

4.1 EF Core 概述

作为一款微软官方的 ORM 框架，EF Core 有很多优点，当然也有一些缺点。任何一个技术都是优缺点并存，不存在完美的框架。如果在不适合 EF Core 的地方使用它，就可能会适得其反。本节将讲解 EF Core 的优缺点和应用场景。

4.1.1 什么是 ORM

ORM（object relational mapping，对象关系映射）中的"对象"指的就是 C#中的对象，而"关系"指的是关系数据库，"映射"指的是在关系数据库和 C#对象之间搭建一座"桥梁"。我们知道,在.NET 中可以通过 ADO.NET 连接数据库然后执行 SQL 语句来操作数据库中的数据。而 ORM 可以让我们通过操作 C#对象的方式操作数据库，比如使用 ORM，可以通过创建 C#对象的方式把数据插入数据库，而不需要编写 Insert 语句，如代码 4-1 所示。

代码 4-1 什么是 ORM

```
1  User user = new User(){Name="admin",Password="123"};
2  orm.Save(user);
```

再如，使用 ORM，我们可以为对象的属性赋值，完成数据库数据的更新，而不需要编写 Update 语句。

🐾 **提醒:**

ORM 只是对 ADO.NET 的封装，ORM 底层仍然是通过 ADO.NET 访问数据库的。

EF Core 是微软官方提供的 ORM 框架。EF Core 不仅可以操作 Microsoft SQL Server、MySQL、Oracle、PostgreSQL 等数据库，而且可以操作 Azure Cosmos DB 等 NoSQL 数据库。

除了 EF Core 之外，.NET Core 中还有 Dapper、NHibernate Core、PetaPoco 等 ORM 框架。因为 EF Core 是微软官方出品的，而且 EF Core 体现的是面向模型的编程方式，更加先进，所以 EF Core 的市场占有率比较高。

4.1.2　EF Core 性能怎么样

在技术社区中，有一部分开发人员给 EF Core 的评价是"EF Core 的性能太差了"，那么 EF Core 的性能到底怎么样呢？

Dapper 属于轻量级 ORM，很多操作都需要开发人员手写 SQL 语句来完成，由于 SQL 语句是由开发人员控制的，因此代码的性能不会很差；EF Core 则是把对 C#对象的操作转换为 SQL 语句，由于 SQL 语句是自动生成的，因此如果使用不当的话，EF Core 就可能会产生低性能的数据库操作。这其实就是很多人认为"EF Core 性能差"的原因。

但是这样的认知是错误的，因为如果开发人员对 EF Core 有深入了解的话，也是可以写出性能非常高的代码的，而且 EF Core 也提供了性能优化的相关功能，可以帮助开发人员对程序进行性能优化。EF Core 中也可以直接执行 SQL 语句，这样在一些性能瓶颈环节，我们仍然可以直接编写优化后的 SQL 语句。EF Core 和 Dapper 之类的框架也不是互斥的，在一个项目中它们两者是可以共存的，在适合用 EF Core 的地方用 EF Core，在适合用 Dapper 的地方用 Dapper。

非常重要的一点是，我们使用 EF Core 进行开发的效率是非常高的，比手写 SQL 语句能更快地完成代码的编写。在进行系统开发的时候，程序的运行效率并不是唯一的考量因素，我们需要综合考虑性能、开发效率、可维护性等多个维度的因素。使用 EF Core 可以帮助开发人员更快地完成项目，这就是非常大的优势；对于性能瓶颈环节，开发人员可以再使用 EF Core 进行优化；对于使用 EF Core 优化后性能还较差的环节，开发人员还可以把 EF Core 代码改为直接执行 SQL 语句。根据作者的经验，项目中大部分代码并不是性能敏感的，因此用 EF Core 非常合适，而对于其他少数瓶颈环节，再进行优化即可，这样我们就可以在开发效率和程序运行效率之间做好平衡。

4.2　EF Core 入门

本节将介绍 EF Core 的基本用法及注意事项。

4.2.1　该选择什么数据库

EF Core 支持所有主流的数据库，包括 Microsoft SQL Server、Oracle、MySQL、PostgreSQL、SQLite 等数据库，而且 EF Core 的接口标准是开放的，只要按照标准去实现 EF Core Database Provider（数据库提供程序），就可以对其他数据库添加 EF Core 的支持。

由于 EF Core 要求数据库提供对应的 EF Core 数据库提供程序，否则不能使用，因此在选择数据库的时候，一定要研究是否有和对应数据库匹配的、完善的 EF Core 数据库提供程序。

本书将主要使用 Microsoft SQL Server 进行讲解，因为 Microsoft SQL Server 是微软自己的

产品，因此 EF Core 对 Microsoft SQL Server 的支持非常全面，bug 也非常少，有一些新特性只有在 Microsoft SQL Server 中才支持。当然 Microsoft SQL Server 服务器的成本是相对比较高的，因此对于成本敏感的项目，也可以使用 MySQL、PostgreSQL 等数据库。无论用哪种数据库，EF Core 的用法几乎是一模一样的。

不同的 EF Core 数据库提供程序的质量参差不齐，除了微软官方的 Microsoft SQL Server 的 EF Core 数据库提供程序之外，还存在着很多第三方的 EF Core 数据库提供程序，它们对于 EF Core 的支持大部分是一致的，但是会有细微的差别。比如作者在使用 MySQL 开发项目的时候，就遇到过几个在 Microsoft SQL Server 中支持的 EF Core 用法不被 MySQL 支持的问题，这些差异一般都有解决的方法。因此，在 EF Core 中选择非 Microsoft SQL Server 数据库可能会遇到细微差别的问题，但是总体来讲难度可控。

4.2.2 EF Core 环境搭建

无论是在控制台项目中还是在 ASP.NET Core 项目中，EF Core 的用法都是一样的。本章我们将在控制台项目中进行 EF Core 的开发测试。

EF Core 用于将对象和数据库中的表进行映射，因此在进行 EF Core 开发的时候，需要创建 C#类（也叫作实体类）和数据库表两项内容。在经典的 EF Core 使用场景下，由开发人员编写实体类，然后 EF Core 可以根据实体类生成数据库表，本小节将使用这种方式进行开发。

下面将会通过在数据库中保存书的信息来演示 EF Core 的使用。

第 1 步，新建一个.NET Core 控制台项目，然后在项目中创建 Book 实体类，如代码 4-2 所示。

代码 4-2　Book 实体类

```
1  public class Book
2  {
3      public long Id { get; set; }              //主键
4      public string Title { get; set; }         //标题
5      public DateTime PubTime { get; set; }     //发布日期
6      public double Price { get; set; }         //单价
7      public string AuthorName { get; set; }    //作者名字
8  }
```

第 2 步，为项目安装 NuGet 包 Microsoft.EntityFrameworkCore.SqlServer。

我们先创建一个实现了 IEntityTypeConfiguration 接口的实体类的配置类 BookEntityConfig，它用于配置实体类和数据库表的对应关系，如代码 4-3 所示。

代码 4-3　BookEntityConfig 配置类

```
1  class BookEntityConfig : IEntityTypeConfiguration<Book>
2  {
3      public void Configure(EntityTypeBuilder<Book> builder)
4      {
5          builder.ToTable("T_Books");
```

```
6        builder.Property(e => e.Title).HasMaxLength(50).IsRequired();
7        builder.Property(e => e.AuthorName).HasMaxLength(20).IsRequired();
8    }
9 }
```

我们需要通过接口类型 IEntityTypeConfiguration 的泛型参数类指定这个类要对哪个实体类进行配置，然后在 Configure 方法中对实体类和数据库表的关系做详细的配置。其中 builder.ToTable("T_Books")表示这个实体类对应数据库中名字为 T_Books 的表。这里没有配置各个属性在数据库中的列名和数据类型，EF Core 将会默认把属性的名字作为列名，并且根据属性的类型来推断数据库表中各列的数据类型。

第 3 步，创建一个继承自 DbContext 类的 TestDbContext 类，如代码 4-4 所示。

代码 4-4　TestDbContext 类

```
1 class TestDbContext : DbContext
2 {
3     public DbSet<Book> Books { get; set; }
4     protected override void OnConfiguring(DbContextOptionsBuilder optionsBuilder)
5     {
6         string connStr = "Server=.;Database=demo1;Trusted_Connection=True";
7         optionsBuilder.UseSqlServer(connStr);
8     }
9     protected override void OnModelCreating(ModelBuilder modelBuilder)
10    {
11        base.OnModelCreating(modelBuilder);
12        modelBuilder.ApplyConfigurationsFromAssembly(this.GetType().Assembly);
13    }
14 }
```

TestDbContext 中的 Books 属性对应数据库中的 T_Books 表，对 Books 的操作会反映到数据库的 T_Books 表中。我们把这样继承自 DbContext 的类叫作"上下文"。

OnConfiguring 方法用于对程序要连接的数据库进行配置，其中 connStr 变量的值表示程序要连接本地 SQL Server 数据库中名字为 demo1 的数据库。如果要连接其他服务器中的 SQL Server 数据库或者指定数据库的用户名、密码，请查询微软文档中关于连接字符串的格式要求。

第 12 行代码表示加载当前程序集中所有实现了 IEntityTypeConfiguration 接口的类。

至此，所有主干 C#代码完成。下面我们开始创建程序对应的数据库和数据库表。

第 4 步，在传统软件开发的流程中，数据库表的创建是由开发人员手工完成的，而在使用 EF Core 的时候，我们可以从实体类的定义中自动生成数据库表。这样开发人员可以专注于实体类模型的创建，而创建数据库表这样的事情就交给 EF Core 完成。这种先创建实体类再生成数据库表的开发模式叫作"模型驱动开发"，区别于先创建数据库表后创建实体类的"数据驱动开发"。EF Core 这种根据实体类生成数据库表的操作也被叫作"迁移"（migration）。

为了使用 EF Core 生成数据库的工具，我们需要通过 NuGet 为项目安装 Microsoft. EntityFrameworkCore.Tools 包，否则执行 Add-Migration 等命令的时候会提示错误信息 "无法将 Add-Migration 项识别为 cmdlet、函数、脚本文件或可运行程序的名称。"

在为项目安装完成 Microsoft.EntityFrameworkCore.Tools 包之后，在【程序包管理器控制台】中执行如下命令：Add-Migration InitialCreate。

上述命令如果执行成功，【程序包管理器控制台】中将会输出图 4-1 所示的内容。

Add-Migration 命令会自动在项目的 Migrations 文件夹中生成 C#代码，如图 4-2 所示。

```
PM> Add-Migration InitialCreate
Build started...
Build succeeded.
To undo this action, use Remove-Migration.
```

图 4-1　Add-Migration 命令

```
📁 Migrations
  ▷ + ᴄ# 20211109152948_InitialCreate.cs
  ▷ + ᴄ# TestDbContextModelSnapshot.cs
```

图 4-2　Add-Migration 命令生成的 C#代码

打开 20211109152948_InitialCreate.cs 这个文件，文件的部分内容如图 4-3 所示。

```
protected override void Up(MigrationBuilder migrationBuilder)
{
    migrationBuilder.CreateTable(
        name: "T_Books",
        columns: table => new
        {
            Id = table.Column<long>(nullable: false)
                .Annotation("SqlServer:Identity", "1, 1"),
            Title = table.Column<string>(nullable: true),
            PubTime = table.Column<DateTime>(nullable: false),
            Price = table.Column<double>(nullable: false)
        },
        constraints: table =>
        {
            table.PrimaryKey("PK_T_Books", x => x.Id);
        });
}
```

图 4-3　文件的部分内容

可以看到，这个文件中包含用来创建数据库表的表名、列名、列数据类型、主键等的代码。

上面的代码还没有执行，它们需要被执行后才会应用到数据库，因此我们接着在【程序包管理器控制台】中执行 Update-database 命令编译并且执行数据库迁移代码。如果 Update-database 命令执行成功，就会在【程序包管理器控制台】中看到图 4-4 所示的执行结果。

```
PM> Update-database
Build started...
Build succeeded.
Applying migration '20211109152948_InitialCreate'.
Done.
```

图 4-4　Update-database 命令的执行结果

第 5 步，查看 SQL Server 数据库，我们可以发现数据库 demo1 及数据库表 T_Books 已经创建成功，数据库表 T_Books 的结构也和实体类中配置的一致，如图 4-5 所示。

我们前面执行的 Add-Migration InitialCreate 就是一个数据库迁移命令，它的作用是根据实体类及配置生成操作数据库的迁移代码，其中的 InitialCreate 是开发人员给这次迁移取的名字，只要符合 C#标识符命名规则，这个名字可以随意取，但是建议取一个能反映这次变化的、有意义的名字。Migrations 文件夹下 C#代码的文件的名字就是由"Id+迁移名字"组成的。Update-database 命令用于对当前连接的数据库

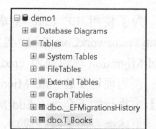

图 4-5　数据库中自动生成的数据库表

执行所有未应用的数据库迁移代码，命令执行成功后，数据库中的表结构等就和项目中实体类的配置保持一致了。

我们还可以根据需要修改实体类的配置，进而修改数据库中的表。比如，我们发现生成的 T_Books 表中 Title 字段的类型为 nvarchar(MAX)，想把它修改为 nvarchar(50)，把 Title 字段设置为"不可为空"，并且想增加一个不可为空且最大长度为 20 的 AuthorName（作者名字）字符串类型的属性，那么我们就可以修改 Book 实体类，为其增加一个 AuthorName 属性，然后修改 BookEntityConfig 的 Configure 方法，如代码 4-5 所示。

代码 4-5　BookEntityConfig 的 Configure 方法

```
1  builder.ToTable("T_Books");
2  builder.Property(e => e.Title).HasMaxLength(50).IsRequired();
3  builder.Property(e => e.AuthorName).HasMaxLength(20).IsRequired();
```

其中 HasMaxLength(50)用来配置属性的最大长度为 50，IsRequired 用来配置属性的值为"不可为空"。

第 6 步，完成上面的修改后，再执行 Add-Migration AddAuthorName_ModifyTitle。

这里给迁移取的名字必须和之前的不一样。为程序中的对象取名字是一件令人头疼的事情，因此有不少人用 M1、M2 这样一些无意义的名字代替，但是这可能会给以后带来麻烦。因此一定要为迁移取有意义的名字。

命令执行完成后，在【程序包管理器控制台】中，将会输出图 4-6 所示的警告信息。

```
PM> Add-Migration AddAuthorName_ModifyTitle
Build started...
Build succeeded.
An operation was scaffolded that may result in the loss of data. Please
 review the migration for accuracy.
To undo this action, use Remove-Migration.
PM>
```

图 4-6　警告信息

由于我们把现有的 Title 列的字段长度从 MAX 修改为了 50，因此可能会造成数据库中旧数据的丢失，Add-Migration 命令给出了"An operation was scaffolded that may result in the loss of data."这个警告消息。

上面的命令执行完成后，在项目的 Migrations 文件夹下又生成了一个新的 20211109153912_

AddAuthorName_ModifyTitle.cs 文件，这个文件中包含了修改 T_Books 表的 Title 列的长度、新增 AuthorName 列等的代码。

第 7 步，在【程序包管理器控制台】中输入并执行 Update-database 命令，可以看到，T_Books 表的结构已经发生了改变，如图 4-7 所示。

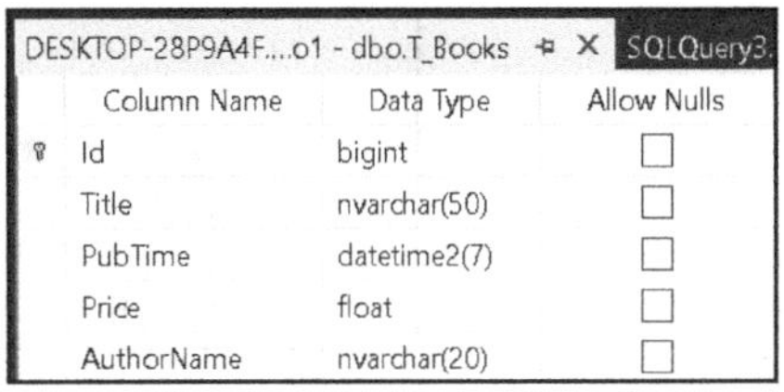

从上面的操作可以看到，每次需要把对实体类的改动同步到数据库中的时候，就可以执行 Add-Migration 和 Update-database 命令。

至此，EF Core 中实体类的定义以及根据实体类生成数据库修改操作的迁移已经完成。下面我们开始使用定义好的实体类对数据库数据进行操作。

图 4-7 修改后的 T_Books 表

4.2.3 插入数据

如上文所述，TestDbContext 类中的 Books 属性对应数据库中的 T_Books 表，Books 属性是 DbSet<Book>类型的。因此我们只要操作 Books 属性，就可以向数据库中增加数据，但是通过 C#代码修改 Books 属性中的数据只是修改了内存中的数据，对 Books 属性做修改后，还需要调用异步方法 SaveChangesAsync 把修改保存到数据库。其实 DbContext 中也有同步的保存方法 SaveChanges，但是采用异步方法通常能提升系统的并发处理能力，因此我们推荐使用异步方法。EF Core 中很多方法都既有同步版本，也有异步版本，在本书中，我们都优先使用异步版本的方法。

代码 4-6 实现的是向数据库中插入图书数据。

代码 4-6 插入图书数据

```
1  using TestDbContext ctx = new TestDbContext();
2  var b1 = new Book{ AuthorName = "杨中科", Title = "零基础趣学 C 语言",
3      Price = 59.8, PubTime = new DateTime(2019, 3, 1) };
4  var b2 = new Book{ AuthorName = "Robert Sedgewick", Title = "算法(第 4 版)",
5      Price = 99, PubTime = new DateTime(2012, 10, 1) };
6  var b3 = new Book{ AuthorName = "吴军", Title = "数学之美",
7      Price = 69, PubTime = new DateTime(2020, 5, 1) };
8  var b4 = new Book{ AuthorName = "杨中科", Title = "程序员的 SQL 金典",
9      Price = 52, PubTime = new DateTime(2008, 9, 1) };
10 var b5 = new Book{ AuthorName = "吴军", Title = "文明之光",
11     Price = 246, PubTime = new DateTime(2017, 3, 1) };
12 ctx.Books.Add(b1);
13 ctx.Books.Add(b2);
14 ctx.Books.Add(b3);
15 ctx.Books.Add(b4);
16 ctx.Books.Add(b5);
17 await ctx.SaveChangesAsync();
```

由于 TestDbContext 的父类 DbContext 实现了 IDisposable 接口，因此 TestDbContext 对象

需要使用 using 代码块进行资源的释放。

上面的代码执行成功后，我们就可以在数据库中看到刚才插入的数据了，如图 4-8 所示。

	Id	Title	PubTime	Price	AuthorName
1	1	零基础趣学C语言	2019-03-01 00:00:00.0000000	59.8	杨中科
2	2	算法(第4版)	2012-10-01 00:00:00.0000000	99	Robert Sedgewick
3	3	数学之美	2020-05-01 00:00:00.0000000	69	吴军
4	4	程序员的SQL金典	2008-09-01 00:00:00.0000000	52	杨中科
5	5	文明之光	2017-03-01 00:00:00.0000000	246	吴军

图 4-8　数据库中的数据

这样我们就实现了不用编写 SQL 语句，而是通过创建对象和为对象赋值的方式完成对数据库的操作。

4.2.4　查询数据

Books 属性和数据库中的 T_Books 表对应，Books 属性是 DbSet<Book>类型的，而 DbSet 实现了 IEnumerable<T>接口，因此我们可以使用 LINQ 操作对 DbSet 进行数据查询。

代码 4-7 实现的是查询所有的书以及价格高于 80 元的书。

代码 4-7　查询数据

```
1  using TestDbContext ctx = new TestDbContext();
2  Console.WriteLine("***所有书***");
3  foreach (Book b in ctx.Books)
4  {
5      Console.WriteLine($"Id={b.Id},Title={b.Title},Price={b.Price}");
6  }
7  Console.WriteLine("***所有价格高于 80 元的书***");
8  IEnumerable<Book> books2 = ctx.Books.Where(b => b.Price > 80);
9  foreach (Book b in books2)
10 {
11     Console.WriteLine($"Id={b.Id},Title={b.Title},Price={b.Price}");
12 }
```

既然可以在 EF Core 中执行 LINQ 操作，那么我们就可以使用 LINQ 进行更复杂的数据查询。如代码 4-8 所示，通过 Single、FirstOrDefault 等方法进行数据查询。

代码 4-8　Single、FirstOrDefault 查询

```
1  using TestDbContext ctx = new TestDbContext();
2  Book b1 = ctx.Books.Single(b => b.Title == "零基础趣学 C 语言");
3  Console.WriteLine($"Id={b1.Id},Title={b1.Title},Price={b1.Price}");
4  Book? b2 = ctx.Books.FirstOrDefault(b => b.Id == 9);
5  if (b2 == null)
```

```
6        Console.WriteLine("没有 Id=9 的数据");
7   else
8        Console.WriteLine($"Id={b2.Id},Title={b2.Title},Price={b2.Price}");
```

我们也可以使用 OrderBy 方法对数据进行排序，如代码 4-9 所示。

代码 4-9　OrderBy 排序

```
1   using TestDbContext ctx = new TestDbContext();
2   IEnumerable<Book> books = ctx.Books.OrderByDescending(b => b.Price);
3   foreach (Book b in books)
4   {
5        Console.WriteLine($"Id={b.Id},Title={b.Title},Price={b.Price}");
6   }
```

程序运行结果如图 4-9 所示。

图 4-9　程序运行结果

我们也可以使用 GroupBy 方法对数据进行分组。如代码 4-10 所示，根据作者的名字进行分组，然后输出每一组中的数据条数及最高价格。

代码 4-10　GroupBy 分组

```
1   using TestDbContext ctx = new TestDbContext();
2   var groups = ctx.Books.GroupBy(b => b.AuthorName).Select(g => new { AuthorName = g.Key,
3        BooksCount = g.Count(), MaxPrice = g.Max(b => b.Price) });
4   foreach (var g in groups)
5   {
6        Console.WriteLine($"作者:{g.AuthorName},图书数量:{g.BooksCount},最高价格:{g. MaxPrice}");
7   }
```

图 4-10 所示的是程序运行结果。

图 4-10　程序运行结果

4.2.5　修改和删除数据

使用 EF Core，还可以对已有的数据进行修改、删除操作。常规来讲，如果要对数据进行修改，我们首先需要把要修改的数据查询出来，然后对查询出来的数据进行修改，再执行 SaveChangesAsync 保存修改即可。如代码 4-11 所示，先查询出《数学之美》这本书，然后把作者的名字改成 "Jun Wu"，并保存。

代码 4-11　修改数据

```
1   using TestDbContext ctx = new TestDbContext();
2   var b = ctx.Books.Single(b => b.Title == "数学之美");
3   b.AuthorName = "Jun Wu";
4   await ctx.SaveChangesAsync();
```

同样，要对数据进行删除，我们要先把待删除的数据查询出来，然后调用 DbSet 或者 DbContext 的 Remove 方法把数据删除，再执行 SaveChangesAsync 方法保存结果到数据库。如代码 4-12 所示，先查询出《数学之美》这本书，然后把数据删除，再保存结果到数据库。

代码 4-12　删除数据

```
1   using TestDbContext ctx = new TestDbContext();
2   var b = ctx.Books.Single(b => b.Title == "数学之美");
3   ctx.Remove(b);//也可以写成 ctx.Books.Remove(b);
4   await ctx.SaveChangesAsync();
```

值得注意的是，无论是上面的修改数据的代码还是删除数据的代码，都是要先执行数据的查询操作，把数据查询出来，再执行修改或者删除操作。这样在 EF Core 的底层其实发生了先执行 Select 的 SQL 语句，然后执行 Update 或者 Delete 的 SQL 语句。

4.3　EF Core 的实体类配置

作为 ORM 框架，EF Core 要完成实体类对象和数据库中数据关系的映射，也就是实体类与数据库表的映射，以及实体类的属性与数据库表的列映射，比如 4.2 节中，通过 builder.ToTable ("T_Books")实现将 Book 类和 T_Books 表进行映射。本节中将会深入讲解 EF Core 中的实体类配置。EF Core 会默认按照命名约定进行配置，开发人员也可以通过代码指定额外的配置规则。

4.3.1　约定大于配置

为了减少配置工作量，EF Core 采用了"约定大于配置"的设计原则，也就是说 EF Core 会默认按照约定根据实体类以及 DbContext 的定义来实现和数据库表的映射配置，除非用户显式地指定了配置规则。比如 4.2 节中配置的 Book 实体类，默认的表名就是 Book 在 TestDbContext 中对应的 DbSet<Book>属性名 Books，我们可以通过 ToTable("T_Books")把这个默认的表名改为 T_Books。

EF Core 中的默认约定规则有很多，我们并不需要专门去学习、记忆，只要使用默认约定规则即可，在默认约定规则不满足要求的情况下，我们再去显式地指定规则。下面只列出几个主要的约定规则。

规则 1：数据库表名采用上下文类中对应的 DbSet 的属性名。

规则 2：数据库表列的名字采用实体类属性的名字，列的数据类型采用和实体类属性类型兼容的类型。比如在 SQL Server 中，string 类型对应 nvarchar，long 类型对应 bigint。

规则 3：数据库表列的可空性取决于对应实体类属性的可空性。EF Core 6 中支持 C#中的可空引用类型。

规则 4：名字为 Id 的属性为主键，如果主键为 short、int 或者 long 类型，则主键默认采用自动增长类型的列。

4.3.2　Data Annotation

Data Annotation（数据注释）指的是可以使用.NET 提供的 Attribute[①]对实体类、属性等进行标注的方式来实现实体类配置。比如通过[Table("T_Books")]，我们可以把实体类对应的表名配置为 T_Books；通过[Required]，我们可以把属性对应的数据库表列配置为"不可为空"；通过[MaxLength(20)]，我们可以把属性对应的数据库表列配置为"最大长度为 20"。因此 4.2 节中的 Book 实体类可以修改为代码 4-13 所示的形式。

代码 4-13　Data Annotation 配置

```
1    [Table("T_Books")]
2    public class Book
3    {
4        public long Id { get; set; }              //主键
5        [MaxLength(50)]
6        [Required]
7        public string Title { get; set; }        //标题
8        public DateTime PubTime { get; set; }    //发布日期
9        public double Price { get; set; }        //单价
10       [MaxLength(20)]
11       [Required]
12       public string AuthorName { get; set; }//作者名字
13   }
```

4.3.3　Fluent API

除了可以用 Data Annotation 对实体类进行配置之外，.NET Core 中还提供了 Fluent API 的方式对实体类进行配置，就像我们在代码 4-3 中编写的 BookEntityConfig 一样。Data Annotation 和 Fluent API 的大部分功能都是重叠的，因此我们一般选择其中任何一种用法即可。

看起来 Data Annotation 的用法更简单，因为只要在实体类上添加 Attribute 就可以了，我

---

① 在微软的文档中，Attribute、Property 都被翻译为"属性"，有的地方 Attribute 还被翻译成"特性"，这会让读者感到迷惑。由于微软没有给 Attribute 提供无歧义性的中文翻译，因此本书统一用 Attribute 这个英文单词来称呼这个技术。

们不需要再写单独的配置类，但是 Fluent API 属于官方的推荐用法，主要有以下两点原因。

（1）Fluent API 能够更好地进行职责分离。实体类只负责进行抽象的描述，不涉及与数据库相关的细节，所有和数据库相关的细节被放到配置类中，这样我们能更方便地进行大型项目的管理。

（2）Fluent API 的功能更强大。Fluent API 几乎能实现 Data Annotation 的所有功能，而 Data Annotation 则不支持 Fluent API 的一些功能。

Data Annotation 和 Fluent API 是可以一起使用的。如果同样的内容用这两种方式都配置了，那么 Fluent API 的优先级高于 Data Annotation 的优先级。比如一个实体类上既添加了 [Table("TableFromAttribute")]，又设置了 ToTable("TableFromFluent")，那么 EF Core 认为配置的数据库表名是 TableFromFluent。

基于此，在开发人员社区中有两种实体类的配置方案。

（1）混合方案：优先使用 Data Annotation，因为 Data Annotation 的使用更简单。在 Data Annotation 无法实现的地方，再使用 Fluent API 进行配置。

（2）单一方案：只使用 Fluent API。

选择混合方案的开发人员不仅是因为考虑到了 Data Annotation 的使用更简单，而且考虑到了实体类上添加的[MaxLength(50)]、[Required]等 Attribute 可以被 ASP.NET Core 中的验证框架等复用。但是作者不赞同这种做法。因为基于分层的设计原则，我们不建议直接把实体类对象传递到视图层。因此本书主要使用和讲解 Fluent API 的方式，如果工作中需要使用 Data Annotation，请读者查看 EF Core 的官方文档。EF Core 的官方文档对于同样一个功能的配置都是把 Data Annotation 和 Fluent API 的用法并列显示的，文档中的 Fluent API 如图 4-11 所示。

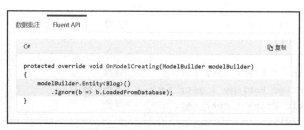

图 4-11　文档中的 Fluent API

4.3.4　Fluent API 基本配置

本小节介绍基本的 Fluent API 配置。

1. 视图与实体类映射

可以用下面的代码把 blogsView 这个数据库中的视图和 Blog 实体类进行映射：

```
modelBuilder.Entity<Blog>().ToView("blogsView");
```

2. 排除属性映射

默认情况下，一个实体类的所有属性都会映射到数据库表中，如果想让 EF Core 忽略一个属性，就可以用 Ignore 配置。比如下面的代码表示把 Blog 实体类中的 Name2 属性排除：

```
modelBuilder.Entity<Blog>().Ignore(b => b. Name2);
```

3. 数据库表列名

数据库表中的列名默认和属性名一样，我们可以使用 HasColumnName 方法配置一个不同的列名。比如 Blog 实体类中有一个属性 BlogId，默认的数据库表中的列名就是 BlogId，我们可以用如下的代码把对应的数据库表中的列名改为 blog_id：

```
modelBuilder.Entity<Blog>().Property(b =>b.BlogId).HasColumnName("blog_id");
```

4. 列数据类型

EF Core 默认会根据实体类的属性类型、最大长度等确定字段的数据类型，我们可以使用 HasColumnType 为列指定数据类型。

比如 EF Core 在 SQL Server 数据库中对于 string 类型的属性，默认生成 nvarchar 类型的列，我们可以通过下面的代码把列的数据类型改为 varchar：

```
builder.Property(e -> e.Title) .HasColumnType("varchar(200)")
```

5. 主键

EF Core 默认把名字为 Id 或者"实体类型+Id"的属性作为主键，我们可以用 HasKey 配置其他属性作为主键。比如下面的代码把 Number 列作为主键：

```
modelBuilder.Entity<Student>().HasKey(c => c.Number);
```

为了保持项目命名的统一以及代码的简洁，这里建议开发人员采用默认的 Id 作为主键。EF Core 中也支持用多个属性作为复合主键，不过由于复合主键问题很多，不符合如今的软件设计的主流做法，因此本书不对其进行介绍。

6. 索引

EF Core 中可以用 HasIndex 方法配置索引，如下代码就是将 Blog 实体类的 Url 属性定义为索引：

```
modelBuilder.Entity<Blog>().HasIndex(b => b.Url);
```

EF Core 也支持多个属性组成的复合索引，只要给 HasIndex 方法传递由一个或多个属性的名字组成的匿名类对象即可。如下代码就是将 Person 实体类的 FirstName 和 LastName 属性定义为一个复合索引：

```
modelBuilder.Entity<Person>().HasIndex(p => new { p.FirstName, p.LastName });
```

默认情况下，EF Core 中定义的索引不是唯一索引，我们可以用 IsUnique 方法把索引配置为唯一索引。我们还可以用 IsClustered 方法把索引设置为聚集索引。

7. 重载的方法

在使用 Fluent API 的时候还有一点需要注意，Fluent API 中的很多方法都有多个重载方法。

比如 HasIndex 就有 HasIndex(params string[] propertyNames) 和 HasIndex(Expression<Func<TEntity, object>> indexExpression)等重载方法，因此想要把 Number 属性对应的列定义为索引，下面两种方法都可以。

```
builder.HasIndex("Number");
builder.HasIndex(b=>b.Number);
```

同样地，用来获取实体类属性的 Property 方法也有多个重载方法，因此想要把 Number 属性对应的数据库表列的名字定义为 No，我们可以用下面两种方法。

```
builder.Property(b => b.Number).HasColumnName("No");
builder.Property("Number").HasColumnName("No");
```

作者推荐使用 HasIndex(b=>b.Number)、Property(b => b.Number)这样的写法，因为这样可以利用 C# 的强类型检查机制，如果属性名字被写错了，编译器会报错。如果用 Property("Number")这种写法，我们的拼写错误是没有那么容易被发现的。

4.3.5 Fluent API 究竟流畅在哪里

Fluent API 中 Fluent 这个单词的中文意思是"流畅的"，本小节会揭秘这个名字的意义。

以代码 4-3 中讲解的 BookEntityConfig 为例，如果要把 Book 实体类对应的表名设定为 T_Books，并且设定 Title 属性为索引，然后设置排除 PubTime 属性映射，我们可以如下这样配置。

```
builder.ToTable("T_Books");
builder.HasIndex(b => b.Title);
builder.Ignore(b => b.PubTime);
```

上面的代码也可以写成如下的链式调用的形式：

```
builder.ToTable("T_Books").HasIndex(b => b.Title);
builder.Ignore(b => b.PubTime);
```

这样我们就把第 1、2 行代码合并为一行，为什么呢？查看 ToTable 方法的返回值发现为 EntityTypeBuilder<TEntity>类型，查看 ToTable 等方法的源代码我们会发现，ToTable 最终是把 builder.ToTable 中 builder 指向的 EntityTypeBuilder<Book>对象返回，而 HasIndex 就是 EntityTypeBuilder<TEntity>中定义的方法，因此我们就可以继续在 ToTable 的返回值上调用 HasIndex 方法了。这种链式调用的方法能够简化代码的编写，是目前非常流行的一种风格，无论是.NET Core 中还是一些第三方库中都经常能看到这种写法。

那么能否把 Ignore 调用也合并到第 1 行代码中，进行如下调用呢？

```
builder.ToTable("T_Books").HasIndex(b => b.Title).Ignore(b => b.PubTime);
```

上面的代码会在 Ignore 调用处出现编译错误 "IndexBuilder 未包含 Ignore 的定义"，因为 HasIndex 方法的返回值为 IndexBuilder<TEntity>类型，所以我们不能调用 EntityTypeBuilder

<TEntity>的 Ignore 方法，但是可以调用 IndexBuilder 的方法进一步对索引进行配置，比如下面的代码表示额外设置索引为唯一索引。

```
builder.ToTable("T_Books").HasIndex(b => b.Title).IsUnique().IsClustered();
builder.Ignore(b => b.PubTime);
```

对于实体类属性的配置也是如此，EntityTypeBuilder 的 Property 方法的返回值为 PropertyBuilder 类型，而且 HasMaxLength、HasColumnName、IsRequired 等针对属性进行配置的方法都属于 PropertyBuilder 类型的方法，因此针对同一个属性，可以如下这样设置。

```
builder.Property(b => b.AuthorName).HasMaxLength(20).HasColumnName("AName").IsRequired();
builder.Property(b => b.Price).HasColumnName("BookPrice").HasDefaultValue(9.9);
```

这样的话，就把 AuthorName 属性设置为"最大长度 20，数据库表列名为 AName，不可为空"，把 Price 属性设置为"数据库表列名为 BookPrice，默认值为 9.9"。但是由于 Property 方法的返回值是 PropertyBuilder 类型，而 Property 方法是 EntityTypeBuilder 类型的方法，因此我们不能把这两句代码合并为一句。

4.3.6　主键类型的选择并不简单

在数据库设计中，对于主键类型来讲，有自动增长（简称自增）的 long 类型和 Guid 类型两种常用的方案。下面将会对这些方案以及衍生的方案进行介绍。

1. 普通自增

自增 long 类型的使用非常简单，所有主流数据库系统都内置了对自增列的支持，新插入的数据会由数据库自动赋予一个新增的、不重复的主键值。自增 long 类型占用磁盘空间小，可读性强，但是自增 long 类型的主键在数据库迁移以及分布式系统（如分库分表、数据库集群）中使用起来比较麻烦，而且在高并发插入的时候性能比较差。

由于自增列的值一般都是由数据库生成的，因此无法提前获得新增数据行的主键值，我们需要把数据保存到数据库之后才能获得主键的值。EF Core 会在把数据保存到数据库之后，把自增主键的值自动赋值给主键属性，如代码 4-14 所示。

代码 4-14　自增主键

```
1  using TestDbContext ctx = new TestDbContext();
2  Book b = new Book { AuthorName = "Zack Yang", Title = "Zack, Cool guy!",
3      Price = 9.9, PubTime = new DateTime(2020, 12, 30) };
4  ctx.Books.Add(b);
5  Console.WriteLine($"保存前, Id={b.Id}");
6  await ctx.SaveChangesAsync();
7  Console.WriteLine($"保存后, Id={b.Id}");
```

程序运行结果如图 4-12 所示。

可以看到，在 SaveChangesAsync 保存数据到数据库之

图 4-12　程序运行结果

前，Id 属性的值是默认值 0，在保存之后 Id 属性的值就是新增数据行的主键值了。

2. Guid 算法

Guid 算法使用网卡的 MAC（medium access control，介质访问控制）地址、时间戳等信息生成一个全球唯一的 ID。由于 Guid 的全球唯一性，它适用于分布式系统，在进行多数据库数据合并的时候很方便，因此我们也可以用 Guid 类型作为主键。

值得注意的是，由于 Guid 算法生成的值是不连续的（即使是 SQL Server 中 NewSequentialId 函数生成的 Guid 也不能根本解决这个问题），因此我们在使用 Guid 类型作为主键的时候，不能把主键设置为聚集索引。因为聚集索引是按照顺序保存主键的，在插入 Guid 类型主键的时候，它将会导致新插入的每条数据都要经历查找合适插入位置的过程，在数据量大的时候将会导致非常糟糕的数据插入性能。在 SQL Server 中，可以设置主键为非聚集索引，但是在 MySQL 中，如果我们使用 InnoDB 引擎，那么主键是强制使用聚集索引的。因此，在 SQL Server 中，如果我们使用 Guid 类型（也就是 uniqueidentifier 类型）作为主键，一定不能把主键设置为聚集索引；在 MySQL 中，如果使用 InnoDB 引擎，并且数据插入频繁，那么一定不要用 Guid 类型作为主键，如果确实需要用 Guid 类型作为主键的话，我们只能把这个主键字段作为逻辑主键，而不是作为物理主键；使用其他数据库管理系统的时候，也请先查阅在对应的数据库管理系统中，是否可以把主键设置为非聚集索引。

下面我们演示一下 Guid 类型主键的用法。首先创建一个代表作者的实体类 Author，如代码 4-15 所示。

代码 4-15　Author 实体类

```
1  class Author
2  {
3      public Guid Id { get; set; }
4      public string Name { get; set; }
5  }
```

然后我们在 TestDbContext 类中增加一个 DbSet<Author>类型的 Books 属性，也就是在上下文类中定义了多个 DbSet。上下文就像一个数据库，管理着多个 DbSet。在进行项目开发的时候，在增加了一个新的实体类以后，我们一般都要在对应的上下文类中增加对应的 DbSet 属性。

> 🐟 **提醒：**
>
> 其实不在上下文中声明 DbSet 属性也可以，但是这样 DbSet 属性使用起来比较麻烦，因此建议在使用上下文的时候都为实体类声明对应的 DbSet 属性。

在【程序包管理器控制台】中，我们分别执行 Add-Migration AddAuthor 和 Update-database 来生成数据库表，然后执行代码 4-16 来尝试插入数据到 Author 对应的数据库表中。

代码 4-16　插入 Guid 类型主键的数据

```
1  using TestDbContext ctx = new TestDbContext() ;
```

```
 2  Console.WriteLine("****1*****");
 3  Author a1 = new Author { Name = "杨中科" };
 4  Console.WriteLine($"Add 前，Id={a1.Id}");
 5  ctx.Authors.Add(a1);
 6  Console.WriteLine($"Add 后，保存前，Id={a1.Id}");
 7  await ctx.SaveChangesAsync();
 8  Console.WriteLine($"保存后，Id={a1.Id}");
 9  Console.WriteLine("****2*****");
10  Author a2 = new Author { Name = "Zack Yang" };
11  a2.Id = Guid.NewGuid();
12  Console.WriteLine($"保存前，Id={a2.Id}");
13  ctx.Authors.Add(a2);
14  await ctx.SaveChangesAsync();
15  Console.WriteLine($"保存前，Id={a2.Id}");
```

程序运行结果如图 4-13 所示。

图 4-13　程序运行结果

我们既可以通过 a2.Id = Guid.NewGuid() 手动给 Guid 类型的主键赋值，也可以让 EF Core 自动为 Guid 类型的主键赋值，而且 EF Core 为 Guid 类型的主键赋值是在把对象添加到 DbSet 中时就完成的，我们不需要像自增列一样在 SaveChangesAsync 之后才得到主键的值。使用 Guid 类型主键，我们不需要将数据插入数据库就能提前知道主键的值，这样在开发一些需要用到新增数据主键值的场景下更加方便。

3. 自增+Guid 算法

目前，还有一种主键使用策略是把自增主键和 Guid 结合起来使用，也就是表有两个主键（注意不是复合主键），用自增列作为物理主键，而用 Guid 列作为逻辑主键。物理主键是在进行表结构设计的时候把自增列设置为主键，而从表结构上我们是看不出来 Guid 列是主键的，但是在和其他表关联及和外部系统通信的时候（比如前端显示数据的标识的时候），我们都使用 Guid 列。这样不仅保证了性能，利用了 Guid 的优点，而且减少了主键自增导致主键值可被预测带来的安全性问题。比如，如果网站用自增主键作为参数来展示某个新闻页面的话，网页地址可能是 https://www.ptpress.com.cn/News?id=8，这样恶意访问者就可以递增遍历 ID，轻松地把网站所有的新闻页面访问到，而如果用 Guid 作为查询参数的话，网页地址可能是 https://www.ptpress.com.cn/News?id=cafe3e64-e617-4bb9-9f6f-08d8868b80c2，由于 Guid 的值很难预测，因此恶意访问者遍历所有页面的难度就会大很多。

4. Hi/Lo 算法

对于普通自增列来讲，每次获取新 ID 的时候都要锁定自增资源，因此在并发插入数据频繁的情况下，使用普通自增列的数据插入效率相对来讲比较低。EF Core 支持使用 Hi/Lo 算法来优化自增列的性能。

Hi/Lo 算法生成的主键值由两部分组成：高位（Hi）和低位（Lo）。高位由数据库生成，两个高位之间相隔若干个值；由程序在本地生成低位，低位的值在本地自增生成。比如，数据库的两个高位之间相隔 10，程序向数据库请求获得一个高位值 50。程序在本地获取主键的时候，会首先获得 Hi=50，再加上本地的 Lo=0，因此主键值为 50；程序再获取主键的时候，会继续使用之前获得的 Hi=50，再加上本地的低位自增，Lo=1，因此主键值为 51，以此类推。当 Lo=9 之后，再获取主键值，程序发现 Hi=50 的低位值已经用完了，因此就再向数据库请求一个新的高位值，数据库也许再返回一个 Hi=80（因为也许 Hi=60 和 Hi=70 已经被其他服务器获取了），然后加上本地的 Lo=0，最终获取主键值 80，以此类推。

Hi/Lo 算法的高位由服务器生成，因此保证了不同进程或者集群中不同服务器获取的高位值不会重复，而本地进程计算的低位则可以保证在本地高效率地生成主键值。因此，如果普通自增列的性能无法满足项目要求的话，可以考虑 Hi/Lo 算法，EF Core 的 SQL Server 数据库提供者内置了对 Hi/Lo 算法的支持，具体用法请参考官方文档。但是需要注意的是，Hi/Lo 算法不是 EF Core 的标准，如果读者使用的不是 SQL Server 数据库，则需要检查对应数据库的 EF Core 数据库提供程序是否提供了对 Hi/Lo 算法的支持。

4.4　数据库迁移

通过使用 Add-Migration 和 Update-database 两个命令，我们对于 EF Core 的数据库迁移有了基本的了解，本节将深入介绍数据库迁移的更多用法。

4.4.1　数据库迁移原理

数据库迁移的使用看似很简单，但是内部实现非常复杂，只有了解它的内部实现原理，我们才能更好地使用它。我们查看一下之前演示项目的数据库迁移代码结构，如图 4-14 所示。

图 4-14　数据库迁移代码结构

Migrations 文件夹下的内容都是数据库迁移生成的代码，这些代码记录了对数据库的修改操作,一般情况下我们无须手工修改这些代码。这些代码由两部分组成,一部分是以数字开头的文件,每一个文件代表一次对数据库的修改操作;另一部分是 ModelSnapshot.cs 文件,它是当前状态的快照。

我们注意到,每次执行 Add-Migration 之后,Migrations 文件夹下都会生成两个文件,一个文件的名字为“数字_迁移名字.cs”,另一个文件的名字为“数字_迁移名字.Designer.cs”,我们把每一次执行 Add-Migration 称作一次“迁移”。这些以数字开头的一组文件就对应了一次迁移,这些迁移开头的数字就是迁移的版本号,这些版本号是递增的,因此我们根据版本号对其进行排序就能得知数据库迁移的历史。

使用迁移脚本,我们可以对当前连接的数据库执行版本号更高的迁移,这个操作叫作“向上迁移”,我们也可以执行把数据库回退到旧版本的迁移,这个操作叫“向下迁移”。假设项目中依次有版本号为 1001、1002、1003、1004、1005 的 5 个迁移,而当前连接的数据库已经完成的迁移版本号是 1003,那么在当前数据库上执行 1004 这个脚本以后,就完成了向上迁移;我们也可以把当前的数据库回退到 1002 这个版本,这样就完成了向下迁移。由于 EF Core 记录了全部的历史版本信息,因此我们还可以连续迁移,比如可以在当前迁移版本号为 1003 的数据库上向下迁移到 1002、再向下迁移到 1001。正因为如此,除非有特殊需要,否则我们不要删除 Migrations 文件夹下的代码。

接下来,再详细看看每一组迁移中两个文件的作用。以 AddAuthor 为例,20201111223317_AddAuthor.cs 中记录的是和具体数据库无关的抽象模型,而 20201111223317_AddAuthor.Designer.cs 记录的是和具体数据库相关的代码。20201111223317_AddAuthor.cs 文件的主要内容如代码 4-17 所示。

代码 4-17　20201111223317_AddAuthor.cs 文件的主要内容

```
1   public partial class AddAuthor : Migration
2   {
3       protected override void Up(MigrationBuilder migrationBuilder)
4       {
5           migrationBuilder.CreateTable(name: "Authors", columns: table => new
6               { Id = table.Column<Guid>(nullable: false),
7                   Name = table.Column<string>(nullable: true) },
8               constraints: table => table.PrimaryKey("PK_Authors", x => x.Id));
9       }
10      protected override void Down(MigrationBuilder migrationBuilder)
11      {
12          migrationBuilder.DropTable(name: "Authors");
13      }
14  }
```

AddAuthor 类中包含 Up 和 Down 两个方法,Up 方法中定义的是向上迁移的代码,也就是把上一个版本的数据库迁移到这个版本要执行的代码,而 Down 方法中定义的则是向下迁移的代码,也就是把这个版本的数据库迁移回上一个旧版本的代码。这些代码都是由迁移工具生成的，一般不需要编写或者修改这些代码，但是为了研究 EF Core 的原理，我们还是有必要看懂它的大概逻辑。

可以看到，Up 方法中，我们调用 CreateTable 方法创建了 Authors 表，并且定义了和实体类中对应的列，而 Down 方法中则调用 DropTable 方法把 Authors 表删除。当我们在上一个版本的数据库中执行这个迁移脚本的时候，Up 方法被执行，因此 Authors 表被创建；当我们需要回退到上一个版本的数据库的时候，Down 方法就会被执行，因此 Authors 表被删除。因为 Up 方法是 Down 方法的"撤销操作"，所以这两个方法的代码需要实现完全相反的操作，也就是 Down 方法中的代码应该恰好把 Up 方法中对数据库的操作完全撤销，既不缺失一些操作，也不多出额外的操作。

20201111223317_AddAuthor.Designer.cs 文件中定义的也是和 20201111223317_AddAuthor.cs 中相同的 AddAuthor 类，它们两个通过部分类的语法各自组成 AddAuthor 类的一部分。我们看一下 20201111223317_AddAuthor.Designer.cs 文件，其主干内容如代码 4-18 所示。

代码 4-18　Designer.cs 文件的主干内容

```
1  [DbContext(typeof(TestDbContext))]
2  [Migration("20201111223317_AddAuthor")]
3  partial class AddAuthor{}
```

AddAuthor 类上添加的[DbContext(typeof(TestDbContext))]表示这个迁移脚本应用于哪一个上下文，而 [Migration("20201111223317_AddAuthor")]代表这个迁移脚本的版本号。

我们再查看一下数据库，会发现数据库中有一个__EFMigrationsHistory 表，表中的数据如图 4-15 所示。

	MigrationId	ProductVersion
1	20201111223217_InitialCreate	3.1.9
2	20201111223245_AddAuthorName_ModifyTitle	3.1.9
3	20201111223317_AddAuthor	3.1.9

图 4-15　__EFMigrationsHistory 表中的数据

可以看到，__EFMigrationsHistory 表中记录的就是当前数据库曾经应用过的迁移脚本，是按照顺序排列的，最后一条数据就是数据库最后一次应用的迁移版本号。EF Core 就是基于这张表得知当前连接的数据库的迁移版本号的，因此除非有特殊需要，否则不要修改这张表及其数据。

由于数据库迁移工具需要调用代码编译后的 DLL 文件去执行数据库迁移逻辑，因此在运行数据库迁移命令的时候，迁移工具会先尝试构建项目，如果项目构建失败，则迁移工作不能继续执行。如果项目代码中有语法错误等会导致构建失败的代码，在执行 Add-Migration 等命令的时候，迁移工具就会提示"Build failed"的错误信息。

如果解决方案中有多个项目，在执行 Add-Migration 等命令的时候，一定要确认在【程序包管理器控制台】中选中的是要迁移的项目。

4.4.2　其他数据库迁移命令

除了 Add-migration、Update-database 这两个常用命令之外，EF Core 还提供了其他一些数据库迁移命令。这些命令被使用的机会相对来讲比较少，这里只介绍常用的功能。

1.　Update-database 其他参数

我们可以用 Update-database XXX 把数据库回滚到 XXX 迁移脚本之后的状态。注意，这个命令只把当前连接的数据库进行回滚，因此迁移脚本仍然存在。

2.　删除迁移脚本

可以用 Remove-migration 命令删除最后一次的迁移脚本。

3.　生成迁移脚本

我们可以用 Update-database 命令执行迁移脚本来自动修改数据库，但是这种方式只适合在开发环境下使用，而不能用于生产环境。因为基于安全考虑，很多公司要求对生产环境数据库的操作必须要经过审计，而 EF Core 的迁移代码是一个二进制的程序，很难满足审计的要求；而且大部分公司的开发环境并不能直接连接生产环境数据库。

EF Core 中提供了 Script-Migration 命令来根据迁移代码生成 SQL 脚本，比如在【程序包管理器控制台】中输入 Script-Migration 并执行，一个包含完整的数据库操作脚本的 SQL 文件就会被创建和打开。这个脚本可以被提交给相关人员审计，然后在生产数据库中执行。

如果生产数据库已经处于某个迁移版本的状态了，那么我们可以生成这个版本到某个新版本的 SQL 脚本。比如当前数据库的前一版本是 D，通过如下命令可以生成版本 D 到版本 F 的 SQL 脚本：Script-Migration D F。

在 EF Core 中，我们还可以使用 context.Database.Migrate()代码来对程序当前连接的数据库进行迁移。这种方式是直接在代码中完成数据库迁移，很多公司的安全审计要求提供的是明文的 SQL 语句，因此我们需要根据公司安全审计要求决定是采用生成迁移 SQL 脚本的方式，还是通过迁移程序的方式执行数据库迁移。

4.4.3　反向工程（慎用）

作者推荐的 EF Core 使用方式是代码优先（code first），也就是先创建实体类，然后根据实体类生成数据库表。但是在实际的项目开发中，有时候数据库表是已经存在的，这时我们就需要基于已有的数据库表来使用 EF Core。

EF Core 中提供了反向工程的功能，它可以根据数据库表来反向生成实体类。图 4-16 所示的是作者的测试环境的 SQL Server 数据库中一些已有的表。

在【程序包管理器控制台】中执行如下的命令：

```
Scaffold-DbContext 'Server=.;Database=demo1;Trusted_Connection=True;'
Microsoft.EntityFrameworkCore.SqlServer
```

上面的命令就会为 SQL Server 的 demo1 数据库中的所有表生成实体类及上下文类,图 4-17 所示的就是反向工程工具所生成的项目文件。

图 4-16　数据库中已有的表　　　　图 4-17　反向工程工具所生成的项目文件

反向工程可以大大减少开发的工作量,但是由于所有的代码都是根据数据库生成的,因此生成的实体类也许并不能满足项目的要求。以上面生成的实体类为例,所有的数据库表名为 "T_实体类名称的复数形式",而反向工程则是根据 EF Core 默认的规则生成 "TCat" 这样的类名,而不是 "Cat" 这样的类名。因此反向工程生成的代码可能需要手动修改,而且我们也要对应地为其增加 Fluent API 或者 Data Annotation 的配置。

需要特别注意的是,如果我们再次运行反向工程工具,对生成文件所做的任何更改都将丢失。因此,如果我们已经对之前生成的代码做了修改,那么再次运行反向工程的时候要谨慎。

有部分开发人员,把反向工程工具当成日常开发工具使用,也就是项目开发的时候,一直手动维护数据库表结构,包括新增表、新增列的操作都是直接在数据库上进行的,然后使用反向工程工具生成实体类的代码。这种方式是不推荐的,因为这不符合 "模型驱动" 的开发理念,变成了传统的 "数据库驱动" 的开发方式,这对复杂项目的管理是一个 "前期很方便,后期越来越杂乱" 的灾难。

4.5　查看 EF Core 生成的 SQL 语句

我们知道,程序都是要通过 SQL 语句与关系数据库进行交互的。在使用 EF Core 的时候,一般不需要再去编写 SQL 语句,这是因为 EF Core 会把 C#代码转换成与 SQL 语句相关的操作。在日常开发中,只要编写 C#代码对实体类进行操作就可以了,不需要时刻关注代码生成的 SQL 语句是什么样的。但是开发人员仍然有查看底层 SQL 语句的需求。比如在程序出现性能问题的时候,开发人员需要检查 EF Core 生成的 SQL 语句是否有性能缺陷;比如在程序出现 bug 的时候,开发人员需要检查 EF Core 生成的 SQL 语句是否和自己预期的一致。本节会介绍查看 EF Core 生成的 SQL 语句的方式。

4.5.1　使用简单日志查看 SQL 语句

在 EF Core 5.0 之前,我们需要使用标准的日志框架输出 EF Core 背后执行的 SQL 语句。而从 EF Core 5.0 开始,EF Core 增加了一种 "简单日志",在不引入.NET 的日志框架的情况下,我们就能得到程序执行的 SQL 语句。

我们只要在上下文的 OnConfiguring 方法中调用 optionsBuilder 类的 LogTo 方法，传递一个参数为 String 的委托即可。当相关日志输出的时候，对应的委托就会被执行，如代码 4-19 所示。

代码 4-19　EF Core 简单日志输出

```
optionsBuilder.LogTo(Console.WriteLine);
```

这样我们就可以把包含底层执行的 SQL 语句在内的 EF Core 的日志输出到控制台，如图 4-18 所示。

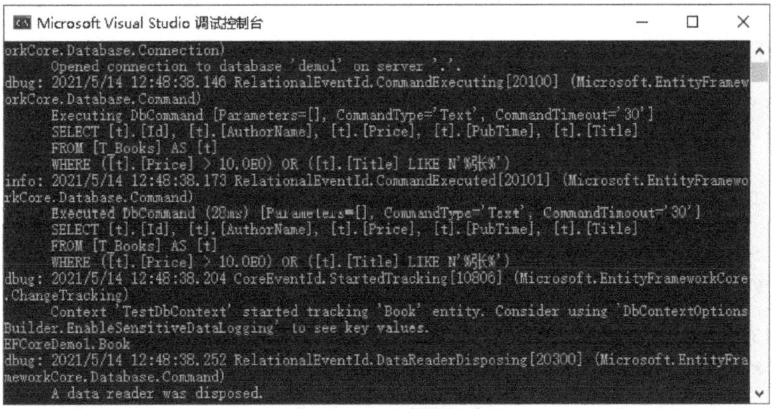

图 4-18　EF Core 的日志输出

4.5.2　探秘 EF Core 生成 SQL 语句的不同

我们知道，EF Core 会把 C#语句翻译成 SQL 语句。不同数据库的语法以及支持的函数是有一些差别的，比如 SQL Server 中获取前 3 条数据的语法是 TOP，而 MySQL 中则是 LIMIT，Oracle 中则是 ROWNUM。同样的 C#语句会被 EF Core 翻译成不同数据库中的不同 SQL 语句，这样 EF Core 把底层数据库方言的差异性屏蔽起来，开发人员只要专注编写 C#代码即可。本小节我们探索同样的 C#语句在不同数据库中生成不同 SQL 语句的现象。

需要提前说明的是，EF Core 生成的迁移脚本是和数据库相关的，为 A 数据库生成的脚本很可能无法直接运行到 B 数据库上。查看一下之前操作生成的迁移脚本，如图 4-19 所示。

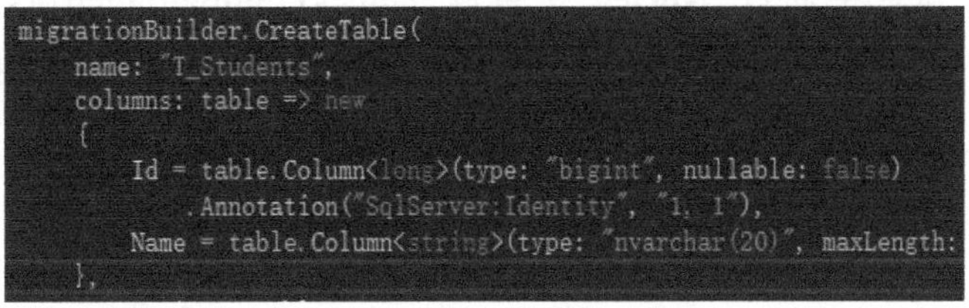

图 4-19　迁移脚本

我们发现，上面的脚本中 Id 列的数据类型是 bigint 类型，而且设置了列为 SqlServer:Identity 标识列，Name 列的数据类型是 nvarchar 类型。这里的 bigint、nvarchar、标识列等都是 SQL Server 中特有的概念，因此这些数据库迁移脚本并不能直接应用于 MySQL、Oracle 等其他类型的数据库。如果一个项目需要同时面向多种类型的数据库进行开发，我们可以通过给 Add-Migration 命令添加 "-OutputDir" 参数的形式来在同一个项目中为不同的数据库生成不同的迁移脚本，并且把迁移脚本保存到不同的文件夹下，具体用法可以参考微软官方文档的 "使用多个提供程序进行迁移" 这一节。本小节为了简化问题，会在不同的项目中创建连接不同类型数据库的代码。

本小节中，我们会复用之前演示过的 Book 实体类的例子，因为面向不同数据库的不同项目的 Book 实体类以及配置类 BookEntityConfig 的代码都是一样的，所以这里不再重复相关的代码。用于测试的查询代码如代码 4-20 所示。

代码 4-20　用于测试的查询代码

```
1  var books = ctx.Books.Where(b=>b.PubTime.Year>2010).Take(3);
2  foreach(var b in books)
3  {
4      Console.WriteLine(b.Title);
5  }
```

在 SQL Sever 数据库中执行上面的代码，程序生成的 SQL 语句如下：

```
SELECT TOP(3) [t].[Id], [t].[AuthorName], [t].[Price], [t].[PubTime], [t].[Title]
FROM [T_Books] AS [t] WHERE DATEPART(year, [t].[PubTime]) > 2010
```

接下来，我们创建使用 MySQL 数据库的项目。

MySQL 的 EF Core 数据库提供程序有 MySql.EntityFrameworkCore（以下简称"官方库"）、Pomelo.EntityFrameworkCore.MySql（以下简称"Pomelo"）这两个 NuGet 包。第一个是由 MySQL 官方开发和维护的，不是开源的；第二个是由 Pomelo Foundation 开源团队开发的，是开源的。官方库曾经更新速度非常慢，经常是 EF Core 升级后几个月内官方库都没有跟随更新，导致在 EF Core 中使用 MySQL 时无法及时利用 EF Core 的新特性。而且由于官方库不是开源的，因此社区的开发人员无法参与到代码的改进中。而 Pomelo 随 EF Core 新版本更新的速度非常快，而且由于它是开源的，开发人员可以群策群力地推动项目的进步。正因为如此，Pomelo 比官方库更受开发人员欢迎，在作者写书的这一刻，Pomelo 的下载量约是官方库的 140 倍。本书也采用 Pomelo 操作 MySQL。

首先，我们在项目中通过 NuGet 安装包 Pomelo.EntityFrameworkCore.MySql，修改 TestDbContext 类的 OnConfiguring 方法，在其中配置程序到 MySQL 数据库的连接，如代码 4-21 所示。

代码 4-21　EF Core 到 MySQL 的配置

```
1  protected override void OnConfiguring(DbContextOptionsBuilder optionsBuilder)
2  {
```

```
3    optionsBuilder.UseMySql("server=localhost;user=用户名;password=密码;database=ef",
4        new MySqlServerVersion(new Version(8, 6, 20)));//设定 MySQL 服务器的版本
5    optionsBuilder.LogTo(Console.WriteLine);
6  }
```

执行完数据库迁移生成数据库表以后，在项目中再次执行之前的 C#查询代码，可以从日志输出中看到查询操作生成的 SQL 语句如下。

```
SELECT 't'. 'Id', 't'. 'AuthorName', 't'. 'Price', 't'. 'PubTime', 't'. 'Title' FROM
'T_Books' AS 't'
WHERE EXTRACT(year FROM 't'. 'PubTime') > 2010 LIMIT @__p_0
```

除了 SQL Server 和 MySQL 之外，PostgreSQL 也是在.NET 领域应用得非常多的数据库，现在很多新的项目都优先考虑 PostgreSQL 数据库。因此我们再测试一下同样的代码在 PostgreSQL 数据库上的执行效果。

Npgsql.EntityFrameworkCore.PostgreSQL 是 PostgreSQL 的 EF Core 提供程序，这个开源项目的主要贡献者也是微软 EF Core 团队的主力开发人员，因此这个项目的可靠性还是比较高的。

首先，在项目中通过 NuGet 安装 PostgreSQL 的包 Npgsql.EntityFramework Core.PostgreSQL，修改 TestDbContext 类的 OnConfiguring 方法，并且在其中配置程序连接到 PostgreSQL 数据库，如代码 4-22 所示。

代码 4-22　EF Core 到 PostgreSQL 的配置

```
1  protected override void OnConfiguring(DbContextOptionsBuilder optionsBuilder)
2  {
3      optionsBuilder.UseNpgsql("Host=127.0.0.1;Database=ef;Username=用户名;Password=密码");
4      optionsBuilder.LogTo(Console.WriteLine);
5  }
```

执行完数据库迁移以后，我们在项目中再次执行之前的 C#查询代码，就可以看到查询生成的 SQL 语句如下：

```
SELECT TOP(@__p_0) t.Id, t.AuthorName, t.Price, t.PubTime, t.Title FROM T_Books AS t
WHERE CAST(date_part('year', t.PubTime) AS integer) > 2010)
```

可以看到，C#代码中的获取日期对应年份的 b.PubTime.Year 在 SQL Server 中被翻译为 DATEPART(year, [t].[PubTime])，在 MySQL 中被翻译为 EXTRACT(year FROM 't'. 'PubTime')，而在 PostgreSQL 中被翻译为 date_part('year', t.PubTime)；C#代码中获取前 3 条数据的 Take(3) 在 SQL Server 和 PostgreSQL 中被翻译为 TOP(3)，而在 MySQL 中则被翻译为 LIMIT 3。

由此可见，EF Core 确实把与数据库无关的 C#代码翻译成了目标数据库的方言 SQL 语句，这样开发人员就不需要专门学习不同的数据库方言，只要编写自己熟悉的 C#代码就可以完成对不同数据库的操作。当然，尽管 EF Core 帮开发人员完成了 C#代码到 SQL 语句的翻译，在程序遇到 bug 或者性能瓶颈的时候，开发人员仍然需要关注 EF Core 生成的 SQL 语句，并且

进行相应的优化。

4.6　关系配置

在进行项目开发的时候，很少有一张数据库表是单独存在的，因为大部分数据库表之间都有关系，这也正是"关系数据库"的价值所在。作为一个 ORM 框架，EF Core 不仅能帮助开发人员简化单张表的处理，在处理表之间的关系上也非常强大。EF Core 支持一对多、多对多、一对一等关系。本节将会讲解实体类的关系配置。

4.6.1　一对多

一对多是常见的实体类间的关系。比如文章和评论的关系就是一对多的关系，也就是一篇文章对应多条评论。下面通过文章和评论这两个实体类来讲解一对多关系的配置。

首先定义文章的实体类 Article 和评论的实体类 Comment，如代码 4-23 所示。

代码 4-23　实体类

```
1  public class Article
2  {
3      public long Id { get; set; }                //主键
4      public string Title { get; set; }           //标题
5      public string Content { get; set; }         //内容
6      public List<Comment> Comments { get; set; } = new List<Comment>(); //此文章的多条评论
7  }
8  public class Comment
9  {
10     public long Id { get; set; }                //主键
11     public Article Article { get; set; }  //评论属于哪篇文章
12     public string Message { get; set; }    //评论内容
13 }
```

在上面的实体类中，我们看到文章的实体类 Article 中定义了一个 Comment 类型的 List 属性，因为一篇文章可能有多条评论；评论的实体类 Comment 中定义了一个 Article 类型的属性，因为一条评论只能属于一篇文章。

EF Core 中实体类之间关系的配置采用如下的模式：HasXXX(…).WithYYY(…);。

我们知道，Has 在英语中是"有"的意思，With 在英语中是"带有"的意思，因此 HasXXX(…).WithYYY(…)就代表"A 实体类对象有 XXX 个 B 实体类对象，B 实体类对象带有 YYY 个 A 实体类对象"。其中 HasXXX(…)用来设置当前这个实体类和关联的另一个实体类的关系，WithYYY(…)用来反向配置实体类的关系。XXX、YYY 有 One 和 Many 这两个可选值。

我们在 A 实体类中配置 builder.HasOne<B>(…).WithMany(…)就表示 A 和 B 是"一对多"的关系，也就是一个 A 实体类的对象对应一个 B 实体类的对象，而一个 B 实体类的对象有多个 A 实体类的对象与之对应；如果在 A 实体类中配置 builder.HasOne<B>(…).WithOne(…)就表示 A 和 B 是"一对一"的关系，也就是一个 A 实体类的对象对应一个 B 实体类的对象，而一个 B 实体类的对象也有一个 A 实体类的对象与之对应；如果在 A 实体类中配置 builder.HasMany<B>(…).WithMany (…)就表示 A 和 B 是"多对多"的关系，也就是一个 A 实体类的对象对应多个 B 实体类的对象，而一个 B 实体类的对象也有多个 A 实体类的对象与之对应。

根据上面所讲，我们对两个实体类使用 Fluent API 进行关系的配置，如代码 4-24 所示。

代码 4-24 实体类的配置

```
1  class ArticleConfig : IEntityTypeConfiguration<Article>
2  {
3      public void Configure(EntityTypeBuilder<Article> builder)
4      {
5          builder.ToTable("T_Articles");
6          builder.Property(a => a.Content).IsRequired().IsUnicode();
7          builder.Property(a => a.Title).IsRequired().IsUnicode().HasMaxLength(255);
8      }
9  }
10 class CommentConfig : IEntityTypeConfiguration<Comment>
11 {
12     public void Configure(EntityTypeBuilder<Comment> builder)
13     {
14         builder.ToTable("T_Comments");
15         builder.HasOne<Article>(c=>c.Article).WithMany(a => a.Comments).IsRequired();
16         builder.Property(c=>c.Message).IsRequired().IsUnicode();
17     }
18 }
```

对于一对多的关系的配置，主要就在对 Comment 实体类配置的第 15 行代码中：

builder.HasOne<Article>(c=>c.Article).WithMany(a => a.Comments).IsRequired();

因为这个关系的配置写在 Comment 实体类的配置中，所以这行代码的意思就是"一条评论对应一篇文章，一篇文章有多条评论"。

HasOne<Article>(c=>c.Article)中的 Lambda 表达式 c=>c.Article 表示 Comment 类的 Article 属性是指向 Article 实体类型的，因为存在一个实体类中有多个属性为同一个实体类型的可能性，比如"请假单"实体类中有申请者、主管、考勤专员等多个属性为"用户"实体类型，因此我们需要在 HasOne 的参数中指定配置的是哪个属性。需要注意的是，HasOne 方法有多个重载，调用的时候不要调用错了，初学者容易犯错的地方就是调用无参数的 HasOne 方法，写成 builder.HasOne<Article>().WithMany(a => a.Comments)，这样就会造成运行结果和我们讲解的结果不一致的情况。

WithMany(a => a.Comments)表示一个 Article 对应多个 Comment，并且在 Article 中可以通过 Comments 属性访问到相关的 Comment 对象。

很显然，HasXXX(…)参数中的 Lambda 表达式配置的是当前这个类的属性，而 WithXXX(…)参数中的 Lambda 表达式配置的是关系另一端的实体类的属性。

IsRequired 表示 Comment 中的 Article 属性是不可以为空的，如果项目启用了"可空引用类型"，这里也可以不配置 IsRequired，因为 Artcile 属性是不可为空的 Article 类型。

上面的代码编写完成后，执行 EF Core 迁移，随后在数据库中就可以看到生成的两张表，如图 4-20 所示。

图 4-20 数据库表

其中 T_Comments 表的 ArticleId 列是一个指向 T_Articles 表 Id 列的外键。

接下来，我们编写代码测试数据的插入，如代码 4-25 所示。

代码 4-25 一对多的数据插入

```
1  Article a1 = new Article();
2  a1.Title = "微软发布.NET 6 大版本的首个预览";
3  a1.Content = "微软昨日在一篇官网博客中宣布了 .NET 6 首个预览版本的到来。";
4  Comment c1 = new Comment() { Message = "支持" };
5  Comment c2 = new Comment() { Message = "微软太牛了" };
6  Comment c3 = new Comment() { Message = "支持！" };
7  a1.Comments.Add(c1);
8  a1.Comments.Add(c2);
9  a1.Comments.Add(c3);
10 using TestDbContext ctx = new TestDbContext();
11 ctx.Articles.Add(a1);
12 await ctx.SaveChangesAsync();
```

上面的代码执行完成后，我们再查询一下数据库，会发现数据已经插入成功了，如图 4-21 所示。

可以看到，只要把创建的 Comment 类的对象添加到 Article 对象的 Comments 属性的 List 中，然后把 Article 对象添加到 ctx.Articles 中，就可以把相关联的 Comment 对象

图 4-21 数据库表中的数据

添加到数据库中，不需要显式为 Comment 对象的 Article 属性赋值（当前赋值也不会出错），也不需要显式地把新创建的 Comment 类型的对象添加到上下文中，因为我们的关系配置可以让 EF Core 自动完成这些工作。

4.6.2 关联数据的获取

EF Core 的关系配置不仅能帮我们简化数据的插入，也可以简化关联数据的获取。如代码 4-26 所示，把 Id==1 的文章及其评论输出。

代码 4-26　关联数据的获取

```
1  using TestDbContext ctx = new TestDbContext();
2  Article a = ctx.Articles.Include(a => a.Comments).Single(a => a.Id == 1);
3  Console.WriteLine(a.Title);
4  foreach (Comment c in a.Comments)
5  {
6      Console.WriteLine(c.Id + ":" + c.Message);
7  }
```

注意，Include 方法是定义在 Microsoft.EntityFrameworkCore 命名空间中的扩展方法，因此在使用这个方法之前，需要在代码中添加对 Microsoft.EntityFrameworkCore 命名空间的引用。

程序运行结果如图 4-22 所示。可以看到，上面的代码不仅获取了 Id==1 的 Article 对象数据，而且通过 Article 对象的 Comments 属性获取了文章对应的评论数据。

我们查看一下上面代码生成的 SQL 语句，如图 4-23 所示。

图 4-22　程序运行结果

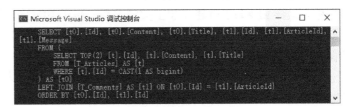

图 4-23　生成的 SQL 语句

可以看到，C#代码被翻译成了使用 Left Join 语句对 T_Articles 和 T_Comments 表进行关联查询的 SQL 语句。起到关联查询作用的就是 Include 方法，它用来生成对其他关联实体类的查询操作。如果我们把代码中的 Include 去掉，如代码 4-27 所示。

代码 4-27　不使用 Include 的查询

```
1  using TestDbContext ctx = new TestDbContext();
2  Article a = ctx.Articles.Single(a => a.Id == 1);
3  Console.WriteLine(a.Title);
4  foreach (Comment c in a.Comments)
5  {
```

```
6        Console.WriteLine(c.Id + ":" + c.Message);
7  }
```

我们查看一下上面的代码对应的 SQL 语句，如图 4-24 所示。

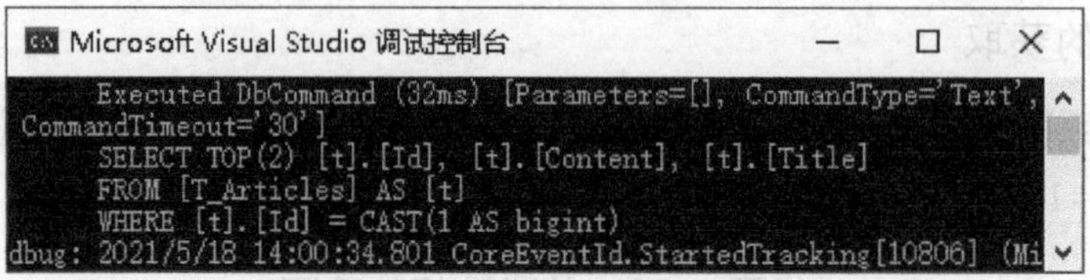

图 4-24　程序生成的 SQL 语句

可以看到生成的 SQL 语句只是查询 T_Articles 表，没有使用 join 语句关联查询 T_Comments 表，因此我们无法获取 Comments 属性中的数据。

在 EF Core 中，我们也可以在实体类中使用 AutoInclude 配置特定的导航属性自动进行 Include 操作，但是这容易被滥用而导致性能问题，因此不推荐使用它。对 AutoInclude 感兴趣的读者，可以查看 EF Core 对应的文档。

EF Core 默认使用 Join 操作进行关联对象数据的加载，在有的情况下 Join 的性能会比较低，如果我们先查询主表，然后执行一次查询关联对象的表来进行分步加载，也许能获得更好的性能。从 EF Core 5.0 开始，我们可以通过"拆分查询"实现在单独的查询中加载关联对象的数据，可以查看 EF Core 文档中 AsSplitQuery 部分的内容了解其用法。

4.6.3　实体类对象的关联追踪

我们通过 a1.Comments.Add(c1) 把新创建的 Comment 对象插入 Article 对象的 Comments 属性中，这样 a1 和 c1 就建立起了关联关系。由于 EF Core 中配置了两个实体类的关系，因此我们只要通过 Comments 属性把新创建的 Comment 对象和 a1 对象关联起来，EF Core 就会自动保存 Comment 对象。

其实我们也可以不给 Comments 属性添加对象，而改为通过给 Comment 对象的 Article 属性赋值的方式完成数据的插入，如代码 4-28 所示。

代码 4-28　关联添加数据

```
1  Article a1 = new Article();
2  a1.Title = "关于.NET 5 正式发布，你应该了解的 5 件事";
3  a1.Content = ".NET 5 是 .NET Core 3.1 和 .NET Framework 4.8 的后续产品。";
4  Comment c1 = new Comment() { Message = "已经在用了", Article = a1 };
5  Comment c2 = new Comment() { Message = "我们公司项目已经升级到.NET 5 了", Article = a1 };
6  using TestDbContext ctx = new TestDbContext();
7  ctx.Comments.Add(c1);
8  ctx.Comments.Add(c2);
9  await ctx.SaveChangesAsync();
```

上述代码没有显式地把 Article 对象添加到 ctx.Articles 中，但是由于我们把新创建的

Comment 对象的 Article 属性设置为 a1，因此我们也可以正常地在数据库中插入数据到 T_Articles、T_Comments 两张表中。

　　EF Core 就是这样方便，只要我们的代码把实体类之间的关系设定了，EF Core 就会顺着对象之间的关系完成数据的操作。

4.6.4　关系的外键属性的设置

　　EF Core 还支持其他对关系的设置。比如对于关系设置 OnDelete(DeleteBehavior.SetNull)，当关联的对象对应的数据行从数据库删除之后，使用这行数据的关联表中对应列的值就会被设置为 null，而不是把关联的数据删除。不过现在很多项目中的数据删除都不是真的从数据库删除数据，而是通过把对应数据行的特定列的值更新为"已删除"的方式实现数据库的"软删除"，因此这里不对 OnDelete 做详细讲解。如果需要真的删除数据，并且要定制级联删除行为的话，请查看官方文档。

　　EF Core 会根据命名规则为"一对多"的"多"端的实体类创建一个外键列。比如上面的例子中，T_Comments 表中就有一个自动创建的列 ArticleId，在代码中我们不需要对这个列进行处理。但是有的时候，我们可能只想获取这个外键列的值，在这种情况下，我们也需要进行关联查询。比如使用代码 4-29 把所有评论的 Id、Message 及 ArticleId 输出。

代码 4-29　获取外键的值

```
1  using TestDbContext ctx = new TestDbContext();
2  foreach (Comment c in ctx.Comments.Include(c => c.Article))
3  {
4      Console.WriteLine(c.Id + ":" + c.Message + "; " + c.Article.Id);
5  }
```

　　上面的代码把 T_Comments 表和 T_Articles 表使用 join 进行关联查询才能获取 ArticleId 列的值。但是其实 T_Comments 表中是有 ArticleId 列的，我们完全不需要关联 T_Articles 表进行查询，因为这样做会消耗数据库服务器的资源。

　　如果有单独获取外键列的值的需求，我们可以在实体类中显式声明一个外键属性。比如，在 Comment 类中增加一个 long 类型的 ArticleId 属性，然后在关系配置中通过 HasForeignKey(c=>c.ArticleId) 指定这个属性为外键即可。Comment 类及 CommentConfig 类如代码 4-30 所示。

代码 4-30　增加外键配置

```
1  public class Comment
2  {
3      public long Id { get; set; }
4      public Article Article { get; set; }
5      public long ArticleId { get; set; }
6      public string Message { get; set; }
7  }
```

```
8  class CommentConfig : IEntityTypeConfiguration<Comment>
9  {
10     public void Configure(EntityTypeBuilder<Comment> builder)
11     {
12         builder.ToTable("T_Comments");
13         builder.HasOne<Article>(c => c.Article).WithMany(a => a.Comments)
14             .IsRequired().HasForeignKey(c => c.ArticleId);
15         builder.Property(c => c.Message).IsRequired().IsUnicode();
16     }
17 }
```

这样我们就可以使用代码 4-31 把所有评论的 Id、Message 及 ArticleId 输出。

代码 4-31　只获取外键值

```
1  foreach (Comment c in ctx.Comments)
2  {
3      Console.WriteLine(c.Id + ":" + c.Message + "; " + c.ArticleId);
4  }
```

上面的代码中没有使用 Include 关联 Article 实体类进行查询，因此生成的 SQL 语句只通过查询 T_Comments 表就可以获取需要的数据，性能会好很多。当然，采用这种方式我们需要再额外维护一个外键属性，因此一般情况下我们不需要这样声明。毕竟，简洁就是美。

4.6.5　单向导航属性

上面的关系配置的例子中，在 Article 类中声明了 Comments 属性指向 Comment 类，这样我们不仅可以通过 Comment 类的 Article 属性获取评论对应的文章信息，还可以通过 Article 类的 Comments 属性获取文章的所有评论信息。这样的关系叫作"双向导航"。

双向导航让我们可以通过任何一方的对象获取对方的信息，但是有时候我们不方便声明双向导航。比如在大部分系统中，基础的"用户"实体类会被非常多的其他实体类引用，比如"请假单"中会有"申请者""审批者"等"用户"实体类型的属性，"报销单"中会有"创建者""责任财务人员""主管"等"用户"实体类型的属性，因此系统中会有几十个甚至上百个实体类都有"用户"实体类型的属性，但是"用户"实体类不需要为每个实体类都声明一个导航属性。这种情况下，我们就需要一种只在"多端"声明导航属性，而不需要在"一端"声明导航属性的单向导航机制。

这种单向导航属性的配置其实很简单，只要在 WithMany 方法中不指定属性即可。

下面以"用户""请假申请"两个实体类举例。首先，创建"用户"实体类 User，如代码 4-32 所示。

代码 4-32　User 实体类

```
1  class User
2  {
```

```
3      public long Id { get; set; }
4      public string Name { get; set; }          //姓名
5  }
```

可以看到，User 实体类中没有声明指向"请假申请"等实体类的属性。

接下来，再创建"请假申请"实体类 Leave，如代码 4-33 所示。

代码 4-33　Leave 实体类

```
1  class Leave
2  {
3      public long Id { get; set; }
4      public User Requester { get; set; }       //申请者
5      public User? Approver { get; set; }       //审批者
6      public string Remarks { get; set; }       //说明
7      public DateTime From { get; set; }        //开始日期
8      public DateTime To { get; set; }          //结束日期
9      public int Status { get; set; }           //状态
10 }
```

可以看到，Leave 类中有 Requester、Approver 两个 User 类型的属性，它们都是单向导航属性。一个请假单中一定存在申请者，因此 Requester 属性不可为空；还未审批的请假单是不存在审批者的，因此 Approver 属性为可空类型。

不要忘了在上下文类中声明对应这两个实体类的属性，如代码 4-34 所示。

代码 4-34　TestDbContext 中的实体类声明

```
1  public DbSet<User> Users { get; set; }
2  public DbSet<Leave> Leaves { get; set; }
```

然后我们对这两个实体类进行配置。首先是 User 类的配置，如代码 4-35 所示。

代码 4-35　UserConfig

```
1  class UserConfig : IEntityTypeConfiguration<User>
2  {
3      public void Configure(EntityTypeBuilder<User> builder)
4      {
5          builder.ToTable("T_Users");
6          builder.Property(u => u.Name).IsRequired().HasMaxLength(100).IsUnicode();
7      }
8  }
```

然后我们编写 Leave 类的配置，如代码 4-36 所示。

代码 4-36　LeaveConfig

```
1  class LeaveConfig : IEntityTypeConfiguration<Leave>
2  {
```

```
 3      public void Configure(EntityTypeBuilder<Leave> builder)
 4      {
 5          builder.ToTable("T_Leaves");
 6          builder.HasOne<User>(l => l.Requester).WithMany();
 7          builder.HasOne<User>(l => l.Approver).WithMany();
 8          builder.Property(l => l.Remarks).HasMaxLength(1000).IsUnicode();
 9      }
10  }
```

可以看到，Requester、Approver 这两个属性都是单向导航属性，因为 WithMany 方法中没有传递参数，当然也没有合适的参数给 WithMany 方法，毕竟 User 类中没有指向 Leave 类的属性。

如代码 4-37 所示，插入数据到数据库。

代码 4-37　插入数据

```
 1  User u1 = new User { Name = "杨中科" };
 2  Leave leave1 = new Leave();
 3  leave1.Requester = u1;
 4  leave1.From = new DateTime(2021, 8, 8);
 5  leave1.To = new DateTime(2021, 8, 9);
 6  leave1.Remarks = "家里装修，回家处理";
 7  leave1.Status = 0;
 8  using TestDbContext ctx = new TestDbContext();
 9  ctx.Users.Add(u1);
10  ctx.Leaves.Add(leave1);
11  await ctx.SaveChangesAsync();
```

由于 User 实体类中没有指向 Leave 实体类的属性，如果要实现"获取一个用户的所有请假申请"，我们可以直接到请假申请实体类的 DbSet 中去查询。如代码 4-38 所示，获得名字为"杨中科"的所有请假申请。

代码 4-38　查询数据

```
 1  User u = await ctx.Users.SingleAsync(u => u.Name == "杨中科");
 2  foreach (var l in ctx.Leaves.Where(l => l.Requester == u))
 3  {
 4      Console.WriteLine(l.Remarks);
 5  }
```

在实际项目开发中，对于主从结构的"一对多"表关系，我们一般是声明双向导航属性；对于其他的"一对多"表关系，我们则需要根据情况决定是使用单向导航属性还是使用双向导航属性，比如被很多表都引用的基础表，一般都是声明单向导航属性。

4.6.6　关系配置在哪个实体类中

实体类之间的关系是双向的，以 4.6.1 小节中讲到的实体类为例，我们可以说 Article 和

Comment 之间的关系是"一对多"，也就是一个 Article 对应多个 Comment；也可以说 Comment 和 Article 之间的关系是"多对一"，也就是多个 Comment 对应一个 Article。站在不同的角度，就有不同的说法，但是本质上它们指的是同一个东西。

因此，两张表之间的关系可以配置在任何一端。比如上面的 Article 和 Comment 这两个实体类，我们把它们的关系配置交换。代码 4-39 所示的是新的 Comment 类的配置。

代码 4-39　CommentConfig

```
1  class CommentConfig : IEntityTypeConfiguration<Comment>
2  {
3      public void Configure(EntityTypeBuilder<Comment> builder)
4      {
5          builder.ToTable("T_Comments");
6          builder.Property(c=>c.Message).IsUnicode();
7      }
8  }
```

代码 4-40 所示的是新的 Article 类的配置。

代码 4-40　ArticleConfig

```
1  class ArticleConfig : IEntityTypeConfiguration<Article>
2  {
3      public void Configure(EntityTypeBuilder<Article> builder)
4      {
5          builder.ToTable("T_Articles");
6          builder.HasMany<Comment>(a => a.Comments).WithOne(c => c.Article);
7          builder.Property(a => a.Content).IsUnicode();
8          builder.Property(a => a.Title).IsUnicode().HasMaxLength(255);
9      }
10 }
```

可以看到，我们把关系的配置从 CommentConfig 类中移动到了 ArticleConfig 类中。当然，由于配置的位置变了，我们把 CommentConfig 类中的 HasOne<Article>(c=>c.Article).WithMany(a => a.Comments) 改成了 ArticleConfig 类中的 HasMany<Comment>(a => a.Comments).WithOne(c => c.Article)。

执行数据库迁移后，重新执行代码，我们会发现数据库结构和之前的没有任何区别，也就是说这两种配置方式的效果是一样的。

当然，对于单向导航属性，我们只能把关系配置到一方。因此，考虑到有单向导航属性的可能，我们一般都用 HasOne(…).WithMany(…)这样的方式进行配置，而不是像本小节这样"反其道而行之"。

4.6.7　一对一

实体类之间还可以有一对一关系，比如"采购申请单"和"采购订单"就是一对一关系。

本小节会介绍 EF Core 中一对一关系的使用。

假设实现一个电商网站，那么"订单"和"快递信息"可以定义成两个实体类，这两个实体类之间就是一对一的关系：一个订单对应一个快递信息，一个快递信息对应一个订单。真实系统中的订单快递信息等实体类中的属性是非常复杂的。我们这里侧重 EF Core 技术，因此对于这些业务相关的需求做了简化。

首先，我们声明一个订单实体类 Order，如代码 4-41 所示。

代码 4-41　Order 实体类

```
1  class Order
2  {
3      public long Id { get; set; }
4      public string Name { get; set; }              //商品名
5      public string Address { get; set; }           //收货地址
6      public Delivery? Delivery { get; set; }        //快递信息
7  }
```

接下来，我们再声明一个快递信息实体类 Delivery，如代码 4-42 所示。

代码 4-42　Delivery 实体类

```
1  class Delivery
2  {
3      public long Id { get; set; }
4      public string CompanyName { get; set; }        //快递公司名
5      public String Number { get; set; }             //快递单号
6      public Order Order { get; set; }               //订单
7      public long OrderId { get; set; }              //指向订单的外键
8  }
```

可以看到，Order 和 Delivery 类中都分别声明了一个指向对方的属性，这样就构成了一对一的关系。在一对多的关系中，我们需要在"多"端有一个指向"一"端的列，因此除非我们需要显式地声明一个外键属性，否则 EF Core 会自动在多端的表中生成一个指向一端的外键列，不需要我们显式地声明外键属性。但是对于一对一关系，由于双方是"平等"的关系，外键列可以建在任意一方，因此我们必须显式地在其中一个实体类中声明一个外键属性。就像上面的实体类定义中，Delivery 类中声明了一个外键属性 OrderId，当然我们也可以改成在 Order 类中声明一个外键属性 DeliveryId，效果是一样的。

接下来，我们对这两个实体类进行配置，如代码 4-43 所示。

代码 4-43　实体类配置

```
1  class OrderConfig : IEntityTypeConfiguration<Order>
2  {
3      public void Configure(EntityTypeBuilder<Order> builder)
4      {
```

```
5          builder.ToTable("T_Orders");
6          builder.Property(o => o.Address).IsUnicode();
7          builder.Property(o => o.Name).IsUnicode();
8          builder.HasOne<Delivery>(o => o.Delivery).WithOne(d => d.Order)
9              .HasForeignKey<Delivery>(d => d.OrderId);
10     }
11 }
12 class DeliveryConfig : IEntityTypeConfiguration<Delivery>
13 {
14     public void Configure(EntityTypeBuilder<Delivery> builder)
15     {
16         builder.ToTable("T_Deliveries");
17         builder.Property(d => d.CompanyName).IsUnicode().HasMaxLength(10);
18         builder.Property(d => d.Number).HasMaxLength(50);
19     }
20 }
```

和一对多关系类似，在一对一关系中，把关系放到哪一方的实体类的配置中都可以。这里把关系的配置放到了 Order 类的配置中。这里的配置同样遵守 HasXXX(…).WithYYY(…)的模式，由于双方都是一端，因此使用 HasOne(…).WithOne(…)进行配置。由于在一对一关系中，必须显式地指定外键配置在哪个实体类中，因此我们通过 HasForeignKey 方法声明外键对应的属性。

然后，我们编写代码测试一下数据的插入及查询，如代码 4-44 所示。

代码 4-44　测试代码

```
1  using TestDbContext ctx = new TestDbContext();
2  Order order = new Order();
3  order.Address = "某某市某某区";
4  order.Name = "USB 充电器";
5  Delivery delivery = new Delivery();
6  delivery.CompanyName = "蜗牛快递";
7  delivery.Number = "SN333322888";
8  delivery.Order = order;
9  ctx.Deliveries.Add(delivery);
10 await ctx.SaveChangesAsync();
11 Order order1 = await ctx.Orders.Include(o => o.Delivery)
12     .FirstAsync(o => o.Name.Contains("充电器"));
13 Console.WriteLine($"名称：{order1.Name}，单号：{order1.Delivery.Number}");
```

4.6.8　多对多

多对多是比较复杂的一种实体类间的关系。在 EF Core 的旧版本中，我们只能通过两个一对多关系模拟实现多对多关系。从 EF Core 5.0 开始，EF Core 提供了对多对多关系的支持。本小节介绍 EF Core 中多对多关系的配置方式。

多对多指的是 A 实体类的一个对象可以被多个 B 实体类的对象引用，B 实体类的一个对象也可以被多个 A 实体类的对象引用。比如在学校里，一个老师对应多个学生，一个学生也有多个老师，因此老师和学生之间的关系就是多对多。下面我们就使用"学生-老师"这个例子实现多对多关系。

首先，我们声明学生类 Student 和老师类 Teacher 两个实体类，如代码 4-45 所示。

代码 4-45　实体类

```
1  class Student
2  {
3      public long Id { get; set; }
4      public string Name { get; set; }
5      public List<Teacher> Teachers { get; set; } = new List<Teacher>();
6  }
7  class Teacher
8  {
9      public long Id { get; set; }
10     public string Name { get; set; }
11     public List<Student> Students { get; set; } = new List<Student>();
12 }
```

可以看到，学生类 Student 中有一个 List 类型的 Teachers 代表这个学生的所有老师，同样地，老师类 Teacher 中也有一个 List 类型的 Students 代表这个老师的所有学生。

接下来，我们开始对学生和老师实体类进行配置，如代码 4-46 所示。

代码 4-46　实体类的配置

```
1  class TeacherConfig : IEntityTypeConfiguration<Teacher>
2  {
3      public void Configure(EntityTypeBuilder<Teacher> builder)
4      {
5          builder.ToTable("T_Teachers");
6          builder.Property(s => s.Name).IsUnicode().HasMaxLength(20);
7      }
8  }
9  class StudentConfig : IEntityTypeConfiguration<Student>
10 {
11     public void Configure(EntityTypeBuilder<Student> builder)
12     {
13         builder.ToTable("T_Students");
14         builder.Property(s => s.Name).IsUnicode().HasMaxLength(20);
15         builder.HasMany<Teacher>(s => s.Teachers).WithMany(t => t.Students)
16           .UsingEntity(j => j.ToTable("T_Students_Teachers"));
17     }
18 }
```

同样地，多对多的关系配置可以放到任何一方的配置类中，这里把关系配置代码放到了 Student 类的配置中。这里同样采用的是 HasXXX(…).WithYYY(…)的模式，由于是多对多，关系的两端都是"多"，因此关系配置使用的是 HasMany(…).WithMany(…)。

一对多和一对一都只要在表中增加外键列即可，但是在多对多关系中，我们必须引入一张额外的数据库表保存两张表之间的对应关系。在 EF Core 中，使用 UsingEntity(j=>j.ToTable ("T_Students_Teachers"))的方式配置中间表。

对上面的代码执行迁移，可以发现数据库中增加了 3 张数据库表，如图 4-25 所示。

可以看到，数据库有一张额外的关系表 T_Students_Teachers，这张表中有指向 T_Students 表的外键列 StudentsId，也有指向 T_Teachers 表的外键列 TeachersId。T_Students_Teachers 表中保存了 T_Students 表和 T_Teachers 表中数据之间的对应关系，而我们不需要为这张关系表声明实体类。

图 4-25 3 张数据库表

接下来，我们在上下文中增加 Teacher、Student 对应的 DbSet 属性，然后执行代码 4-47 完成数据的插入。

代码4-47 测试代码

```
1  Student s1 = new Student { Name = "tom" };
2  Student s2 = new Student { Name = "lily" };
3  Student s3 = new Student { Name = "lucy" };
4  Student s4 = new Student { Name = "tim" };
5  Student s5 = new Student { Name = "lina" };
6  Teacher t1 = new Teacher { Name = "杨中科" };
7  Teacher t2 = new Teacher { Name = "张三" };
8  Teacher t3 = new Teacher { Name = "李四" };
9  t1.Students.Add(s1);
10 t1.Students.Add(s2);
11 t1.Students.Add(s3);
12 t2.Students.Add(s1);
13 t2.Students.Add(s3);
14 t2.Students.Add(s5);
15 t3.Students.Add(s2);
16 t3.Students.Add(s4);
17 using TestDbContext ctx = new TestDbContext();
18 ctx.AddRange(t1, t2, t3);
19 ctx.AddRange(s1, s2, s3, s4, s5);
20 await ctx.SaveChangesAsync();
```

在第 18、19 行代码中，通过 AddRange 方法把多个对象批量加入上下文中。需要注意的是，AddRange 只是循环调用 Add 把多个实体类加入上下文，是对 Add 方法的简化调用，在使用 SaveChangesAsync 的时候，这些实体类仍然是被逐条地插入数据库中的。

代码执行完成后，查看 3 张数据库表中的数据，如图 4-26 所示。

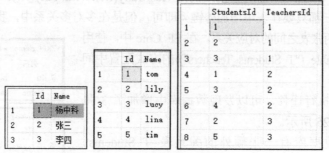

图 4-26　数据库表中的数据

我们再查询一下所有的老师，并且列出他们的学生，如代码 4-48 所示。

代码 4-48　查询数据

```
1  foreach (var t in ctx.Teachers.Include(t => t.Students))
2  {
3     Console.WriteLine($"老师{t.Name}");
4     foreach (var s in t.Students)
5     {
6         Console.WriteLine($"---{s.Name}");
7     }
8  }
```

4.6.9　基于关系的复杂查询

基于 EF Core 的实体类之间的关系配置，不仅可以让数据的插入、查询操作变得非常方便，而且可以让基于关系的过滤条件的实现也变得非常简单。

以 4.6.1 小节中的实体类为例，可以执行代码 4-49，查询评论中含有"微软"的文章。

代码 4-49　查询评论中含有"微软"的文章

```
1  var articles = ctx.Articles.Where(a => a.Comments.Any(c => c.Message.Contains("微软")));
2  foreach (var article in articles)
3  {
4     Console.WriteLine($"{article.Id},{article.Title}");
5  }
```

在 Where 方法中，使用 Any 方法判断是否存在至少一条评论中包含"微软"的文章。上面的代码生成的 SQL 语句如下：

```
SELECT [t].[Id], [t].[Content], [t].[Title] FROM [T_Articles] AS [t]
WHERE EXISTS ( SELECT 1 FROM [T_Comments] AS [t0]
WHERE ([t].[Id] = [t0].[ArticleId]) AND ([t0].[Message] LIKE N'%微软%'))
```

可以看到，EF Core 使用 Exists 加子查询实现 C#代码，相比复杂的 SQL 语句，编写 C#代码可以更加轻松地实现复杂的查询逻辑。

当然，EF Core 可以帮我们完成很多事情，但不代表我们就不用关注底层生成的 SQL 语句。比如上面编写的 C#代码被 EF Core 翻译成了 Exists 加子查询的 SQL 语句。根据数据库的不同以及数据特点的不同，上面的写法也许并不是性能最优的写法，改写成代码 4-50 所示的写法，也许性能更优。

代码 4-50　另一种写法

```
1  var articles=ctx.Comments.Where(c=>c.Message.Contains("微软")).Select(c=>c.Article).Distinct();
2  foreach (var article in articles)
3  {
4     Console.WriteLine($"{article.Id},{article.Title}");
5  }
```

上面的代码中使用 Where 方法获取所有含有"微软"的评论，然后使用 Select 方法获取评论对应的文章，并且使用 Distinct 进行排重。生成的 SQL 语句如下：

```
SELECT DISTINCT [t0].[Id], [t0].[Content], [t0].[Title] FROM [T_Comments] AS [t]
INNER JOIN [T_Articles] AS [t0] ON [t].[ArticleId] = [t0].[Id] WHERE [t].[Message] LIKE
N'%微软%'
```

可以看到，同样效果的代码被翻译成了使用 Join 查询实现的数据筛选。根据具体情况不同，这种做法也许性能更好。当然，对性能问题必须具体问题具体分析，没有一个确定性的结论。

总之，使用关系操作，在 EF Core 中进行跨表数据查询变得非常容易，但是开发人员仍然需要关注和调整 EF Core 底层生成的 SQL 语句，确保在系统的重要环节不会有明显的性能瓶颈。

4.7　本章小结

本章首先介绍了 EF Core 的基本使用，然后介绍了对 EF Core 的实体类进行配置的方法，并且重点讲解了 Fluent API；本章还介绍了 EF Core 中的数据库迁移操作，它让我们可以专注于实体类的开发，而对数据库的修改则由数据库迁移工具完成；通过观察 EF Core 生成的 SQL 语句，本章揭示了 EF Core 最终仍然是通过生成 SQL 语句来进行数据库操作的；最后，本章介绍了在 EF Core 中进行一对多、一对一及多对多关系配置的方式。

第 5 章　EF Core 高级技术

本章将会讲解 EF Core 中的高级技术。本章首先剖析 EF Core 操作的底层原理，接下来将会介绍 EF Core 中用来进行性能优化的相关技术，最后将会讲解 EF Core 中比较强大但是理解起来有一定难度的表达式树技术。

5.1　EF Core 原理揭秘

第 4 章对于 EF Core 的基本使用、数据库迁移、关系配置等进行了讲解。本节将会介绍 EF Core 的底层原理，这能够帮助我们更好地使用 EF Core。

5.1.1　EF Core 有哪些做不到的事情

很多复杂的 C#代码都能被 EF Core 转换为合适的 SQL 语句。但是 C#语法是千变万化的，而 SQL 语句相对来讲是比较简单的，因此就存在一些语法上合法的 C#代码无法被翻译为 SQL 语句的情况。

比如说在.NET 6 中，如果使用 Microsoft SQL Server，字符串的 PadLeft 方法就无法被翻译为 SQL 语句，代码如下：

```
var books = ctx.Books.Where(b =>b.Title.PadLeft(5)=="hello");
```

上面的代码运行后会抛出异常信息"The LINQ expression could not be translated"。这句话翻译成中文就是"表达式无法被翻译"。当然这是目前程序在.NET 6 下运行的结果，也许在后续版本中当 EF Core 框架升级后，就能翻译 PadLeft 方法了。但是 C#语法是千变万化的，总会有 EF Core 翻译不了的 C#代码。

EF Core 框架只提供了"将 C#表达式翻译为抽象语法树"等基础的功能。由于不同数据库的语法不尽相同，因此具体的把抽象语法树翻译为 SQL 语句的工作是由各个数据库的 EF Core 数据库提供程序来完成的，这样就存在 C#语句可以被翻译为 SQL Server 数据库中的 SQL 语句，而无法被翻译为 MySQL 数据库中的 SQL 语句的情况。

在使用 EF Core 的时候，一旦遇到 EF Core 无法支持的 C#语法，可以尝试变换不同的写法直到能够被其支持为止。如果一条 C#语句无论怎么写都不被 EF Core 支持，EF Core 中也是可以直接编写原生 SQL 语句的，这会在 5.1.8 小节中进行介绍。

5.1.2　既生 IEnumerable，何生 IQueryable

我们已经知道，可以使用 LINQ 中的 Where 等方法对普通集合进行处理。比如下面的 C# 代码可以把 int 数组中大于 10 的数据取出来：

```
int[] nums = { 3,5,933,2,69,69,11};
IEnumerable<int> items = nums.Where(n => n > 10);
```

在 Where 方法上右击，单击【转到定义】按钮，可以看到，这里调用的 Where 方法是 Enumerable 类中的扩展方法，方法的声明如下：

```
IEnumerable<TSource> Where<TSource>(this IEnumerable<TSource> source,
Func<TSource, bool> predicate);
```

我们也可以在 EF Core 的 DbSet 类型上调用 Where 之类的方法进行数据的筛选。比如下面的代码可以把价格高于 1.1 元的书筛选出来：

```
IQueryable<Book> books = ctx.Books.Where(b => b.Price > 1.1 );
```

查看这里调用的 Where 方法的声明，我们会发现它是定义在 Queryable 类中的扩展方法，方法的声明如下：

```
IQueryable<TSource> Where<TSource>(this IQueryable<TSource> source,
Expression<Func<TSource, bool>> predicate);
```

这个 Where 方法是一个 IQueryable<TSource>类型的扩展方法，返回值是 IQueryable<TSource> 类型。IQueryable 其实就是一个继承了 IEnumerable 接口的接口，如下所示：

```
public interface IQueryable<out T> : IEnumerable<T>, IEnumerable, IQueryable{}
```

这就奇怪了，IQueryable 接口就是继承自 IEnumerable 接口的；Queryable 类中的 Where 方法除了参数和返回值的类型是 IQueryable，其他用法和 Enumerable 类中的 Where 方法没有什么不同。那微软为什么还要推出一个 IQueryable 接口以及一个新的 Where 方法呢？

对于普通集合，Where 方法会在内存中对每条数据进行过滤，而 EF Core 如果也把全部数据都在内存中进行过滤的话，我们就需要把一张数据库表中的所有数据都加载到内存中，然后通过条件判断逐条进行过滤，如果数据量非常大，就会有性能问题。因此 EF Core 中的 Where 实现必须有一套"把 Where 条件转换为 SQL 语句"的机制，让数据的筛选在数据库服务器上执行。使用 SQL 语句在数据库服务器上完成数据筛选的过程叫作"服务器端评估"；把数据首先加载到应用程序的内存中，然后在内存中进行数据筛选的过程叫作"客户端评估"。很显然，对于大部分情况来讲，"客户端评估"性能比较低，我们要尽量避免"客户端评估"。

Enumerable 类中定义的供普通集合用的 Where 等方法都是"客户端评估"，因此微软创造了 IQueryable 类型，并且在 Queryable 等类中定义了和 Enumerable 类中类似的 Where 等方法。

Queryable 中定义的 Where 方法则支持把 LINQ 查询转换为 SQL 语句。因此，在使用 EF Core 的时候，为了避免"客户端评估"，我们要尽量调用 IQueryable 版本的方法，而不是直接调用 IEnumerable 版本的方法。

下面举个例子说明。首先我们使用代码 5-1 获取价格高于 1.1 元的书。

代码 5-1　IQueryable 版数据查询

```
1   IQueryable<Book> books = ctx.Books.Where(b => b.Price > 1.1);
2   foreach (var b in books.Where(b => b.Price > 1.1))
3   {
4       Console.WriteLine($"Id={b.Id},Title={b.Title}");
5   }
```

上面的代码生成的 SQL 语句如下。

```
SELECT [t].[Id], [t].[AuthorName], [t].[Price], [t].[PubTime], [t].[Title]
FROM [T_Books] AS [t] WHERE [t].[Price] > 1.1000000000000001E0
```

可以看到，这里是 EF Core 在数据库服务器上用 SQL 语句进行的"服务器端评估"，因为 books 变量是 IQueryable<Book>类型的，所以这里调用的是 IQueryable 版本的 Where 方法。

接下来，我们对代码稍微进行改变，把 books 变量的类型从 IQueryable<Book>改为 IEnumerable<Book>，其他代码不做任何改变，如代码 5-2 所示。

代码 5-2　IEnumerable 版数据查询

```
1   IEnumerable<Book> books = ctx.Books;
2   foreach (var b in books.Where(b => b.Price > 1.1))
3   {
4       Console.WriteLine($"Id={b.Id},Title={b.Title}");
5   }
```

我们再查看生成的对应的 SQL 语句，如下：

```
SELECT [t].[Id], [t].[AuthorName], [t].[Price], [t].[PubTime], [t].[Title] FROM
[T_Books] AS [t]
```

很显然，这次程序把 T_Books 表中所有的数据都加载到应用程序内存中，然后在内存中进行数据的过滤，变成了"客户端评估"。因为 books 是 IEnumerable <Book>类型的，所以这里调用的是 IEnumerable 版本的 Where 方法。

Queryable 类中不仅定义了 Where 方法，还定义了 Select、OrderBy、GroupBy、Min、Max 等方法，这些方法和 Enumerable 类中定义的同名方法的用法几乎一模一样。唯一不同的就是，它们都是"服务器端评估"的版本。

总之，在使用 EF Core 的时候，我们要尽量避免"客户端评估"，能用 IQueryable<T>的地方就不要直接用 IEnumerable<T>。

5.1.3　IQueryable 的延迟执行

IQueryable 不仅可以带来"服务器端评估"这个功能，而且提供了延迟执行的能力。本小节将会对 IQueryable 的延迟执行特性进行介绍。

编写代码 5-3 执行数据查询。

代码 5-3　没有遍历的查询

```
1   IQueryable<Book> books = ctx.Books.Where(b => b.Price > 1.1);
2   Console.WriteLine(books);
```

这段代码只是查询价格大于 1.1 元的书，但是对于返回值没有遍历输出，我们对 TestDbContext 启用了日志输出代码执行的 SQL 语句，上面程序的日志输出结果如图 5-1 所示。

图 5-1　程序的日志输出结果

从日志结果输出可以看出，上面的代码竟然没有执行 SQL 语句，而我们明明执行了 Where 方法进行数据的过滤查询。

接下来，我们把代码修改一下，遍历查询结果，如代码 5-4 所示。

代码 5-4　遍历查询

```
1   Console.WriteLine("1. Where 之前");
2   IQueryable<Book> books = ctx.Books.Where(b=>b.Price>1.1);
3   Console.WriteLine("2. 遍历 IQueryable 之前");
4   foreach (var b in books)
5   {
6       Console.WriteLine(b.Title + ":" + b.PubTime);
7   }
8   Console.WriteLine("3. 遍历 IQueryable 之后");
```

我们再观察上面程序的日志输出结果。由于 EF Core 的信息非常多，这里只截取有用的部分内容，如图 5-2 所示。

请仔细观察上面输出结果的截图中的 SQL 语句、"2. 遍历 IQueryable 之前"和"3. 遍历 IQueryable 之后"的输出顺序。按照 C#中的代码，Where 调用的代码在"2. 遍历 IQueryable 之前"的前面执行，但是在执行结果中，SQL 语句反而在"2. 遍历 IQueryable 之前"的后面执行，这是为什么呢？

其实，IQueryable 只是代表"可以放到数据库服务器中执行的查询"，它没有立即执行，只是"可以被执行"而已。这一点其实可以从 IQueryable 类型名的英文含义看出来，"IQueryable"的意思是"可查询的"，可以查询，但是没有执行查询，查询的执行被延迟了。

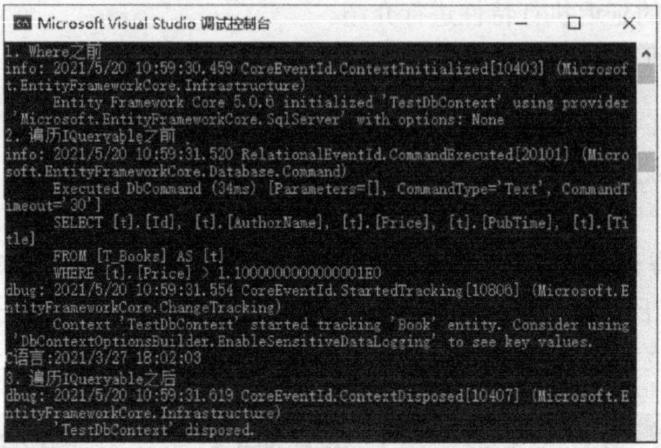

图 5-2　修改后程序的日志输出结果

那么 IQueryable 什么时候才会执行查询呢？一个原则就是：对于 IQueryable 接口，调用"非立即执行"方法的时候不会执行查询，而调用"立即执行"方法的时候则会立即执行查询。除了遍历 IQueryable 操作之外，还有 ToArray、ToList、Min、Max、Count 等立即执行方法；GroupBy、OrderBy、Include、Skip、Take 等方法是非立即执行方法。判断一个方法是否是立即执行方法的简单方式是：一个方法的返回值类型如果是 IQueryable 类型，这个方法一般就是非立即执行方法，否则这个方法就是立即执行方法。

EF Core 为什么要实现"IQueryable 延迟执行"这样复杂的机制呢？因为我们可以先使用 IQueryable 拼接出复杂的查询条件，再去执行查询。比如，下面的代码中定义了一个方法，这个方法用来根据给定的关键字 searchWords 查询匹配的书；如果 searchAll 参数是 true，则书名或者作者名中含有给定的 searchWords 的都匹配，否则只匹配书名；如果 orderByPrice 参数为 true，则把查询结果按照价格排序，否则就自然排序；upperPrice 参数代表价格上限，如代码 5-5 所示。

代码 5-5　拼接复杂的查询条件

```
1  void QueryBooks(string searchWords, bool searchAll, bool orderByPrice, double upperPrice)
2  {
3      using TestDbContext ctx = new TestDbContext();
4      IQueryable<Book> books = ctx.Books.Where(b => b.Price <= upperPrice);
5      if (searchAll)          //匹配书名或作者名
6      {
7          books = books.Where(b => b.Title.Contains(searchWords) ||
8                  b.AuthorName.Contains(searchWords));
9      }
10     else                    //只匹配书名
11     {
12         books = books.Where(b => b.Title.Contains(searchWords));
```

```
13        }
14    if (orderByPrice)      //按照价格排序
15        {
16            books = books.OrderBy(b => b.Price);
17        }
18    foreach (Book b in books)
19        {
20            Console.WriteLine($"{b.Id},{b.Title},{b.Price},{b.AuthorName}");
21        }
22 }
```

代码 5-5 中，我们根据用户传递的参数对 ctx.Books.Where(b=>b.Price<=upperPrice)返回的 IQueryable<Book>对象进一步使用 Where、OrderBy 等方法进行过滤，只有到了使用 foreach 遍历 books 的时候才会执行查询。

我们编写如下代码调用 QueryBooks 方法：

```
QueryBooks("爱", true, true, 30);
```

查看上面的代码执行的 SQL 语句，程序的日志输出结果如图 5-3 所示。

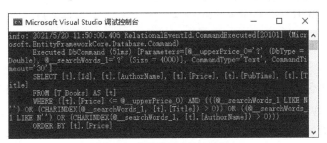

图 5-3　程序的日志输出结果

可以看到，我们对 IQueryable 的拼接过程中并没有执行 SQL 语句，只有在最后遍历 IQueryable 的时候才执行 SQL 语句，而且这个 SQL 语句把我们设定的两个 Where 过滤条件合并成了一个 Where 条件，SQL 语句中也包含了我们设置的 Order By 语句。

我们再尝试调用 QueryBooks 方法，如下所示：

```
QueryBooks("爱", false, false, 18);
```

查看上面代码执行的 SQL 语句，程序的日志输出结果如图 5-4 所示。

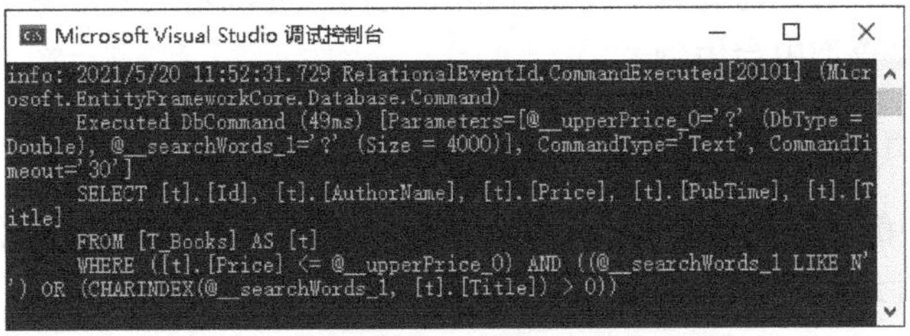

图 5-4　传递不同参数的程序的日志输出结果

可以看到，由于传递的参数不同，我们拼接完成的 IQueryable 不同，因此最后执行查询的时候生成的 SQL 语句也不同。

如果不使用 EF Core 而使用 SQL 语句实现"根据参数不同执行不同 SQL 语句"的逻辑，我们就需要手动拼接 SQL 语句，这个过程是很麻烦的，而 EF Core 把"动态拼接生成查询逻辑"变得非常简单。

总之，IQueryable 代表一个对数据库中的数据进行查询的逻辑，这个查询是一个延迟查询。我们可以调用非立即执行方法向 IQueryable 中添加查询逻辑，当执行立即执行方法的时候才真正生成 SQL 语句执行查询。

5.1.4　IQueryable 的复用

IQueryable 是一个待查询的逻辑，因此它是可以被重复使用的，如代码 5-6 所示。

代码 5-6　复用 IQueryable

```
1  IQueryable<Book> books = ctx.Books.Where(b => b.Price >=8);
2  Console.WriteLine(books.Count());
3  Console.WriteLine(books.Max(b => b.Price));
4  foreach (Book b in books.Where(b => b.PubTime.Year > 2000))
5  {
6      Console.WriteLine(b.Title);
7  }
```

上面的代码首先创建了一个获取价格大于等于 8 元的书的 IQueryable 对象，然后调用 Count 方法执行 IQueryable 对象获取满足条件的数据条数，接下来调用 Max 方法执行 IQueryable 对象获取满足条件的最高的价格，最后对于 books 变量调用 Where 方法进一步过滤获取 2000 年之后发布的书。

上面的代码会生成如下 SQL 语句：

```
1  SELECT COUNT(*) FROM [T_Books] AS [t] WHERE [t].[Price] >= 8.0E0;
2  SELECT MAX([t].[Price]) FROM [T_Books] AS [t] WHERE [t].[Price] >= 8.0E0;
3  SELECT [t].[Id], [t].[AuthorName], [t].[Price], [t].[PubTime], [t].[Title] FROM
   [T_Books] AS [t]
   WHERE ([t].[Price] >= 8.0E0) AND (DATEPART(year, [t].[PubTime]) > 2000);
```

可以看到，由于 Count、Max 和 foreach 都是立即执行操作，因此对 IQueryable 的这 3 个操作都各自执行了相应的查询逻辑。IQueryable 让我们可以复用之前生成的查询逻辑，这在 5.1.5 小节介绍的分页查询中会用到。

5.1.5　EF Core 分页查询

如果数据库表中的数据比较多，在把查询结果展现到前端的时候，我们通常要对查询结果进行分页展示，如图 5-5 所示。

图 5-5 分页展示

在实现这样的分页展示效果时，程序需要实现从数据库表中分页获取数据的方法，比如每页显示 10 条数据，如果要显示第 3 页（页码从 1 开始）的数据，我们就要获取从第 20 条开始的 10 条数据。

在学习 LINQ 的时候，我们知道可以使用 Skip(n) 方法实现"跳过 n 条数据"，可以使用 Take(n) 方法实现"取最多 n 条数据"，这两个方法配合起来就可以分页获取数据，比如 Skip(3).Take(8) 就是"获取从第 3 条开始的最多 8 条数据"。在 EF Core 中也同样支持这两个方法。

提醒：

在使用分页查询的时候有一个问题需要注意，那就是尽量显式地指定排序规则，因为如果不指定排序规则，那么数据库的查询计划对于数据的排序可能是不确定的。

在实现分页的时候，为了显示页码条，我们需要知道满足条件的数据的总条数是多少。可以使用 IQueryable 的复用，分别实现数据的分页查询和获取满足条件数据总条数这两个查询操作。

了解了上面的基础知识之后，我们开始实现分页。在开始编写分页的代码之前，我们需要先在数据库表中多添加一些数据，这样才能更好地测试，这个过程比较简单，这里不再演示。T_Books 表中一共有 75 条数据，其中前 12 条数据的内容如图 5-6 所示。

下面封装一个方法，用来输出标题不包含"张三"

	Id	Title	PubTime	Price	AuthorName
1	1	C语言	2021-03-27 ...	27.02	yzk
2	19	张三流浪记	2010-05-06 ...	6.38	张三
3	171	Trevion	1922-02-14 ...	17.42	Kyle
4	172	Antwan	1987-01-31 ...	34.44	Vincenzo
5	173	Danielle	1959-10-18 ...	21.46	Jermain
6	174	Amanda	2011-10-01 ...	4.48	Pink
7	175	Kim	2008-03-20 ...	23.5	Elody
8	176	Austen	1980-01-08 ...	11.52	Tina
9	177	Prince	1949-06-10 ...	13.54	Alexanne
10	178	Hillary	1969-12-02 ...	5.56	Rupert
11	179	Arlie	1996-08-06 ...	9.58	Tanya
12	180	Isobel	2003-05-03 ...	6.6	Doris

图 5-6 T_Books 表中的数据

的第 *n* 页（页码从 1 开始）的内容，并且输出总页数，每页最多显示 5 条数据，如代码 5-7 所示。

代码 5-7 分页查询

```
1   void OutputPage(int pageIndex, int pageSize)
2   {
3       using TestDbContext ctx = new TestDbContext();
4       IQueryable<Book> books = ctx.Books.Where(b => !b.Title.Contains("张三"));
5       long count = books.LongCount();                              //总条数
6       long pageCount = (long)Math.Ceiling(count * 1.0 / pageSize); //页数
7       Console.WriteLine("页数: " + pageCount);
8       var pagedBooks = books.Skip((pageIndex - 1) * pageSize).Take(pageSize);
9       foreach (var b in pagedBooks)
10      {
11          Console.WriteLine(b.Id + "," + b.Title);
12      }
13  }
```

　　OutputPage 方法的 pageIndex 参数代表页码，pageSize 参数代表页大小。在 OutputPage 方法中，我们首先把查询规则 books 创建出来，然后使用 LongCount 方法获取满足条件的数据的总条数。使用 count×1÷pageSize 可以计算出数据总页数，考虑到有可能最后一页不满，因此我们用 Ceiling 方法获得整数类型的总页数。由于 pageIndex 的序号是从 1 开始的，因此我们要使用 Skip 方法跳过(pageIndex −1) × pageSize 条数据，再获取最多 pageSize 条数据就可以获取正确的分页数据了。

　　我们用代码 5-8 测试输出第 1 页和第 2 页的数据。

代码 5-8　调用 OutputPage 方法的代码

```
1  OutputPage(1,5);
2  Console.WriteLine("******");
3  OutputPage(2, 5);
```

　　程序运行结果如图 5-7 所示。

图 5-7　程序运行结果

5.1.6　IQueryable 的底层运行

　　我们知道，ADO.NET 中有 DataReader 和 DataTable 两种读取数据库查询结果的方式。如果查询结果有很多条数据，DataTable 会把所有数据一次性地从数据库服务器加载到客户端内存中，而 DataReader 则会分批从数据库服务器读取数据。DataReader 的优点是客户端内存占用小，缺点是如果遍历读取数据并进行处理的过程缓慢的话，会导致程序占用数据库连接的时间较长，从而降低数据库服务器的并发连接能力；DataTable 的优点是数据被快速地加载到了客户端内存中，因此不会较长时间地占用数据库连接，缺点是如果数据量大的话，客户端的内存占用会比较大。

　　IQueryable 遍历读取数据的时候，用的是类似 DataReader 的方式还是类似 DataTable 的方式呢？我们在 T_Books 表中插入几十万条数据，然后使用代码 5-9 遍历 IQueryable。

代码 5-9　遍历数据

```
1  IQueryable<Book> books = ctx.Books.Where(b=>b.Id>2);
2  foreach (var b in books)
3  {
```

```
4     Console.WriteLine(b.Id + "," + b.Title);
5   }
```

在遍历执行的过程中，如果我们关闭 SQL Server 服务器或者断开服务器的网络，程序就会出错，这说明 IQueryable 是用类似 DataReader 的方式读取查询结果的。其实 IQueryable 内部的遍历就是在调用 DataReader 进行数据读取。因此，在遍历 IQueryable 的过程中，它需要占用一个数据库连接。

如果需要一次性把所有数据都读取到客户端内存中，可以用 IQueryable 的 ToArray、ToArrayAsync、ToList、ToListAsync 等方法。如代码 5-10 所示，读取前 50 万条数据，然后使用 ToListAsync 把查询结果一次性地读取到内存中，再去遍历输出数据。

代码 5-10　把数据都读取到内存中

```
1   var books = await ctx.Books.Take(500000).ToListAsync();
2   foreach (var b in books)
3   {
4       Console.WriteLine(b.Id + "," + b.Title);
5   }
```

在遍历数据的过程中，如果我们关闭 SQL Server 服务器或者断开服务器的网络，程序是可以正常运行的，这说明 ToListAsync 方法把查询结果加载到客户端内存中了。

除非遍历 IQueryable 并且进行数据处理的过程很耗时，否则一般不需要一次性把查询结果读取到内存中。但是在以下场景下，一次性把查询结果读取到内存中就有必要了。

1. 场景一：方法需要返回查询结果

如果方法需要返回查询结果，并且在方法里销毁上下文的话，方法是不能返回 IQueryable 的。例如实现如代码 5-11 所示的方法，用于查询 Id>5 的书，再返回查询结果。

代码 5-11　错误地返回查询结果

```
1   IQueryable<Book> QueryBooks()
2   {
3       using TestDbContext ctx = new TestDbContext();
4       return ctx.Books.Where(b=>b.Id>5);
5   }
```

然后在代码 5-12 中调用这个方法。

代码 5-12　测试代码

```
1   foreach(var b in QueryBooks())
2   {
3       Console.WriteLine(b.Title);
4   }
```

上面的代码运行后，程序会抛出 "Cannot access a disposed context instance" 异常，因为在 QueryBooks 方法中销毁了 TestDbContext 对象，而遍历 IQueryable 的时候需要上下文从数据库

中加载数据，因此程序就报错了。如果在 QueryBooks 方法中，采用 ToList 等方法把数据一次性加载到内存中就可以了，如代码 5-13 所示。

代码 5-13　正确地返回查询结果

```
1  IEnumerable<Book> QueryBooks()
2  {
3      using TestDbContext ctx = new TestDbContext();
4      return ctx.Books.Where(b => b.Id > 5).ToArray();
5  }
```

2. 场景二：多个 IQueryable 的遍历嵌套

在遍历一个 IQueryable 的时候，我们可能需要同时遍历另外一个 IQueryable。IQueryable 底层是使用 DataReader 从数据库服务器读取查询结果的，而很多数据库是不支持多个 DataReader 同时执行的。

我们使用 SQL Server 数据库，实现两个 IQueryable 一起遍历，如代码 5-14 所示。

代码 5-14　错误的嵌套遍历

```
1  var books = ctx.Books.Where(b=>b.Id>1);
2  foreach (var b in books)
3  {
4      Console.WriteLine(b.Id + "," + b.Title);
5      foreach(var a in ctx.Authors)
6      {
7          Console.WriteLine(a.Id);
8      }
9  }
```

上面的程序执行的时候会报错 "There is already an open DataReader associated with this Connection which must be closed first."，这个错误就是因为两个 foreach 循环都在遍历 IQueryable，导致同时有两个 DataReader 在执行。

虽然可以在连接字符串中通过设置 MultipleActiveResultSets=true 开启 "允许多个 DataReader 执行"，但是只有 SQL Server 支持 MultipleActiveResultSets 选项，其他数据库有可能不支持。因此作者建议采用 "把数据一次性加载到内存" 以改造其中一个循环的方式来解决，比如只要把 var books = ctx.Books.Where(b=>b.Id>1)改为 var books = ctx.Books.Where(b=>b.Id>1).ToList()就可以了。

综上所述，在进行日常开发的时候，我们直接遍历 IQueryable 即可。但是如果方法需要返回查询结果或者需要多个查询嵌套执行，就要考虑把数据一次性加载到内存的方式，当然一次性查询的数据不能太多，以免造成过高的内存消耗。

5.1.7　EF Core 中的异步方法

我们知道，异步编程通常能够提升系统的吞吐量，因此如果实现某个功能的方法既有同步方法又有异步方法，我们一般应该优先使用异步方法。保存上下文中数据变更的方法既有同步的 SaveChanges，也有异步的 SaveChangesAsync，同样 EF Core 中其他的很多操作也都既有同步方法又有异步方法。这些异步方法大部分是定义在 Microsoft.EntityFrameworkCore 命名空间下的 EntityFrameworkQueryableExtensions 等类中的扩展方法，因此使用这些方法之前，请在代码中添加对 Microsoft.EntityFrameworkCore 命名空间的引用。

IQueryable 的异步方法有 AllAsync、AnyAsync、AverageAsync、ContainsAsync、CountAsync、FirstAsync、FirstOrDefaultAsync、ForEachAsync、LongCountAsync、MaxAsync、MinAsync、SingleAsync、SingleOrDefaultAsync、SumAsync 等。

细心的读者可能会发现，IQueryable 的这些异步的扩展方法都是立即执行方法，而 GroupBy、OrderBy、Join、Where 等非立即执行方法则没有对应的异步方法。因为这些非立即执行方法并没有实际执行 SQL 语句，并不是消耗 I/O 的操作，因此不需要定义这些方法的异步版本。

5.1.8 如何执行原生 SQL 语句

尽管 EF Core 已经非常强大，但是仍然存在无法被写成标准 EF Core 调用方法的 SQL 语句，因此在少数场景下，我们仍然需要在 EF Core 中执行原生 SQL 语句。本小节将会讲解如何在 EF Core 中执行原生 SQL 语句。执行原生 SQL 语句有 SQL 非查询语句、实体类 SQL 查询语句、任意 SQL 查询语句等几种用法。

1. 执行 SQL 非查询语句

我 们 可 以 通 过 dbCtx.Database.ExecuteSqlInterpolated 或 者 异 步 的 dbCtx.Database.ExecuteSqlInterpolatedAsync 方法执行原生的 SQL 非查询语句，下面举一个例子。

insert into ... select 语法是一种"先查询出数据，再把查询结果插入数据库表"的语法。如代码 5-15 所示，要求用户输入最低价格和姓名，然后执行原生 SQL 语句完成把查询结果再次插入数据库表的操作。

代码 5-15 执行原生 SQL 非查询语句

```
1  Console.WriteLine("请输入最低价格");
2  double price = double.Parse(Console.ReadLine());
3  Console.WriteLine("请输入姓名");
4  string aName = Console.ReadLine();
5  int rows = await ctx.Database.ExecuteSqlInterpolatedAsync(@$"
6      insert into T_Books (Title,PubTime,Price,AuthorName)
7      select Title, PubTime, Price,{aName} from T_Books where Price>{price}");
```

可以看到，ExecuteSqlInterpolatedAsync 中使用 {price} 这样的内插值方式为 SQL 语句提供参数值。有读者可能会有疑惑，这样字符串内插的方式不会有 SQL 注入攻击漏洞吗？答案是：不会有。查看上面的操作生成的 SQL 语句，如下：

```
insert into T_Books(Title,PubTime,Price,AuthorName)
select Title, PubTime, Price,@p0 from T_Books where Price > @p1
```

可以看到，我们编写的内插变量{aName}、{price}被翻译成了@p0、@p1 这样的参数，而不是简单的字符串拼接，因此这样的操作不会有 SQL 注入攻击漏洞。

这是什么原理呢？因为 ExecuteSqlInterpolatedAsync 的参数是 FormattableString 类型，当一个 C#的字符串内插表达式被赋值给 FormattableString 类型变量的时候，编译器会把字符串内插表达式的格式字符串、参数值等信息构造为一个 FormattableString 对象，FormattableString 对象中包含插值格式的字符串以及每个参数的值，这样 ExecuteSqlInterpolatedAsync 方法就可以根据 FormattableString 对象的信息去构建参数化查询 SQL 语句。

除了 ExecuteSqlInterpolated、ExecuteSqlInterpolatedAsync 方法之外，EF Core 的 ExecuteSqlRaw、ExecuteSqlRawAsync 等方法也可以执行原生 SQL 语句，但使用这两个方法需要开发人员自己处理查询参数等问题，因此不推荐使用。

2. 执行实体类 SQL 查询语句

如果我们要执行的 SQL 语句是一个查询语句，并且查询的结果也能对应一个实体类，就可以调用对应实体类的 DbSet 的 FromSqlInterpolated 方法执行一个 SQL 查询语句，方法的参数是 FormattableString 类型，因此同样可以使用字符串内插传递参数。

编写一个程序要求用户输入一个年份，然后使用 SQL 语句获取出版年份大于指定年份的书，并且使用 order by newid()这个 SQL Server 的特有用法进行随机排序，如代码 5-16 所示。

代码 5-16　执行实体类 SQL 查询语句

```
1   Console.WriteLine("请输入年份");
2   int year = int.Parse(Console.ReadLine());
3   IQueryable<Book> books = ctx.Books.FromSqlInterpolated(@$"select * from T_Books
4       where DatePart(year,PubTime)>{year} order by newid()");
5   foreach (Book b in books)
6   {
7       Console.WriteLine(b.Title);
8   }
```

FromSqlInterpolated 方法的返回值是 IQueryable 类型的，因此我们可以在实际执行 IQueryable 之前，对 IQueryable 进行进一步的处理。如代码 5-17 所示，对 IQueryable 执行 Skip 和 Take 方法进行分页查询。

代码 5-17　对原生 SQL 查询语句执行进一步操作

```
1   int year = int.Parse(Console.ReadLine());
2   IQueryable<Book> books = ctx.Books.FromSqlInterpolated(@$"select * from T_Books
3       where DatePart(year,PubTime)>{year}");
4   foreach (Book b in books.Skip(3).Take(6))
5   {
6       Console.WriteLine(b.Title);
7   }
```

上面代码运行后所生成的 SQL 语句如下：

```
SELECT [b].[Id], [b].[AuthorName], [b].[Price], [b].[PubTime], [b].[Title]
FROM (select * from T_Books where DatePart(year,PubTime)>@p0) AS [b]
ORDER BY (SELECT 1) OFFSET @__p_1 ROWS FETCH NEXT @__p_2 ROWS ONLY
```

可以看到，我们编写的原生 SQL 语句被翻译成了子查询，这个子查询被放到了使用 OFFSET 实现的分页查询语句中。由于 IQueryable 这种强大的"查询再加工"能力，我们可以把只能用原生 SQL 语句写的逻辑用 FromSqlInterpolated 执行，然后把分页、分组、二次过滤、排序、Include 等其他逻辑仍然使用 EF Core 的标准操作实现。

FromSqlInterpolated 的使用有如下局限性。

❑ SQL 查询必须返回实体类型对应数据库表的所有列。

❑ 查询结果集中的列名必须与属性映射到的列名匹配。

❑ SQL 语句只能进行单表查询，不能使用 Join 语句进行关联查询，但是可以在查询后面使用 Include 方法进行关联数据的获取。

3. 执行任意 SQL 查询语句

FromSqlInterpolated 只能执行单实体类的查询，但是在实现报表查询的时候，SQL 语句通常是非常复杂的，不仅要多表关联，而且返回的查询结果一般也都不会和一个实体类完整对应，因此我们需要一种执行任意 SQL 查询语句的方式。

EF Core 中允许把一个视图或者一个存储过程映射为实体类，因此我们可以把复杂的查询语句写成视图或者存储过程，然后声明对应的实体类，并且在上下文中配置对应的 DbSet 属性。不过，目前大部分公司都不推荐编写存储过程，而推荐创建视图。但是项目的报表等复杂查询通常很多，因此对应的视图也会很多，我们就需要在上下文类中配置很多本质上不是实体类的"实体类"，这会造成项目中"实体类"的膨胀，不利于项目的管理。

我们可以通过 dbCxt.Database.GetDbConnection 获得一个数据库连接，然后就可以直接调用 ADO.NET 的相关方法执行任意的 SQL 语句了。由于 ADO.NET 是比较底层的 API，使用起来非常麻烦，可以使用 Dapper 等轻量级的 ORM 工具简化对 ADO.NET 的调用，读者可以访问 Dapper 的官方网站了解它的用法。

软件工程界有一句经典的话"没有银弹"，意思就是没有任何技术是可以解决所有问题的。同样地，EF Core 尽管功能很强大，但是它并不能解决所有问题，因此在做项目开发的时候，如果遇到使用普通的 EF Core 操作无法完成的地方，我们可以跳过 EF Core 而编写原生的 SQL 语句来完成。

5.1.9 怎么知道实体类变化了

当我们修改从上下文中查询出来的对象并且调用 SaveChanges 方法时，EF Core 会检测对象的状态改变，然后把变化保存到数据库中。但是实体类没有实现属性值改变的通知机制，EF Core 是如何检测到实体类的这些变化的呢？

EF Core 默认采用"快照更改跟踪"实现实体类改变的检测。在上下文首次跟踪一个实体类的时候，EF Core 会创建这个实体类的快照，当执行 SaveChanges 等方法的时候，EF Core 将会把存储的快照中的值与实体类的当前值进行比较，以确定哪些属性值被更改了。EF Core 还支持"通知实体类""更改跟踪代理"等检测实体类改变的机制，但是这些机制用起来比较麻烦，带来的好处也不明显，因此我们一般都用默认的"快照更改跟踪"机制。

实体类的改变并不只有"属性值改变"这样一种情况，实体类被删除等也属于改变。实体类有如下 5 种可能的状态。

- ❑ 已添加（Added）：上下文正在跟踪此实体类，但数据库中尚不存在此实体类。
- ❑ 未改变（Unchanged）：上下文正在跟踪此实体类，此实体类存在于数据库中，其属性值和从数据库中读取到的值一致，未发生改变。
- ❑ 已修改（Modified）：上下文正在跟踪此实体类，此实体类存在于数据库中，并且其部分属性值已被修改。
- ❑ 已删除（Deleted）：上下文正在跟踪此实体类，此实体类存在于数据库中，但在下次调用 SaveChanges 时要从数据库中删除对应数据。
- ❑ 分离（Detached）：上下文未跟踪该实体类。

对于不同状态中的实体类，执行 SaveChanges 的时候，EF Core 会执行如下不同的操作。

- ❑ 对于分离和未改变的实体类，SaveChanges 会忽略它们。
- ❑ 对于已添加的实体类，SaveChanges 把它们插入数据库。
- ❑ 对于已修改的实体类，SaveChanges 把对它们的修改更新到数据库。
- ❑ 对于已删除的实体类，SaveChanges 把它们从数据库中删除。

我们可以使用上下文的 Entry 方法获得一个实体类在 EF Core 中的跟踪信息对象 EntityEntry。EntityEntry 类的 State 属性代表实体类的状态，而通过 DebugView.LongView 属性我们可以看到实体类的状态变化信息，如代码 5-18 所示。

代码 5-18　实体类的状态变化

```
1  Book[] books = ctx.Books.Take(3).ToArray();
2  Book b1 = books[0];
3  Book b2 = books[1];
4  Book b3 = books[2];
5  Book b4 = new Book { Title="零基础趣学C语言",AuthorName="杨中科"};
6  Book b5 = new Book { Title = "百年孤独", AuthorName = "马尔克斯" };
7  b1.Title = "abc";
8  ctx.Remove(b3);
9  ctx.Add(b4);
10 EntityEntry entry1 = ctx.Entry(b1);
11 EntityEntry entry2 = ctx.Entry(b2);
12 EntityEntry entry3 = ctx.Entry(b3);
13 EntityEntry entry4 = ctx.Entry(b4);
```

```
14  EntityEntry entry5 = ctx.Entry(b5);
15  Console.WriteLine("b1.State:" + entry1.State);
16  Console.WriteLine("b1.DebugView:" + entry1.DebugView.LongView);
17  Console.WriteLine("b2.State:" + entry2.State);
18  Console.WriteLine("b3.State:" + entry3.State);
19  Console.WriteLine("b4.State:" + entry4.State);
20  Console.WriteLine("b5.State:" + entry5.State);
```

　　上面的代码首先从数据库中查询出 3 个 Book 对象，然后创建两个新的 Book 对象。接下来修改 b1 这个对象，然后删除 b3 这个对象，再把新建的 b4 对象加入上下文中。程序运行结果如图 5-8 所示。

　　从程序运行结果可以看出来，b1 对象由于被修改了，因此状态是"Modified"，而且从 DebugView 输出中的"Title: 'abc' Modified Originally 'Love'"这句话可以看出，b1 的 Title 属性的旧值是"Love"，修改后的值是"abc"；b2 对象被从数据库中查询出来后没有任何修改，因此状态是"Unchanged"；b3 对象被使用

图 5-8　程序运行结果

Remove 方法标记删除，因此状态是"Deleted"；b4、b5 都是新创建的对象，由于 b4 通过 Add 方法被添加到上下文，因此 b4 的状态是"Added"，而 b5 这个新创建的对象没有通过任何形式和上下文产生跟踪关系，因此 b5 的状态是"Detached"。

　　由此可见，上下文会跟踪实体类的状态，在执行 SaveChanges 的时候，EF Core 会根据实体类状态的不同，生成对应的 Update、Delete、Insert 等 SQL 语句，从而把内存中实体类的变化同步到数据库中。

5.2　EF Core 的性能优化利器

　　在代码优先开发模式下，数据库处于从属地位，但并不代表数据库不重要，因为 EF Core 的操作最终会通过数据库进行。如果我们使用 EF Core 不当的话，应用程序的性能和数据正确性就会受到威胁，因此有必要对于如何更高性能地使用 EF Core 以及如何解决数据库并发问题进行讲解。

5.2.1　EF Core 优化之 AsNoTracking

　　5.1 节中，我们讲到了 EF Core 默认会对通过上下文查询出来的所有实体类进行跟踪，以便于在执行 SaveChanges 的时候把实体类的改变同步到数据库中。上下文不仅会跟踪对象的状态改变，还会通过快照的方式记录实体类的原始值，这是比较消耗资源的。因此，如果开发人员能够确认通过上下文查询出来的对象只是用来展示，不会发生状态改变，那么可以使用 AsNoTracking 方法告诉 IQueryable 在查询的时候"禁用跟踪"，如代码 5-19 所示。

代码 5-19　AsNoTracking

```
1   Book[] books = ctx.Books.AsNoTracking().Take(3).ToArray();
2   Book b1 = books[0];
3   b1.Title = "abc";
4   EntityEntry entry1 = ctx.Entry(b1);
5   Console.WriteLine(entry1.State);
```

上面代码的执行结果是"Detached"，也就说使用 AsNoTracking 查询出来的实体类是不被上下文跟踪的。

因此，在项目开发的时候，如果我们查询出来的对象不会被修改、删除等，那么在查询的时候，可以启用 AsNoTracking，这样就能降低 EF Core 的资源占用。

5.2.2　实体类状态跟踪的妙用

在使用 EF Core 的时候，我们可以借用状态跟踪机制，来达成一些特殊的需求。

由于 EF Core 需要跟踪实体类的改变，因此如果我们需要修改一个实体类的属性值，一般都需要先查询出对应的实体类，然后修改相应的属性值，最后调用 SaveChanges 保存修改到数据库。如代码 5-20 所示，查询 Id 为 10 的书籍，把它的名字修改为"yzk"，然后保存修改。

代码 5-20　先查询后修改

```
1   Book b1 = ctx.Books.Single(b=>b.Id==10);
2   b1.Title = "yzk";
3   ctx.SaveChanges();
```

上面的代码会生成图 5-9 所示的 SQL 语句。

图 5-9　程序的日志输出结果

可以看到，上面的 C#代码首先会执行 SELECT 语句查询出 Id==10 的数据，然后执行 Update 语句来更新这条数据。如果直接执行 SQL 语句，我们可以仅通过 Update T_Books set Title='yzk' where Id=10 完成数据的更新，但是在 EF Core 中就需要两条 SQL 语句完成更新。我们可以利用状态跟踪机制实现一条 Update 语句完成数据更新的功能，如代码 5-21 所示。

代码 5-21 通过一条 SQL 语句更新实体类

```
1  Book b1 = new Book {Id=10};
2  b1.Title = "yzk";
3  var entry1 = ctx.Entry(b1);
4  entry1.Property("Title").IsModified = true;
5  Console.WriteLine(entry1.DebugView.LongView);
6  ctx.SaveChanges();
```

这里通过 EntityEntry 的 Property 方法获取 Title 属性的跟踪对象，然后通过设置 IsModified 为 true 把 Title 属性设置为已修改。只要实体类的一个属性标记为已修改，那么这个实体类对应的 EntityEntry 也会被设置为已修改。由于 EF Core 是通过主键定位实体类的，因此我们需要在第 1 行代码中通过设置对象的 Id 属性的方式告诉 EF Core 更新哪条数据。代码 5-21 的程序运行结果如图 5-10 所示。

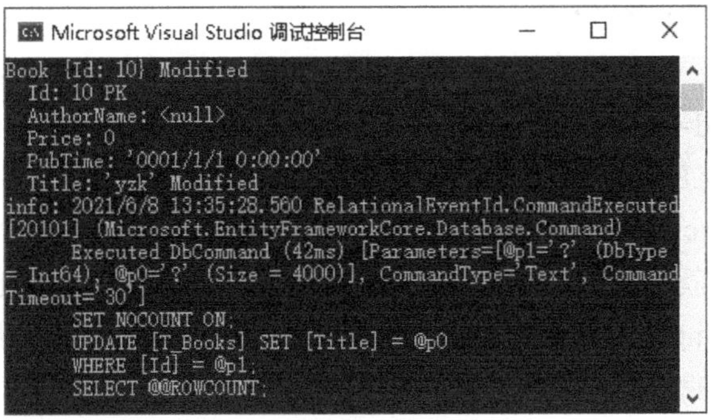

图 5-10 程序运行结果

可以看到，entry1.DebugView.LongView 的内容为"Id 为 10，Title 属性已经修改"。虽然 AuthorName、PubTime 等其他属性的值都是默认值，但是由于这些属性没有设置为已修改，因此 EF Core 会直接生成一条更新 Title 字段的 SQL 语句，这样就实现了仅用一条 SQL 语句完成数据的更新。

同样地，常规的 EF Core 开发中，如果要删除一条数据，我们也要先把数据查询出来，然后调用上下文的 Remove 方法把实体类标记为已删除，再执行 SaveChanges 方法。借助于状态跟踪机制，我们同样可以用一条 SQL 语句完成数据的删除，如代码 5-22 所示。

代码 5-22 用一条 SQL 语句删除数据

```
1  Book b1 = new Book { Id = 28 };
2  ctx.Entry(b1).State = EntityState.Deleted;
3  ctx.SaveChanges();
```

由于 EF Core 是通过主键定位实体类的，因此我们需要设置对象的 Id 属性告诉 EF Core 删除哪条数据。然后我们把实体类对应的 EntityEntry 的 State 属性设置为 Deleted 来标记这个实体类为已删除，这样 EF Core 就会生成图 5-11 所示的一条 Delete 语句来完成数据的删除。

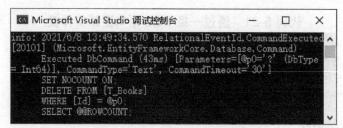

图 5-11　用一条 SQL 语句删除数据

借用 EF Core 的实体类跟踪机制，我们可以让 EF Core 生成更简洁的 SQL 语句。不过这种方式编写的代码可读性、可维护性都不强，而且使用不当有可能造成不容易发现的 bug。大部分情况下，采用这种技巧带来的性能提升也是微乎其微的，毕竟"查询一下再删除"和"直接删除"的性能差别是很小的。

5.2.3　Find 和 FindAsync 方法

当使用 EF Core 从数据库中根据 Id 获取数据的时候，除了可以使用 ctx.Books.Single(b=>b.Id==id)之外，我们还可以使用同步的 Find 方法或者异步的 FindAsync 方法，比如：Book b = ctx.Books.Find(2)。

Find 或者 FindAsync 方法（以下简称为 Find）会先在上下文查找这个对象是否已经被跟踪，如果对象已经被跟踪，就直接返回被跟踪的对象，只有在本地没有找到这个对象时，EF Core 才去数据库查询，而 Single 方法则一直都是执行一次数据库查询。因此用 Find 方法有可能减少一次数据库查询，性能更好。但是如果在对象被跟踪之后，数据库中对应的数据已经被其他程序修改了，则 Find 方法可能会返回旧数据。

5.2.4　EF Core 中高效地删除、更新数据

EF Core 中不支持高效地删除、更新和插入数据，所有的操作都要逐条数据进行处理。比如，如果使用如下的语句实现"删除所有价格高于 10 元的书"：ctx.RemoveRange(ctx.Books.Where(b=> b.Price > 33))，EF Core 会先执行 Select * from books where price>33，然后对每一条数据执行 delete from books where id=@id 进行删除。EF Core 中批量数据的更新原理也是类似的。如果更新或者删除的数据量少的话，上面的操作影响不大，但是如果有大量数据需要更新或者删除，这样的操作性能就会非常低。

我们可以通过 ExecuteSqlInterpolatedAsync 方法执行原生 SQL 语句的方式来达成目标。但是编写原生 SQL 语句需要把表名、列名等硬编码到 SQL 语句中，这样不太符合模型驱动、分层隔离等思想，开发人员直接面对数据库表，无法利用 EF Core 强类型，如果模型发生改变，则必须手动变更 SQL 语句；而且如果我们调用了一些 DBMS（database management system，数据库管理系统）特有的语法、函数，一旦程序被迁移到其他 DBMS，我们就可能要重新编写 SQL 语句，我们将无法利用 EF Core 强大的 SQL 翻译机制来屏蔽不同底层数据库的差异。因此很多开发人员都希望 EF Core 官方提供高效删除、更新数据的方法。但是，.NET 6 中没有

提供这个功能。

官方迟迟不发布这个功能也是可以理解的，因为批量删除、更新、插入数据的同时仍然需要保证跟踪对象的状态同步，否则，如果数据库中的对应数据行已经被删掉了，但是在跟踪对象中还有对应的实体类的话，就会造成逻辑混乱。按照目前 EF Core 的设计，为了保证跟踪对象和数据库中的一致性，必须在更新、删除前加载对应的数据，否则就要对 EF Core 进行"翻天覆地"的重构，这个工作量是非常大的。

EF Core 作为一个成熟的框架，微软考虑这些逻辑问题以避免潜在的风险是有必要的，是可以理解的。但是我们是有办法规避这些问题的。比如一般的 Web 应用中，删除操作都是在一个单独的 HTTP 请求中进行的，因此这不涉及微软担心的问题。即使在有的场景下，涉及通过同一个上下文在数据删除之前就把数据查询出来的问题，也可以通过在删除之后再查询一次的方式规避这个问题。

微软计划在 EF Core 7 或者 EF Core 8 中支持这个功能，按照微软的设计，这个功能实现的时候会忽略实体类跟踪的处理。在微软官方发布这个功能之前，读者可以使用作者开发的实现同样功能的开源库 Zack.EFCore.Batch，这个库支持如下批量删除的写法：await ctx.DeleteRangeAsync<Book>(b => b.Price > n || b.AuthorName =="zack yang")。该 C#代码会执行如下的 SQL 语句：Delete FROM[T_Books] WHERE ([Price] > @__p_0) OR ([AuthorName] = @__s_1)。这个库同样支持数据的批量更新。

Zack.EFCore.Batch 库使用 EF Core 实现 SQL 语句的翻译。因此，从理论上来讲，只要是 EF Core 支持的数据库，Zack.EFCore.Batch 都可以支持。这个库同样支持数据的批量插入。这个库的 NuGet 包名为 Zack.EFCore.Batch，项目的 GitHub 页面中有用法说明及原理讲解。

5.2.5　全局查询筛选器

EF Core 支持在配置实体类的时候，为实体类设置全局查询筛选器，EF Core 会自动将全局查询筛选器应用于涉及这个实体类型的所有 LINQ 查询。这个功能常见的应用场景有"软删除"和"多租户"。

基于"可审计性""数据可恢复性"等需求的考虑，很多系统中数据的删除其实并不是真正的删除，数据其实仍然保存在数据库中，我们只是给数据库表增加一列"是否已删除"。当一行数据需要被删除的时候，我们只是把这条数据的"是否已删除"列的值改为"是"，数据仍然保存在数据库表中没有被删除。当进行数据查询的时候，在查询中我们把"是否已删除"列中为"是"的值过滤掉。这就叫作"软删除"。

在 EF Core 中，我们可以给对应实体类设置一个全局查询筛选器，这样所有的查询都会自动增加全局查询筛选器，被软删除的数据就会自动从查询结果中过滤掉。下面演示一下。

首先，我们给 Book 实体类增加一个 bool 类型的属性 IsDeleted，如果对应的数据被标记为已删除，那么 IsDeleted 的值就是 true，否则就是 false。

接下来，在 Book 实体类的 Fluent API 配置中增加下面一句代码：builder.HasQueryFilter(b=>

b.IsDeleted==false)。这样，所有针对 Book 实体类的查询都会自动加上 b.IsDeleted==false 这个筛选器。我们测试一下如下的代码。

```
ctx.Books.Where(b=>b.Price>20).ToArray()
```

上面的 C#代码生成的 SQL 语句如下：

```
SELECT [t].[Id], [t].[AuthorName], [t].[IsDeleted], [t].[Price], [t].[PubTime], [t].[Title]
FROM [T_Books] AS [t]
WHERE ([t].[IsDeleted] <> CAST(1 AS bit)) AND ([t].[Price] > 20.0E0)
```

可以看到，IsDeleted==false 这个全局查询筛选器被自动添加到 SQL 语句中。这样，开发人员在日常开发中就不需要手动进行软删除数据的过滤了。

如果在一些特殊查询中，需要查询被软删除的数据，可以在查询中使用 IgnoreQueryFilters 临时忽略全局查询筛选器。示例代码如下：

```
ctx.Books.IgnoreQueryFilters().Where(b => b.Title.Contains("o")).ToArray();
```

全局查询筛选器可以让开发人员专注于编写业务逻辑代码，而不用操心软删除数据的过滤。当然，使用软删除的时候，我们需要注意其对性能的影响。如果启用了软删除，查询操作可能会导致全表扫描，从而影响查询性能，而如果为软删除列创建索引的话，又会增加索引的磁盘占用。正因为如此，如果使用了全局查询筛选器，我们就需要根据项目的需要进一步优化数据库。

5.2.6　悲观并发控制

为了避免多个用户同时操作资源造成的并发冲突问题，我们通常会进行并发控制。并发控制有很多种实现方式，在数据库层面有"悲观"和"乐观"两种策略。悲观并发控制一般采用行锁、表锁等排他锁对资源进行锁定，确保同时只有一个使用者操作被锁定的资源；乐观并发控制则允许多个使用者同时操作同一个资源，通过冲突的检测避免并发操作。本小节中将介绍EF Core 中如何使用悲观并发控制。

因为不同类型的数据库对于悲观并发控制的实现差异很大，所以 EF Core 没有封装悲观并发控制，需要开发人员编写原生 SQL 语句。下面以 MySQL 数据库为例讲解悲观并发控制。

这里的例子是多个用户"抢房子"。首先我们定义一个简单的房子实体类 House，如代码 5-23 所示。

代码 5-23　House 实体类

```
1  class House
2  {
3      public long Id { get; set; }
4      public string Name { get; set; }
5      public string? Owner { get; set; }
6  }
```

其中 Name 为房子的名字，Owner 为房子主人的名字。如果 Owner 为空，表示房子还没有被人抢走，而如果 Owner 不为空，则表示房子已经被人抢走了。

我们创建 House 类的配置类，把 House 类配置到名字为 T_Houses 的表，配置类的代码比较简单，可以参考随书源代码。最后需要注意，MyDbContext 要连接 MySQL 数据库。我们对上面的代码执行数据库迁移，以及向 T_Houses 表中插入几条测试数据。

接下来，我们编写抢房子的悲观并发控制代码，如代码 5-24 所示。

代码 5-24　悲观并发控制

```
1  Console.WriteLine("请输入您的姓名");
2  string name = Console.ReadLine();
3  using MyDbContext ctx = new MyDbContext();
4  using var tx = await ctx.Database.BeginTransactionAsync();
5  Console.WriteLine("准备 Select " + DateTime.Now.TimeOfDay);
6  var h1=await ctx.Houses.FromSqlInterpolated($"select * from T_Houses where Id=1 for
   update")
7      .SingleAsync();
8  Console.WriteLine("完成 Select " + DateTime.Now.TimeOfDay);
9  if (string.IsNullOrEmpty(h1.Owner))
10 {
11     await Task.Delay(5000);
12     h1.Owner = name;
13     await ctx.SaveChangesAsync();
14     Console.WriteLine("抢到手了");
15 }
16 else
17 {
18     if (h1.Owner == name)
19         Console.WriteLine("这个房子已经是您的了，不用抢");
20     else
21         Console.WriteLine($"这个房子已经被{h1.Owner}抢走了");
22 }
23 await tx.CommitAsync();
```

锁是和事务相关的，因此在第 4 行代码中通过 BeginTransactionAsync 创建一个事务，并且在所有操作完成后调用 CommitAsync 提交事务。

接下来，执行"select * from T_Houses where Id=1 for update"这条 SQL 语句查询 Id=1 的房子的信息，这里使用 for update 创建了一个用于更新的锁，如果有其他的查询操作也使用 for update 查询 Id=1 的数据的话，那些查询就会被挂起，直到针对这条数据的更新操作完成，从而释放这个锁，那些被挂起的代码才会继续执行。这里的"select...for update"是 MySQL 中的语法，在 SQL Server 等其他数据库中的语法请参考对应数据库的资料。

接下来，我们判断 Owner 是否为空，如果不为空，则输出"这个房子已经被×××抢走了"，否则就把 Owner 更新成自己的名字。这里为了能够清晰地看到并发执行的对比效果，作者故意在更新操作前增加了 Task.Delay(5000)延时。

代码编译成功后,定位到编译完成的 EXE 目录下,运行两个 EXE 程序的实例,分别输入姓名 tom 和 jim,然后让它们相继运行。程序运行结果如图 5-12 所示。

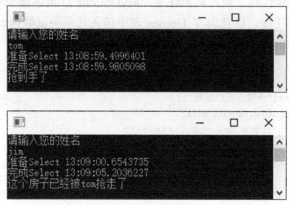

图 5-12　程序运行结果

从图 5-12 可以看出,由于 tom 比 jim 早执行 Select,因此 tom 抢到了这个房子。而 jim 由于执行得晚了一点儿,在 jim 执行 Select 的时候,这行数据已经被 tom 锁定了 5s,因此 jim 的 select…for update 就等待了将近 5s 才得到执行,等 jim 取出数据的时候就发现 Owner 已经被更新为 tom 了。

悲观并发控制的使用比较简单,只要对要进行并发控制的资源加上锁即可。但是这种锁是独占排他的,如果系统并发量很大,锁会严重影响性能,如果使用不当,甚至会导致死锁。因此,对于高并发系统,要尽量优化算法,比如调整逻辑或者使用 NoSQL 等,尽量避免通过关系数据库进行并发控制。如果必须使用数据库进行并发控制,尽量采用乐观并发控制。

5.2.7　乐观并发控制

EF Core 内置了使用并发令牌列实现的乐观并发控制,并发令牌列通常就是被并发操作影响的列。以 T_Houses 表为例,由于可能有多个操作者并发修改 Owner 列,我们可以把 Owner 列用作并发令牌列。在更新 Owner 列的时候,我们把 Owner 列更新前的值也放入 Update 语句的条件中,SQL 语句如下:Update T_Houses set Owner=新值　where Id=1 and Owner=旧值。

这样,当执行 Update 语句的时候,如果数据库中的 Owner 值已经被其他操作者更新,那么 where 语句的值就会为 false。因此这条 Update 语句影响的行数就是 0,EF Core 就知道"发生并发冲突了",此时 SaveChanges 方法就会抛出 DbUpdateConcurrencyException 异常。

下面用更详细的执行过程的例子来讲解一下。比如 tom、jim 两个操作者几乎在同一个时间点把 Id=1 的房子查询出来了,由于他们查询的时候,对方都还没有更新 Owner 列,因此读取到的 Owner 的值都是 null。

接下来 tom 比 jim 稍早执行了更新操作,他执行的 SQL 语句为 Update T_Houses set

Owner='tom' where Id=1 and Owner is null。

由于当前数据库中 Id=1 的这条数据的 Owner 值为 null，where 条件能够匹配这条数据，因此这条数据中 Owner 被更新为 tom。Update 语句影响的行数为 1，这说明数据更新成功，程序没有检测到并发更新问题。

接下来，jim 稍晚执行了更新操作，由于他读取到的 Owner 值仍然是 null，因此他执行的 SQL 语句也为 Update T_Houses set Owner='jim' where Id=1 and Owner is null。

由于 jim 已经在稍早的时候把 Owner 更新为 jim 了，因此 where 条件无法匹配到任何一条数据。Update 语句影响的行数为 0，因此程序检测到了并发更新的问题。

EF Core 中，我们只要把被并发修改的属性使用 IsConcurrencyToken 设置为并发令牌即可。在本例中，我们只要把 5.2.6 小节中的 House 类的配置修改为如代码 5-25 所示即可。

代码 5-25　House 类的乐观并发配置

```
1  class HouseConfig : IEntityTypeConfiguration<House>
2  {
3      public void Configure(EntityTypeBuilder<House> builder)
4      {
5          builder.ToTable("T_Houses");
6          builder.Property(h => h.Name).IsUnicode();
7          builder.Property(h => h.Owner).IsConcurrencyToken();
8      }
9  }
```

可以看到，这里只是用 IsConcurrencyToken 把 Owner 列设置为了并发令牌属性，其他代码不变，我们对 Owner 进行更新的代码修改如代码 5-26 所示。

代码 5-26　乐观并发控制

```
1  Console.WriteLine("请输入您的姓名");
2  string name = Console.ReadLine();
3  using MyDbContext ctx = new MyDbContext();
4  var h1 = await ctx.Houses.SingleAsync(h => h.Id == 1);
5  if (string.IsNullOrEmpty(h1.Owner))
6  {
7      await Task.Delay(5000);
8      h1.Owner = name;
9      try
10     {
11         await ctx.SaveChangesAsync();
12         Console.WriteLine("抢到手了");
13     }
14     catch (DbUpdateConcurrencyException ex)
15     {
16         var entry = ex.Entries.First();
17         var dbValues = await entry.GetDatabaseValuesAsync();
```

```
18        string newOwner = dbValues.GetValue<string>(nameof(House.Owner));
19        Console.WriteLine($"并发冲突，被{newOwner}提前抢走了");
20    }
21 }
22 else
23 {
24    if (h1.Owner == name)
25        Console.WriteLine("这个房子已经是你的了，不用抢");
26    else
27        Console.WriteLine($"这个房子已经被{h1.Owner}抢走了");
28 }
29 Console.ReadLine();
```

如果上下文执行保存更改的时候出现了 DbUpdateConcurrencyException 异常，就表示数据更新的时候出现了并发修改冲突。和悲观并发控制的代码相比，乐观并发控制不需要显式地使用事务，而且不需要使用数据库锁，我们只要捕捉保存更改时候的 DbUpdateConcurrency-Exception 异常即可。我们可以通过 DbUpdateConcurrencyException 类的 Entries 属性获取发生并发修改冲突的 EntityEntry 对象，并且通过 EntityEntry 类的 GetDatabaseValuesAsync 获取当前数据库的值，如第 16～18 行代码所示。

我们首先把数据库中 Id=1 这一行数据中的 Owner 列的值清空，然后仍然像 5.2.6 小节一样运行两个 EXE 程序的实例，分别输入姓名 tom 和 jim。程序运行结果如图 5-13 所示。

可以看到，程序仍然能够正确地检测到并发冲突。

接下来，我们研究一下乐观并发控制的内部工作过程。我们再次把数据库中 Id=1 这一行数据中的 Owner 列的值清空，然后启用 EF Core 的日志，以便查看程序运行时生成的 SQL 语句。结果如下：

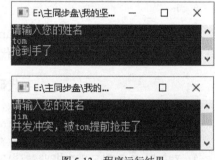

```
UPDATE 'T_Houses' SET 'Owner' = @p0 WHERE 'Id' =
@p1 AND 'Owner' IS NULL;
SELECT ROW_COUNT();
```

图 5-13　程序运行结果

从 SQL 语句可以看出，EF Core 确实采用的是和之前讲解的乐观并发控制一样的原理。

我们可以通过把并发修改的属性设置为并发令牌的方式启用乐观并发控制。但是有时候我们无法确定到底哪个属性适合作为并发令牌，比如程序在不同的情况下会更新不同的列或者程序会更新多个列，在这种情况下，我们可以使用设置一个额外的并发令牌属性的方式来使用乐观并发控制。

如果使用 Microsoft SQL Server 数据库，我们可以用一个 byte[] 类型的属性作为并发令牌属性，然后使用 IsRowVersion 把这个属性设置为 RowVersion 类型，这个属性对应的数据库列就会被设置为 ROWVERSION 类型。对于 ROWVERSION 类型的列，在每次插入或更新行时，Microsoft SQL Server 会自动为这一行的 ROWVERSION 类型的列生成新值。

下面演示如何在 Microsoft SQL Server 中通过额外的 ROWVERSION 类型列进行乐观并发控制。首先，我们定义包含一个 byte[]类型属性的 House 类，如代码 5-27 所示。

代码 5-27　House 类

```
1  class House
2  {
3      public long Id { get; set; }
4      public string Name { get; set; }
5      public string? Owner { get; set; }
6      public byte[] RowVer { get; set; }
7  }
```

接下来，我们对 House 实体类进行配置，对 RowVer 属性设置 IsRowVersion，如代码 5-28 所示。

代码 5-28　实体类的配置

```
1  builder.ToTable("T_Houses");
2  builder.Property(h => h.Name).IsUnicode();
3  builder.Property(h => h.RowVer).IsRowVersion();
```

接下来我们执行数据库迁移，在 SQL Server 数据库中就会生成图 5-14 所示的 T_Houses 数据库表。

RowVer 列是 timestamp 类型。在 SQL Server 中，timestamp 和 rowversion 是同一种类型的不同别名，效果是一样的，那就是每次对一行数据进行更新的时候，timestamp 列的值都会自动更新，因此 timestamp 列是一个非常好的并发令牌列。IsRowVersion 的测试代码和运行结果和代码 5-26 的一样，这里不再赘述。

图 5-14　数据库表

需要注意的是，RowVersion 类型是 SQL Server 数据库特有的类型，在 MySQL 等数据库中虽然也有类似的 timestamp 类型，但是由于这些数据库中的 timestamp 类型的精度不够，并不适合在高并发的系统中使用。因此，如果在不支持 RowVersion 类型的数据库中，我们想用额外的并发令牌列，那么可以在每次更新数据的时候手动更新自定义列的值，比如将并发令牌列的值更新为 Guid 的值，由于 Guid 每次生成的时候值都不重复，因此 Guid 可以用来很好地实现并发令牌控制。读者可以查看随书视频中的案例演示。

乐观并发控制能够避免悲观锁带来的性能下降、死锁等问题，因此作者推荐使用乐观并发控制而不是悲观锁。如果有一个确定的字段要被进行并发控制，使用 IsConcurrencyToken 把这个字段设置为并发令牌即可；如果无法确定唯一的并发令牌列，可以引入一个额外的属性并将其设置为并发令牌，并且在每次更新数据的时候，手动更新这一列的值；当然，如果用的是 Microsoft SQL Server 数据库，我们也可以采用 RowVersion 列，这样就不用开发人员手动更新并发令牌列的值了。

5.3　表达式树

在日常的开发中，我们一般都直接编写 ctx.Books.Where(b=>b.Price>20)这样的代码进行数据的查询。如果需要动态构造查询条件，我们也可以采用分步构造 IQueryable 的方式实现。但是在编写框架等需要更灵活地创建查询条件的场景下，我们就需要使用动态构建表达式树的技术。

5.3.1　什么是表达式树

表达式树（expression tree）是用树形数据结构来表示代码逻辑运算的技术，它让我们可以在运行时访问逻辑运算的结构。表达式树在.NET 中对应 Expression<TDelegate>类型。我们既可以让 C#编译器帮我们从 Lambda 表达式生成表达式树，也可以在运行时通过 API 动态创建表达式树。

我们先来看看如何从 Lambda 表达式生成表达式树，代码如下：

```
Expression<Func<Book, bool>> e1 = b =>b.Price > 5;
```

编译器会把 b =>b.Price > 5 这个表达式构建成 Expression 对象（表达式树对象），然后我们就可以使用这个表达式树对象进行数据查询了。

当然，如果只是硬编码 b.Price > 5 这个查询逻辑，我们一般不需要显式地编写上面的代码，一般编写如下代码：ctx.Books.Where(b => b.Price > 5)。

我们把鼠标指针放到 Where 方法上悬停，Visual Studio 就会给出图 5-15 所示的提示。

图 5-15　Where 匹配的重载方法

可以看到，编译器自动把我们编写的 Lambda 表达式编译为 Expression 类型，而不是编译为普通的委托类型。

5.3.2　Expression 和 Func 的区别

熟悉委托的读者也许会疑惑，Expression<Func<Book, bool>>看起来和委托没区别。对于5.3.1 小节的代码，我们可以把 Expression<Func<Book, bool>>换成 Func<Book, bool>，如代码5-29 所示。

代码 5-29　普通委托版本的代码

```
1  Func<Book, bool> e = b => b.Price > 5;
2  ctx.Books.Where(e).ToList();
```

上面的代码可以正常编译、运行，但是上面代码生成的 SQL 语句如下：

```
SELECT [t].[Id], [t].[AuthorName], [t].[IsDeleted], [t].[Price], [t].[PubTime],
[t].[Title]
FROM [T_Books] AS [t] WHERE [t].[IsDeleted] <> CAST(1 AS bit)
```

我们发现查询生成的 SQL 语句是没有 b.Price > 5 这个逻辑的，说明这个版本是通过客户端评估完成的。因此，为了能够正常地使用 EF Core，我们一定要使用 Expression<TDelegate> 类型。

那么，Expression 和 Func 有什么区别呢？Expression 对象存储了运算逻辑，它把运算逻辑保存成 AST（abstract syntax tree，抽象语法树），我们可以在运行时动态分析运算逻辑。我们编写代码分别输出表达同样逻辑的 Expression 对象和 Func 对象，如代码 5-30 所示。

代码 5-30　Func 和 Expression 的区别

```
1   Func<Book, bool> f1 = b => b.Price > 5||b.AuthorName.Contains("杨中科");
2   Expression<Func<Book, bool>> e = b => b.Price > 5 || b.AuthorName.Contains("杨中科");
3   Console.WriteLine(f1);
4   Console.WriteLine(e);
```

程序运行结果如图 5-16 所示。

图 5-16　程序运行结果

我们可以看到，Func 输出结果中，只有参数、返回值类型，没有内部的运算逻辑。而 Expression 的输出结果中，则有内部的运算逻辑。这证明了 Expression 对象存储了运算逻辑。

Expression 类似于源代码，而 Func 类似于编译后的二进制程序。我们可以调用 Compile 方法把 Expression 对象编译成 Func 对象，但是无法正常地把 Func 对象转换为 Expression 对象①。

5.3.3　可视化查看表达式树

我们知道，Expression 是一棵表示运算逻辑的抽象语法树。我们除了可以在控制台输出 Expression 对象以查看它的结构之外，还可以用更结构化的方式查看表达式树。

对于 5.3.2 小节中的代码，我们可以在 Visual Studio 中调试程序，然后在【快速监视】窗口中查看代码 5-30 中变量 e 的值，展开【Raw View】（原始视图），内容如图 5-17 所示。

可以看到，整棵表达式树是一个"或"（OrElse）类型的节点，左（Left）节点是 b.Price>5 表达式，右（Right）节点是 b.AuthorName.Contains("杨中科")表达式。而 b.Price>5 这个表达式又是一个"大于"（GreaterThan）类型的节点，左（Left）节点是 b.Price，右（Right）节点

---

① 严格来讲，我们可以把 Func 对象转换为 Expression 对象，但是生成的 Expression 对象是不包含可以被分析出来的运算逻辑的。

是 5。熟悉编译原理的朋友会发现，这就是 b.Price > 5||b.AuthorName.Contains("杨中科")这个表达式生成的抽象语法树。

图 5-17　调试时查看变量的结构

可以看到，如果表达式很复杂的话，用 Visual Studio 内置的查看器观察表达式树的结构会很麻烦。Visual Studio 也内置了一个名为 DebugView 的功能支持可视化地查看表达式树，但是生成的结构对我们的开发帮助并不大。我们可以借助开源的调试查看器来查看表达式树。这里推荐使用 Expression Tree Visualizer，它可以直接在 Visual Studio 中查看 Expression 变量。对于如代码 5-30 所示的表达式树，我们看到图 5-18 所示的界面。

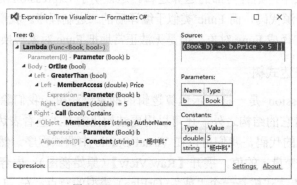

图 5-18　Expression Tree Visualizer

可以看到，上面非常清晰地展现了表达式树的结构。Expression Tree Visualizer 的安装、使用方法请参考官方文档。

5.3.4 通过代码查看表达式树

5.3.3 小节中，我们提到的 Expression Tree Visualizer 提供了在调试时查看表达式树的方式，不过这个插件的安装比较麻烦，而且插件运行的时候要借用项目的 CLR（common language runtime，公共语言运行时），如果插件的 CLR 和项目的 CLR 不一致，运行会失败。因此，作者更习惯通过代码输出表达式树。

Expression Tree Visualizer 的可视化展示表达式树的内核被发布为了一个单独的 NuGet 包 ExpressionTreeToString，这个 NuGet 包提供了把表达式树转换为可读性强的字符串格式的方法。

首先，在要调试的项目上安装 NuGet 包 ExpressionTreeToString。接下来，在代码中添加对 ExpressionTreeToString 命名空间的引用。然后，我们就可以在 Expression 类型上调用 ToString 扩展方法来输出表达式树结构的字符串了。

ToString 有非常多的重载方法，这些重载方法可以控制输出的格式、生成源代码时使用的编程语言等。下面先来演示 ToString("Object notation", "C#")这个用法，它用于以 C#来输出每个节点的类型及节点的属性值，如代码 5-31 所示。

代码 5-31　测试代码

```
1  Expression<Func<Book, bool>> e = b => b.AuthorName.Contains("杨中科")||b.Price>30;
2  Console.WriteLine(e.ToString("Object notation", "C#"));
```

程序运行结果如图 5-19 所示。

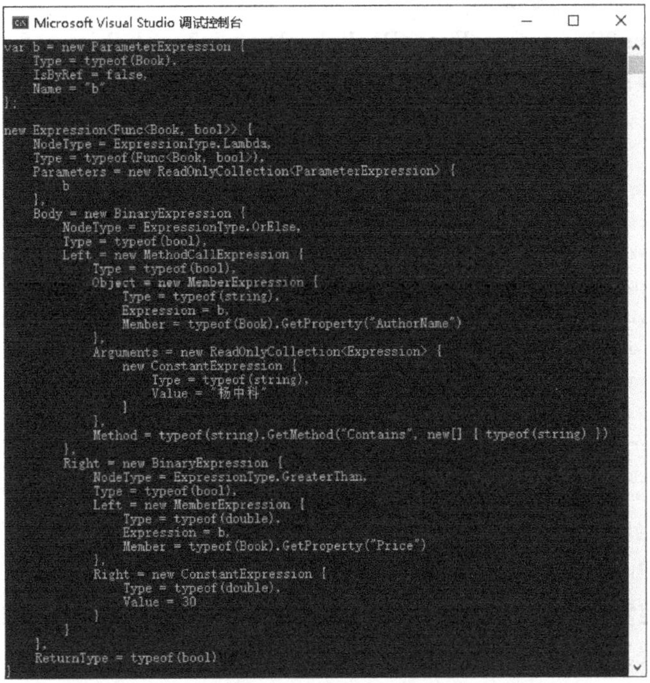

图 5-19　程序运行结果

从图 5-19 可以看出，Lambda 表达式的参数 b 是一个 ParameterExpression 节点。整棵表达式树的根节点是一个 NodeType 属性为 Lambda 的 Expression 节点。根节点的 Body 为表达式树的主体，是 NodeType 属性为 OrElse 的 BinaryExpression，也就是对应 Lambda 表达式中的 "||" 运算符。OrElse 节点的左节点是 MethodCallExpression 类型的节点，对应的是 b.AuthorName.Contains("杨中科")；OrElse 节点的右节点是 BinaryExpression 类型的节点，对应的是 b.Price>30。再下一级子节点以此类推。

可以看到，表达式树的不同类型的节点对应不同的类型，这些类型都直接或者间接继承自 Expression。比如常量节点的类型是 ConstantExpression、二元运算符节点的类型是 BinaryExpression、类成员访问操作节点的类型是 MemberExpression、方法调用操作节点的类型是 MethodCallExpression。

5.3.5　通过代码动态构建表达式树

目前我们编写的代码都是让 C#编译器把 Lambda 表达式转换为表达式树，这些表达式都是硬编码的。如果能通过代码动态构建表达式树，我们就能更好地发挥表达式树的作用，因此本小节我们来学习动态构建表达式树的方法。

ParameterExpression、BinaryExpression、MethodCallExpression、ConstantExpression 等类几乎都没有提供构造方法，而且所有属性也几乎都是只读的，因此我们一般调用 Expression 类的 Parameter、MakeBinary、Call、Constant 等静态方法来生成这些类的实例，这些静态方法被称作创建表达式树的工厂方法。

有如下的表达式：Expression<Func<Book, bool>> e = b =>b.Price > 5。我们来编写代码生成和上面表达式转换的表达式树一样的表达式树，如代码 5-32 所示。

代码 5-32　动态构建表达式树

```
1  ParameterExpression paramB = Expression.Parameter(typeof(Book),"b");
2  MemberExpression exprLeft = Expression.MakeMemberAccess(paramB,
3    typeof(Book).GetProperty("Price"));
4  ConstantExpression exprRight = Expression.Constant(5.0,typeof(double));
5  BinaryExpression exprBody = Expression.MakeBinary(ExpressionType.GreaterThan,
6    exprLeft, exprRight);
7  Expression<Func<Book, bool>> expr1 = Expression.Lambda<Func<Book, bool>>
8    (exprBody, paramB);
9  ctx.Books.Where(expr1).ToList();
10 Console.WriteLine(expr1.ToString("Object notation", "C#"));
```

上面第 1 行代码中，我们使用 Parameter 方法创建了 b 这个参数节点；第 2~3 行代码中，我们使用 MakeMemberAccess 方法创建了访问 b 的 Price 属性操作的节点；第 4 行代码中，我们使用 Constant 创建对应 5 这个常量的节点，由于这个常量需要是 double 类型的，因此 Constant 的第一个参数的值要写成 5.0，如果写成 5，运行时程序会抛出 "Argument types do not match" 异常（我们在硬编码的时候编译器会隐式地把整数类型的 5 转换为 double 类型的 5.0，但是如果我们使用代码来创建节点就需要处理类型转换了）；第 5～6 行代码中，我们使用 MakeBinary 方法创建了对应"大于"符号的二元运算符节点，并且把 exprLeft 和 exprRight 分别设置为"大于"节点的左节点和右节点；第 7～8 行代码中，我们使用 Lambda 方法把 exprBody 放到一个表达式树节点中，Lambda 方法主要用来设定表达式的参数和返回值类型；第 9 行代码中，我们使用动态生成的表达式树查询数据；第 10 行代码中，我们输出了表达式树的结构。

程序运行结果如图 5-20 所示。

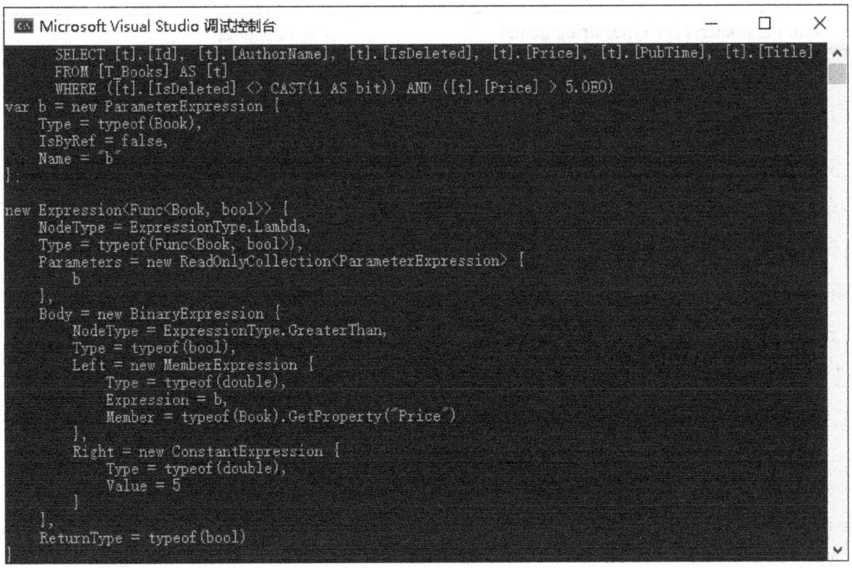

图 5-20　程序运行结果

可以看到，EF Core 查询的结果以及输出的表达式树的结构都和我们期望的一致。

表 5-1 所示的是 Expression 类常见的工厂方法的说明。

表 5-1　　　　　　　　　　　　Expression 类常见的工厂方法的说明

工厂方法	说明
BinaryExpression Add(Expression left, Expression right)	加法运算，比如 a+b
BinaryExpression AndAlso(Expression left, Expression right)	短路的与运算，比如 a&&b
IndexExpression ArrayAccess(Expression array, IEnumerable\<Expression> indexes)	数组元素访问，比如 items[5]
MethodCallExpression Call(…)	方法访问，比如 s.Contains("zack")
ConditionalExpression Condition(Expression test, Expression ifTrue, Expression ifFalse)	三元条件运算符，比如 a==1?"yang":"zhongke"
ConstantExpression Constant(object value)	常量表达式，比如 666
UnaryExpression Convert(Expression expression, Type type)	类型转换，比如(int)count
BinaryExpression GreaterThan(Expression left, Expression right)	大于运算符，比如 a>3
BinaryExpression GreaterThanOrEqual(Expression left, Expression right)	大于或等于运算符，比如 a>=3

续表

工厂方法	说明
BinaryExpression LessThan(Expression left, Expression right)	小于运算符，比如 a<3
BinaryExpression LessThanOrEqual(Expression left, Expression right)	小于或等于运算符，比如 a<=3
BinaryExpression MakeBinary(ExpressionType binaryType, Expression left, Expression right)	创建二元运算，通过 binaryType 参数指定运算符，比如 a+5、6*a
BinaryExpression NotEqual(Expression left, Expression right)	不等于运算，比如 a!=b
BinaryExpression OrElse(Expression left, Expression right)	短路或运算，比如 a||b
ParameterExpression Parameter(Type type, string name)	表达式的参数

5.3.6　让动态构建表达式树更简单

通过 5.3.5 小节我们可以看到，通过代码来动态构建表达式树要求开发人员精通表达式树的结构，甚至还需要了解 CLR 底层的机制。幸运的是，我们可以用 ExpressionTreeToString 来帮助我们简化动态构建表达式树代码的编写。

ExpressionTreeToString 提供的 ToString("Object notation", "C#")方法只是输出一个用 C#语法描述表达式树的结构及每个节点的字符串，但是这个字符串并不是可以直接运行的 C#代码。我们可以把 ToString 方法的第一个参数改为"Factory methods"，也就是 ToString("Factory methods", "C#")，这样程序就可以输出类似用工厂方法生成表达式树的代码，如代码 5-33 所示。

代码 5-33　输出工厂方法的代码

```
1  Expression<Func<Book, bool>> e = b => b.AuthorName.Contains("杨中科")||b.Price>30;
2  Console.WriteLine(e.ToString("Factory methods", "C#"));
```

程序运行结果如图 5-21 所示。

图 5-21　程序运行结果

上面的程序输出的所有代码都是对于工厂方法的调用，不过调用工厂方法的时候省略了

Expression 类。我们可以用 C#的 using static 方法来静态引入 Expression 类，这样上面的代码就几乎可以直接放到 C#代码中编译通过了，如代码 5-34 所示。

代码 5-34　动态构建表达式树的代码

```
1  using ExpressionTreeToString;
2  using static System.Linq.Expressions.Expression;
3  var b = Parameter(typeof(Book),"b");
4  var expr1 = Lambda<Func<Book,bool>>(OrElse(
5          Call(MakeMemberAccess(b,typeof(Book).GetProperty("AuthorName")),
6              typeof(string).GetMethod("Contains", new[] {typeof(string)}),
7              Constant("杨中科")),
8          GreaterThan(MakeMemberAccess(b,typeof(Book).GetProperty("Price")),
9              Constant(30.0))
10     ),b);
11 using TestDbContext ctx = new TestDbContext();
12 ctx.Books.Where(expr1).ToList();
13 Console.WriteLine(expr1.ToString("Object notation", "C#"));
```

由于目前的 ExpressionTreeToString 版本没有考虑类型转换的问题，因此生成的 C#代码中构建 30 这个常量的表达式用的是 Constant(30)。但是这样编写，运行的时候会报错 "The binary operator GreaterThan is not defined for the types 'System.Double' and 'System.Int32'"，因为 doule 类型的 Price 不能直接和 int 类型的 30 进行比较，所以我们把 Constant(30)改成了 Constant(30.0)。除了这一点，别的代码都是我们直接照搬 ToString("Factory methods", "C#")返回的代码。

可以看到，使用 ExpressionTreeToString，我们可以直接生成拿来就用的动态构建表达式树的代码。虽然有时候 ExpressionTreeToString 生成的代码需要微调才能正常运行，但是这也让我们编写动态构建表达式树的代码变简单了很多。

5.3.7　让构建"动态"起来

到目前为止，我们虽然通过代码动态构建出了表达式树，但是构建出来的仍然是固定逻辑的表达式树。既然逻辑是固定的，我们为什么不直接写硬编码的 Lambda 表达式呢？动态构建表达式树非常有价值的地方在于，运行时根据条件的不同生成不同的表达式树。本小节中，我们就来看一下如何让表达式树的构建过程"动态"起来。

下面我们将编写一个方法，这个方法用来查询与指定的属性和指定值相等的数据。方法的声明如下：static IEnumerable<Book> QueryBooks(string propName,object value)。其中 propName 参数为要查询的属性的名字，value 为待比较的值。

如果我们调用 QueryBooks("Price", 18.0)，则表示查询价格等于 18 元的书，而如果我们调用 QueryBooks("AuthorName", "杨中科")，则表示查询作者名字为"杨中科"的书。

我们先硬编码一个供参考的表达式，然后用 ExpressionTreeToString 输出它的结构，以便于编写代码时参考。根据作者的经验，.NET 对于 double、int 等基本数据类型的相等比较运算和字符串等复杂类型的相等比较运算是不一样的，因此我们分别编写了对 double 类型的 Price

进行匹配的表达式树和对 string 类型的 Title 进行匹配的表达式树，并且用 ExpressionTreeToString 输出它们的工厂方法格式的结构，如代码 5-35 所示。

代码 5-35　不同类型的相等比较

```
1  Expression<Func<Book, bool>> expr1 = b => b.Price == 5;
2  Expression<Func<Book, bool>> expr2 = b => b.Title == "零基础趣学C语言";
3  Console.WriteLine(expr1.ToString("Factory methods", "C#"));
4  Console.WriteLine(expr2.ToString("Factory methods", "C#"));
```

程序运行结果如图 5-22 所示。

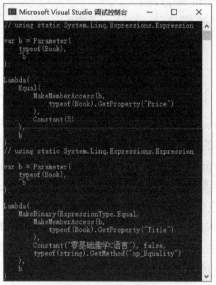

图 5-22　程序运行结果

从程序运行结果可以看出，结论和我们猜想的一致，对于 double 类型的属性和 string 类型的属性的相等判断的代码并不一样。对于基本数据类型，我们需要调用的是 Equal 方法，而对于 string 类型，我们则要调用==对应的运算符重载方法 op_Equality。因此，需要在运行时根据属性的不同类型来调用不同的代码生成不同的节点。

参考上面生成的工厂方法格式的结构，我们编写了代码 5-36。

代码 5-36　QueryBooks

```
1  IEnumerable<Book> QueryBooks(string propName, object value)
2  {
3      Type type = typeof(Book);
4      PropertyInfo propInfo = type.GetProperty(propName);
5      Type propType = propInfo.PropertyType;
6      var b = Parameter(typeof(Book),"b");
7      Expression<Func<Book,bool>> expr;
```

```
8      if (propType.IsPrimitive)    //如果是 int、double 等基本数据类型
9      {
10         expr = Lambda<Func<Book, bool>>(Equal(
11             MakeMemberAccess(b,typeof(Book).GetProperty(propName)),
12             Constant(value)),b);
13     }
14     else                          //如果是 string 等类型
15     {
16         expr = Lambda<Func<Book, bool>>(MakeBinary(ExpressionType.Equal,
17             MakeMemberAccess(b,typeof(Book).GetProperty(propName)),
18             Constant(value), false,propType.GetMethod("op_Equality")
19         ),b);
20     }
21     TestDbContext ctx = new TestDbContext();
22     return ctx.Books.Where(expr).ToArray();
23 }
```

上面的代码首先通过反射获得 propName 参数值代表的属性对象，然后获得属性的类型。我们根据属性是否为基本数据类型来调用不同的代码段生成不同的表达式树，生成的代码基本上都是照搬 ExpressionTreeToString 生成的工厂方法代码，只不过我们把通用的 b 参数的 Parameter 调用抽取出来，然后把代码中硬编码的"Title"替换成了参数 propName，把硬编码的 5、"零基础趣学 C 语言"替换成了参数 value。

接下来，我们编写测试代码，如代码 5-37 所示。

代码 5-37　测试代码

```
1  QueryBooks("Price", 18.0);
2  QueryBooks("AuthorName", "杨中科");
3  QueryBooks("Title", "零基础趣学 C 语言");
```

程序运行结果如图 5-23 所示。

图 5-23　程序运行结果

从程序运行结果可以看到，程序的行为和我们期望的一致。ExpressionTreeToString 让我们不需要是表达式树方面的专家，也能迅速写出专家级的动态构建表达式树的代码。

5.3.8　不用 Emit 实现 Select 的动态化

我们知道，可以在 Select 中使用匿名类来获取部分列，这样可以提升数据查询的效率、降低内存占用。在日常开发的时候，我们可以编写 Select(b=>new{b.Id,b.Name})这样的代码来让编译器帮我们生成一个包含 Id、Name 两个属性的匿名类。但是，如果想在运行时动态设定 Select 查询出来的属性，就需要使用 Emit 技术在运行时动态地创建一个类，这个难度是非常大的。

这里介绍一种在运行时动态设定 Select 查询出来的属性的更简单方法。其实，我们不仅可以在 Select 参数中传递一个类对象，也可以传递一个数组，然后把要查询的多个属性的值作为数组的元素。比如下面的代码就是与 Select(b=>new{b.Id,b.Name})等效的代码：Select(b=>new object[] { b.Id,b.Title})。

当然，查询结果中每一行的记录都是数组类型的，数组的第 0 个元素为 Id 属性的值，第 1 个元素为 Title 属性的值。

有了这个知识，我们就可以把列对应的属性的访问表达式放到一个 Expression 数组中，使用 Expression.NewArrayInit 构建一个代表数组的 NewArrayExpression 对象，然后我们就可以用这个 NewArrayExpression 对象来供 Select 调用执行了，如代码 5-38 所示。

代码 5-38　Query 方法

```
1  IEnumerable<object[]> Query<TEntity>(string[] propNames) where TEntity : class
2  {
3      ParameterExpression exParameter = Expression.Parameter(typeof(TEntity));
4      List<Expression> exProps = new List<Expression>();
5      foreach (string propName in propNames)
6      {
7          Expression exProp = Expression.Convert(Expression.MakeMemberAccess(
8              exParameter,typeof(TEntity).GetProperty(propName)), typeof(object));
9          exProps.Add(exProp);
10     }
11     Expression[] initializers = exProps.ToArray();
12     NewArrayExpression newArrayExp = Expression.NewArrayInit(typeof(object),
       initializers);
13     var selectExpression = Expression.Lambda<Func<TEntity, object[]>>(newArrayExp,
           exParameter);
14     using TestDbContext ctx = new TestDbContext();
15     IQueryable<object[]> selectQueryable = ctx.Set<TEntity>().
           Select(selectExpression);
16     return selectQueryable.ToArray();
17 }
```

Query 方法返回的是 IEnumerable<object[]>类型，其中每一个元素对应查询出来的一条记录。如代码 5-39 所示，调用 Query 方法来查询 Id、PubTime、Title 这 3 个属性的值。

代码 5-39 测试代码

```
1  var items = Query<Book>(new string[] { "Id","PubTime", "Title" });
2  foreach(object[] row in items)
3  {
4      long id = (long)row[0];
5      DateTime pubTime = (DateTime)row[1];
6      string title = (string)row[2];
7      Console.WriteLine(id+","+pubTime+","+title);
8  }
```

5.3.9 避免动态构建表达式树

通过 5.3.8 小节的学习，我们对于表达式树应有了全面的了解，也应掌握了简化动态构建表达式树的相关工具的使用，我们对动态构建表达式树应不再恐惧。但是即便如此，动态构建表达式树的代码仍然非常复杂，这些代码易读性差、可维护性差。因此在进行项目开发的时候，如果我们能用分步构建 IQueryable 等方式的话，就要尽量避免动态构建表达式树。

比如我们想要编写如下的方法：Book[] QueryBooks(string title, double? lowerPrice, double? upperPrice, int orderByType)。这个方法用于根据指定的参数条件进行数据的查询，方法的参数说明如下：如果 title 不为空，则进行标题的匹配；如果 lowerPrice 不为空，则还要匹配价格不小于 lowerPrice 的书；如果 upperPrice 不为空，则还要匹配价格不大于 upperPrice 的书；orderByType 为排序规则，取值为 1 代表按照价格降序排列，取值为 2 代表按照价格升序排列。

可以通过动态构建表达式树来实现这个方法，但是编写的代码会非常复杂。我们可以用分步构建 IQueryable 的方式来实现，如代码 5-40 所示。

代码 5-40 QueryBooks

```
1  Book[] QueryBooks(string title, double? lowerPrice, double? upperPrice,
            int orderByType)
2  {
3      using TestDbContext ctx = new TestDbContext();
4      IQueryable<Book> source = ctx.Books;
5      if (!string.IsNullOrEmpty(title))
6          source = source.Where(b => b.Title.Contains(title));
7      if (lowerPrice != null)
8          source = source.Where(b => b.Price >= lowerPrice);
9      if (upperPrice != null)
10         source = source.Where(b => b.Price <= upperPrice);
11     if (orderByType == 1)
12         source = source.OrderByDescending(b => b.Price);
13     else if (orderByType == 2)
14         source = source.OrderBy(b => b.Price);
15     return source.ToArray();
16 }
```

　　一般只有在编写不特定于某个实体类的通用框架的时候，由于无法在编译期确定要操作的类名、属性等，才需要编写动态构建表达式树的代码，否则为了提高代码的可读性和可维护性，我们要尽量避免动态构建表达式树。

　　读者也可以了解一下 System.Linq.Dynamic.Core 这个开源项目，它允许开发人员使用字符串格式的语法来进行数据操作，比如 ctx.Books.WhereInterpolated($"Price>8 or Title.Contains({word})")。这个开源项目中的过滤条件等表达式都是字符串格式的，因此我们可以通过构建字符串来动态生成过滤条件。在很多情况下构建字符串比直接构建表达式树更简单。

5.4　本章小结

　　首先，本章介绍了 IQueryable 的运行原理，并且介绍了 EF Core 中的实体类状态跟踪机制，了解这些能更好地使用 EF Core；然后，本章介绍了在 EF Core 中执行原生 SQL 语句的方法，并且介绍了 EF Core 对乐观和悲观两种并发控制方式的支持；最后，本章介绍了表达式树的概念，并且介绍了如何编写动态构建表达式树的代码。

第6章 ASP.NET Core Web API 基础

Web 应用是.NET Core 开发中常见的项目类型,无论是网站还是 HTTP 服务接口,都有提供对外 Web 访问的能力,而.NET Core 中进行 Web 应用开发的核心底层技术是 ASP.NET Core。

在 ASP.NET Core 这个底层基础上,微软开发了 ASP.NET Core MVC 和 ASP.NET Core Web API 这两个框架。随着软件项目复杂度的增加及软件项目分工的细化,前后端分离已经成为了主流的开发模式,后端开发人员使用 ASP.NET Core Web API 开发服务接口,界面交互等由前端开发人员使用 Vue 等前端框架来完成。在 ASP.NET Core MVC 这种开发模式下,后端开发人员也仍然要编写一部分前端的代码,而在前后端分离的开发模式下,后端开发人员不再需要处理任何界面逻辑,而只需要编写 ASP.NET Core Web API。

在.NET Framework 中,ASP.NET MVC 是用来进行基于视图的 MVC 模式开发的框架,而 ASP.NET Web API 2 是用来进行 Web API 开发的框架,这是两个不同的框架。而在 ASP.NET Core 中,不再做这样的区分,严格来讲,只有 ASP.NET Core MVC 这一个框架,ASP.NET Core MVC 既支持基于视图的 MVC 模式开发,也支持 Web API 开发和 Razor Pages 开发等。不过在 Visual Studio 中创建项目的时候,仍然存在 "ASP.NET Core Web API" 和 "ASP.NET Core 应用(模型-视图-控制器)" 这两种向导,分别用来创建 Web API 项目和传统的基于视图的 MVC 项目。在谈到区分基于视图的 MVC 和 Web API 的时候,我们也会分别把它们称为 ASP.NET Core MVC 和 ASP.NET Core Web API。

因为前后端分离的开发模式越来越流行,所以本书将不会把讲解的重点放到 ASP.NET Core MVC。本章会对 ASP.NET Core MVC 做基本使用的讲解,然后主要介绍 ASP.NET Core Web API 技术。

6.1 ASP.NET Core MVC 项目

在本节中,我们将创建一个基本的 ASP.NET Core MVC 项目,并且对于生成的代码进行分析和讲解。

6.1.1 ASP.NET Core MVC 项目的搭建

为了创建一个 ASP.NET Core MVC 项目,我们需要首先在 Visual Studio 的主菜单中单击【文件】→【新建】→【项目】，在弹出的【创建新项目】对话框中，编程语言选择【C#】，项目类型选择【Web】。在项目模板列表中有【ASP.NET Core Web 应用】、【ASP.NET Core 空】、【ASP.NET Core Web 应用(模型-视图-控制器)】等项目类型，一定要选择【ASP.NET Core Web 应用(模型-视图-控制器)】，然后单击【下一步】按钮，如图 6-1 所示。

在接下来显示的对话框中，填写合适的项目的名称，然后单击【下一步】按钮。在新的界面中【身份验证类型】选择【无】，勾选【配置 HTTPS】，然后单击【创建】按钮，就可以完成项目的创建了。

项目初始结构如图 6-2 所示。其中，wwwroot 文件夹为图片、JS、CSS 等静态文件的文件夹，Models、Views、Controllers 文件夹是与 MVC 相关的文件夹；appsettings.json 是默认的配置文件；Program.cs 是项目的入口代码。

图 6-1　项目向导 1

图 6-2　项目初始结构

🐾 **提醒：**

接触过.NET 5 甚至更早期版本的 ASP.NET Core 项目开发的读者会发现，.NET 6 中的 ASP.NET Core 项目没有 Startup.cs 文件了，所有项目的基础代码都被放到了 Program.cs 文件中。因为.NET 6 中引入了"极简 API"（minimal API），从而减少了项目的代码量。对于接触过旧版本 ASP.NET Core 项目开发的读者，可以阅读微软文档中对应内容来了解新旧版本代码的差异。特别值得一提的是，读者去网上搜索相关资料的时候，可能会遇到一些旧资料讲到"在 Startup.cs 文件中增加某某代码"这样的写法，那么请查找新资料，了解它们在.NET 6 中的用法。.NET 6 中仍然支持传统的 Startup 的写法。

接下来，运行项目代码。在 Visual Studio 中单击【IIS Express】按钮，项目就会运行，并且在浏览器中打开网站的页面。

6.1.2 编写第一个 MVC 程序

ASP.NET Core MVC 采用 MVC 模式，也就是把页面交互的代码分为模型（model）、视图（view）和控制器（controller）3 个部分。视图负责内容的展现，也就是用来显示 HTML（hypertext markup language，超文本标记语言）网页；控制器负责处理用户的请求及为视图准备数据；模型负责在视图和控制器之间传递数据。MVC 结构如图 6-3 所示。

在 MVC 模式中，视图和控制器不直接交互、不互相依赖，彼此之间通过模型进行数据传递。使用 MVC 模式的优点是视图和控制器降低了耦合，系统的结构更清晰。

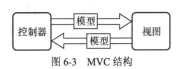

图 6-3 MVC 结构

MVC 模式是一种软件架构模式，和具体语言、技术无关，ASP.NET Core MVC 是 .NET Core 中基于 ASP.NET Core 实现的 MVC 框架。在 ASP.NET Core MVC 中，控制器由 Controller 类实现，视图一般是扩展名为"cshtml"的文件，而模型则是只有属性的普通 C#类。控制器类一般直接或者间接继承自 Controller 类，控制器类的名字一般以 Controller 结尾，并且被放到 Controllers 文件夹下；视图一般被放到 Views 文件夹下的控制器名字的文件夹下。控制器的名字为控制器类名去掉 Controller，比如控制器类名为 HomeController，则和它相关的视图被放到 Views/Home 文件夹下。模型则放到 Models 文件夹下。其实这些文件不一定必须放到相应文件夹下，但是按照这些原则对文件进行管理非常方便。

浏览器端提交的请求会被封装到模型类的对象中并传递给控制器，控制器中对浏览器端的请求进行处理，然后将处理结果放到模型类的对象中传递给视图，而视图则解析模型对象，然后将其渲染成 HTML 内容输出给浏览器。

下面演示一个在控制器中查询数据，然后把数据传递给视图进行渲染的案例。

第一步，在 Models 文件夹下创建一个 Person 类，这个类包含代表姓名的 Name 属性，代表是否为 VIP 的 IsVIP 属性，以及代表创建日期的 CreatedTime 属性，如代码 6-1 所示。

代码 6-1 Person 类

```
public record Person(string Name, bool IsVIP, DateTime CreatedTime);
```

第二步，在 Controllers 文件夹下创建一个继承自 Controller 类的 TestController 类，如代码 6-2 所示。

代码 6-2 TestController 类

```
1  public class TestController : Controller
2  {
3      public IActionResult Demo1()
4      {
5          var model = new Person("Zack", true, new DateTime(1999, 9, 9));
6          return View(model);
7      }
8  }
```

控制器中方法的返回值一般是 IActionResult 类型的，控制器类中被外界直接访问的方法叫作"操作方法"。

Demo1 方法中，我们创建了 Person 类的对象，并且为对象的属性赋予了初始值，最后通过 return View(model)方法告诉框架"请把 model 这个对象传递给与操作方法同名的视图"，因此框架就会把 model 对象传递给名为 Demo1.cshtml 的视图文件。

第三步，在 Views 文件夹下创建和 TestController 名称对应的 Test 文件夹，然后在 Test 文件夹上右击，选择【添加】→【视图】，然后选择【Razor 视图-空】这个项目模板，文件名填写 Demo1.cshtml 文件，文件内容如代码 6-3 所示。

代码 6-3　Demo1.cshtml 文件

```
1   @model MVCApp1.Models.Person
2   <div>姓名: @Model.Name</div>
3   <div>@(Model.IsVIP?"VIP":"普通会员")</div>
4   <div>注册时间: @Model.CreatedTime</div>
```

文件第一行中，@model MVCApp1.Models.Person 表明这个视图文件是接收 Person 类数据的强类型视图。控制器传递过来的对象在 cshtml 视图中可以用 Model 属性来获取。CSHTML 文件中大部分内容都是普通的 HTML 内容；其中以@开头的为标准的 C#表达式，代表把 C# 表达式的内容输出到表达式所在的位置。因此@Model.Name、@Model.CreatedTime 分别表示把传入对象的 Name 属性和 CreatedTime 属性的值输出到表达式所在的位置。@model、@Model.Name 等以@开头的代码叫作服务器端代码。这种 CSHTML 格式的文件采用的语法叫作 Razor。

运行项目，浏览器会打开类似 https://localhost:44307/的网址（端口号根据实际情况不同而不同）。接下来要访问 Demo1 这个操作方法，访问操作方法的路径为"控制器名称/操作方法名"。我们要访问 TestController 中的 Demo1 方法，因此需要访问 Test/Demo1 这个路径，把地址改成 https://localhost:44307/Test/Demo1 进行访问，浏览器显示内容如图 6-4 所示。

我们访问 Test/Demo1 路径的时候，框架会寻找名为 TestController 的类中的 Demo1 方法来处理用户的请求。Demo1 方法会初始化一个 Person 类的对象，这个对象会被传递给和 Demo1 方法同名的 Views/Test 文件夹下的 Demo1.cshtml 进行渲染（我们把 cshtml 执行

```
姓名: Zack
VIP
注册时间: 1999/9/9 0:00:00
```

图 6-4　浏览器显示内容

服务器端代码生成 HTML 的过程叫作渲染），并且把渲染完成的 HTML 内容输出给浏览器，最后浏览器将呈现我们看到的内容。

6.1.3　.NET Core 的新工具：热重载

在以调试模式运行 ASP.NET Core 项目的时候，如果我们修改了服务器端的代码，必须终止并重新运行程序，修改后的代码才能生效。在比较复杂的项目中，这样的开发流程非常麻烦，因为我们需要重新打开浏览器、重新执行要测试的请求。

可以用【启动（不调试）】方式运行项目，然后在修改代码后，重新生成解决方案，这样代码就生效了，不需要重启浏览器。不过在这种方式下运行程序，我们无法进行设置断点、查看变量的值等调试操作。

从.NET 6 开始，.NET 中增加了热重载（hot reload）功能，它允许我们在以调试方式运行程序的时候，也无须重启程序而让修改的代码生效。它的用法很简单，只要在修改完代码以后单击 Visual Studio 工具栏中的热重载图标，如图 6-5 所示，修改的代码就会立即生效。

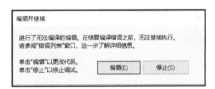

图 6-5　热重载图标

我们也可以单击热重载图标旁边的下拉按钮，勾选【文件保存时热重载】，如图 6-6 所示，这样当我们修改完代码并保存文件后，Visual Studio 会自动执行热重载，开发就更方便了。

在我们对项目做结构比较大的改动的时候，比如删除了方法或者修改了方法的参数时，热重载功能就可能无法正常执行，这时 Visual Studio 就会弹出图 6-7 所示的提示消息。遇到这种情况，我们就必须重启程序。

图 6-6　热重载的下拉菜单　　　　　图 6-7　热重载失败的提示消息

在开发的时候，作者建议平时使用【启动（不调试）】的方式运行程序，这样在修改完代码后重新生成程序就能让修改的代码生效。在需要调试程序的时候，再以调试的方式运行程序，并且使用热重载功能来应用修改后的代码。

6.2　使用 ASP.NET Core 开发 Web API

ASP.NET Core MVC 是 ASP.NET Core 中进行网站开发的技术，我们一般在浏览器中访问由 ASP.NET Core MVC 开发的系统。随着移动互联网、物联网等技术的发展，现在的访问服务器的客户端已经不局限于浏览器了，手机 App、微信小程序、智能家电、可穿戴式设备等都有和服务器端进行数据交互的需求。浏览器和服务器端之间传递的主要是 HTML，而手机 App 等客户端和服务器端之间主要传递的是 JSON 等结构化的数据。我们把提供结构化数据服务的接口叫作 Web API。

6.2.1　Web API 项目的搭建

为了创建一个初始的 ASP.NET Core Web API 项目，我们需要首先在 Visual Studio 的主菜单中单击【文件】→【新建】→【项目】，在弹出的【创建新项目】对话框中，编程语言选择【C#】，项目类型选择【Web】，在项目模板列表中选择【ASP.NET Core Web API】，然后单击【下一步】按钮。在我们修改项目的名称及项目保存的路径之后，再单击【下一步】按钮；最后单击【创建】按钮，我们就可以创建完成初始项目了。Web API 项目的结构如图 6-8 所示。

可以看到，ASP.NET Core Web API 项目的结构和 ASP.NET Core MVC 项目的结构非常类似，不同的是 ASP.NET Core Web API 项目没有 Views 文件夹，因为 Web API 直接返回的是结构化的数据，不需要提供展示数据的视图。项目中生成的样板代码 WeatherForecastController 是一个控制器类，其主干内容如代码 6-4 所示。

图 6-8　Web API 项目的结构

代码 6-4　WeatherForecastController.cs

```
1  [ApiController]
2  [Route("[controller]")]
3  public class WeatherForecastController : ControllerBase
4  {
5      [HttpGet]
6      public IEnumerable<WeatherForecast> Get()
7      {
8          //代码略
9      }
10 }
```

控制器类 WeatherForecastController 继承自 ControllerBase 类。我们注意到，ASP.NET Core MVC 项目中的控制器类继承自 Controller 类，Controller 类是 ControllerBase 类的子类。Controller 类中包含 View 等和 MVC 中的视图等相关的代码，因此我们在编写 Web API 的时候，控制器类一般不需要继承自 Controller 类。

Web API 项目中的控制器类一般需要添加[ApiController]这个 Attribute。[Route("[controller]")]这个 Attribute 是用来设置路由规则的，路由规则中的[controller]代表控制器的名字，也就是 WeatherForecast，这个路由规则设置的对/WeatherForecast 路径的请求由 WeatherForecast Controller 来处理。

控制器的操作方法 Get 上添加的[HttpGet]这个 Attribute 表示，当向/WeatherForecast 路径发送 GET 请求的时候，由 Get 方法进行处理。由于操作的方法是根据[HttpGet]这个 Attribute 与请求的谓词（也就是 GET、POST、PUT 等）进行匹配的，因此其实操作方法的名字并不影响执行结果。我们完全可以把上面的 Get 方法改名为 Hello、Test666 等，并不会影响执行结果。

总之，控制器类上添加的[Route("[controller]")]及 Get 方法上添加的 [HttpGet] 决定了当客户端向 /WeatherForecast 这个路径发送 GET 请求的时候，由 Get 方法进行处理。Get 方法返回的对象会被自动进行 JSON 序列化返回给客户端。

启动项目，会发现 Visual Studio 自动启动了浏览器，并且访问了/swagger/index.html 这个路径，如图 6-9 所示。

图 6-9　Swagger 页面

　　这是我们创建项目的时候勾选的【启用 OpenAPI 支持】所启用的 Swagger 页面，这个页面会根据项目中的接口定义生成一个接口定义浏览的页面。在这个页面中，我们不仅可以查看项目提供了哪些接口，参数和返回值是什么类型的，甚至还可以在页面上进行接口调用的测试。这个页面无论对于接口的开发人员还是接口的使用者，使用起来都非常方便。

　　比如，单击一个接口方法就可以查看这个方法的参数、返回值说明。从图 6-10 中可以看出，我们可以向/WeatherForecast 这个路径发送 GET 请求，不需要传递参数。

　　我们可以在页面上进行接口调用测试。单击【Try it out】按钮，然后单击【Execute】按钮，就可以向这个接口发送请求并且获得运行结果，如图 6-11 所示。

图 6-10　GET 请求

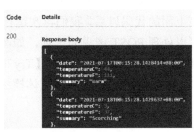

图 6-11　运行结果

　　单击【Execute】按钮的时候，浏览器就会向 https://localhost:44371/WeatherForecast 这个路径发送 GET 请求，ASP.NET Core 框架就会调用 WeatherForecastController 的 Get 方法进行处理，并且把方法返回的对象序列化为 JSON 字符串返回给调用者。

　　对于接口的开发人员来讲，他们不需要编写调用接口的代码就可以对接口进行在线测试；对于接口的调用者来讲，他们通过页面上接口的调用路径、参数和返回值的说明等就可以知道如何调用这个接口，而不需要再去询问接口的开发人员。

　　当然，对于 Web API 开发来讲，Swagger 只是可选项，即使没有启用 Swagger，接口仍然可以正常运行，我们可以编写代码或者使用 Postman 等第三方的 HTTP 客户端来进行接口调用测试。

　　每次浏览器重启之后，在 Swagger 上填写的数据就会消失，我们需要重新填写，这在反复测试接口的时候很麻烦。Postman 等第三方工具可以把请求数据保存起来以便反复测试，读者可以根据自己的需要选择适合自己的接口调用测试工具。

6.2.2　Post、Put 等操作方法

　　我们知道，Web API 会根据 HTTP 请求的谓词来匹配操作方法，因此我们可以为控制器类增加一个标注了[HttpPost]的操作方法，这个方法就可以处理 POST 请求了，这同样适用于[HttpPut]等。

　　比如我们为 WeatherForecastController 增加一个 SaveNote 方法，这个方法把用户提交的内容保存到文本文件中，方法的返回值为保存的文件名，如代码 6-5 所示。

代码 6-5　SaveNote 方法

```
1  [HttpPost]
2  public string SaveNote(SaveNoteRequest req)
3  {
4      string filename = $"{req.Title}.txt";
5      System.IO.File.WriteAllText(filename, req.Content);
6      return filename;
7  }
```

SaveNote 方法有一个 SaveNoteRequest 类的参数，SaveNoteRequest 类是一个包含 Title（标题）、Content（内容）两个属性的类。

编写完上面的代码以后，我们再次运行项目，可以看到浏览器中展示的 Swagger 页面中已经增加了可以处理 POST 请求的选项，如图 6-12 所示。

单击【POST】版本，然后单击【Try it out】按钮，就可以看到 Swagger 根据 SaveNote 方法的参数类型生成了默认请求的报文体模板，如图 6-13 所示。

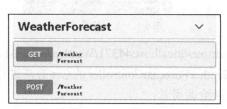

图 6-12　Swagger 页面

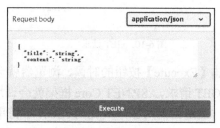

图 6-13　Swagger 页面

因为 JSON 是 HTTP 接口开发中很常用的格式，所以 Web API 的请求报文体默认都是 JSON 格式的。我们也可以通过修改配置把 ASP.NET Core 中的 Web API 的请求报文体改为使用 XML 等格式。

我们修改默认生成的请求报文体的内容，把 title 和 content 属性值修改为有实际意义的值，然后单击【Execute】按钮，这样就可以看到服务器端返回的报文体，如图 6-14 所示。

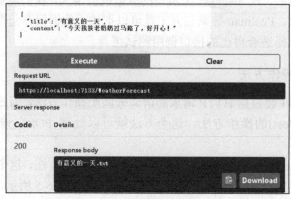

图 6-14　请求与响应

6.3 Restful：想说爱你不容易

在 Web API 开发中，有一个著名的 REST（representational state transfer，表现层状态转移）概念，REST 概念由罗伊·菲尔丁[①]于 2000 年在他的博士论文中提出。REST 原则提倡按照 HTTP 的语义使用 HTTP，如果一个系统符合 REST 原则，我们就说这个系统是 Restful 风格的。Restful 是 Web API 设计中非常重要的一个概念，但是很多开发人员对于 Restful 的理解存在误区，本节将会对 Restful 进行详细的讲解。

6.3.1 什么是 Restful

Web API 开发有两种风格：面向过程的（简称 RPC）、面向 REST 的（简称 REST）。

在 RPC 风格的 Web API 中，我们通过"控制器/操作方法"的形式来调用服务器端的方法，把服务器端的代码当成方法去调用。这种风格的接口可能会用 POST 请求处理所有的操作方法，无论是获取、新增、更新还是删除数据，这样的接口只是把 HTTP 当成一个传输数据的通道，而不关心 HTTP 谓词的语义。在这样的接口中，我们通过 QueryString（查询字符串）或者请求报文体来为服务器传递数据。只要服务器端能够正常完成客户端请求的处理，服务器就会统一返回 200 的 HTTP 状态码。对于逻辑上的错误，返回的 HTTP 状态码也是 200，只不过在响应报文体中通过不同的错误码来表示，比如"获取的用户不存在"的错误码为 1，"没有权限获取这个用户"的错误码为 2。

在 RPC 风格的接口中，当需要加载所有用户的时候，我们就向/Persons/GetAll 这个路径发送 GET 请求；当需要加载 id=8 的用户的时候，我们就向/Persons/GetById?id=8 这个路径发送 GET 请求；当需要更新 id=8 的用户信息的时候，我们就向/Persons/Update 这个路径发送 POST 请求，并且把新的用户信息以 JSON 格式放到请求报文体中；当需要新增一个用户的时候，我们就向/Persons/AddNew 这个路径发送 POST 请求，并且把要新增的用户信息以 JSON 格式放到请求报文体中；当需要删除 id=8 的用户信息的时候，我们就向/Persons/DeleteById/8 这个路径发送 POST 请求。由此可见，在 RPC 风格的系统中，URL（uniform resource locator，统一资源定位符）中包含以名词形式描述的资源（比如 Persons）和以动词形式描述的动作（比如 AddNew）。

与之对应，在 REST 风格的 Web API 中，接口把服务器端当成资源来处理。REST 风格的接口按照 HTTP 设计之初的语义来使用 HTTP，把系统中的所有内容都抽象为资源，所有对资源的操作都是无状态的且可以通过标准的 HTTP 谓词来进行。

HTTP 的设计哲学包含以下几个重点内容。

（1）在 HTTP 中，我们要通过 URL 进行资源的定位。比如要获取 id=888 的用户信息，我们就向/user/888 这个路径发送请求，而要获取 id=888 的用户的订单列表，我们就向

---

① 罗伊·菲尔丁，美国计算机科学家，HTTP 规范的主要编写者之一，Apache 服务器创始人之一。

/user/888/orders 这个路径发送请求。

（2）在 HTTP 中，不同的请求方法（又被叫作请求谓词）有不同的含义。主要的谓词有 GET、POST、PUT、DELETE、PATCH、OPTIONS 等，我们这里只讨论用得比较多的 GET、POST、PUT 和 DELETE。不同谓词有不同的用途，获取资源用 GET、新增资源用 POST、整体更新（如果不存在则创建）资源用 PUT、删除资源用 DELETE。我们不应该错误地使用谓词，比如删除一个资源的时候，我们不能使用 GET 请求，而应该使用 DELETE 请求。

（3）在 HTTP 中，DELETE、PUT、GET 请求应该是幂等的，而 POST 则不是幂等的。所谓"幂等"指的是：对于一个接口采用同样的参数请求一次和请求多次的结果是一致的，不会因为多次请求而产生副作用。例如，"发表评论"功能需要是幂等的，用户填写评论并且单击【发布】按钮，评论被插入数据库，但是在返回结果的时候由于网络等问题，用户没有看到"发布成功"的消息，因此用户又单击了一次【发布】按钮，如果最终用户只发布了一条评论，那么这个操作就是幂等的，而如果用户连续单击两次【发布】按钮就发布了两条评论，这个操作就不是幂等的。由于网络环境存在不稳定性，当遇到网络故障导致请求失败时，如果接口是幂等的，系统就可以向接口重新发送请求，而不用担心重复发送请求带来副作用。

（4）在 HTTP 中，GET 请求的响应是可以被缓存的，而 DELETE、PUT、POST 请求的响应是不可以被缓存的。客户端、网关等可以根据情况对 GET 请求的响应进行缓存，从而提升性能。

（5）在 HTTP 中，服务器端要通过状态码来反映资源获取的结果。比如，客户端要获取 id=8 的用户，如果要获取的用户不存在，则服务器返回的状态码为 404，而如果当前客户端没有权限获取这个用户，服务器返回的状态码为 403。再如，对于新增用户请求，如果新增成功，服务器返回的状态码为 201。

在一个 Restful 风格的 Web API 系统中，每一个控制器都是对一类资源的操作的集合，每个操作方法都被不同的 HTTP 谓词触发。例如，我们把系统中的"用户"抽象成 Person 资源，就可以开发如代码 6-6 所示的用户控制器。

代码 6-6　PersonsController

```
1   [Route("api/[controller]")]
2   public class PersonsController : ControllerBase
3   {
4       [HttpGet]
5       public IEnumerable<Person> GetPersons();
6
7       [HttpGet("{id}")]
8       public Person GetPerson(long id);
9
10      [HttpPut("{id}")]
11      public void UpdatePerson(long id, Person person);
12
13      [HttpPost]
```

```
14      public void SavePerson(Person person);
15
16      [HttpDelete("{id}")]
17      public void DeletePerson(long id);
18 }
```

上面的代码省略了方法的实现，我们主要关注方法的声明。当需要加载所有用户的时候，我们就向/api/Persons 这个路径发送 GET 请求，添加了[HttpGet]的 GetPersons 方法就会被调用；当需要加载 id=8 的用户的时候，我们就向/api/Persons/8 这个路径发送 GET 请求，添加了[HttpGet("{id}")]的 GetPerson 方法就会被调用；当需要更新 id=8 的用户信息的时候，我们就向/api/Persons/8 这个路径发送 PUT 请求，并且把新的用户信息以 JSON 格式放到请求报文体中，添加了[HttpPut("{id}")]的 UpdatePerson 方法就会被调用；当需要新增一个用户的时候，我们就向/api/Persons 这个路径发送 POST 请求，并且把要新增的用户信息以 JSON 格式放到请求报文体中，添加了[HttpPost]的 SavePerson 方法就会被调用；当需要删除 id=8 的用户信息的时候，我们就向/api/Persons/8 这个路径发送 DELETE 请求，添加了[HttpDelete("{id}")]的 DeletePerson 方法就会被调用。由此可见，在 Restful 风格的系统中，URL 中的单词都是名词，动作通过 HTTP 谓词来表述。

需要注意的是，REST 风格和 RPC 风格没有好坏的区分。RPC 风格是业务驱动的产物，更加自然，而 REST 风格要求开发人员对 REST 原则更了解，并且有更高的设计能力。

6.3.2 Restful 的优缺点

Restful 更符合 HTTP 设计的语义，因此我们把接口设计成 Restful 风格有如下的优点。

（1）所有的资源都尽量通过 URL 来表示，避免通过 QueryString、报文体来对资源进行定位，这样 URL 的语义性更清晰。

（2）对所有类型资源的新增、删除、修改、查询操作都统一为向资源发送 POST、DELETE、PUT、GET 请求，接口统一且具有自描述性，减少了开发人员对接口文档的依赖性。

（3）对于 GET、PUT、DELETE 等幂等的操作，网关、网络请求组件等可以对失败的请求自动重试。

（4）网关等可以对 GET 请求进行缓存，能够提升系统的访问速度，而且降低服务器的压力。

（5）通过 HTTP 状态码反映服务器端的处理结果，能够统一错误码，避免自定义错误码带来的不统一的问题。客户端也可以根据错误码进行统一处理，比如对于 403 状态码，客户端统一提示用户去登录。

（6）网关等系统可以根据状态码来分析系统的访问数据，比如可以根据 HTTP 状态码分析有多少成功的请求，有多少失败的请求。

Restful 风格的接口虽然有很多优点，但是也有如下的缺点。

（1）真实系统中的资源非常复杂，很难清晰地进行资源的划分，因此 Restful 风格对设计人员的 IT 技能和业务知识的水平要求都非常高。

（2）真实系统中的业务很复杂，并不是所有的操作都能简单地对应到 PUT、GET、DELETE、POST 上。而且对于同一个资源的同一个 HTTP 谓词有时候有多个业务逻辑，比如"删除 id=8 的用户"和"删除 username=yzk 的用户"这两个逻辑，如果按照 Restful 风格，我们就要设计"users/8"和"users/username/yzk"这两个地址，这样的地址会让开发人员迷惑，开发人员可能习惯的仍然是"users/DeleteById/8""users/DeleteById?id=8""users/DeleteByUserName/yzk""users/DeleteByUserName?username=yzk"等能清晰地反映操作意图的地址。

（3）真实系统是在不断进化的，一个操作最开始的时候被设计为幂等的 PUT，但是后来的版本又修改了逻辑，可能该操作就变成了不幂等的。如果调用者继续对这个操作进行重试，可能会有副作用。

（4）在 Restful 中，资源尽量通过 URL 来定位，要尽量避免使用 QueryString 及请求报文体传递数据。比如要查询 id=8 的用户，我们就要使用"Users/8"这样的地址；要查询 name=yzk 的用户，我们就要使用"users/name/yzk"这样的地址；如果要查询班级编号为 8 并且年龄等于 18 岁的学生，我们就要使用"students/class/8/age/18"这样的地址。这样的地址格式是英文的表达方式，并不符合中文的表达习惯，因此这样写会让很多开发人员迷惑，习惯使用中文的开发人员可能更习惯通过 QueryString 或者通过请求报文体传递数据。

（5）HTTP 状态码的个数是有限的，特别是用于表示业务相关的错误码主要在 4xx 状态码段中，而业务系统中的错误非常复杂，仅通过 HTTP 状态码来反映错误有时候会无法满足要求。

（6）有一些宽带运营商、路由器、浏览器会对非 200 状态码的响应报文进行篡改。比如，作者就遇到过宽带运营商把状态码为 404 的响应报文篡改为了广告内容。当然，目前大部分正规的系统都是通过 HTTPS 部署网站的，因此不太可能遇到这个问题。

（7）有的客户端是不支持 PUT、DELETE 请求的，比如旧版本的支付宝小程序、一些旧版浏览器等就不支持 PUT、DELETE 请求。据说，还有开发人员遇到过一些地区的小运营商的网络设备不支持 PUT、DELETE 请求的情况。

REST 是比较学术化的概念，它只是一个参考的风格，并不是一个必须遵守的规范。尽管 Restful 接口有很多优点，但是也有很多缺点。项目开发中我们需要做取舍，并不一定需要严格遵守 Restful 风格。AWS、ElasticSearch 等的接口比较接近于 Restful 风格，不仅因为这些系统的开发人员是使用英语的，更因为这些系统的业务资源比较固定、业务流程变化不大。而很多互联网系统、业务系统比这些系统复杂很多，而且面临的使用场景也更加复杂，因此即使是腾讯、阿里巴巴等大公司的业务相关接口，很多也不是完全遵守 Restful 风格的。

REST 概念是用来指导我们设计接口的，而不是给开发带来麻烦的，不能因为要遵守 Restful 风格而影响开发进度及系统的稳定。如果项目的资源及业务流程像 AWS、ElasticSearch 等比较清晰、固定，并且开发团队中有对 REST 理解非常深入的开发人员，那么我们可以严格遵守 Restful 风格。但是对于大部分系统，业务资源和业务流程都是非常复杂的，业务需求的变动也是比较频繁的，而且大部分项目的开发人员的技术是参差不齐的，如果严格遵守 Restful 规范，会使得新员工的培养周期变长。因此在进行项目开发的时候，需要根据项目特点、公司人员等多方面情况，确定一个符合项目情况的定制版 Restful 规范。

6.3.3 Restful 中如何传递参数

在进行 Restful 接口设计的时候，我们需要考虑如何给服务器端传递参数。

在给服务器端传递参数的时候，有 URL、QueryString、请求报文体 3 种主要方式。通过 URL 传递更符合 Restful 规范，但是如果要传递的参数太多或者内容太长的话，通过 URL 传递的方式就不太适合。通过 QueryString 传递比较灵活，但是同样不适合传递太长的内容。通过请求报文体传递参数不限制内容的长度，而且通过 JSON 可以传递复杂的格式，但是只有 POST、PUT 支持请求报文体。按照 RFC 7231 标准，GET、DELETE 请求中的报文体是未定义的语义，有的网络设备、软件、开发包会忽略 GET、DELETE 中的报文体，因此我们可以认为 GET、DELETE 请求不能使用报文体。

在 REST 中，这 3 种传递参数方式的意义是不同的。通过 URL 传递的参数主要用于对资源进行定位，比如资源的 ID、资源的分类 ID 等。对于额外的数据，比如分页的页码等应该通过 QueryString 传递。请求报文体应该用来供 PUT 和 POST 提交主要数据，比如要更新 id=8 的用户的姓名为"杨中科"，我们应该向/Users/8 这个路径发送 PUT 请求，且请求的报文体为 {name:"杨中科"}，这样把要更新的用户的 id=8 放到 URL 中来对资源进行定位，通过请求报文体来告诉服务器具体的更新数据。

如果严格按照 Restful 风格，开发人员需要根据传递参数的不同用途来使用不同的传递方式。但是这很考验设计人员和开发人员对于 REST 的理解，理解不深入很容易导致传递方式混乱。因此，如果不能让 REST 概念在开发团队内全面且深入地贯彻，考虑到方便项目管理的目的，作者建议为项目中参数传递方式制定一个强制性、容易理解、容易实施的标准。

综上所述，作者对于 Web API 参数的传递建议如下：对于保存、更新类的请求一般都是使用 POST、PUT 请求，把全部参数都放到请求报文体中；对于 DELETE 请求，要传递的参数就是一个资源的 ID，因此把参数放到 QueryString 中即可；对于 GET 请求，一般参数的内容都不会太长，因此统一通过 QueryString 传递参数就可以；当然对于极少数参数内容超过 URL 限制的请求，由于 GET、PUT 请求都是幂等的，因此把请求改成通过 PUT 请求，然后通过报文体来传递参数。

6.3.4 返回错误码：200 派与 4xx 派的"对决"

我们之前讲到，在 Restful 风格中，服务器端都是通过 HTTP 状态码来返回服务器端的处理结果的。但是如果使用 HTTP 状态码来表示服务器端的处理结果，可能会带来很多麻烦。

HTTP 状态码中用来表示用户自定义错误码的主要是 4xx 段，这个段一共只有 100 个状态码，其中还有 400、401、404 等保留的状态码，真正可用的只有几十个。而业务系统中的错误码是非常多的，比如微信公众平台中的公用错误码就有 160 多个。

HTTP 状态码中的很多都有特殊的用途，比如 404 代表请求的资源不存在，403 代表用户对于请求的资源没有访问权限。对于"获取 Id=8 的用户"这样的请求，如果服务器端不存在 Id=8 的用户，服务器端是可以返回 404 状态码的。对于新增用户这样的操作，我们可以用 400

状态码告诉用户提交的数据有问题，但是无法区分"用户名为空""用户名格式错误""用户名已经存在""邮箱为空""邮箱格式错误"等不同的数据错误。

在 Restful 中，即使是"成功"也是分为不同的状态码的。普通的"成功"，服务器端会返回 200；成功创建了一个新的资源，服务器端会返回 201；成功了，但是没什么返回给客户端的，则服务器端会返回 204。如果严格按照 Restful 的规范，不仅接口的开发人员需要根据不同的处理结果设置不同的 2xx 状态码，而且客户端的开发人员也需要判断不同的"成功"状态码。

其实，HTTP 状态码并不适合用来表示业务层面的错误码，它是一个用来表示技术层面信息的状态码。比如在新增用户的操作中，如果服务器端要求提交 JSON 格式的数据，但是客户端提交的是 XML 格式的数据，服务器端应该返回 400 这个 HTTP 状态码。但是如果用户提交的是合法的 JSON 格式的数据，只是提交的用户名格式不符合业务层面的要求，服务器端返回的状态码到底是 200 还是 400，这在业界是有争议的。

有的开发人员认为，既然服务器能够处理这个请求并且正常返回，就说明请求处理成功了，服务器端应该返回 200 这个 HTTP 状态码，我们可以在响应报文体中再进一步解释错误。如果新增用户失败，服务器端也要返回 200 这个 HTTP 状态码，业务层面的错误通过响应报文体中自定义的业务错误码来表示。我们把这一派的开发人员称为"200 派"。

而有的开发人员认为，对业务层面的错误，服务器端也应该返回 400、404 之类的 HTTP 状态码，这样更加符合 Restful 风格。对于 HTTP 状态码无法满足的业务层面的详细错误，服务器端可以通过响应报文体中自定义的业务错误码来表示。我们把这一派的开发人员称为"4xx 派"。

可见，对于通过响应报文体中自定义的业务错误码来表示业务层面请求错误这一点，开发人员是有共识的。比如对于新建用户时"用户名已存在"这样的错误，服务器端返回的报文体为{"code":3, "message":"用户名已存在"}。

两派主要的争议在于，对于业务层面的错误，服务器端返回的 HTTP 状态码应该是 200 还是 4xx。

"4xx 派"有如下观点。

（1）网关等中间系统可以监控 HTTP 状态码，对于频繁出现的非 4xx、5xx 状态码可以发出警告，帮助运维人员尽早发现问题。客户端应该做好校验，避免把非法的数据提交给接口，如果接口频繁出现 4xx 状态码，就说明客户端的代码不完善，需要优化客户端程序。如果对于业务错误不通过 4xx 状态码告知网关，而是一味地返回 200，就会存在客户端使用体验极差，但是运维人员却不能及时发现的问题。比如，浏览器会对 GET 请求进行缓存，用户第一次发送请求的时候，当前用户没有权限访问资源，服务器端返回的报文的响应体中是 {"code":6, "message":"没有权限"}，但是由于服务器端返回的状态码仍然是 200，浏览器就可能会把响应结果缓存；这样即使后面用户切换为有权限的用户登录，客户端再发出同样的请求时，浏览器有可能获取的还是{"code":6,"message":"没有权限"}这个缓存的响应报文体。虽然说我们可以在服务器端控制缓存，但是这增加了开发的工作量。

（2）HTTP 就是把 200 当成"处理成功"，很多的系统都是按照 HTTP 状态码的不同含义进行设计的。由于业务的问题导致的处理失败也应该是一种失败，如果失败了服务器端返回的状态码还是 200 的话，这会违背软件设计的初衷。

而"200 派"有如下观点。

（1）如果是数据库服务器连接失败、服务器内存不足、请求格式错误等问题，服务器端确实应该返回 5xx、4xx 这样的 HTTP 状态码。但是对于用户名已存在、用户名格式错误、余额不足等业务的错误，如果服务器端也返回 4xx 这样的 HTTP 状态码的话，会导致需要被关注的错误消息被淹没。而且系统中，我们应该把系统日志和业务日志区分开，业务层面的错误要通过业务日志来查看，两者不可混为一谈。

（2）网络的问题归网络、业务的问题归业务。能够连接上服务接口并且执行完成，就应该认为已"执行成功"。为了简化开发，客户端一般都对 4xx、5xx 等状态码统一显示"操作执行错误，请联系管理员"，这样我们的业务代码只需要对 HTTP 状态码为 200 的响应报文体进行解析，再报告业务错误。如果 4xx 状态码和业务错误码同时存在的话，需要客户端开发人员同时判断 HTTP 状态码和业务错误码，增加了客户端开发人员的工作量。

这两派都有不少的支持者。即使在大公司中，不同的公司也有不同的风格，比如百度公司的很多 API 的开发人员都是 200 派，而谷歌公司的很多 API 的开发人员都是 4xx 派。甚至在同一家公司的不同产品中，同样具有不同的风格，比如微信支付的 API 的开发人员是 4xx 派，而企业微信和微信小程序的 API 的开发人员则是 2xx 派。因此，不存在"最好的选择"，只要根据项目的情况选择一个适合自己的风格即可。

作者个人比较偏向于 4xx 派，但属于精简版的 4xx 派，作者的观点如下。

（1）如果操作能够正常执行完成，服务器端返回的 HTTP 状态码应该是 200；对于数据库服务器连接失败、请求报文格式异常、服务器端异常等非业务错误，服务器端应该返回 4xx、5xx 等状态码。

（2）对于业务层面的错误，要使用 4xx 等 HTTP 状态码返回，比如对于需要认证身份但是没有提供身份的访问，服务器端就返回 401；如果要访问的资源不存在，服务器端就返回 404；对于请求参数校验失败或者其他业务错误，服务器端就返回 400。除了提供 HTTP 状态码，也在响应报文体中给出详细的错误信息，比如{"code":3,"message":"用户不存在"}。这样做的好处就是，网关等中间系统可以通过 HTTP 状态码检测到处理错误，而客户端检测到 HTTP 状态码为 200 时，则认为请求处理成功，然后客户端从响应报文体中读取处理结果即可；如果 HTTP 状态码为 4xx、5xx 等，则客户端只要直接读取并且解析响应报文体即可，如果解析响应报文体失败，客户端再提示"系统错误，请联系管理员"。

（3）需要注意，对于业务错误，服务器端不仅要返回 4xx 的 HTTP 状态码，还要通过响应报文体给出详细的错误信息。作者之前就遇到过一个框架，当被请求的 Id=8 的用户不存在的时候，服务器就返回 404 的 HTTP 状态码，但是没有给出其他信息，让作者一直以为这个问题是客户端访问的 URL 错误导致的，浪费了很长一段时间寻找问题。如果这个框架在通过 404 表示用户不存在的同时，把响应报文体设置为{"code":3,"message":"用户名已存在"}，这样作者就能尽早知道这个错误是因为用户 ID 写错了，而不是因为 URL 格式写错了。

6.3.5 Restful 实现指南

我们已经了解了 REST 的概念，以及在项目中如何根据项目情况合理地应用 REST 概念。本小节中，作者依据经验并结合 ASP.NET Core 的技术特点，制定了一个如下风格的 Restful 实现指南。

（1）对资源的操作使用 RPC 风格，也就是所有操作的路径为"[controller]/[action]"这样的模式，比如增加用户的路径是"Users/AddNew"、获取所有用户的路径是"Users/GetAll"、根据 ID 删除用户的路径是"Users/DeleteById"。接口风格统一，更容易使用和理解。

（2）对于可以缓存的操作，使用 GET 请求；对于幂等的更新操作，使用 PUT 请求；对于幂等的删除操作，使用 DELETE 请求；对于其他操作，都使用 POST 请求。如果公司里面调用接口的开发人员对 PUT、DELETE 这样的请求抵触或者需要兼容不支持 PUT、DELETE 的客户端环境的话，也可以对可以缓存的操作使用 GET 请求，其他操作都用 POST 请求。

（3）参数的传递方式统一化。作者建议采用如下的规范：保存、更新类的请求使用 POST、PUT 请求，把全部参数都放到请求报文体中；对于 GET 和 DELETE 请求，把参数放到 QueryString 中。

（4）对于业务错误，服务器端返回合适的 4xx 段的 HTTP 状态码，不知道该选择哪个状态码就用 400；同时，在报文体中通过 code 参数提供业务错误码及错误消息。

（5）如果请求的处理执行成功，服务器端返回值为 200 的 HTTP 状态码，如果有需要返回给客户端的数据，则服务器端把这些数据放到响应报文体中。

微软为 Web API 提供的模板代码、示例代码大部分都严格遵守 Restful 风格，如果把它们改造成 RPC 风格，需要做如下操作。

（1）控制器上添加的[Route("[controller]")]改为[Route("[controller]/[action]")]，这样[controller]就会匹配控制器的名字，而[action]就会匹配操作方法的名字。

（2）通过不同的路由配置，ASP.NET Core 中的控制器可以支持多个同名的重载操作方法，但是配置不当会导致开发人员认为一个 URL 请求应该调用 A1 方法，但是却调用了 A2 方法。因此为了避免麻烦，我们强制要求控制器中不同的操作用不同的方法名。

（3）把[HttpGet]、[HttpPost]、[HttpDelete]、[HttpPut]这些 Attribute 添加到对应的操作方法上。这不仅会帮助接口开发人员明确操作方法接收的请求类型，更能帮助 Swagger+OpenAPI 生成文档。

有一个需要注意的问题，在 ASP.NET Core Web API 中，如果控制器中存在一个没有添加[HttpGet]、[HttpPost] 等的 public 方法，Swagger 就会报错"Failed to load API definition."，如图 6-15 所示。

对于这样的方法，请把[ApiExplorerSettings(IgnoreApi = true)]添加到方法上，从而告知 Swagger 忽略这个方法。

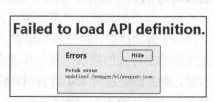

图 6-15 Swagger 报错

6.4 ASP.NET Core Web API 各种技术及选择

在 ASP.NET Core 中进行 Web API 开发的时候，为达成同一个目标有多种技术可以选择，这些不同的技术选择可以满足各种不同的需求。但是在项目开发中，如果不对技术选择进行统一，就会出现不同技术混用的情况。这不仅会导致项目代码编程风格不统一，影响代码的可读性和可维护性，而且会延长新入职员工培训的周期。本节将会对这些技术进行介绍，并且讲解它们的优缺点，最后对于技术的选择给出作者的建议。

6.4.1 控制器父类用哪个

6.2.1 小节的例子中的控制器类都是继承自 ControllerBase，而 ASP.NET Core MVC 项目中的控制器类默认继承自 Controller。Controller 类继承自 ControllerBase，Controller 类在 ControllerBase 的基础上增加了和视图相关的方法，而 Web API 的接口不涉及视图，因此除非读者需要在同一个控制器中同时提供 Web API 和 MVC 的功能，否则 Web API 的控制器类继承自 ControllerBase 即可。

其实，控制器类不显式设置父类，照样是可以正常工作的，我们可以要求依赖注入容器为我们注入 IHttpContextAccessor 对象，然后我们通过 IHttpContextAccessor 获取 HttpContext 对象。不过这样的控制器类就无法访问 ControllerBase 中的 Response、Request、HttpContext 等成员，更无法通过 BadRequest、Ok 等方法来快速设置响应报文。因此，一般情况下，我们编写的 Web API 控制器类继承自 ControllerBase 即可。

6.4.2 操作方法的异步、返回值、状态码

ASP.NET Core Web API 中的操作方法既可以是同步方法也可以是异步方法。因为异步方法能提升系统的并发吞吐量，所以如果一个操作方法调用的代码有异步调用，那么作者建议把操作方法声明为异步。因为操作方法一般不会被我们的代码直接调用，所以异步方法的名字一般不需要以 Async 结尾。

ASP.NET Core Web API 中的操作方法的返回值如果是普通数据类型，那么返回值就会默认被序列化为 JSON 格式的响应报文体返回。ASP.NET Core Web API 中的操作方法的返回值同样支持 IActionResult 类型，但是 IActionResult 类型中不包含返回值的类型信息，Swagger 无法从操作方法的声明中推断出返回数据的类型。因此 ASP.NET Core 中提供了一个泛型的 ActionResult<T>类型，它的用法和 IActionResult 类似，如代码 6-7 所示。

代码 6-7　GetPerson 方法

```
1  [Route("api/[controller]/[action]")]
2  [ApiController]
3  public class TestController : ControllerBase
4  {
```

```
5       [HttpGet("{id}")]
6       public ActionResult<Person> GetPerson(int id)
7       {
8           if (id <= 0)
9             return BadRequest("id 必须是正数");
10          else if (id == 1)
11            return new Person(1, "杨中科", 18);
12          else if (id == 2)
13            return new Person(2, "Zack", 8);
14          else
15            return NotFound("人员不存在");
16      }
17  }
```

ActionResult<T>通过泛型约束返回数据的类型，这样 Swagger 可以推断出返回值的类型，而且如果返回的数据类型错误的话，我们也能在编译时发现问题。ActionResult<T>通过隐式转换重载来完成 BadRequest、NotFound 等方法返回的非泛型的 ActionResult 到 ActionResult<T>的转换，它也会完成 Person 这样的具体值到 ActionResult<T>的隐式转换。因此在操作方法中，我们不需要显式地创建 ActionResult<T>类型的对象，我们可以直接执行 return new Person()、return NotFound()等。

在项目开发中，对于处理失败的请求，我们一般要统一响应报文体的格式，以便于在客户端更方便地进行错误处理。比如我们可以声明一个 ErrorInfo 类表示错误的详细信息，如代码 6-8 所示。

代码 6-8 ErrorInfo 类

```
public record ErrorInfo(int Code, string? Message);
```

ErrorInfo 类的 Code 代表错误码，这个错误码是业务错误码，具体取值范围及代表的含义由接口来定义。一般建议留一个码段作为整个项目的通用错误码，比如 1 代表"请求的资源找不到"、2 代表"当前用户没有操作权限"、3 代表"当前用户和当前分公司不匹配"；然后我们再把其他码段供不同操作方法自定义错误码，比如在"新增用户"这个操作中，1001 代表"用户名已经存在"、1002 代表"允许创建的用户数量已超限"，而在"把商品加入购物车"这个操作中，1001 代表"商品库存不足"、1002 代表"商品不能在当前地区购买"。

ErrorInfo 类的 Message 代表错误相关的信息，可以用来对错误给出更易懂的错误说明，比如"允许创建的用户数量已超限""用户名已经存在"。这样客户端开发人员遇到接口错误的时候不需要查询文档就能知道接口出现了什么问题。作者不建议直接把 Message 的值显示到客户端，客户端要根据状态码来给用户更友好的报错信息。

我们下面把 ActionResult 和 ErrorInfo 一起使用，从而改造 GetPerson 方法，如代码 6-9 所示。

代码 6-9 改造的 GetPerson 方法

```
1  [HttpGet("{id}")]
2  public ActionResult<Person> GetPerson(int id)
3  {
4      if (id <= 0)
5          return BadRequest(new ErrorInfo(1,"id必须是正数"));
6      else if (id == 1)
7          return new Person(1, "杨中科", 18);
8      else if (id == 2)
9          return new Person(2, "Zack", 8);
10     else
11         return NotFound(new ErrorInfo(2,"人员不存在"));
12 }
```

如果我们向/Persons/GetPerson/1 这个路径发送请求，服务器端就会返回图 6-16 所示的 200 响应。

如果我们向/Persons/GetPerson/8 这个路径发送请求，服务器端就会返回图 6-17 所示的 404 响应。

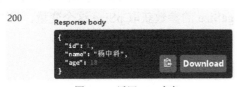

图 6-16 返回 200 响应

图 6-17 返回 404 响应

这样的设计就既能兼顾 Restful 风格，又能方便客户端开发人员排查问题并进行错误处理。

值得注意的是，ActionResult<T>也可以作为异步方法的返回值，格式如下：

```
public async Task<ActionResult<Person>> GetCountryCode(string countryName)
```

综上所述，在 ASP.NET Core Web API 中，我们应该使用 ActionResult<T>来作为操作方法的返回值；如果操作方法可以声明为异步方法，那么我们就用 async Task<ActionResult<T>> XXX()这样的声明方式；如果服务器端能正确地处理请求，操作方法就直接返回数据，如果操作方法在执行过程中遇到了业务错误，则服务器端创建 ErrorInfo 类型的对象来描述错误的详细信息，并且服务器端通过 NotFound、BadRequest 等方法来设置响应状态码及响应报文体。

6.4.3 操作方法的参数从哪里来

我们在给服务器端传递参数的时候，有 URL、QueryString、请求报文体 3 种方式。本小节中，我们来看一下如何在 ASP.NET Core Web API 中读取这 3 种参数值，并介绍其他读取参数值的方式。

我们可以在[HttpGet]、[HttpPost]等 Attribute 中使用占位符(比如{schoolName})来捕捉路径

中的内容，从而供操作方法的参数匹配时使用。假如请求的路径为/Students/GetAll/school/MIT/class/A001，而 GetAll 方法上添加了[HttpGet("school/{schoolName}/class/{classNo}")]，那么 ASP.NET Core 就会把 schoolName=MIT 和 classNo=A001 提取出来；如果 GetAll 方法的参数中有同名的参数，那么这个参数就会被自动赋值。如果捕捉的占位符的名字和参数名一致，那么我们就不需要为参数添加[FromRoute]；如果占位符的名字和参数名不一致，我们就需要为参数添加[FromRoute]，并且通过[FromRoute]的 Name 属性来设置匹配的占位符的名字，比如一个名字为 classNum 的参数要想获得占位符中{classNo}的值，那么我们就要为 classNum 参数添加[FromRoute(Name="classNo")]，如代码 6-10 所示。

代码 6-10　操作方法获取参数

```
1   [HttpGet("school/{schoolName}/class/{classNo}")]
2   public ActionResult<Student[]> GetAll(string schoolName,
3                   [FromRoute(Name ="classNo")]string classNum)
```

对于通过 QueryString 传递的参数，我们使用[FromQuery]来获取值。如果操作方法的参数的名字和我们要获取的 QueryString 的名字一致，我们只要为参数添加[FromQuery]即可；如果操作方法的参数的名字和要获取的 QueryString 的名字不一致，我们就要为设定【FromQuery】的 Name 属性指定和 QueryString 中一样的名字。比如一个分页获取数据的 URL 的 QueryString 为 pageNum=8&pSize=10，而我们想用名字为 pageSize 的参数获取 pSize 这个变量，只要用代码 6-11 所示的方式声明即可。

代码 6-11　获取分页参数

```
1   public ActionResult<Student[]> GetAll([FromQuery]string pageNum,
2                   [FromQuery(Name = "pSize")]int pageSize)
```

当然，我们可以把这些方式混用，比如可以如代码 6-12 所示声明一个操作方法。

代码 6-12　多种方式混用

```
1   [HttpGet("school/{schoolName}/class/{classNo}")]
2   public ActionResult<Student[]> GetAll(string schoolName,
3        [FromRoute(Name ="classNo")]string classNum,
4       [FromQuery]string pageNum,[FromQuery(Name = "pSize")]int pageSize)
```

这个操作方法就可以处理/Students/GetAll/school/MIT/class/A001?pageNum=8&pSize=10 这样的请求。

上面讲解的都是从 URL 中获取值的方法。POST、PUT 等请求除了可以通过 URL 传递数据，也可以通过报文体传递数据。HTTP 请求中通过 Content-Type 可以支持不同格式的报文体，其中 application/x-www-form-urlencoded、multipart/form-data 属于传统 MVC 开发模式中用得比较多的格式，而在 Web API 的开发模式下，JSON 格式的请求报文体是主流，因此这里主要讲解如何在 Web API 中获取请求报文体中的 JSON 格式报文体。

比如，要开发一个"新增学生"的接口，我们就可以要求客户端提交如下格式的 JSON 请求报文体：{"name": "yzk", "age": "18"}。

接下来，我们再声明一个 Student 类，这个类中定义了 Name、Age 两个属性，然后我们按照代码 6-13 所示声明操作方法。

代码 6-13　用模型类作为参数

```
1  [HttpPost]
2  public ActionResult AddNew(Student s)
```

这样，客户端只要向/Students/AddNew 提交 POST 请求即可。

当然，我们也可以把从 URL 获取参数、从请求报文体获取数据等混合使用。比如我们在【HttpPost】这个 Attribute 中把路径设置为[HttpPost("classId/{classId}")]，这样它就能从 URL 中获取参数值了，如代码 6-14 所示。

代码 6-14　混合使用

```
1  [HttpPost("classId/{classId}")]
2  public ActionResult<long> AddNew(long classId, NewStudentModel s)
```

客户端只要向/Students/AddNew/classId/8 这个路径提交请求报文体为{"name": "yzk","age": "18"}的 POST 请求即可，这样 AddNew 操作方法中就能通过 classId 得到提交的班级主键 8 的值，并且 Student 类的 s 变量的值就是报文体代表的数据。

必须注意的是，我们发送上面的请求时一定要设定请求报文头中的 Content-Type 为application/JSON，而且请求报文体必须是合法的 JSON 格式，否则服务器会报错。比如，我们使用 Postman 发送一个 Content-Type 为 text/plain 的请求，服务器端就会出现图 6-18 所示的错误。

图 6-18　请求与响应

除了前面讲到的从 URL 中获取匹配值的[FromRoute]、从 QueryString 中获取值的

[FromQuery]之外，ASP.NET Core 中还提供了从 Content-Type 为 multipart/form-data 的请求中获取数据的[FromForm]以及从请求报文头中获取值的[FromHeader]等 Attribute。

综上所述，对于 GET、DELETE 等请求，我们尽量从 URL 或者 QueryString 中获取数据；对于 PUT、DELETE 等请求，我们尽量通过 JSON 格式的报文体获取数据，当然我们一定要设定请求报文头中的 Content-Type 的值为 application/json。

6.5 ASP.NET Core Web API 案例

本节中，我们将会开发一个处理用户登录的 Web API 项目，并且讲解如何在 Web 前端等客户端中调用 Web API 并进行数据展示。

6.5.1 开发 Web API

首先，我们新建一个 ASP.NET Core Web API 项目，然后在项目中创建一个控制器类 LoginController，如代码 6-15 所示。

代码 6-15　LoginController

```
1  [Route("api/[controller]/[action]")]
2  [ApiController]
3  public class LoginController : ControllerBase
4  {
5      [HttpPost]
6      public ActionResult<LoginResult> Login(LoginRequest loginReq)
7      {
8          if (loginReq.UserName == "admin" && loginReq.Password == "123456")
9          {
10             var processes = Process.GetProcesses().Select(p => new ProcessInfo(
11                 p.Id,p.ProcessName,p.WorkingSet64)).ToArray();
12             return new LoginResult(true, processes);
13         }
14         else
15         {
16             return new LoginResult(false, null);
17         }
18     }
19 }
```

Login 方法用来判断请求的用户名、密码是否正确，如果正确的话，服务器端会把当前计算机上运行的所有进程信息返回给客户端，返回的信息包括进程 ID、进程名（ProcessName）和内存占用（WorkingSet64）。

其中 LoginResult、LoginRequest 等几个类的定义如代码 6-16 所示。

代码 6-16　请求、响应模型的类

```
1   public record LoginResult(bool IsOK, ProcessInfo[]? Processes);
2   public record LoginRequest(string UserName, string Password);
3   public record ProcessInfo(int Id, string ProcessName, long WorkingSet64);
```

LoginResult 类的 IsOK 属性表示请求的用户名和密码是否正确，如果正确，服务器端的进程信息会被设置到 Processes 属性上；LoginRequest 类代表请求的参数信息，其中的 UserName 代表用户名，Password 代表密码；ProcessInfo 类代表进程信息，其中的 Id 代表进程 ID，ProcessName 代表进程名，WorkingSet64 代表为进程分配的物理内存量。

在 Swagger 页面上测试一下 Login 方法。如果我们通过请求报文体设置的用户名、密码错误的话，服务器端的响应如图 6-19 所示。

而如果我们通过请求报文体设置的用户名、密码正确的话，服务器端的响应如图 6-20 所示。

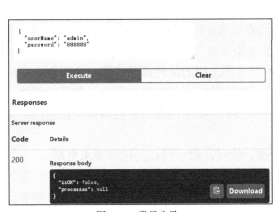

图 6-19　登录失败

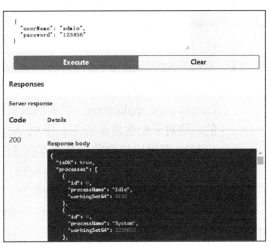

图 6-20　登录成功

6.5.2　什么是前后端分离

在传统 MVC 开发模式下，前后端的代码被放到同一个项目中，前端开发人员负责编写页面的模板，而后端开发人员负责编写控制器和模型的代码，后端开发人员还会把前端开发人员开发的页面模板按照 Razor 的语法进行改写（俗称"套模板"）。这样做的缺点如下。

- ❑ 前后端互相依赖，会增加项目的交付时间。
- ❑ 团队协作的耦合性高，后端发生的改变会影响到前端。
- ❑ 责任划分不清，有的功能前后端都认为是对方应该完成的，而程序中出现了 bug 也会把责任推给对方，这种互相推诿对于项目进度及开发团队的稳定性都有不好的影响。

因此在软件项目中，"前后端分离"已经是主流模式。这种模式下，前端开发人员和后端开发人员分别负责前端和后端代码的开发，各自在自己的项目中进行开发，后端开发人员只要编写 Web API 即可，页面展现、交互等由前端开发人员进行开发。这种前后端分离的开发模

式的优点如下。

- ❑ 前后端可以独立进行开发，不互相依赖。只要双方协商好了接口，在后端接口没有完成的时候，前端开发人员可以用 Mock 的方式来模拟后端接口进行开发。
- ❑ 前后端放到不同的项目中，团队协作及项目的耦合度非常低。
- ❑ 责任划分清楚。前端的事情归前端，后端的事情归后端，各司其职，减少了互相推诿的情况出现。
- ❑ 前后端分别部署，可以有针对性地进行优化。比如，如果前端页面访问量大的话，我们可以单独对前端服务器进行扩容。再如，在网站访问量非常大的时候，也许后端接口反应很慢，但是前端页面如果部署到 CDN（content delivery network，内容分发网络）上的话，我们最起码可以保证网站页面是可以打开的。

当然，任何技术都是优缺点并存的，前后端分离的开发模式的缺点如下。

- ❑ 对团队的沟通能力要求更高。前后端需要提前沟通好接口，并且在后端接口需要变化的时候提前沟通，以免到集成的时候才发现前端开发时调用的接口和后端实际实现的接口不一致。
- ❑ 不利于 SEO（search engine optimization，搜索引擎优化）。Web 前端页面一般通过 AJAX 来调用 Web API，这就造成页面中内容的渲染都是在运行时动态渲染生成的，在 SPA（single page application，单页面应用）中连视图之间的跳转都是在同一个页面中完成的。这对于企业内部应用、手机 App 页面等这种封闭系统没有影响，但是对那些对于 SEO 要求比较高的项目就存在 SEO 不友好的问题。现在很多前端框架都提供了服务器端渲染等技术来解决这些问题。
- ❑ 项目更复杂，前后端需要分别部署、监控、管理，对于网站的运维要求更高。

对于大部分项目来讲，前后端分离的开发模式是优点远大于缺点的，因此现在很多新项目都采用这种开发模式。即使是对于由同一个开发人员开发的小项目来讲，前后端分离也能够让代码的结构和逻辑更加清晰，避免前后端代码互相侵入的问题。

6.5.3　搭建前端开发环境

本小节中，我们将会在单独的前端项目中调用前面开发的 Web API。现在前端开发框架有很多，常用的有 Vue、React、Angular 等。因为前后端项目是通过 AJAX 进行通信的，所以无论前端用什么开发框架，对后端接口都是没什么影响的。本书使用 Vue 3 来进行前端项目的开发，但是对于使用其他前端框架的开发人员来讲，掌握本书的内容也不会有障碍。

本书不是专门讲解 Vue 的，因此这里不再讲解 Vue 的基础知识，对 Vue 框架不熟悉的开发人员请参考其他 Vue 的技术资料。Vue 等前端技术的更新比较频繁，因此这里演示的 Vue 的用法可能在新版 Vue 中有变化，请以 Vue 的官方文档为准。

下面来演示如何创建一个 Vue 3 项目，然后调用后端接口完成项目的开发。

第 1 步，安装 Node.js 环境，这是几乎所有前端框架都依赖的基础环境。

第 2 步，我们后面要执行 npm 命令从国外的服务器下载开发包，由于国内网络有时候访问 npm 的服务器有问题，因此如果 npm 执行中发生网络问题，我们就需要配置 npm 使用国内镜像服务器。配置方法就是在命令行中执行如下命令：

```
npm config set registry https://registry.npm.taobao.org
```

第 3 步，安装 Yarn。Yarn 是一个基于 npm 并对 npm 进行了改进的包管理器。在命令行中执行如下命令来安装 Yarn：

```
npm install -g yarn
```

第 4 步，创建 Vue 3 项目。假设我们要创建的项目名为 WebAPI1FrontEnd，先要在命令行中进入要创建项目的文件夹，然后在命令行中执行如下命令：

```
yarn create @vitejs/app  WebAPI1FrontEnd
```

命令执行后，程序会首先要求确认项目名，我们按 Enter 键确认默认的项目名即可；然后命令行会要求选择要使用的前端框架，我们选择 vue，然后按 Enter 键确认；最后命令行又会要求选择要使用的 Vue 项目模板，如果想用 TypeScript 语法进行 Vue 开发，就选择 vue-ts，否则就选择 vue，我们这里选择 vue，然后按 Enter 键确认。这样前端项目就创建完成了，然后按照命令行的提示依次执行如下命令：

```
cd WebAPI1FrontEnd
yarn
yarn dev
```

执行完上面的命令后，命令行窗口就会显示如图 6-21 所示的信息，我们在浏览器中访问控制台上显示的网址 http://localhost:3000/就可以打开前端项目的页面了。

图 6-21　前端项目运行

6.5.4　如何实现前后端分离开发

上面我们创建的是 Vue 3 的模板项目，下面我们基于这个模板项目来调用在 6.5.1 小节中开发的 Web API。

第 1 步，在 src 文件夹下创建 views 文件夹，所有的 Vue 视图会放到这个文件夹下。

第 2 步，安装 AJAX 库 axios，在项目的根目录下执行如下命令：

```
yarn add axios
```

第 3 步，在 views 文件夹下创建 Login.vue 文件，如代码 6-17 所示。

代码 6-17　Login.vue

```
1  <template>
2    <div>
3      <fieldset>
4        <legend>Login</legend>
5        <label for="userName">用户名:</label>
```

```
 6          <input type="text" v-model="state.loginData.userName" id="userName" />
 7          <label for="password">密码:</label>
 8          <input type="password" v-model="state.loginData.password" id="password" />
 9          <input type="submit" value="登录" @click="loginSubmit"/>
10      </fieldset>
11      <table v-if="state.processes.length>0">
12        <thead>
13            <tr><th>进程 Id</th><th>进程名</th><th>内存占用</th></tr>
14        </thead>
15        <tbody>
16            <tr v-for="p in state.processes" :key="p.id">
17                <td>{{p.id}}</td>
18                <td>{{p.processName}}</td>
19                <td>{{(p.workingSet64/1024)}}KB</td>
20            </tr>
21        </tbody>
22      </table>
23   </div>
24 </template>
25 <script>
26 import axios from 'axios';
27 import {reactive,onMounted} from 'vue'
28 export default {
29   name: 'Login',
30   setup(){
31     const state=reactive({loginData:{},processes:[]});
32     const loginSubmit=async ()=>{
33       const payload = state.loginData;
34       const resp = await axios.post('https://localhost:44360/api/Login/Login',payload);
35       const data = resp.data;
36       if(!data.isOK)
37       {
38           alert("登录失败");
39           return;
40       }
41       state.processes = data.processes;
42     }
43      return {state,loginSubmit};
44   },
45 }
46 </script>
```

我们使用 axios 来向 Web API 发送登录请求，并且根据响应的数据来显示不同的信息。代码中的 https://localhost:44360 为 Web API 服务器端的网址，具体取决于后端项目实际运行的网址。

第 4 步，因为项目涉及多视图，所以我们使用 vue-router 作为前端的页面路由。在前端的项目根目录执行 yarn add vue-router@4，添加对 vue-router 的支持。

第 5 步，在 src 文件夹下创建 route 文件夹，并且在 route 文件夹下创建 index.js 文件，如代码 6-18 所示。

代码 6-18　index.js 文件

```
1  import { createRouter,createWebHashHistory} from "vue-router";
2  import Test from "../views/Test.vue";
3  import Login from "../views/Login.vue";
4  const routes = [{path: "/", redirect: "/Test"},
5   {path: "/Test",name:"Test",component: Test},
6   {path: "/Login",name:"Login",component: Login}]
7  const router = createRouter({history: createWebHashHistory(),routes: routes});
8  export default router
```

第 6 步，编辑 src/main.js 文件，增加 import router from './route'及 use(router)，修改后的 main.js 文件的内容如代码 6-19 所示。

代码 6-19　main.js 文件

```
1  import { createApp } from 'vue'
2  import App from './App.vue'
3  import router from './route'
4  createApp(App).use(router).mount('#app')
```

第 7 步，在 src/App.vue 中增加指向 Login 视图的链接，以及显示路由视图的<router-view/>，修改后的 App.vue 文件的内容如代码 6-20 所示。

代码 6-20　App.vue 文件

```
1  <template>
2    <div><router-link to="Login">Login</router-link></div><router-view />
3  </template>
```

完成上面的代码后，在浏览器中就可以看到如图 6-22 所示的前端登录页面。

输入用户名、密码，并单击【登录】按钮后，页面中没有反应。我们在【开发人员工具】的控制台中可以看到如图 6-23 所示的请求的错误信息。

图 6-22　登录页面　　　　　　图 6-23　请求的错误信息

这是因为后端项目的根路径为 https://localhost:44360 ，而前端项目的根路径为

http://localhost:3000，虽然域名都是 localhost，但是由于端口不同，因此它们仍然被看作不同的域名。当我们在前端项目的页面中向后端的 Web API 发送 AJAX 请求的时候，涉及"跨域通信"的问题。基于安全考虑，浏览器默认是禁止 AJAX 跨域通信的，解决这个问题的办法有 JSONP（JSON with padding）、前端代理后端请求、CORS（cross-origin resource sharing，跨域资源共享）等方式。CORS 是浏览器中标准的跨域通信的方式，因此这里推荐使用 CORS。CORS 的原理其实很简单，就是在服务器的响应报文头中通过 access-control-allow-origin 告诉浏览器允许跨域访问的域名。我们需要在后端项目中启用 CORS，并且设定前端项目的域名可以跨域访问后端接口。

启用 CORS 的步骤很简单。首先，我们在 Program.cs 的 var app=builder.Build()代码之前增加代码 6-21 所示的内容。

代码 6-21　配置 CORS

```
1  string[] urls = new[] { "http://localhost:3000" };
2  builder.Services.AddCors(options =>
3      options.AddDefaultPolicy(builder => builder.WithOrigins(urls)
4      .AllowAnyMethod().AllowAnyHeader().AllowCredentials()));
```

其中 urls 数组中就是允许跨域访问后端接口的前端域名，因为可能有多个前端项目访问后端的接口，所以这里允许通过数组设定多个域名。

最后，在 Program.cs 的 app.UseHttpsRedirection() 代码之前增加一行 app.UseCors()。

完成上面的代码修改后，我们重新运行后端项目，然后重新在前端登录，会发现我们的登录请求通过了，如图 6-24 所示。

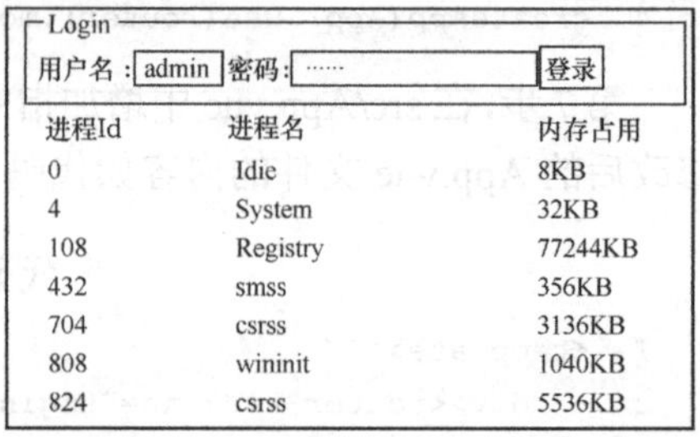

由于 Web API 提供的接口是 HTTP 的，因此它不仅可以被 Web 前端调用，也可以被手机 App、微信小程序、PC 端等其他客户端调用。这样就实现了 Web API 提供统一的接口，手机 App、微信小程序、PC 端等多端统一调用接口的开发方式。

Login		
用户名：admin　密码：……		登录
进程Id	进程名	内存占用
0	Idie	8KB
4	System	32KB
108	Registry	77244KB
432	smss	356KB
704	csrss	3136KB
808	wininit	1040KB
824	csrss	5536KB

图 6-24　登录成功

6.6　本章小结

本章讲解了 ASP.NET Core 的基本使用，介绍了传统的 MVC 开发模式及 Web API 开发模式；本章还讲解了 Restful 的概念，并分析了 Restful 在实际应用中的难点，最终给出了一个折中方案；本章还讨论了 Web API 中返回值、参数等问题；本章最后通过一个前后端分离的案例展示了新的软件开发模式下 ASP.NET Core 的用法。

第 7 章　ASP.NET Core 基础组件

前文已经介绍了依赖注入、配置系统、EF Core 等技术，在 ASP.NET Core 中我们同样可以使用这些技术，只是有一些额外需要注意的问题。本章将会介绍这些技术在 ASP.NET Core 中使用时要注意的问题，还会介绍缓存、筛选器、中间件等 ASP.NET Core 中的常用组件。

7.1 ASP.NET Core 中的依赖注入

我们在第 3 章中学习了.NET 项目中依赖注入的基本用法，既然 ASP.NET Core 项目也是.NET 项目的一种，在第 3 章中学到的技术点同样可以应用于 ASP.NET Core 项目。除此之外，在 ASP.NET Core 项目中使用依赖注入还有一些额外需要了解的技术点，我们将会在本节中对它们进行讲解。

7.1.1　对象注入的代码写到哪里

在普通.NET 项目中，我们需要自己创建 ServiceCollection 对象，然后进行服务的注册，最后调用 BuildServiceProvider 方法来生成 IServiceProvider 对象。而在 ASP.NET Core 项目中，一般我们不需要自己手动编写创建 ServiceCollection 对象的代码，因为 ASP.NET Core 框架帮我们简化了这些工作。

打开 ASP.NET Core 项目的 Program.cs 文件，可以看到，WebApplication.CreateBuilder(args)方法返回的是 WebApplicationBuilder 类型的对象，而 WebApplicationBuilder 类型中的 Services 属性就是类型为 IServiceCollection 的属性，我们一般把服务注册到这个 Services 属性中即可。

代码 7-1　Program.cs 文件的片段

```
1  var builder = WebApplication.CreateBuilder(args);
2  builder.Services.AddControllers();
3  builder.Services.AddEndpointsApiExplorer();
4  builder.Services.AddSwaggerGen();
5  var app = builder.Build();
```

从代码 7-1 可以看到，ASP.NET Core 初始项目模板中，我们通过调用 AddControllers 方法把项目中的控制器及相关的服务注册到容器中，然后通过调用 AddSwaggerGen 方法把 Swagger 相关的服务注册到容器中。

当我们需要注册服务的时候，只要把注册代码写到 Program.cs 的 builder.Build 之前即可。一般来讲，服务的注册顺序不会影响程序的运行效果，因此我们一般不用关注不同服务注册代码的顺序。

由于控制器是被 AddControllers 方法注册到容器中的，而且控制器的实例化是由依赖注入框架来负责的，因此在控制器中我们同样可以用依赖注入的方式来使用容器中的服务。

如代码 7-2 所示，我们定义一个 MyService1 类，这个类没什么意义，只是用来演示而已。

代码 7-2　MyService1 类

```
1  public class MyService1
2  {
3     public IEnumerable<string> GetNames()
4     {
5        return new string[] { "Tom","Zack","Jack"};
6     }
7  }
```

接下来，我们在 ASP.NET Core 项目的 Program.cs 文件中的 var app = builder.Build()代码之前通过如代码 7-3 所示的方法来注册 MyService1 服务。

代码 7-3　注册服务

```
builder.Services.AddScoped<MyService1>();
```

接下来，在控制器中，我们就可以通过构造方法来注入服务了，如代码 7-4 所示。

代码 7-4　注入服务

```
1  public class TestController : ControllerBase
2  {
3     private readonly MyService1 myService1;
4     public TestController(MyService1 myService1)
5     {
6        this.myService1 = myService1;
7     }
8  [HttpGet]
9  public string Test()
10    {
11       var names = myService1.GetNames();
12       return string.Join(",", names);
13    }
14 }
```

7.1.2 低使用频率服务的另类注入方式

一般来讲，ASP.NET Core 项目中的一个控制器类中会有多个操作方法，比如一个处理登录的控制器类中会有登录、重置密码、注册、发送短信验证码等多个操作方法，这些操作方法用到的服务都要通过构造方法来注入。如果一个操作方法用到的服务的注入比较消耗资源，而这个 Action 被调用到的频率又比较低，那么每次同一个控制器中的其他 Action 被调用的时候，我们都要注入这个很少用到但是很消耗资源的服务。这种情况下，我们如何实现在执行某个 Action 的时候才注入特定的服务呢？

我们可以把 Action 用到的服务通过 Action 的参数注入，然后在这个参数上标注 [FromServices]这个 Attribute。Action 用到的其他参数，仍然可以通过 Action 的其他参数来获取，如代码 7-5 所示。

代码 7-5　通过 Action 参数注入服务

```
1  public string Test([FromServices]MyService1 myService1,string name)
2  {
3      var names = myService1.GetNames();
4      return string.Join(",", names)+",hello:"+name;
5  }
```

当然，作者建议，大部分服务仍然通过控制器的构造方法来注入，只有使用频率不高并且比较消耗资源的服务才通过 Action 的参数来注入。

需要注意的是，只有 ASP.NET Core 的控制器类的操作方法才能用[FromServices]注入服务，普通的类是不支持这种写法的。

7.1.3 案例：开发模块化的服务注册框架

在软件的实际开发中，一个软件通常由多个项目组成，这些项目都会直接或者间接被主 ASP.NET Core 项目引用。这些项目中通常都会用到若干个被注入的服务，因此我们需要在主 ASP.NET Core 项目的 Program.cs 中注册这些服务。这样不仅增加了 Program.cs 管理的复杂度，而且增加了项目的耦合度。如果能让各个项目负责各自的服务注册，就能够减小项目之间的耦合度。

为了解决这个问题，作者开发了一个允许各个项目在项目内注册服务的框架。下面来介绍一下这个框架的使用方法，然后介绍这个框架的原理。

首先，我们创建类库项目"例子服务接口 1"，并且在其中创建接口 IMyService，如代码 7-6 所示。

代码 7-6　IMyService

```
1  public interface IMyService
2  {
3      void SayHello();
4  }
```

接下来，我们创建类库项目"例子服务实现 1"，这个项目要引用"例子服务接口 1"项目，并且在其中创建 IMyService 的实现类 CnService，如代码 7-7 所示。

代码 7-7　CnService

```
1   public class CnService : IMyService
2   {
3       public void SayHello()
4       {
5           Console.WriteLine("你好");
6       }
7   }
```

接下来，在项目"例子服务实现 1"中安装 NuGet 包 Zack.Commons，并且在项目中创建 Zack.Commons 中的 IModuleInitializer 接口的实现类 ModuleInitializer，如代码 7-8 所示。

代码 7-8　ModuleInitializer

```
1   class ModuleInitializer : IModuleInitializer
2   {
3       public void Initialize(IServiceCollection services)
4       {
5           services.AddScoped<IMyService, CnService>();
6       }
7   }
```

在 Initialize 方法中，我们把 CnService 注册为 IMyService 的实现服务。

最后，我们创建控制台项目"模块化测试程序 1"，并且添加对"例子服务接口 1""例子服务实现 1"这两个项目的引用。Program.cs 主要内容如代码 7-9 所示。

代码 7-9　Program.cs

```
1   ServiceCollection services = new ServiceCollection();
2   var assemblies = ReflectionHelper.GetAllReferencedAssemblies();//获取所有用户程序集
3   services.RunModuleInitializers(assemblies);              //运行所有程序集中的服务注册
4   using var sp = services.BuildServiceProvider();
5   var items = sp.GetServices<IMyService>();
6   foreach(var item in items)
7   {
8       item.SayHello();
9   }
```

第 2 行代码中，我们调用 GetAllReferencedAssemblies 方法获取所有的用户程序集，然后在第 3 行代码中调用 RunModuleInitializers 方法扫描指定程序集中所有实现了 IModuleInitializer 接口的类，并且调用它们的 Initialize 方法来完成服务的注册。

我们运行控制台项目"模块化测试程序 1"，程序运行结果如图 7-1 所示。

可以看到，控制台项目"模块化测试程序 1"只是添加了对"例子服务实现 1"的引用，但是在项目"模块化测试程序 1"中并没有使用代码注册 CnService 服务，服务的注册工作是由"例子服务实现 1"中的 ModuleInitializer 类完成的。这样，我们就减小了项目之间的耦合度，实现了程序集的"服务注册自治"。

我们可以再创建一个类库项目"例子服务实现 2"，也在这个类库项目中创建一个 ImyService 接口的实现类 EnService，并在 EnService 类的 SayHello 方法中输出"Hello"。我们同样在这个项目中创建一个实现了 IModuleInitializer 接口的类，并且在这个类的 Initialize 方法中把 EnService 注册为 IMyService 的实现服务。最后我们同样让控制台项目"模块化测试程序 1"添加对"例子服务实现 2"的引用，然后运行"模块化测试程序 1"。程序运行结果如图 7-2 所示。

图 7-1　程序运行结果

图 7-2　程序运行结果

可见，我们再一次在不修改主项目的代码的情况下，注册了一个 IMyService 接口的实现类。下面来讲解这个框架的原理。

首先是 IModuleInitializer 接口的代码，如代码 7-10 所示。

代码 7-10　IModuleInitializer 接口

```
1  public interface IModuleInitializer
2  {
3      public void Initialize(IServiceCollection services);
4  }
```

然后是 RunModuleInitializers 方法的代码，如代码 7-11 所示。

代码 7-11　RunModuleInitializers 方法

```
1  public static IServiceCollection RunModuleInitializers(this IServiceCollection services,
2          IEnumerable<Assembly> assemblies)
3  {
4      foreach (var implType in assemblies.SelectMany(asm => asm.GetTypes())
5        .Where(t => !t.IsAbstract && typeof(IModuleInitializer).IsAssignableFrom(t)))
6      {
7          var initializer = (IModuleInitializer?)Activator.CreateInstance(implType);
8          initializer.Initialize(services);
9      }
10     return services;
11 }
```

第 4、5 行代码扫描所有程序集中实现了 IModuleInitializer 接口的类，这里使用 GetTypes 方法获取程序集中的类，因为它可以获取所有类，无论是否修饰了 public；在第 7、8 行代码中通过反射创建 IModuleInitializer 的实现类，并且调用它们的 Initialize 方法完成服务的注册。

　　ReflectionHelper 类中的 GetAllReferencedAssemblies 方法用于获取项目中所有的程序集，ReflectionHelper 类的代码比较长，不过逻辑很简单，限于篇幅，本书不提供这个类的代码，读者可以查看随书源代码中的 ReflectionHelper.cs。

7.2　配置系统与 ASP.NET Core 的集成

　　我们在 3.2 节中学习了 .NET 中配置系统的用法，这些用法当然可以应用到 ASP.NET Core 项目中。除此之外，ASP.NET Core 提供了一些简化配置系统使用的方法。本节将会对它们进行介绍。

7.2.1　默认添加的配置提供者

　　为了简化开发，在 ASP.NET Core 项目中，WebApplication 类的 CreateBuilder 方法会按照下面的顺序来提供默认的配置。

　　（1）加载现有的 IConfiguration。

　　（2）加载项目根目录下的 appsettings.json。

　　（3）加载项目根目录下的 appsettings.Environment.json，其中 Environment 代表当前运行环境的名字，7.2.2 小节将会详细介绍这一点。

　　（4）当程序运行在开发环境下，程序会加载"用户机密"配置。

　　（5）加载环境变量中的配置。

　　（6）加载命令行中的配置。

　　我们可以修改默认的配置加载顺序，但是作者推荐采用默认的配置加载顺序，因为它符合主流项目的配置规则。在 3.2.7 小节中，我们讲到了，当多个配置提供者存在的时候，.NET 会按照"后面的提供者覆盖之前的提供者"的方式进行加载。比如，程序默认会从 appsettings.json 读取配置，如果我们想修改默认的配置，只要通过命令行给程序传递新的配置就可以了。由于 ASP.NET Core 项目会加载 appsettings.json、环境变量、命令行等中的配置，因此我们在进行项目开发的时候，一般就不需要再去编写配置系统的初始化代码。我们可以通过 WebApplication 对象的 Configuration 属性来读取配置。可以看到，.NET Core 的"约定大于配置"的框架设计风格让我们的代码编写量大大减少。

7.2.2　ASP.NET Core 的多环境设置

　　我们在进行项目开发的时候，会遇到开发环境、测试环境、生产环境需要进行不同配置的情况。比如，在开发、测试和生产环境下，程序分别连接开发、测试、生产数据库，这样就能够更好地保证数据的安全。再如，在开发环境下，程序中的未处理异常堆栈信息会显示到页面上，从而方便开发人员调试程序；在生产环境下，我们不能把未处理异常的详细信息显示到页面上，否则会给系统带来安全风险。

为了确定运行时环境，ASP.NET Core 会从环境变量中读取名字为 ASPNETCORE_ENVIRONMENT 的值，这个值就是程序运行环境的名字。ASPNETCORE_ENVIRONMENT 的值可以设置为任意值，推荐采用如下 3 个值：Development（开发环境）、Staging（测试环境）、Production（生产环境）。如果没有设置 ASPNETCORE_ENVIRONMENT，则认为程序运行在生产环境。

我们可以通过 app.Environment.EnvironmentName 读取到运行环境的名字，而且 ASP.NET Core 也提供了 IsDevelopment、IsProduction、IsStaging 等 IHostEnvironment 的扩展方法来简化对运行环境的判断。

从代码 7-12 所示的 Program.cs 代码段可以看出，项目运行的时候，只有在开发环境下才启用 Swagger 支持，因为生产环境下我们是不需要 Swagger 的。

代码 7-12　根据运行环境执行初始化

```
1  if (app.Environment.IsDevelopment())
2  {
3      app.UseSwagger();
4      app.UseSwaggerUI();
5  }
```

当项目运行在生产环境下的时候，我们只要不配置 ASPNETCORE_ENVIRONMENT 这个环境变量即可；在测试环境下，我们只要在环境变量中配置 ASPNETCORE_ENVIRONMENT=Staging 即可；在开发环境下，如图 7-3 所示，我们可以看到 Visual Studio 自动为项目的调试属性中的环境变量设置了 ASPNETCORE_ENVIRONMENT=Development，这就是我们以调试模型启动项目的时候，会加载开发环境相关配置的原因。

在 7.2.1 小节中，我们提到了 appsettings.json 的多环境问题，也就是 ASP.NET Core 会首先从 appsettings.json 中加载配置，然后从 appsettings.Environment.json 中加载配置。如图 7-4 所示，我们在 ASP.NET Core 项目下不仅可以看到 appsettings.json，也可以看到 appsettings.Development.json。

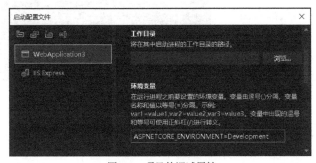

图 7-3　项目的调试属性

图 7-4　项目的配置文件

在测试、开发环境下，我们还可以分别再创建 appsettings.Staging.json、appsettings.Production.json 文件。一般来讲，我们在 appsettings.json 中编写开发、测试、生产环境下都共用的配置，然后在

appsettings.Development.json 等文件中编写开发环境等的特有配置。

7.2.3 用"用户机密"来避免机密信息的泄露

在进行项目开发的时候，有一些机密信息不方便被放到源代码中。比如，如果我们把数据库的连接字符串配置到 appsettings.json 中，而项目的源代码被泄露到外网的话，就可能被攻击者连接上数据库，从而造成安全问题。例如，某手机厂商的一名工程师误把包含公司云存储服务器连接配置的配置文件上传到了 GitHub，造成公司机密信息大量外泄的严重事故。这样的事故多年来层出不穷，读者可以在搜索引擎中搜索"GitHub 密码泄露"来查看更多的案例。

在.NET 中提供了用户机密（user secrets）机制来解决这个问题。用户机密机制也是一种配置提供器，允许用户把不方便放到 appsettings.json 中的机密信息放到一个单独的 JSON 文件中，这个文件不是被放到项目中的，因此不容易被错误地上传到源代码服务器。

用户机密在 ASP.NET Core 项目中的使用非常简单，只要在 ASP.NET Core 项目上右击，选择【管理用户机密】，Visual Studio 就会在项目的 csproj 文件中增加一个 UserSecretsId 节点，如代码 7-13 的第 4 行所示，这个节点的值就是一个用来定位用户机密配置的标识。

代码 7-13 项目文件

```
1  <Project Sdk="Microsoft.NET.Sdk.Web">
2    <PropertyGroup>
3      <TargetFramework>net6.0</TargetFramework>
4      <UserSecretsId>5b042173-31ae-4e9a-acd5-8b6db2934c1d</UserSecretsId>
5    </PropertyGroup>
6  </Project>
```

Visual Studio 还会自动打开一个 secrets.json 文件，我们在这里按照正常的 JSON 配置文件的使用方法来配置机密信息即可，然后就可以在程序中用标准的.NET 配置系统的用法来读取机密信息。

这个 secrets.json 文件到底保存在哪里呢？我们可以在 Visual Studio 中这个文件的编辑器头部右击，在菜单中选择【打开所在的文件夹】，如图 7-5 所示。

选择【打开所在的文件夹】后，Visual Studio 会在资源管理器中打开这个文件所在的文件夹，如图 7-6 所示。

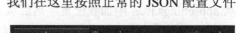
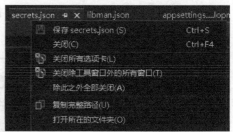

图 7-5 找到 secrets.json 路径的方式

图 7-6 资源管理器中机密文件的位置

我们发现，secrets.json 文件就位于系统目录中名字和 UserSecretsId 一致的文件夹下。很显然，由于这个文件没有放到项目的源代码文件夹下，因此更不容易被开发人员错误地上传到源代码管理系统中。

在使用用户机密的时候有如下几点需要注意。

（1）用户机密机制是供开发人员使用的，因此不适合在生产环境中使用。

（2）secrets.json 中的配置仍然是明文存储的，并没有加密。如果想避免连接字符串等机密配置被别人看到，可以采用 Azure Key Vault、Zack.AnyDBConfigProvider 等配置服务器。但是无论什么配置服务器，只要程序能读取出这些配置，采用任何配置服务器的"连接字符串加密"只能增加机密信息被发现的难度，不能彻底杜绝机密信息被发现。

（3）如果由于操作系统重装等原因造成 secrets.json 被删除，我们就需要对其重新配置。而且，一个新员工入职，也需要他配置项目的 secrets.json。如果这个工作量太大的话，建议采用作者开发的 Zack.AnyDBConfigProvider 等配置服务器集中存放开发环境下的配置信息。

7.2.4　案例：配置系统综合

在实际项目中，配置系统的使用远比微软文档中讲到的复杂。本小节将演示一个比较复杂的配置系统。功能需求如下。

（1）系统的主要配置（Redis、Smtp）放到配置专用的数据库中。

（2）连接配置数据库的连接字符串配置在用户机密中。

（3）把 Smtp 的配置显示到界面上。

（4）程序启动的时候就连接 Redis，并且把 Redis 连接对象注册到依赖注入系统中。

我们先创建一个 ASP.NET Core 项目，然后进行如下的配置。

第 1 步，在 SQL Server 数据库中创建一张保存配置信息的数据库表 T_Configs，表包含 Id、Name、Value 这 3 列，Id 列定义为整数类型的标识列，Name 列和 Value 列都定义为字符串类型，Name 列为配置项的名字，Value 列为配置项的值。

第 2 步，在 T_Configs 表中增加两行数据，如图 7-7 所示。

Id	Name	Value
1	Redis	{"ConnStr":"localhost"}
2	Smtp	{"Host":"smtp.example.com","UserName":"test","Password":"mypass123"}

图 7-7　T_Configs 表中的数据

第 3 步，在项目中创建一个 SmtpOptions 类用来绑定 Smtp 的配置值，如代码 7-14 所示。

代码 7-14　SmtpOptions.cs

```
1   public record SmtpOptions
2   {
3       public string Host { get; set; }
4       public string UserName { get; set; }
5       public string Password { get; set; }
6   }
```

第 4 步，通过 NuGet 安装从数据库中读取配置的 Zack.AnyDBConfigProvider，以及连接 Redis 的 StackExchange.Redis。

第 5 步，在项目上右击，选择【管理用户机密】。secrets.json 内容如代码 7-15 所示。

代码 7-15　secrets.json

```
1  {
2  "ConnectionStrings":
3  {"configServer": "Data Source=.;Initial Catalog=demo1;Integrated Security=SSPI;"}
4  }
```

虽然系统中其他的配置内容都被放到配置数据库了，但是连接到配置数据库的连接字符串仍然需要单独配置。为了避免配置数据库的连接字符串泄露，我们把这个数据库连接字符串配置到了用户机密中。如果解决方案中有多个项目都要读取这个字符串的话，为了避免每个项目配置用户机密的麻烦，我们也可以把它配置到环境变量中。

第 6 步，编写代码进行配置系统的初始化。在 Program.cs 文件的 WebApplication.CreateBuilder(args) 的下面添加代码 7-16 所示的内容。

代码 7-16　初始化配置的代码

```
1  builder.Host.ConfigureAppConfiguration((_, configBuilder) => {
2      string connStr = builder.Configuration.GetConnectionString("configServer");
3      configBuilder.AddDbConfiguration(() => new SqlConnection(connStr));
4  });
5  builder.Services.Configure<SmtpOptions>(builder.Configuration.GetSection("Smtp"));
6  builder.Services.AddSingleton<IConnectionMultiplexer>(sp => {
7      string connStr = builder.Configuration.GetValue<string>("Redis:ConnStr");
8      return ConnectionMultiplexer.Connect(connStr);
9  });
```

由于 CreateBuilder 方法中已经帮我们完成了配置系统的初始化，因此我们不需要再手动调用 AddOptions 方法。不过配置类和配置节点的绑定代码仍然需要我们去编写，就像第 5 行代码。由于 Program.cs 中的代码不方便采用依赖注入容器的方式来读取配置，因此这里我们采用直接读取 builder.Configuration 的方式来读取配置，同样的情况发生在第 7 行代码读取 Redis 配置的地方。如果希望在 Program.cs 中也使用注入的方式来读取配置也是可以的，不过使用起来比较麻烦，感兴趣的读者可以参考官方文档。

第 7 步，在控制器中通过构造方法注入获取 SmtpOptions 和 Redis 连接对象，如代码 7-17 所示。

代码 7-17　HomeController.cs

```
1  public class HomeController : ControllerBase
2  {
3      private readonly IOptionsSnapshot<SmtpOptions> smtpOptions;
4      private readonly IConnectionMultiplexer connMultiplexer;
```

```
5    public HomeController(IOptionsSnapshot<SmtpOptions> smtpOptions,
6        IConnectionMultiplexer connMultiplexer)
7    {
8        this.smtpOptions = smtpOptions;
9        this.connMultiplexer = connMultiplexer;
10   }
11   [HttpGet]
12   public string Index()
13   {
14       var opt = smtpOptions.Value;
15       var timeSpan = connMultiplexer.GetDatabase().Ping();
16       return $"Smtp:{opt} timeSpan:{timeSpan}";
17   }
18 }
```

程序运行结果如图 7-8 所示，可见程序能够正确读取 Smtp 和 Redis 的配置。

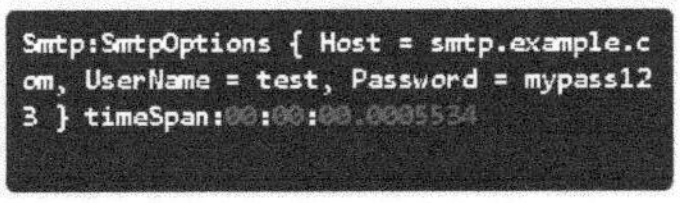

图 7-8　程序运行结果

7.3　EF Core 与 ASP.NET Core 的集成

EF Core 可以用于所有 .NET Core 平台下的程序，ASP.NET Core 也不例外。在 ASP.NET Core 中使用 EF Core 的时候还有一些需要额外注意的问题，本节将会对这些问题进行讲解。

7.3.1　分层项目中 EF Core 的用法

在编写简单的演示案例的时候，我们通常会把项目的所有代码放到同一个文件夹中，而对于现实中比较复杂的项目，我们通常是要对其进行分层的，也就是不同的类放到不同的文件夹中。这样的分层项目中使用 EF Core 的时候有一些问题需要考虑。

第 1 步，创建一个 .NET 类库项目，项目名字为 BooksEFCore。通过 NuGet 为项目安装 Microsoft.EntityFrameworkCore.Relational 包，并且在项目中增加代表图书的实体类 Book 和它的实体类的配置类 BookConfig，如代码 7-18 所示。

代码 7-18　Book 类及其实体类的配置类 BookConfig

```
1  public record Book
2  {
3      public Guid Id { get; set; }
4      public string Name { get; set; }
5      public double Price { get; set; }
6  }
7  class BookConfig : IEntityTypeConfiguration<Book>
```

```
8   {
9       public void Configure(EntityTypeBuilder<Book> builder)
10      {
11          builder.ToTable("T_Books");
12      }
13  }
```

这里，我们把 Book 类声明为一个记录类，而不是普通的类，主要是为了让编译器自动生成 ToString 方法，帮我们简化对象的输出。

第 2 步，在 BooksEFCore 项目中增加上下文类，如代码 7-19 所示。

代码 7-19　MyDbContext.cs

```
1   public class MyDbContext : DbContext
2   {
3       public DbSet<Book> Books { get; set; }
4       public MyDbContext(DbContextOptions<MyDbContext> options):base(options)
5       { }
6       protected override void OnModelCreating(ModelBuilder modelBuilder)
7       {
8           base.OnModelCreating(modelBuilder);
9           modelBuilder.ApplyConfigurationsFromAssembly(this.GetType().Assembly);
10      }
11  }
```

这里编写的 MyDbContext 和之前编写的上下文类不同。我们之前是重写 OnConfiguring 方法，在 OnConfiguring 方法中调用 UseSqlServer 等方法来设置要使用的数据库。在实际项目中，直接在 OnConfiguring 方法中硬编码要连接的数据库是不太合理的，因为我们可能需要在运行时通过读取配置来确定要连接的数据库，如果在上下文中硬编码了要连接的数据库，就会导致上下文复用性太差。因此我们尽量把上下文的数据库配置的代码写到 ASP.NET Core 项目中。因此，在这里，我们没有重写 OnConfiguring 方法，而是为 MyDbContext 类增加了 DbContextOptions<MyDbContext>类型参数的构造方法。DbContextOptions 是一个数据库连接配置对象，我们会在 ASP.NET Core 项目中提供对 DbContextOptions 的配置。

第 3 步，创建一个 ASP.NET Core 项目，在这个项目中添加对 BooksEFCore 项目的引用。因为要连接 SQL Server 数据库，所以我们通过 NuGet 安装 Microsoft.EntityFramework Core.SqlServer。在 ASP.NET Core 项目的 appsettings.json 中增加对数据库连接字符串的配置，如代码 7-20 所示。

代码 7-20　数据库连接字符串的配置

```
1   "ConnectionStrings": {
2       "Default": "Server=.;Database=demo7;Trusted_Connection=True;"
3   }
```

第 4 步，在 ASP.NET Core 项目的 Program.cs 的 builder.Build()之前增加对上下文进行配置

的代码，如代码 7-21 所示。

代码 7-21　配置 MyDbContext 的连接

```
1  builder.Services.AddDbContext<MyDbContext>(opt => {
2      string connStr = builder.Configuration.GetConnectionString("Default");
3      opt.UseSqlServer(connStr);
4  });
```

使用 AddDbContext 方法来通过依赖注入的方式让 MyDbContext 采用我们指定的连接字符串连接数据库。由于 AddDbContext 方法是泛型的，因此我们可以为同一个项目中的多个不同的上下文设定连接不同的数据库。

第 5 步，在 ASP.NET Core 项目中增加使用 MyDbContext 进行数据库读写的测试代码，如代码 7-22 所示。

代码 7-22　TestController 的代码

```
1  public class TestController : Controller
2  {
3      private readonly MyDbContext dbCtx;
4      public TestController(MyDbContext dbCtx)
5      {
6          this.dbCtx = dbCtx;
7      }
8      public async Task<IActionResult> Index()
9      {
10         dbCtx.Add(new Book { Id=Guid.NewGuid(),Name="零基础趣学 C 语言",Price=59});
11         await dbCtx.SaveChangesAsync();
12         var book = dbCtx.Books.First();
13         return Content(book.ToString()); ;
14     }
15 }
```

由于在代码 7-21 中采用依赖注入的形式配置并且注入了 MyDbContext，因此我们可以用依赖注入的形式来创建上下文，而不用像以前那样在代码中手动创建 MyDbContext 类的实体类。可以看到，依赖注入让代码的职责划分更加清晰。

我们知道，如果一个被依赖注入容器管理的类实现了 IDisposable 接口，则离开作用域之后容器会自动调用对象的 Dispose 方法。上下文是实现了 IDisposable 接口的，因此注入的上下文对象会被依赖注入容器正确地回收，开发人员一般不需要手动回收上下文对象。

第 6 步，生成实体类的迁移脚本。在多项目的环境下执行 EF Core 的数据库迁移有很多特殊的要求，稍不注意，在执行 Add-Migration 的时候，迁移工具就会提示"No DbContext was found in assembly." "Unable to create an object of type'MyDbContext'." 等错误，如图 7-9 所示。

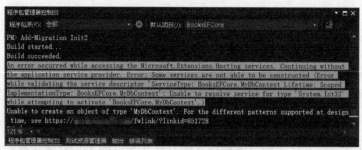

图 7-9　多项目环境下迁移出错

如果使用数据库迁移工具的时候出现这种错误，我们是可以通过研究数据库迁移工具的要求来调整代码来让它能够正常运行的，但是这个调整过程是非常麻烦的。因此，建议读者不要浪费时间在研究数据库迁移工具的配置上面，而是建议采用 IDesignTimeDbContextFactory 接口来解决这个问题。

当项目中存在一个 IDesignTimeDbContextFactory 接口的实现类的时候，数据库迁移工具就会调用这个实现类的 CreateDbContext 方法来获取上下文对象，然后迁移工具会使用这个上下文对象来连接数据库。因此，我们需要在 BooksEFCore 项目中创建一个 IDesignTimeDbContextFactory 接口的实现类，如代码 7-23 所示。

代码 7-23　读取环境变量

```
1  class MyDesignTimeDbContextFactory : IDesignTimeDbContextFactory<MyDbContext>
2  {
3      public MyDbContext CreateDbContext(string[] args)
4      {
5          DbContextOptionsBuilder<MyDbContext> builder = new ();
6          string connStr = Environment.GetEnvironmentVariable("ConnectionStrings:Books
           EFCore");
7          builder.UseSqlServer(connStr);
8          return new MyDbContext(builder.Options);
9      }
10 }
```

我们可以用硬编码的方式把连接配置信息写到代码中，因为这个代码只有在开发环境下才会运行。如果我们不希望数据库的连接字符串被写到项目的代码中，我们也可以把连接字符串配置到环境变量中，不过 MyDesignTimeDbContextFactory 中很难使用 IConfiguration 等来读取.NET 的配置，我们可以直接调用 Environment.GetEnvironmentVariable 来读取环境变量，如第 6 行代码所示。我们要在环境变量中增加一个名字为 ConnectionStrings:BooksEFCore 的项，其值为数据库的连接字符串。

因为数据库迁移脚本要生成到 BooksEFCore 项目中，所以我们为这个项目安装 Microsoft.EntityFrameworkCore.Tools、Microsoft.EntityFrameworkCore.SqlServer 这两个程序集，然后把 BooksEFCore 设置为启动项目，并且在【程序包管理器控制台】中选中 BooksEFCore

项目后，执行 Add-Migration Init 生成数据库迁移脚本，然后执行 Update-database 命令即可完成数据库的创建。

接下来启动 ASP.NET Core 项目，我们就可以看到程序能够正常地执行了。我们向 Test/Index 发送请求，就可以看到程序运行成功，数据库中也正常地插入了数据。

综上所述，在分层项目中，我们把实体类、上下文写到独立于 ASP.NET Core 的项目中，把数据库连接的配置使用依赖注入的方式写到 ASP.NET Core 项目中，这样就做到了项目职责的清晰划分。

7.3.2　使用"上下文池"时要谨慎

上下文被创建的时候不仅要创建数据库连接，而且要执行实体类的配置等，因此实例化上下文的时候会消耗较多的资源。为了避免性能损失，EF Core 中提供了可以用来代替 AddDbContext 的 AddDbContextPool 来注入上下文。对于使用 AddDbContextPool 注入的上下文，EF Core 会优先从"上下文池"中获取实例，当一个上下文不再被使用后，会被返回上下文池，而不会被销毁。因此，使用上下文池能够在一定程度上提升程序的性能。不过，使用 AddDbContextPool 时也有一些需要注意的问题。

首先，使用 AddDbContext 的时候，我们可以为上下文注入服务；但是在使用 AddDbContextPool 的时候，由于上下文实例会被复用，因此我们无法为上下文注入服务。

其次，很多数据库的 ADO.NET 提供者都实现了"数据库连接池"机制，由于 EF Core 是基于 ADO.NET 的，因此 EF Core 也自然可以使用数据库连接池。但是上下文池和数据库连接池的共存如果处理不当就会引起问题，对这个感兴趣的读者可以去网上搜索"AddDbContextPool 连接池耗尽"。

在进行项目开发时，推荐开发人员采用"小上下文"策略，也就是不要把项目中所有的实体类都放到同一个上下文类中，而是只把关系紧密的实体类放到同一个上下文类中，把关系不紧密的实体类放到不同的上下文类中。也就是项目中存在多个上下文类，每个上下文类中只有少数几个实体类。如果采用这样的小上下文策略，那么一个上下文实例初始化的时候，实体类的配置等过程将非常快，其不会成为性能瓶颈，而且如果启用了数据库连接池，数据库连接的创建也不会成为性能瓶颈。

总之，如果项目中需要为上下文注入其他服务，则不能使用 AddDbContextPool；如果项目中采用小上下文策略，并且启用了数据库连接池的话，一般也不需要使用 AddDbContextPool。

7.3.3　案例：批量注册上下文

如果项目采用小上下文策略，在项目中可能就存在着多个上下文类，我们需要手动为这些项目调用 AddDbContext 方法进行注册，显然这比较麻烦。

如果这些上下文连接的都是相同的数据库的话，我们可以采用反射的方式扫描程序集中所有的上下文类，然后为它们逐个调用 AddDbContext 注册，如代码 7-24 所示。

代码 7-24   批量注册上下文

```
1  public static IServiceCollection AddAllDbContexts(this IServiceCollection services,
2    Action<DbContextOptionsBuilder> builder,IEnumerable<Assembly> assemblies)
3  {
4    Type[] types = new Type[] { typeof(IServiceCollection),
5      typeof(Action<DbContextOptionsBuilder>),
6      typeof(ServiceLifetime), typeof(ServiceLifetime) };
7    var methodAddDbContext = typeof(EntityFrameworkServiceCollectionExtensions)
8      .GetMethod("AddDbContext", 1, types);
9    foreach (var asmToLoad in assemblies)
10   {
11     foreach (var dbCtxType in asmToLoad.GetTypes()
12       .Where(t => !t.IsAbstract && typeof(DbContext).IsAssignableFrom(t)))
13     {
14       var methodGenericAddDbContext = methodAddDbContext
15         .MakeGenericMethod(dbCtxType);
16       methodGenericAddDbContext.Invoke(null, new object[] { services,
17         builder, ServiceLifetime.Scoped, ServiceLifetime.Scoped });
18     }
19   }
20   return services;
21 }
```

其中，builder 参数是对上下文的连接字符串等进行配置的回调方法，而 assemblies 参数则为所有含有上下文类的程序集。在第 7、8 行代码中通过反射获得 AddDbContext 方法，然后在第 11、12 行代码中通过反射获得程序中所有非抽象的上下文类，这里我们使用 GetTypes 而非 GetExportedTypes 方法来获得程序中的类，因为考虑到有的项目中会把上下文的访问修饰符设置为 internal。在第 14～17 代码中通过反射调用 AddDbContext 方法，由于 AddDbContext 方法是泛型的，因此我们要先使用 MakeGenericMethod 方法设定泛型的类型，然后才能调用 AddDbContext 方法。

7.4 性能优化"万金油"：缓存

缓存（caching）是系统优化中简单又有效的工具，只要简单几行代码或者几个简单的配置，我们就可以利用缓存让系统的性能得到极大的提升。本节将会对响应缓存、内存缓存、分布式缓存分别进行讲解。

7.4.1 什么是缓存

缓存是一个用来保存数据的区域，从缓存区域中读取数据的速度比从数据源读取数据的速度快很多。在从数据源（如数据库）获取数据之后，我们可以把数据保存到缓存中，如图 7-10 所示。下次再需要获取同样数据的时候，我们可以直接从缓存中获取之前保存的数据，而不需要再去数据源获取数据，如图 7-11 所示。

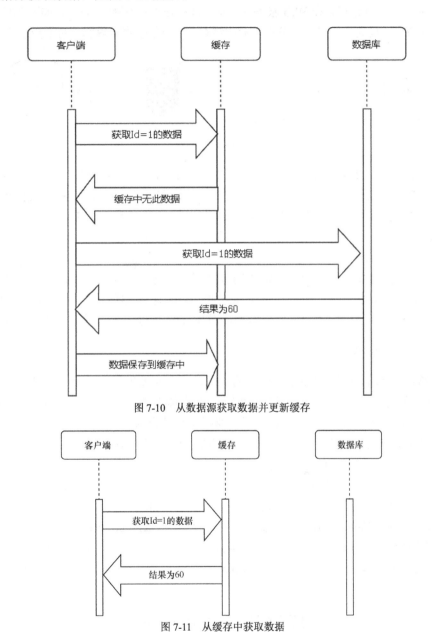

图 7-10 从数据源获取数据并更新缓存

图 7-11 从缓存中获取数据

由于从缓存中读取数据的速度比从数据源中读取数据的速度更快，因此使用缓存能提高系统数据的获取速度。如果从缓存中获取了要获取的数据，就叫作"缓存命中"；多次请求中，命中的请求占全部请求的百分比叫作"命中率"；如果数据源中的数据保存到缓存后，发生了变化，就会导致"缓存数据不一致"。

在 Web 开发中，存在着多级缓存，比如在浏览器端存在"浏览器端缓存"，在网关节点服务器中也可能存在"节点缓存"，在 Web 服务器上也可能存在"服务器端缓存"，如图 7-12 所示。对于用户发出的请求，只要在任何一个节点上命中缓存，请求就会直接返回，而不会继续向后传递。

浏览器　　　　　网关节点服务器　　　　　Web服务器　　　　　数据库服务器

图 7-12　多级缓存

HTTP 中的 RFC 7234 规范中对缓存处理进行了规定，如果客户端（浏览器、App、物联网终端等）、CDN 节点、API 网关节点服务器、反向代理服务器、Web 服务器等遵守这个规范，它们就会按照缓存相关的报文头中的设置对缓存进行控制。ASP.NET Core 中的响应缓存（response caching）就是遵守 RFC 7234 规范的缓存控制机制，它可以对浏览器缓存、CDN 节点缓存、服务器端缓存进行统一的控制。

RFC 7234 规范对缓存的控制有一定的局限性，因此有时候我们需要进行更加个性化的服务器端缓存控制。ASP.NET Core 不仅提供了把 Web 服务器的内存用作缓存的内存缓存（in-memory cache），还提供了把 Redis、数据库等用作缓存的分布式缓存（distributed cache）。

7.4.2　客户端响应缓存

RFC 7234 是 HTTP 中对缓存进行控制的规范，其中重要的是 cache-control 响应报文头。假如浏览器向服务器请求/Person/1 这个路径，如果服务器端给浏览器端的响应报文头中 cache-control 的值为 max-age=60，则表示服务器指示浏览器端"可以缓存这个响应内容 60s"。在 60s 内，如果用户要求浏览器再次向/Person/1 发送请求的话，浏览器就可以直接使用保存的缓存内容，而不是向服务器再次发出请求。

在 ASP.NET Core 中，我们一般不需要手动控制响应报文头中的 cache-control，只要给需要进行缓存控制的控制器的操作方法添加 ResponseCacheAttribute 这个 Attribute 即可，ASP.NET Core 会根据 ResponseCacheAttribute 的设置来生成合适的 cache-control 响应报文头。

下面编写程序验证一下。首先创建一个 ASP.NET Core Web API 项目，在项目中增加一个控制器 Test1Controller，并且在 Test1Controller 中编写一个返回当前时间的 Now 方法，如代码 7-25 所示。

代码 7-25　Test1Controller

```
1  [HttpGet]
2  public DateTime Now()
3  {
4      return DateTime.Now;
5  }
```

很显然，每次请求/Test1/Now 这个路径的时候，服务器都会返回当前时间。接下来，在 Now 方法前加上[ResponseCache(Duration=60)]，如代码 7-26 所示。

代码 7-26　加上[ResponseCache(Duration=60)]的代码

```
1  [HttpGet]
2  [ResponseCache(Duration =60)]
3  public DateTime Now()
4  {
5      return DateTime.Now;
6  }
```

当我们第 1 次访问这个路径的时候，服务器端返回了当前的时间，如图 7-13 所示。从响应报文头中，我们看到了 cache-control 响应报文头，其中的 max-age 的值就是 60，浏览器看到这个报文头之后，就会把响应内容缓存 60s。

图 7-13　第 1 次访问

我们短时间内第 2 次向/Test1/Now 这个路径发送请求，响应如图 7-14 所示。我们发现，这次响应的【大小】中显示的是【磁盘缓存】，这表明这次响应是直接从浏览器缓存中获取的。因此这次的响应内容和第 1 次请求获得的响应内容一样。

图 7-14　第 2 次访问，命中缓存

稍等片刻,等 60s 的缓存时间过期之后,我们第 3 次向/Test1/Now 发送请求,响应如图 7-15 所示。可以看到,这一次响应中的【大小】显示的是【75B】,而非【磁盘缓存】,这表明这次的响应内容不是直接从浏览器缓存中获取的。

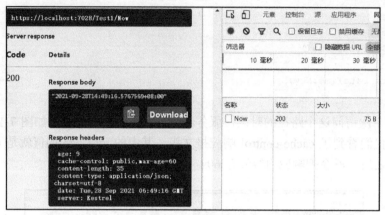

图 7-15 缓存失效

默认情况下,[ResponseCache]设置只通过生成 cache-control 响应报文头来控制客户端缓存。如果客户端不支持客户端缓存,这个设置也是不生效的,毕竟是否使用缓存、如何使用缓存都是由客户端决定的,cache-control 响应报文头只是一个"建议"而已。

7.4.3 服务器端响应缓存

如果我们在 ASP.NET Core 中安装了"响应缓存中间件"(response caching middleware),ASP.NET Core 不仅会继续根据[ResponseCache]设置来生成 cache-control 响应报文头以设置客户端缓存,还会在服务器端也按照[ResponseCache]的设置来对响应进行服务器端缓存。如果没有启用"响应缓存中间件",那么当 A、B、C 这 3 个浏览器分别向/Test1/Now 路径发送请求的时候,服务器端的 Now 方法会执行 3 次;如果启用了"响应缓存中间件",当 A、B、C 这 3 个浏览器分别向/Test1/Now 路径发送请求的时候,只要后面两次请求的时间在 60s 内,服务器端的 Now 方法只会执行 1 次,后两次请求虽然也会到达服务器,但是服务器会把第 1 次响应的缓存内容直接返回,而不会执行 Now 方法。

很显然,使用响应缓存中间件在服务器端实现响应缓存有两个好处:第一,提升没有实现缓存机制的客户端获取数据的速度,因为虽然请求仍然到达了服务器,但服务器端缓存直接返回了缓存的响应,避免了从执行速度缓慢的数据源获取数据的性能问题;第二,对于实现了缓存机制的客户端也能降低服务器端的压力,因为如果没有启用响应缓存中间件,那么如果在短时间内服务器端收到了来自一万个不同客户端到/Test1/Now 的请求,那么 Now 方法仍然会执行一万次,因为客户端的缓存是由每个客户端自己管理的;如果启用了响应缓存中间件,Now 方法只会执行一次,这降低了服务器端的压力。

启用响应缓存中间件的步骤很简单,除了给控制器中需要进行缓存控制的操作方法标注

[ResponseCache]之外，我们只要在 ASP.NET Core 项目的 Program.cs 的 app.MapControllers 之前加上 app.UseResponseCaching 即可。

注意，如果项目启用了 CORS，请确保 app.UseCors 写到 app.UseResponseCaching 之前。

接下来，我们对服务器端响应缓存进行测试。因为大部分浏览器都是支持 RFC 7234 规范的，所以不方便用它们来测试服务器端响应缓存。因为 Postman 默认是忽略 RFC 7234 规范的，所以我们用它来做测试。需要说明的是，软件的更新是很快的，也许在读者使用 Postman 的时候，Postman 已经默认支持 RFC 7234 规范了，读者如果遇到这样的问题，再去网上查找相关资料进行设置即可。

在没有启用响应缓存中间件的时候，我们用 Postman 向/Test1/Now 发送请求，会发现每次响应报文中获得的时间都是服务器的最新时间，也就是 Postman 忽略了响应报文头中的 cache-control。当我们启用响应缓存中间件之后，再用 Postman 向/Test1/Now 发送请求，我们会发现在 60s 内，每次响应报文中获得的时间都是缓存的第一次请求的值。这说明响应缓存中间件起作用了。

我们知道，可以在浏览器的"开发人员工具"中禁用缓存，如图 7-16 所示。

但是，即使我们启用了响应缓存中间件，并且禁用了浏览器的缓存，我们在浏览中每次向/Test1/Now 发出请求的时候，响应报文中仍然每次获得的都是服务器上的最新时间，这说明服务器端缓存没有起作用。这是为什么呢？

图 7-16　禁用浏览器缓存

在 Chrome 等浏览器中，当我们禁用浏览器缓存以后，不仅浏览器本地会忽略 cache-control 而禁用所有客户端缓存，而且浏览器还会在向服务器端发送请求的时候，在请求的报文头中加入"cache-control: no-cache"，如图 7-17 所示，这个报文头用来告知服务器禁用缓存，这样服务器端的缓存机制也会被禁用。这是 RFC 7234 规范要求的，ASP.NET Core 作为大公司开发的 Web 框架，也要严格遵守这个规范，这也就是浏览器端禁用缓存之后，服务器端响应缓存也失效的原因。

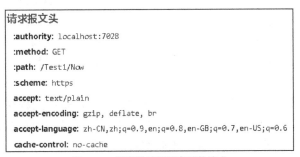

图 7-17　浏览器禁用缓存后的请求

那么为什么 Postman 发出的请求会让服务器端的响应缓存起作用呢？因为 Postman 不仅没有实现客户端缓存，而且在请求的时候也不会在请求报文头中加入"cache-control: no-cache"，因此服务器端响应缓存能够起作用。

其实我们也可以让 Postman 在请求报文头中加入 "cache-control: no-cache"，即在 Postman 的设置中开启【Send no-cache header】，如图 7-18 所示。

开启【Send no-cache header】之后，我们在 Postman 中再次发出多次请求到/Test1/Now，会发现服务器端响应缓存也失效了。

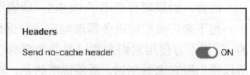

因此，如果客户端禁用了缓存，并且在请求报文头中加入 "cache-control: no-cache"，服务器端响应缓存也会失效。这是 ASP.NET Core 严格按照 RFC 7234 规范实现的，不能算是缺陷，但是确实会无法完全达到我们开启服务器端响应缓存的目的。我们开启服务器端响应缓存不仅是希望能够对于正常的用户请求进行缓存处理，而且希望对于恶意请求也能通过服务器端响应缓存机制来降低服务器的压力，但是如果恶意攻击者在请求报文头中加入 "cache-control: no-cache"，服务器端响应缓存就"敞开大门"的话，服务器端就更容易遭受恶意用户的攻击。

图 7-18　开启 Postman 的设置

除此之外，服务器端响应缓存还有很多限制，包括但不限于：响应状态码为 200 的 GET 或者 HEAD 响应才可能被缓存；报文头中不能含有 Authorization、Set-Cookie。服务器端响应缓存的使用也比较复杂，如果设置不当的话，会导致缓存的数据错误，比如发送给用户 A 的响应被缓存起来，然后发送给用户 B，导致数据安全风险。

由于服务器端响应缓存开发调试的麻烦及过于苛刻的限制，因此除非开发人员能够灵活掌握并应用它，否则作者不建议启用"响应缓存中间件"。对于只需要进行客户端响应缓存处理的操作方法，我们简单标注 ResponseCacheAttribute 即可；如果还需要在服务器端进行缓存处理，建议开发人员采用 ASP.NET Core 提供的内存缓存、分布式缓存等机制来编写程序，以更灵活地进行自定义缓存处理。

7.4.4　内存缓存

除了响应缓存中间件这样自动化的服务器端缓存机制之外，ASP.NET Core 还提供了允许开发人员手动进行缓存管理的机制，内存缓存就是一种把缓存数据放到应用程序内存中的机制。

内存缓存中保存的是一系列的键值对，就像 Dictionary 类型一样，每个不同的缓存内容具有不同的"缓存键"，每个缓存键对应一个"缓存值"。我们可以设置缓存的键值对，也可以根据缓存键取出缓存中保存的缓存值。

内存缓存的数据保存在当前运行的网站程序的内存中，是和进程相关的。因为在 Web 服务器中，多个不同网站是运行在不同的进程中的，所以不同网站的内存缓存是不会互相干扰的，而且网站重启后，内存缓存中的所有数据也就都被清空了。

对于 ASP.NET Core MVC 项目，框架会自动地注入内存缓存服务；对于 ASP.NET Core Web API 等没有自动注入内存缓存服务的项目，我们需要在 Program.cs 的 builder.Build 之前添加 builder.Services.AddMemoryCache 来把内存缓存相关服务注册到依赖注入容器中。

在使用内存缓存的时候，我们主要使用 IMemoryCache 接口，这个接口有表 7-1 所示的几个常用方法（含扩展方法）。

表 7-1 　　　　　　　　　ImemoryCache 接口的常用方法

方法	说明
bool TryGetValue(object key object value)	尝试获取缓存键为 key 的缓存值，用 value 参数获取缓存值。如果缓存中没有缓存键为 key 的缓存值，方法返回 true，否则返回 false。 缓存的 key 是 object 类型的，因此任何合法的.NET 类型的 key 都可以用作缓存键，不过一般使用 string 类型。 缓存的 value 也是 object 类型的，因为 IMemoryCache 把数据放到程序的内存中，所以 value 可以是任何类型
void Remove(object key)	删除缓存键为 key 的缓存内容
TItem Set\<TItem>(object key, TItem value)	设置缓存键为 key 的缓存值为 value
TItem GetOrCreate\<TItem>(object key, Func\<ICacheEntry, TItem> factory)	尝试获取缓存键为 key 的缓存值，方法的返回值为获取的缓存值。如果缓存中没有缓存键为 key 的缓存值，则调用 factory 指向的回调从数据源获取数据，把获取的数据作为缓存值保存到缓存中，并且把获取的数据作为方法的返回值
Task\<TItem> GetOrCreateAsync\<TItem>(object key, Func\<ICacheEntry, Task\<TItem>> factory)	异步版本的 GetOrCreate 方法

　　在进行开发的时候，经常用到的就是"尝试获取缓存值，如果获取不到缓存值，则从数据源获取数据，然后将其保存到缓存中"这样的操作，而且一般从数据源获取数据都是比较消耗资源的，因此获取数据的方法通常都是异步方法。这里用 GetOrCreateAsync 来讲解 IMemoryCache 接口的使用。

　　我们一般使用依赖注入的方式来获得 IMemoryCache 服务，因此我们为控制器类注入 IMemoryCache，然后编写 GetBooks 方法来从 MyDbContext 读取所有的图书，如代码 7-27 所示。

代码 7-27　使用 IMemoryCache 的代码

```
1   public class Test1Controller : ControllerBase
2   {
3       private readonly ILogger<Test1Controller> logger;
4       private readonly MyDbContext dbCtx;
5       private readonly IMemoryCache memCache;
6       public Test1Controller(MyDbContext dbCtx, IMemoryCache memCache,
7         ILogger<Test1Controller> logger)
8       {
9           this.dbCtx = dbCtx;
10          this.memCache = memCache;
11          this.logger = logger;
12      }
13      [HttpGet]
14      public async Task<Book[]> GetBooks()
15      {
16          logger.LogInformation("开始执行 GetBooks");
17          var items = await memCache.GetOrCreateAsync("AllBooks", async (e) =>
```

```
18          {
19              logger.LogInformation("从数据库中读取数据");
20              return await dbCtx.Books.ToArrayAsync();
21          });
22          logger.LogInformation("把数据返回给调用者");
23          return items;
24      }
25  }
```

在第 17～21 行代码中，我们使用 "AllBooks" 作为缓存键到内存缓存中读取全部的图书；如果缓存中没有对应的数据，则调用 dbCtx.Books 从数据库中获取数据，获取的数据除了会作为 GetOrCreateAsync 的返回值返回之外，我们也会把数据放到缓存中。

运行上面的程序，然后第 1 次访问/Test1/GetBooks，会在控制台中看到如图 7-19 所示的输出内容。

图 7-19　第 1 次访问的输出内容

从日志的执行结果可以看出，由于这是我们第 1 次访问这个路径，缓存中还没有对应的数据，因此程序会先从数据库中查询出对应的数据，再把数据返回给调用者。

当我们第 2 次访问/Test1/GetBooks 的时候，会在控制台中看到图 7-20 所示的输出内容。

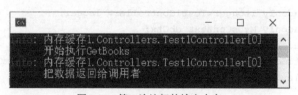

图 7-20　第 2 次访问的输出内容

从日志的执行结果可以看出，由于这是我们第 2 次访问这个路径，缓存中已经存在对应的数据了，因此 GetOrCreateAsync 直接返回缓存的数据，而从数据库中获取数据的回调代码没有执行。

如代码 7-27 所示，缓存中的数据是不会过期的，除非应用程序重启或者通过调用 Remove 等方法进行删除。这种情况下，如果数据库中的数据发生变化，而缓存中保存的还是旧数据，就会出现缓存数据和数据库中的数据不一致的情况。

我们可以通过设置缓存的过期时间来解决缓存数据不一致的问题，当过期时间到来的时候，对应的缓存数据会从缓存中被清除。过期策略有"绝对过期时间"和"滑动过期时间"两种。绝对过期时间指的是自设置缓存之后的指定时间后，缓存项被清除；滑动过期时间指的是自设置缓存之后的指定时间后，如果对应的缓存数据没有被访问，则缓存项被清除，而如果在指定的时间内，对应的缓存数据被访问了一次，则缓存项的过期时间会自动续期。

我们先来看绝对过期时间的用法。GetOrCreateAsync 方法的回调方法中有一个 ICacheEntry 类型的参数，通过 ICacheEntry，我们可以对当前的缓存项进行更详细的设置，比如设置缓存项被清除的回调、设置缓存项的优先级等。ICacheEntry 的 AbsoluteExpirationRelativeToNow 属性是 TimeSpan?类型的，用来设定缓存项的绝对过期时间，具体用法如代码 7-28 所示。

代码 7-28　绝对过期时间

```
1  [HttpGet]
2  public async Task<Book[]> Demo1()
3  {
4      logger.LogInformation("开始执行 Demo1: "+DateTime.Now);
5      var items = await memCache.GetOrCreateAsync("AllBooks", async (e) => {
6          e.AbsoluteExpirationRelativeToNow = TimeSpan.FromSeconds(10);
7          logger.LogInformation("从数据库中读取数据");
8          return await dbCtx.Books.ToArrayAsync();
9      });
10     logger.LogInformation("Demo1 执行结束");
11     return items;
12 }
```

上面的第 6 行代码用来设置缓存键为"AllBooks"的缓存项的绝对过期时间为 10s。我们执行程序，然后连续访问 3 次 Demo1 方法的路径，其中第 2 次访问在第 1 次访问的 10s 内，而第 3 次访问在第 1 次访问的 10s 外。程序执行结果如图 7-21 所示。

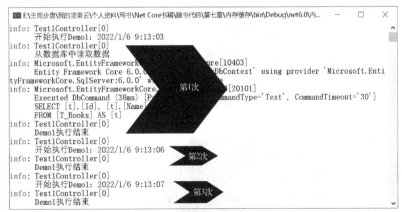

图 7-21　程序运行结果

从程序运行结果可以看出：第 1 次执行请求的时候，由于缓存中没有"AllBooks"对应的缓存数据，程序会从数据库中加载数据；当第 2 次执行请求的时候，由于距离第 1 次设置缓存数据只有 4s，因此缓存中的数据有效，我们直接获取了缓存中的数据；第 3 次执行请求的时候，由于距离第 1 次设置缓存数据已经过去 12s 了，因此缓存中的数据已经被删除，程序重新从数据库中加载数据。

我们再来看滑动过期时间的用法。ICacheEntry 的 SlidingExpiration 属性是 TimeSpan?类型的，用来设定缓存项的滑动过期时间，具体用法如代码 7-29 所示。

代码 7-29　滑动过期时间

```
1  logger.LogInformation("开始执行Demo2: " + DateTime.Now);
2  var items = await memCache.GetOrCreateAsync("AllBooks2", async (e) => {
3      e.SlidingExpiration = TimeSpan.FromSeconds(10);
4      logger.LogInformation("Demo2 从数据库中读取数据");
5      return await dbCtx.Books.ToArrayAsync();
6  });
7  logger.LogInformation("Demo2 执行结束");
```

因为缓存的设置是和缓存键相关的，为了避免和代码 7-28 中的缓存冲突，第 2 行代码把缓存键设置为一个不同的值"AllBooks2"。第 3 行代码用来设置"AllBooks2"缓存项的滑动过期时间为 10s。运行程序，然后连续访问 4 次 Demo2 方法的路径，其中第 2 次访问是在第 1 次访问的 10s 内，而第 3 次访问在第 1 次访问的 10s 外，但是在第 2 次访问的 10s 内，第 4 次访问在第 3 次访问的 10s 外。程序运行结果如图 7-22 所示。

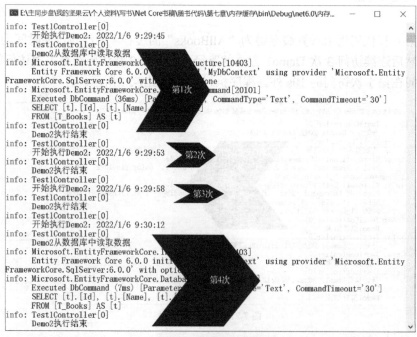

图 7-22　程序运行结果

从程序运行结果可以看出：第 1 次执行请求的时候，由于缓存中没有"AllBooks2"对应的缓存数据，因此程序会从数据库中加载数据；第 2 次执行请求的时候，由于距离第 1 次设置缓存数据只有 9s，因此缓存中的数据有效，我们直接获取了缓存中的数据（只要缓存数据被访问一次，设置了滑动过期时间的缓存内容会自动续期，因此"AllBooks2"对应的缓存内容有效期延长了 10s）；第 3 次执行请求的时候，虽然距离第 1 次设置缓存数据已经过去 13s 了，但是由于第 2 次访问把缓存内容有效期延长了，而且第 3 次访问距离第 1 次访问只有 4s，因此缓存中的数据有效，我们获取了缓存中的数据，并且缓存项有效期又延长了 10s；第 4 次执行请求的时候，距离第 3 次访问已经过去了 14s，因此缓存中的数据已经被删除，我们必须重新从数据库中加载数据。

设置绝对过期时间的缓存会在指定的时间后过期，这样即使发生缓存数据不一致的情况，只要我们设置的绝对过期时间比较短，这种不一致的情况也不会持续很长时间。由于通过 IMemoryCache 设置的缓存数据是保存在内存中的，因此如果缓存的数据量非常大的话，这些数据会占据比较多的内存。比如我们在系统中缓存用户的信息，我们设定的绝对过期时间为 1min，如果系统中有 1 000 万个用户被访问了，即使其中只有 1 万个用户经常被访问，而其他 999 万个用户只被访问了一次，这 1 000 万个用户的数据也会保存在内存中 1min。这种情况下，我们可以采用滑动过期时间来保存用户的信息，并且设定滑动过期时间为 10s，这样对于那 999 万个只被访问了一次的用户的数据，它们占据内存的时间只有 10s，而另外 1 万个经常被访问的用户的数据由于频繁地被访问，因此它们的有效期可能会一直被延长，从而长期保存在缓存中。

使用滑动过期时间策略，我们可以保证经常访问的数据长期保存在缓存中，但是如果一个缓存项一直被频繁访问，那么这个缓存项就会一直被续期而不过期。一旦发生缓存数据不一致的情况，我们设定了滑动过期时间策略的缓存项就得不到更新了。这种情况下，我们可以对一个缓存项同时设定滑动过期时间和绝对过期时间，并且把绝对过期时间设定得比滑动过期时间长，这样缓存项会在绝对过期时间内随着访问被滑动续期，但是一旦超过了绝对过期时间，缓存项就会被删除，如代码 7-30 所示。

代码 7-30　混合使用过期时间策略

```
1  logger.LogInformation("开始执行 Demo3: " + DateTime.Now);
2  var items = await memCache.GetOrCreateAsync("AllBooks3", async (e) => {
3      e.SlidingExpiration = TimeSpan.FromSeconds(10);
4      e.AbsoluteExpirationRelativeToNow = TimeSpan.FromSeconds(30);
5      logger.LogInformation("Demo3 从数据库中读取数据");
6      return await dbCtx.Books.ToArrayAsync();
7  });
8  logger.LogInformation("Demo3 执行结束");
```

可以看到，上面的第 3 行代码中我们设置了滑动过期时间为 10s，第 4 行代码设置了绝对过期时间为 30s。然后我们多次请求这段代码，再看一下运行结果。因为运行的次数比较多，程序日志输出的内容比较多，这里不再给出程序运行的截图，而是把程序运行结果汇总为一张表，如表 7-2 所示。

表 7-2 程序运行结果汇总

次数	时间	执行结果
1	14:07:10	没有命中缓存，执行数据库查询
2	14:07:18	命中缓存
3	14:07:30	没有命中缓存，执行数据库查询
4	14:07:38	命中缓存
5	14:07:46	命中缓存
6	14:07:54	命中缓存
7	14:08:02	没有命中缓存，执行数据库查询

从程序运行结果可以看出：请求第 1 次执行的时候，由于缓存中没有"AllBooks3"对应的缓存数据，因此程序从数据库中加载数据；请求第 2 次执行的时候，由于距离第 1 次执行只有 8s，因此缓存被命中，并且缓存内容有效期延长了 10s；请求第 3 次执行的时候，由于距离第 2 次执行已经过去了 12s，缓存内容已经被删除，因此缓存没有被命中，程序从数据库中加载数据；在第 4、5、6 次执行的时候，由于距离上一次访问缓存都不足 10s，因此缓存都被命中；在第 7 次执行的时候，虽然距离上一次访问缓存仍然不足 10s，不过距离上一次从数据库中加载数据已经超过了 30s 的绝对过期时间，因此对应的缓存内容已经被删除了，第 7 次没有缓存被命中。

由此可见，我们把绝对过期时间和滑动过期时间两种策略一起应用的话，既可以实现不经常被访问的数据不占用太长时间的缓存、经常被访问的缓存会高频率地被命中，又可以避免高频访问数据的缓存数据不一致的问题。

综上所述，我们在选择内存缓存的过期时间策略的时候，如果缓存项的条数不多或者大部分缓存数据被访问的频率都差不多的话，我们可以使用绝对过期时间策略；如果只有部分数据访问频率比较高并且数据库中的数据不会被更新的话，我们可以使用滑动过期时间策略；如果缓存项的数据量比较大且只有其中一部分会被频繁访问，而且数据库中的数据会被更新的话，用绝对过期时间和滑动过期时间混合的策略更合适。

当然，无论用哪种过期时间策略，程序中都会存在缓存数据不一致的情况。对于有的系统，这种数据不一致的情况是可以接受的，比如我们把文章的点击量放到缓存中，就会存在文章被访问后没有立即显示新的点击量，而是几秒后等对应缓存项过期之后才更新显示，这个一般来讲是可以接受的。但是在有的系统中，这种延时是无法接受的，比如银行系统中用户的余额如果在用户转账后没有立即更新，则会有非常大的影响。对于这种无法接受缓存延时的系统，如果对应的从数据源获取数据的频率不高的话，可以不用缓存；如果我们需要用缓存提升性能的话，可以通过其他机制获取数据源改变的消息，再通过代码调用 IMemoryCache 的 Set 方法更新缓存。比如，在数据库系统中，我们可以通过触发器等机制来实现当数据库中的数据发生更新的时候，触发我们编写的程序来更新缓存中的代码。

7.4.5 缓存穿透问题的规避

在使用内存缓存的时候，如果处理不当，我们容易遇到"缓存穿透"的问题。我们注意到，IMemoryCache 接口中有一个 Get(object key)方法，它用来根据缓存键 key 查找缓存值，如果找不到缓存项，则方法会返回 null 等默认值。了解到这点，有的开发人员就用如代码 7-31 所示的方法来使用缓存。

代码 7-31　不适当的缓存代码

```
1   public async Task<ActionResult<Book?>> Demo5(Guid id)
2   {
3       string cacheKey = "Book" + id;                    //缓存键
4       Book? b = memCache.Get<Book?>(cacheKey);
5       if(b==null)                                       //如果缓存中没有数据
6       {
7                                                         //查询数据库，然后写入缓存
8           b = await dbCtx.Books.FindAsync(id);
9           memCache.Set(cacheKey, b);
10      }
11      if(b==null)                                       //如果仍然没找到数据
12          return NotFound("找不到这本书");
13      else
14          return b;
15  }
```

上面的程序的逻辑很简单：首先从缓存中查询是否有图书 ID 对应的缓存内容，如果 Get 方法返回 null，则说明缓存中没有对应的数据，需要我们去数据库中查询，并且把查询的结果写入缓存。在第 11 行代码中，如果 b 仍然为 null，说明缓存和数据库中都没有这条数据，程序就向客户端报告"这条数据找不到"。

这个程序能够正常执行，但是存在一个缺陷。对于大部分正常请求，客户端发送的 ID 都是存在的图书 ID，因此这些图书的信息都会保存到缓存中，之后无论有多少次针对这个 ID 的访问，程序都不再需要查询数据库，因此数据库的压力非常小。但是针对在数据库中不存在的图书 ID，在缓存中是不会保存任何信息的，因此第 4 行代码返回的值一直是 null，我们就会在每次程序执行到第 8 行代码时进行数据库查询。如果有恶意访问者使用不存在的图书 ID 来发送大量的请求，这样的请求就会一直执行第 8 行查询数据库的代码，因此数据库就会承受非常大的压力，甚至可能会导致数据库服务器崩溃，这种问题就叫作缓存穿透。

缓存穿透是由于"查询不到的数据用 null 表示"导致的，因此解决的思路也很简单，就是我们把"查不到"也当成数据放入缓存。在日常开发中只要使用 GetOrCreateAsync 方法即可，因为这个方法会把 null 也当成合法的缓存值，这样就可以轻松规避缓存穿透的问题了，如代码 7-32 所示。

代码 7-32　使用 GetOrCreateAsync 方法规避缓存穿透

```
1  logger.LogInformation("开始执行 Demo5");
2  string cacheKey = "Book" + id;
3  var book = await memCache.GetOrCreateAsync(cacheKey, async (e) => {
4      var b = await dbCtx.Books.FindAsync(id);
5      logger.LogInformation("数据库查询：{0}",b==null?"为空":"不为空");
6      return b;
7  });
8  logger.LogInformation("Demo5 执行结束:{0}", book == null ? "为空" : "不为空");
9  return book;
```

上面的程序运行后，我们访问这个 Action 两次，程序输出的日志如图 7-23 所示。

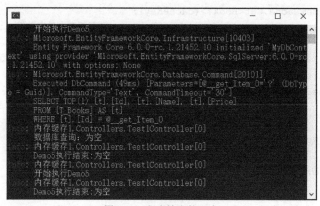

图 7-23　程序输出的日志

从程序运行结果可以看出，虽然程序第 1 次从数据库中没有查询到对应的数据，但是第 2 次程序不会再执行数据库查询，这说明规避了缓存穿透的问题。

综上所述，在使用内存缓存的时候，应尽量使用 GetOrCreateAsync 方法。

7.4.6　缓存雪崩问题的规避

在使用缓存的时候，有时会有在很短时间内，程序把一大批数据从数据源加入缓存的情况。比如为了提升网站的运行速度，我们会对数据进行"预热"，也就是在网站启动的时候把一部分数据从数据库中读取出来并加入缓存。如果这些数据设置的过期时间都相同，到了过期时间的时候，缓存项会集中过期，因此又会导致大量的数据库请求，这样数据库服务器就会出现周期性的压力，这种陡增的压力甚至会把数据库服务器"压垮"（崩溃），当数据库服务器从崩溃中恢复后，这些压力又压了过来，从而造成数据库服务器反复崩溃、恢复，这就是数据库服务器的"雪崩"。

解决这个问题的思路也很简单，那就是写缓存时，在基础过期时间之上，再加一个随机的过期时间，这样缓存项的过期时间就会均匀地分布在一个时间段内，就不会出现缓存集中一个时间点全部过期的情况了。

7.4.7 缓存数据混乱的规避

在使用服务器端缓存的时候，如果处理不当，程序有可能造成缓存数据混乱等严重的问题。如代码 7-33 所示，这是用来获取当前登录用户详细信息的一段代码，其中存在数据泄露问题。

代码 7-33 有数据泄露问题的代码

```
1  public User GetUserInfo()
2  {
3      Guid userId=...;//获取当前用户 ID
4      return memCache.GetOrCreate("UserInfo", (e) => {
5          return ctx.User.Find(userId);
6      });
7  }
```

上面的代码使用"UserInfo"作为缓存键。当 A 用户访问代码 7-33 所示的接口的时候，第 5 行代码查询到了 A 用户的个人信息，然后数据被写入到缓存中；当 B 用户也来访问这个接口的时候，由于缓存中已经存在缓存键为"UserInfo"的缓存内容，因此网站就直接把缓存中的数据返回给 B 用户了，但是缓存中的用户信息是 A 用户的，这就造成了 B 用户看到 A 用户信息的数据泄露问题。

解决这种问题的核心就是要合理设置缓存的 ID。很显然，在代码 7-33 中用缓存键"UserInfo"加上当前用户的 ID 就可以避免这个问题，也就是用 UserInfo+userId 作为缓存键。

7.4.8 案例：封装内存缓存操作的帮助类

在使用内存缓存的时候，我们除了要规避缓存雪崩等问题，还有其他一些问题需要注意。内存缓存中保存的是被缓存对象的引用，因此我们可以把任意.NET 对象保存到内存缓存中，不过在实际使用的时候，有一些问题需要注意。比如 IQueryable、IEnumerable 等类型可能存在延迟加载的问题，如果把这两种类型的变量指向的对象保存到内存缓存中，在把它们取出来再去执行的时候，如果它们延迟加载时需要的对象已经被释放，就会执行失败。因此，这两种类型的变量指向的对象在保存到内存缓存之前，最好将其转换为数组或者 List<T>类型，从而强制数据立即加载。

尽管 IMemoryCache 接口的使用已经非常简单了，但是为了实现随机缓存过期时间、强制缓存值的类型是安全类型等功能，我们仍然需要编写额外的一些代码。为了把这些工作简化，作者开发了一个 IMemoryCacheHelper 服务，该服务接口的定义如代码 7-34 所示。

代码 7-34 IMemoryCacheHelper.cs

```
1  public interface IMemoryCacheHelper
2  {
3      TResult? GetOrCreate<TResult>(string cacheKey,
4       Func<ICacheEntry, TResult?> valueFactory, int expireSeconds = 60);
5      Task<TResult?> GetOrCreateAsync<TResult>(string cacheKey,
```

```
6       Func<ICacheEntry, Task< TResult?>> valueFactory, int expireSeconds = 60);
7       void Remove(string cacheKey);
8   }
```

这个接口中的几个方法从名字就可以看出，它们和 IMemoryCache 接口中相应方法的用途是类似的。Remove 用来删除缓存项，而 GetOrCreate、GetOrCreateAsync 分别是用来以同步和异步方式获取或者创建数据的方法。唯一不同的就是，IMemoryCacheHelper 的方法中增加了一个 expireSeconds 参数，它表示以秒为单位的绝对过期时间，这个过期时间不是实际的绝对过期时间，而是会在 expireSeconds 和两倍的 expireSeconds 之间随机取一个值来作为实际的绝对过期时间。

下面我们来编写 IMemoryCacheHelper 接口的实现类 MemoryCacheHelper，如代码 7-35 所示。这里只列出了 GetOrCreateAsync 方法的实现，其他两个方法的实现很简单，为了节省篇幅，这里不再列出，读者可以在随书源代码中查看。

代码 7-35　MemoryCacheHelper 类的主要代码

```
1   public class MemoryCacheHelper : IMemoryCacheHelper
2   {
3       private readonly IMemoryCache memoryCache;
4       public MemoryCacheHelper(IMemoryCache memoryCache)
5       {
6           this.memoryCache = memoryCache;
7       }
8       private static void ValidateValueType<TResult>()
9       {
10          Type typeResult = typeof(TResult);
11          if (typeResult.IsGenericType)//如果是泛型类型，获取泛型类型定义
12          {
13              typeResult = typeResult.GetGenericTypeDefinition();
14          }
15          if (typeResult == typeof(IEnumerable<>) || typeResult == typeof(IEnumerable)
16              || typeResult == typeof(IAsyncEnumerable<TResult>)
17              || typeResult == typeof(IQueryable<TResult>) || typeResult == typeof(IQueryable))
18          {
19              throw new InvalidOperationException($"please use List<T> or T[] instead.");
20          }
21      }
22      private static void InitCacheEntry(ICacheEntry entry, int baseExpireSeconds)
23      {
24          double sec = Random.Shared.Next(baseExpireSeconds,baseExpireSeconds*2);
25          TimeSpan expiration = TimeSpan.FromSeconds(sec);
26          entry.AbsoluteExpirationRelativeToNow = expiration;
27      }
28      public async Task<TResult?> GetOrCreateAsync<TResult>(string cacheKey,
29        Func<ICacheEntry, Task<TResult?>> valueFactory, int baseExpireSeconds = 60)
```

```
30      {
31          ValidateValueType<TResult>();
32          if (!memoryCache.TryGetValue(cacheKey, out TResult result))
33          {
34              using ICacheEntry entry = memoryCache.CreateEntry(cacheKey);
35              InitCacheEntry(entry, baseExpireSeconds);
36              result = await valueFactory(entry);
37              entry.Value = result;
38          }
39          return result;
40      }
41  }
```

因为 IQueryable、IEnumerable 等类型及对应的泛型类型的变量会有延迟执行等问题，所以我们限制缓存的变量类型不能是这些类型，ValidateValueType 方法就是用来对此限制进行校验的。

InitCacheEntry 方法用来对 ICacheEntry 设置随机的缓存过期时间。在.NET 中 Random 是用来生成随机数的。在使用 Random 的时候，有一些要注意的情况，比如在循环中生成随机数的时候，我们要在循环外创建一个 Random 类的对象来复用，而不是在每一次循环中反复地创建 Random 对象。在.NET 6 中，Random 类中增加了一个 Random 类型的静态属性 Shared，我们可以直接用 Random.Shared 这个实例来生成随机数，而不用自己考虑如何管理 Random 对象，如第 24 行代码所示。

第 28～40 行代码的 GetOrCreateAsync 方法的实现基本参考了 IMemoryCache 的 GetOrCreateAsync 代码。ICacheEntry 指向一个对缓存进行设置的临时对象，ICacheEntry 接口继承了 IDisposable 接口。我们在调用 Dispose 方法的时候才真正地把缓存数据写入缓存，因此需要在对 ICacheEntry 设置完成后，调用 Dispose 方法，我们在第 34 行代码中使用了"using 声明"的语法来实现 entry 的自动释放。在第 36 行代码中，我们调用 valueFactory 委托来获取数据，并且在第 37 行代码中把获取的数据保存到 entry 中。第 36 行代码把 entry 传递给了回调，这样回调中可以根据需要对 entry 进行进一步的设置，比如设置滑动过期时间、设置缓存优先级等。

7.4.9　分布式缓存

由于内存缓存把缓存数据保存在 Web 应用的内存中，因此数据的读写速度是非常快的。但是在分布式系统中，这些缓存数据是不能共享的，因此集群中每个节点中的 Web 应用都要加载一份数据到自己的内存缓存中，如图 7-24 所示。

比如有一个到/Book/1 的请求，这个请求被转发到 A 服务器，A 服务器会从数据库中查询数据，然后将数据写入缓存；如果又有一个到/Book/1 的请求，并且这个请求也被转发到了 A 服务器，那么这个请求就可以使用内存中的缓存，但是如果这个请求被转发到了 B 服务器，那么 B 服务器仍然需要先从数据库中查询数据。如果集群节点的数量不多的话，这样的重复查询不会对数据库服务器造成太大压力，各个 Web 应用维护自己的内存缓存即可；但是如果集群节点的数量非常多的话，这样的重复查询也可能会把数据库服务器"压垮"。同时，如果缓存的数据量很大的话，它们占用的内存空间也会比较大，这样每台服务器都需要配置比较大的内存，这也会增加服务器的硬件成本。

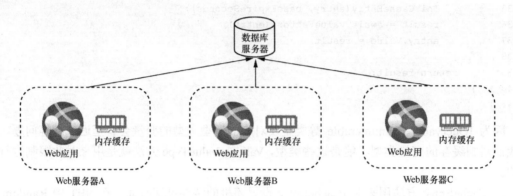

图 7-24　分布式系统中的内存缓存

在分布式系统中，如果内存缓存不能满足要求的话，我们就需要把缓存数据保存到专门的缓存服务器中，所有的 Web 应用都通过缓存服务器进行缓存数据的写入和获取，这样的缓存服务器就叫作分布式缓存服务器，如图 7-25 所示。

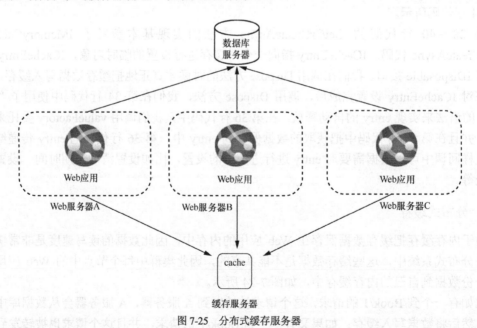

图 7-25　分布式缓存服务器

由于缓存数据被保存到一台公共的服务器中，一台服务器写入的缓存数据也可以被另外一台服务器读取到，因此我们就可以实现集群中的所有服务器共享一份缓存，从而避免各个服务器重复加载数据到本地内存缓存的问题。

常用的分布式缓存服务器有 Redis、Memcached 等，当然我们也可以把 SQL Server 等关系数据库当作分布式缓存服务器使用。.NET Core 中提供了统一的分布式缓存服务器的操作接口 IDistributedCache，无论用什么类型的分布式缓存服务器，我们都可以统一使用 IDistributedCache 接口进行操作。

IDistributedCache 同样支持绝对过期时间和滑动过期时间，分布式缓存中提供了 DistributedCacheEntryOptions 类用来配置过期时间，它的用法和内存缓存中的几乎一样，比如 AbsoluteExpirationRelativeToNow 属性用于设置绝对过期时间，SlidingExpiration 属性用于设置滑动过期时间，这里不再赘述。

因为不同类型的分布式缓存服务器支持的缓存键和缓存值的数据类型不同，为了简化操作，IDistributedCache 统一规定缓存键的类型为 string，缓存值的类型为 byte[]。缓存键的类型统一为 string 类型是合理的，而缓存值的类型统一为 byte[]类型，这就要求我们在写入缓存的时候把其他数据类型转换为 byte[]类型，而从缓存中查询数据的时候，需要我们再把读到的 byte[]类型的数据转换为原始类型。因为在日常开发中，string 类型的缓存值比 byte[]类型的更常用，所以.NET Core 中还提供了一些按照 string 类型存取缓存值的扩展方法。

IDistributedCache 中的大部分方法既有同步版本，也有异步版本，因为异步版本在项目开发中更常用，所以本书主要讲解异步版本。让我们来看一下 IDistributedCache 接口中定义的主要方法及主要的扩展方法，如表 7-3 所示。

表 7-3　　　IDistributedCache 接口中定义的主要方法及主要的扩展方法

方法	说明
Task<byte[]> GetAsync(string key)	查询缓存键 key 对应的缓存项，返回值是 byte[]类型的，如果对应的缓存项不存在，则返回 null
Task RefreshAsync(string key)	刷新缓存键 key 对应的缓存项，会对设置了滑动过期时间的缓存项续期
Task RemoveAsync(string key)	删除缓存键 key 对应的缓存项
Task SetAsync(string key, byte[] value, DistributedCacheEntryOptions options)	设置缓存键 key 对应的缓存项，value 属性为 byte[]类型的缓存值，注意 value 不能是 null
Task<string> GetStringAsync(string key)	按照 string 类型查询缓存键 key 对应的缓存值，返回值是 string 类型的，如果对应的缓存不存在，则返回 null
Task SetStringAsync(string key, string value, DistributedCacheEntryOptions options)	设置缓存键 key 对应的缓存项，value 属性为 string 类型的缓存值，注意 value 不能是 null

在使用分布式缓存的时候，我们还要选择合适的缓存服务器。微软官方提供了用 SQL Server 作为缓存服务器的 DistributedSqlServerCache，但是用关系数据库来保存缓存的性能并不好。

Memcached 是一个专门的缓存服务器，在缓存数据量比较小的时候，性能非常高，但是 Memcached 在集群、高可用等方面比较弱，而且有"缓存键的最大长度为 250B"等限制。如果要使用 Memcached 作为分布式缓存服务器，我们可以安装 EnyimMemcachedCore 这个第三方 NuGet 包。

Redis 是一个键值对数据库，提供了丰富的数据类型，它不仅可以被当作缓存服务器，也可以用来保存列表、字典、集合、地理坐标等数据类型，更可以用来作为消息队列。在某些情况下，Redis 作为缓存服务器比 Memcached 性能稍差，但是 Redis 在高可用、集群等方面非常强大，非常适合在数据量大、需要高可用性等场合使用。微软官方也提供了用 Redis 作为缓存服务器的 NuGet 包，本书中将会使用 Redis 作为分布式缓存服务器。

如果项目中需要使用其他类型的缓存服务器，可以尝试找一下是否有对应的 NuGet 包，即使没有现成的 NuGet 包，我们只要按照.NET Core 分布式缓存的接口编写实现类即可，并不复杂。

下面来演示一下如何使用分布式缓存服务器，以及如何在.NET 中编写代码进行缓存操作。

首先，因为我们要连接的缓存服务器是 Redis，所以需要通过 NuGet 安装 Microsoft. Extensions.Caching.StackExchangeRedis。

其次，在 Program.cs 的 builder.Build 之前添加代码 7-36。

代码 7-36　注册 Redis 缓存

```
1  builder.Services.AddStackExchangeRedisCache(options =>
2  {
3      options.Configuration = "localhost";
4      options.InstanceName = "yzk_";
5  });
```

上面的第 1 行代码用来注册用 Redis 作为分布式缓存服务器的服务；第 3 行代码用来设置程序到 Redis 服务器的连接配置。

Redis 是一个键值对数据库，如果键命名不当，容易造成键名称冲突，从而导致数据混乱。因为 Redis 服务器可能也在被其他程序使用，为了避免这里缓存的键值对和其他数据混淆，建议为缓存设置一个前缀。上面的第 4 行代码就是用来设置缓存键的前缀的，InstanceName 属性可以不设置，但是建议设置这个属性，并且为其设置一个和连接到 Redis 服务器的其他程序不冲突的值。

接下来，编写代码来通过 IDistributedCache 读写 Redis 中的缓存数据，如代码 7-37 所示。

代码 7-37　操作分布式缓存

```
1  public class Test1Controller : ControllerBase
2  {
3      private readonly IDistributedCache distCache;
4      public Test1Controller(IDistributedCache distCache)
5      {
6          this.distCache = distCache;
7      }
8      [HttpGet]
9      public string Now()
10     {
```

```
11       string s = distCache.GetString("Now");
12       if(s==null)
13       {
14           s = DateTime.Now.ToString();
15           var opt = new DistributedCacheEntryOptions();
16           opt.AbsoluteExpirationRelativeToNow = TimeSpan.FromSeconds(30);
17           distCache.SetString("Now", s, opt);
18       }
19       return s;
20   }
21 }
```

图 7-26　Redis 中的数据

运行程序，然后访问这个 Action。查看 Redis 中的数据，我们会发现 Redis 中的数据确实按照我们的设置缓存起来了，如图 7-26 所示。

7.4.10　案例：封装分布式缓存操作的帮助类

分布式缓存同样有缓存穿透、缓存雪崩等问题，而且 IDistributedCache 的方法中的缓存值只支持 byte[]和 string 类型，需要开发人员进行其他类型的转换。为了简化开发的工作量，本小节中，我们将会开发一个封装了 IDistributedCache 的帮助类 IDistributedCacheHelper，帮助类的接口如代码 7-38 所示。

代码 7-38　IDistributedCacheHelper.cs

```
1 public interface IDistributedCacheHelper
2 {
3     TResult? GetOrCreate<TResult>(string cacheKey, Func<DistributedCacheEntryOptions,
4         TResult?> valueFactory, int expireSeconds = 60);
5     Task<TResult?> GetOrCreateAsync<TResult>(string cacheKey,
6         Func<DistributedCacheEntryOptions, Task<TResult?>> valueFactory,
                int expireSeconds);
7     void Remove(string cacheKey);
8     Task RemoveAsync(string cacheKey);
9 }
```

这个接口的定义和 7.4.8 小节中定义的 IMemoryCacheHelper 非常类似，这里不再赘述。

接下来，我们看一下 IDistributedCacheHelper 接口的实现类 DistributedCacheHelper。同样地，这里只列出了 GetOrCreateAsync 方法的实现，如代码 7-39 所示。其他几个方法的实现很简单，为了节省篇幅，这里不再列出，读者可以查看随书源代码。

代码 7-39　DistributedCacheHelper 主干内容

```
1 public class DistributedCacheHelper : IDistributedCacheHelper
2 {
3     private readonly IDistributedCache distCache;
```

```
4      public DistributedCacheHelper(IDistributedCache distCache)
5      {
6          this.distCache = distCache;
7      }
8      private static DistributedCacheEntryOptions CreateOptions(int baseExpireSeconds)
9      {
10         double sec = Random.Shared.Next(baseExpireSeconds, baseExpireSeconds * 2);
11         TimeSpan expiration = TimeSpan.FromSeconds(sec);
12         var options = new DistributedCacheEntryOptions();
13         options.AbsoluteExpirationRelativeToNow = expiration;
14         return options;
15     }
16     public async Task<TResult?> GetOrCreateAsync<TResult>(string cacheKey,
17         Func<DistributedCacheEntryOptions,Task<TResult?>> valueFactory,
               int expireSeconds)
18     {
19         string jsonStr = await distCache.GetStringAsync(cacheKey);
20         if (string.IsNullOrEmpty(jsonStr))
21         {
22             var options = CreateOptions(expireSeconds);
23             TResult? result = await valueFactory(options);
24             string jsonOfResult = JsonSerializer.Serialize(result,typeof(TResult));
25             await distCache.SetStringAsync(cacheKey, jsonOfResult, options);
26             return result;
27         }
28         else
29         {
30             await distCache.RefreshAsync(cacheKey);
31             return JsonSerializer.Deserialize<TResult>(jsonStr)!;
32         }
33     }
34 }
```

上面代码中的 CreateOptions 用来创建一个随机的绝对过期时间；在第 19 行代码中，如果 GetStringAsync 读到的值为 null，就说明数据在缓存中不存在，因此我们在第 23 行代码中调用回调方法从数据源获取数据，由于获取的数据很可能不是 string 类型的，因此我们在第 24 行代码中把从数据源获取的数据序列化为 JSON 字符串，然后在第 25 行代码中把 JSON 字符串存入分布式缓存中；如果在第 19 行代码中能够从分布式缓存中读到值，我们就先执行第 30 行代码，调用 RefreshAsync 对缓存项进行滑动过期时间的续期；由于在第 19 行代码中读到的值是 string 类型的，因此我们需要把 JSON string 类型反序列化为数据的原始类型。

上面的代码使用.NET 内置的 System.Text.Json 进行 JSON 的序列化和反序列化。对 null 进行序列化的时候，我们会得到"null"这个字符串，并且"null"也会反序列化为 null。因此代码 7-39 所示的方法能够避免缓存穿透的问题。

7.4.11 缓存方式的选择

经过前面的学习，我们知道，.NET 中的缓存分为客户端响应缓存、服务器端响应缓存、内存缓存、分布式缓存等。缓存可以极大地提升系统的性能，在进行系统设计的时候，我们要根据系统的特点选择合适的缓存方式。

客户端响应缓存能够充分利用客户端的缓存机制，它不仅可以降低服务器端的压力，也能够提升客户端的操作响应速度并且降低客户端的网络流量。但是我们需要合理设置缓存相关参数，以避免客户端无法及时刷新到最新数据的问题。

服务器端响应缓存能够让我们几乎不需要编写额外的代码就轻松地降低服务器的压力。但是由于服务器端响应缓存的启用条件比较苛刻，因此要根据项目的情况决定是否使用它。

内存缓存能够降低数据库以及后端服务器的压力，而且内存缓存的存取速度非常快；分布式缓存能够让集群中的多台服务器共享同一份缓存，从而降低数据源的压力。如果集群节点的数量不多，并且数据库服务器的压力不大的话，推荐读者使用内存缓存，毕竟内存的读写速度比网络快很多；如果集群节点太多造成数据库服务器的压力很大的话，可以采用分布式缓存。无论是使用内存缓存还是分布式缓存，我们都要合理地设计缓存键，以免出现数据混乱。

这些缓存方式并不是互斥的，我们在项目中可以组合使用它们。比如对于论坛系统，论坛首页中的版块信息变动不频繁，我们可以为版块信息的客户端响应缓存设置 24h 的过期时间；对于所有的帖子详情信息，我们同时启用内存缓存和分布式缓存，当加载帖子详情页面的数据的时候，我们先到内存缓存中查找，内存缓存中找不到再到分布式缓存中查找，这样就既可以利用内存缓存读取速度快的优点，也能利用分布式缓存的优点。

7.5 筛选器

筛选器（filter，也可以翻译为"过滤器"）是 ASP.NET Core 中提供的一种切面编程机制，它允许开发人员创建自定义筛选器来处理横切关注点，也就是在 ASP.NET Core 特定的位置执行我们自定义的代码，比如在控制器的操作方法之前执行数据检查的代码，或者在 ActionResult 执行的时候向响应报文头中写入自定义数据等。

ASP.NET Core 中的筛选器有以下 5 种类型：授权筛选器、资源筛选器、操作筛选器、异常筛选器和结果筛选器。在进行项目开发的时候，我们一般配置授权策略或编写自定义授权策略，而不是编写自定义授权筛选器，只有在需要自定义授权框架时才会用到自定义授权筛选器。类似的道理也适用于资源筛选器和结果筛选器，因此本书重点讲解异常筛选器和操作筛选器。

所有筛选器一般有同步和异步两个版本，比如同步操作筛选器实现 IActionFilter 接口，而异步操作筛选器实现 IAsyncActionFilter 接口。在大部分场景下，异步筛选器的性能更好，而且可以支持在实现类中编写异步调用的代码，因此本书主要讲解异步筛选器。

7.5.1　异常筛选器

当系统中出现未经处理的异常的时候，异常筛选器就会执行，我们可以在异常筛选器中对异常进行处理。

我们知道，在 ASP.NET Core Web API 中，如果程序中出现未处理异常，就会生成如图 7-27 所示的响应报文。

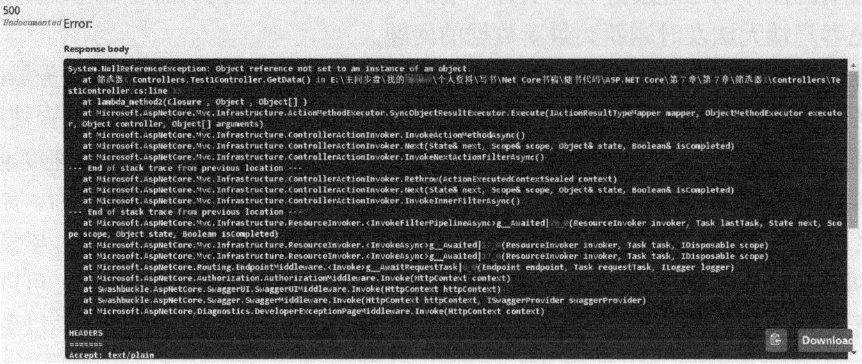

图 7-27　响应报文

这样的异常信息只有客户端才知道，网站的运维人员和开发人员不知道这个异常的存在，我们需要在程序中把未处理异常记录到日志中。为了规范化接口的格式，当系统中出现未处理异常的时候，我们需要统一给客户端返回如下格式的响应报文：{"code":"500","message":"异常信息"}。如果程序是在开发阶段运行，则异常信息的内容为全部异常堆栈，否则异常信息的内容固定为程序中出现未处理异常。

下面我们实现自定义异常筛选器来实现这两个功能。首先，我们编写自定义的异常筛选器，如代码 7-40 所示。

代码 7-40　自定义的异常筛选器

```
 1  public class MyExceptionFilter : IAsyncExceptionFilter
 2  {
 3    private readonly ILogger<MyExceptionFilter> logger;
 4    private readonly IHostEnvironment env;
 5    public MyExceptionFilter(ILogger<MyExceptionFilter> logger, IHostEnvironment env)
 6    {
 7      this.logger = logger;
 8      this.env = env;
 9    }
10    public Task OnExceptionAsync(ExceptionContext context)
11    {
12      Exception exception = context.Exception;
13      logger.LogError(exception,"UnhandledException occured");
```

```
14          string message;
15          if(env.IsDevelopment())
16              message = exception.ToString();
17          else
18              message = "程序中出现未处理异常";
19          ObjectResult result = new ObjectResult(new { code = 500, message = message });
20          result.StatusCode = 500;
21          context.Result = result;
22          context.ExceptionHandled = true;
23          return Task.CompletedTask;
24      }
25 }
```

异步异常筛选器要实现 IAsyncExceptionFilter 接口。由于筛选器中需要把异常信息记录到日志中并且判断程序的执行环境，因此筛选器需要注入 ILogger 和 IHostEnvironment 这两个服务。在第 12 行代码中，我们使用 context.Exception 获取异常对象，然后在第 13 行代码中，把异常写入日志。在第 14~18 行代码中，我们检测程序的运行环境来决定 message 的值中是否显示异常堆栈。很显然，在生产环境中，我们不能显示异常堆栈，以避免泄露程序的机密信息。在第 19~21 行代码中，我们设置响应报文的内容。在第 22 行代码中，我们设置 context.ExceptionHandled 的值为 true，通过这样的方式来告知 ASP.NET Core 不再执行默认的异常响应逻辑。

然后，我们在 Program.cs 的 builder.Build 之前添加代码 7-41，设置全局的筛选器。

代码 7-41　设置全局的筛选器

```
1 builder.Services.Configure<MvcOptions>(options =>
2 {
3     options.Filters.Add<MyExceptionFilter>();
4 });
```

MvcOptions 是 ASP.NET Core 项目的主要配置对象，我们在第 3 行代码中向 Filters 注册全局的筛选器，这样，项目中所有的 ASP.NET Core 中的未处理异常都会被 MyExceptionFilter 处理。用这种方式注入的筛选器是由依赖注入机制进行管理的，因此我们可以通过构造方法为筛选器注入其他的服务。

读者如果在网上看到筛选器，可能会看到在 AddMVC 中注册筛选器的代码，那是旧版 ASP.NET Core 中的写法，在最新版的 ASP.NET Core 中，直接对 MvcOptions 进行配置就可以。

如上设置后，当控制器中的 Action 出现未处理异常时，就会出现图 7-28 所示的响应报文。

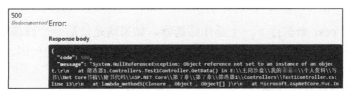

图 7-28　自定义的响应报文

需要注意的是，只有 ASP.NET Core 线程中的未处理异常才会被异常筛选器处理，后台线程中的异常不会被异常筛选器处理。

7.5.2　操作筛选器基础

每次 ASP.NET Core 中控制器的操作方法执行的时候，操作筛选器都会被执行，我们可以在操作方法执行之前和执行之后执行一些代码，完成特定的功能。

操作筛选器一般实现 IAsyncActionFilter 接口，这个接口中定义了 OnActionExecutionAsync 方法，方法的声明如代码 7-42 所示。

代码 7-42　方法的声明

```
Task OnActionExecutionAsync(ActionExecutingContext context, ActionExecutionDelegate next)
```

其中，context 参数代表 Action 执行的上下文对象，从 context 中我们可以获取请求的路径、参数值等信息；next 参数代表下一个要执行的操作筛选器。一个项目中可以注册多个操作筛选器，这些操作筛选器组成一个链，上一个筛选器执行完了再执行下一个。如图 7-29 所示，next 就是一个用来指向下一个操作筛选器的委托，如果当前的操作筛选器是最后一个筛选器的话，next 就会执行要执行的操作方法。

图 7-29　多个操作筛选器

下面来编写两个操作筛选器，以便演示操作筛选器的用法。

第 1 步，编写一个实现了 IAsyncActionFilter 接口的类 MyActionFilter1，如代码 7-43 所示。

代码 7-43　MyActionFilter1.cs

```
1  public class MyActionFilter1 : IAsyncActionFilter
2  {
3      public async Task OnActionExecutionAsync(ActionExecutingContext context,
4          ActionExecutionDelegate next)
5      {
6          Console.WriteLine("MyActionFilter 1:开始执行");
7          ActionExecutedContext r = await next();
8          if (r.Exception != null)
9            Console.WriteLine("MyActionFilter 1:执行失败");
10         else
11           Console.WriteLine("MyActionFilter 1:执行成功");
12     }
13 }
```

第 7 行代码用 next 来执行下一个操作筛选器，如果这是最后一个操作筛选器，它就会执行实际的操作方法。next 之前的代码是在操作方法执行之前要执行的代码，而 next 之后的代码则是在操作方法执行之后要执行的代码。

next 的返回值是操作方法的执行结果，返回值是 ActionExecutedContext 类型的。如果操作方法执行的时候出现了未处理异常，那么 ActionExecutedContext 的 Exception 属性就是异常对象，ActionExecutedContext 的 Result 属性就是操作方法的执行结果。

第 2 步，编写一个和 MyActionFilter1 类似的类 MyActionFilter2，如代码 7-44 所示。

代码 7-44　MyActionFilter2.cs

```
1  public class MyActionFilter2 : IAsyncActionFilter
2  {
3      public async Task OnActionExecutionAsync(ActionExecutingContext context,
4          ActionExecutionDelegate next)
5      {
6          Console.WriteLine("MyActionFilter 2:开始执行");
7          ActionExecutedContext r = await next();
8          if (r.Exception != null)
9            Console.WriteLine("MyActionFilter 2:执行失败");
10          else
11             Console.WriteLine("MyActionFilter 2:执行成功");
12      }
13 }
```

第 3 步，在 Program.cs 中注册这两个操作筛选器，如代码 7-45 所示。

代码 7-45　注册两个筛选器

```
1  builder.Services.Configure<MvcOptions>(options =>
2  {
3      options.Filters.Add<MyActionFilter1>();
4      options.Filters.Add<MyActionFilter2>();
5  });
```

第 4 步，在控制器中增加一个要测试的操作方法，如代码 7-46 所示。

代码 7-46　GetData 操作方法

```
1  [HttpGet]
2  public string GetData()
3  {
4      Console.WriteLine("执行 GetData");
5      return "yzk";
6  }
```

第 5 步，启动项目，访问操作方法的路径，程序运行结果如图 7-30 所示。

图 7-30　程序运行结果

从程序运行结果可以看出，多个操作筛选器和操作方法的执行顺序和我们的分析结果一致。

需要特别说明的是，虽然操作筛选器实现的是 IAsyncActionFilter 接口，但是并不是说操作筛选器只能处理同步操作方法。无论是同步的操作筛选器还是异步的操作筛选器，都可以处理同步和异步的操作方法，区别在于操作筛选器的实现代码是同步代码还是异步代码。

7.5.3 案例：自动启用事务的操作筛选器

我们知道，数据库事务有一个非常重要的特性，那就是"原子性"，它保证了我们对数据库的多个操作要么全部成功、要么全部失败，进而帮助我们保证业务数据的正确性。但是，事务的使用是比较麻烦的，需要我们手工启用、提交及回滚事务，我们的业务代码中会充斥着事务管理的代码。本小节将实现一个对于数据库操作自动启用事务的操作筛选器。

我们可以使用 TransactionScope 简化事务代码的编写。TransactionScope 是.NET 中用来标记一段支持事务的代码的类。EF Core 对 TransactionScope 提供了天然的支持，当一段使用 EF Core 进行数据库操作的代码放到 TransactionScope 声明的范围中的时候，这段代码就会自动被标记为"支持事务"。

TransactionScope 实现了 IDisposable 接口，如果一个 TransactionScope 的对象没有调用 Complete 就执行了 Dispose 方法，则事务会被回滚，否则事务就会被提交。TransactionScope 还支持嵌套式事务，也就是多个 TransactionScope 嵌套，只有最外层的 TransactionScope 提交了事务，所有的操作才生效；如果最外层的 TransactionScope 回滚了事务，那么即使内层的 TransactionScope 提交了事务，最终所有的操作仍然会被回滚。

.NET Framework 中也有 TransactionScope 类，它的行为和.NET Core 中的 TransactionScope 类的行为类似，不过.NET Framework 中的 TransactionScope 类会使用 Windows 特有的 MSDTC （Microsoft distributed transaction coordinator，微软分布式事务调解器）技术支持分布式事务，而.NET Core 由于是跨平台的，因此不支持分布式事务。MSDTC 实现的分布式事务是强一致性的事务，尽管很简单易用，但是会带来性能等问题，不符合现在主流的"最终一致性事务"方案。因此，我们在.NET Core 中使用 TransactionScope 的时候不用担心 MSDTC 事务提升的问题，当需要进行分布式事务处理的时候，请使用最终一致性事务。

在同步代码中，TransactionScope 使用 ThreadLocal 关联事务信息；在异步代码中，TransactionScope 使用 AsyncLocal 关联事务信息。

我们编写的操作方法中，可能不希望有的方法自动启用事务控制，可以给这些操作方法添加一个自定义的 NotTransactionalAttribute，如代码 7-47 所示。

代码 7-47 NotTransactionalAttribute.cs

```
1  [AttributeUsage(AttributeTargets.Method)]
2  public class NotTransactionalAttribute : Attribute
3  {
4  }
```

然后，开发筛选器 TransactionScopeFilter，其 OnActionExecutionAsync 方法的实现如代

码 7-48 所示。

代码 7-48　TransactionScopeFilter.cs

```
1  bool hasNotTransactionalAttribute = false;
2  if (context.ActionDescriptor is ControllerActionDescriptor)
3  {
4      var actionDesc = (ControllerActionDescriptor)context.ActionDescriptor;
5      hasNotTransactionalAttribute = actionDesc.MethodInfo
6          .IsDefined(typeof(NotTransactionalAttribute));
7  }
8  if (hasNotTransactionalAttribute)
9  {
10     await next();
11     return;
12 }
13 using var txScope =
14         new TransactionScope(TransactionScopeAsyncFlowOption.Enabled);
15 var result = await next();
16 if (result.Exception == null)//操作方法执行没有异常
17 {
18     txScope.Complete();
19 }
```

第 1~7 行代码中，判断操作方法上是否标注了 NotTransactionalAttribute；第 8~12 行代码中，判断操作方法上如果标注了 NotTransactionalAttribute，则直接执行 await next()，因为 OnActionExecutionAsync 方法的代码是异步的，因此在第 14 行代码中创建 TransactionScope 对象的时候，需要设定 TransactionScopeAsyncFlowOption.Enabled 这个构造方法的参数；在第 16~19 行代码中，如果我们发现操作方法执行时没有出现异常，就调用 Complete 最终提交事务。

不要忘了把 TransactionScopeFilter 注册到 Program.cs 中，然后再编写插入数据的操作方法，如代码 7-49 所示。

代码 7-49　插入数据的操作方法

```
1  [HttpPost]
2  public async Task Save()
3  {
4     dbCtx.Books.Add(new Book { Id=Guid.NewGuid(),Name="1",Price=1});
5     await dbCtx.SaveChangesAsync();
6     dbCtx.Books.Add(new Book { Id = Guid.NewGuid(), Name = "2", Price = 2});
7     await dbCtx.SaveChangesAsync();
8  }
```

上面的代码能够正确地插入两条数据。如果我们在第 5 行代码和第 6 行代码之间加入一行 throw new Exception() 来抛出异常，再次执行 Save 方法之后，我们会发现数据库中没有插入一条数据，这说明第 5 行代码虽然实现了插入数据，但是由于事务回滚，因此第 5 行代码插入的数据也被回滚了。

7.5.4 案例：开发请求限流器

我们在操作筛选器中不仅可以在操作方法之前或者之后添加代码，还可以在满足条件的时候终止操作方法的执行。我们知道，在操作筛选器中，我们通过 await next() 来执行下一个筛选器，如果没有下一个筛选器，程序就会执行目标操作方法。如果我们不调用 await next()，就可以终止操作方法的执行了。

本小节中，我们将会通过开发一个实现请求限流器功能的操作筛选器演示如何终止操作方法的执行。为了避免恶意客户端频繁发送大量请求而消耗服务器资源，我们要实现"1s 内只允许最多有一个来自同一个 IP 地址的请求"。可以通过自定义操作筛选器来实现，如代码 7-50 所示。

代码 7-50　RateLimitFilter.cs

```
1   public class RateLimitFilter : IAsyncActionFilter
2   {
3       private readonly IMemoryCache memCache;
4       public RateLimitFilter(IMemoryCache memCache)
5       {
6           this.memCache = memCache;
7       }
8       public Task OnActionExecutionAsync(ActionExecutingContext context,
9           ActionExecutionDelegate next)
10      {
11          string removeIP = context.HttpContext.Connection.RemoteIpAddress.ToString();
12          string cacheKey = $"LastVisitTick_{removeIP}";
13          long? lastTick = memCache.Get<long?>(cacheKey);
14          if (lastTick == null || Environment.TickCount64 - lastTick > 1000)
15          {
16              memCache.Set(cacheKey, Environment.TickCount64,TimeSpan.FromSeconds(10));
17              return next();
18          }
19          else
20          {
21              context.Result = new ContentResult { StatusCode= 429 } ;
22              return Task.CompletedTask;
23          }
24      }
25  }
```

这里通过注入的 **IMemoryCache** 来记录用户上一次访问的时间戳，在分布式系统下我们可以改用分布式缓存来代替内存缓存。在第 11、12 行代码中，我们获取客户端的 IP 地址，并且用它来拼接缓存键；在第 13~18 行代码中，我们获取这个客户端 IP 地址上一次访问服务器的时间，如果缓存中不存在上一次访问时间或者上一次访问时间距离现在已经超过 1s，则在第 17 行代码中通过 next 来执行后面的筛选器；如果上一次访问时间距离现在不超过 1s，则向客户端发送 HTTP 状态码为 429 的响应，也就是 "访问过于频繁"；由于在第 21、22 行代码中，我们没有调用 next，因此目标操作方法就得不到执行了。

接下来，不要忘了在 Program.cs 中注册 RateLimitFilter 并添加对内存缓存的支持，如代码 7-51 所示。

代码 7-51　注册筛选器并启用内存缓存

```
1  builder.Services.Configure<MvcOptions>(options =>
2  {
3      options.Filters.Add<RateLimitFilter>();
4  });
5  builder.Services.AddMemoryCache();
```

接下来，启动项目，并且访问接口，如果访问频率不高的话，接口能够正常工作。如果访问频率很高的话，服务器就会提示 "Only once per second!"，如图 7-31 所示。

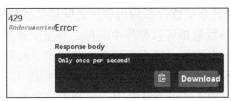

图 7-31　服务器响应

7.6　中间件

中间件（middleware）是 ASP.NET Core 中的核心组件，ASP.NET Core MVC 框架、响应缓存、用户身份验证、CORS、Swagger 等重要的框架功能都是由 ASP.NET 内置的中间件提供的，我们也可以开发自定义的中间件来提供额外的功能。虽然对于大部分开发人员来讲，不需要开发自定义的中间件，但是了解中间件的原理能够帮助我们更好地使用 ASP.NET Core。本节将首先介绍中间件的基本原理，然后通过开发自定义中间件加深对中间件的了解。

7.6.1　什么是中间件

我们知道，在浏览网站或者使用手机 App 加载内容的时候，浏览器或者手机 App 其实在向 Web 服务器发送 HTTP 请求。服务器在收到 HTTP 请求后会对用户的请求进行一系列的处理，比如检查请求的身份验证信息、处理请求报文头、检查是否存在对应的服务器端响应缓存、找到和请求对应的控制器类中的操作方法等，当控制器类中的操作方法执行完成后，服务器也会对响应进行一系列的处理，比如保存响应缓存、设置缓存报文头、设置 CORS 报文头、压缩响应内容等。这一系列操作如果全部都硬编码在 ASP.NET Core 中，会使得代码的耦合度太高，无法做到按需组装处理逻辑。因此 ASP.NET Core 基础框架只完成 HTTP 请求的调度、报文的解析等必要的工作，其他可选的工作都由不同的中间件来提供，如图 7-32 所示。

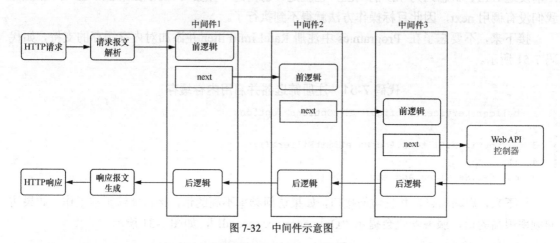

图 7-32　中间件示意图

广义上来讲，中间件指的是系统软件和应用软件之间连接的软件，以便于软件之间的沟通，比如 Web 服务器、Redis 服务器等都可以称作中间件。狭义上来讲，ASP.NET Core 中的中间件则指 ASP.NET Core 中的一个组件。每个中间件由前逻辑、next、后逻辑 3 部分组成，前逻辑为第一段要执行的逻辑代码，next 为指向下一个中间件的调用，后逻辑为从下一个中间件返回所执行的逻辑代码。每个 HTTP 请求都要经历一系列中间件的处理，每个中间件对请求进行特定的处理后，再将其转到下一个中间件，最终的业务逻辑代码执行完成后，响应的内容也会按照请求处理的相反顺序进行处理，然后形成 HTTP 响应报文返回给客户端。

这些中间件组成一个管道（pipeline），整个 ASP.NET Core 的执行过程就是 HTTP 请求和响应按照中间件组装的顺序在中间件之间流转的过程。开发人员可以对组成管道的中间件按照需要进行自由组合，比如调整中间件的顺序、添加或者删除中间件、自定义中间件等。

7.6.2　中间件的 3 个概念

要进行中间件的开发，我们需要先了解 3 个重要的概念：Map、Use 和 Run。Map 用来定义一个管道可以处理哪些请求，Use 和 Run 用来定义管道，一个管道由若干个 Use 和一个 Run 组成，每个 Use 引入一个中间件，而 Run 用来执行最终的核心应用逻辑。Map、Use 和 Run 的关系如图 7-33 所示。

在如图 7-33 所示的例子中，当用户请求/test1 这个路径的时候，请求就被放到"管道 1"进行处理，经过两个 Use 引入的中间件，最后在 Run 中执行完请求。一个管道中可以包含多个 Use，一般只包含一个 Run，而且 Run 被放到最后，因为一个 Use 引入的中间件可以把请求转给下一个中间件，但是一旦执行 Run，处理就终止了。也就是说，Map 是用来引入请求的，请求来到管道之后,由组成管道的多个 Use 负责对请求进行预处理及请求处理完成后的扫尾工作,Run 负责主要的业务规则。

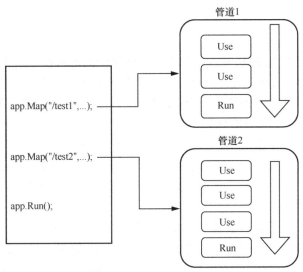

图 7-33 Map、Use 和 Run 的关系

7.6.3 简单演示中间件

本小节中,我们将通过简单的案例了解 Map、Use 和 Run 在 ASP.NET Core 中的不同作用。

如果我们创建一个 ASP.NET Core MVC 或者 ASP.NET Core Web API 项目,向导会自动帮我们创建模板代码,这些模板代码中会自动帮我们引入一些中间件。为了能够更清晰地了解中间件,我们创建一个空的 ASP.NET Core 项目,然后手动添加中间件。

首先,在 Visual Studio 新建一个项目,在项目创建向导中选择【ASP.NET Core 空】。

接下来,修改 Program.cs 文件的内容,如代码 7-52 所示。

代码 7-52 中间件入门案例

```
1  var builder = WebApplication.CreateBuilder(args);
2  var app = builder.Build();
3  app.Map("/test", async appbuilder => {
4      appbuilder.Use(async (context, next) => {
5          context.Response.ContentType = "text/html";
6          await context.Response.WriteAsync("1  Start<br/>");
7          await next.Invoke();
8          await context.Response.WriteAsync("1  End<br/>");
9      });
10     appbuilder.Use(async (context, next) => {
11         await context.Response.WriteAsync("2  Start<br/>");
12         await next.Invoke();
13         await context.Response.WriteAsync("2  End<br/>");
```

```
14        });
15    appbuilder.Run(async ctx => {
16        await ctx.Response.WriteAsync("hello middleware <br/>");
17    });
18 });
19 app.Run();
```

在第 3 行代码中，使用 Map 定义了所有对/test 路径的请求都由第 4～17 行代码定义的管道来处理；在管道内部，请求会由第 4 行、第 10 行代码引入的两个中间件来处理；管道中 Use 的声明顺序就是中间件的执行顺序，一个请求到来的时候，会依次执行第 4 行、第 10 行代码中的两个中间件，最后执行第 15 行代码中的 Run；在中间件中，我们可以使用 await next.Invoke() 来执行下一个中间件；由于 Run 不会再把请求向后传递，因此 Run 中不需要也不能够再执行 next.Invoke 之类的逻辑；Run 的代码执行结束后，响应会按照请求的相反顺序执行每个 Use 中 await next.Invoke()之后的代码，因此 Run 执行结束后，会依次执行第 13 行、第 8 行代码；最后程序把响应输出给客户端。

需要注意的是，按照微软的建议，如果我们在一个中间件中使用 ctx.Response.WriteAsync 等方式向客户端发送响应，我们就不能再执行 next.Invoke 把请求转到其他中间件了。因为其他中间件中有可能对 Response 进行了更改，比如修改响应状态码、修改报文头或者向响应报文中写入其他数据，这样就会造成响应报文体被损坏的问题。因此，在代码 7-52 中的中间件中，我们在向报文体中写入内容后，又执行 next.Invoke 是不推荐的行为，我们这样做只是为了演示而已。

最后，启动项目，并且在浏览器中访问/test 路径，程序运行结果如图 7-34 所示。可以看出，程序运行结果和我们分析的一致。

图 7-34　程序运行结果

如果 Use 中定义的中间件代码比较简单的话，可以用如代码 7-52 所示的方式来编写中间件的代码；如果定义中间件的代码比较复杂，或者需要重复使用一个中间件的话，最好把中间件的代码放到一个单独的类中，这样的类我们称之为"中间件类"。

中间件类是一个普通的.NET 类，它不需要继承任何父类或者实现任何接口，但是这个类需要有一个构造方法，构造方法至少要有一个 RequestDelegate 类型的参数，这个参数用来指向下一个中间件。这个类还需要定义一个名字为 Invoke 或 InvokeAsync 的方法，方法中至少有一个 HttpContext 类型的参数，方法的返回值必须是 Task 类型。中间件类的构造方法和 Invoke

（或 InvokeAsync）方法还可以定义其他参数，其他参数会通过依赖注入自动赋值。

下面开发一个简单的中间件类，这个中间件类会检查请求中是否有 password 为 123 的查询字符串，而且会把请求报文体按照 JSON 格式尝试解析为 dynamic 类型的对象，并且把 dynamic 对象放入 context.Items 中供后续的中间件或者 Run 使用，如代码 7-53 所示。

代码 7-53　CheckAndParsingMiddleware.cs

```
1  public class CheckAndParsingMiddleware
2  {
3      private readonly RequestDelegate next;
4      public CheckAndParsingMiddleware(RequestDelegate next)
5      {
6          this.next = next;
7      }
8      public async Task InvokeAsync(HttpContext context)
9      {
10         string pwd = context.Request.Query["password"];
11         if (pwd == "123")
12         {
13             if (context.Request.HasJsonContentType())
14             {
15                 var reqStream = context.Request.BodyReader.AsStream();
16                 dynamic? jsonObj = DJson.Parse(reqStream);
17                 context.Items["BodyJson"] = jsonObj;
18             }
19             await next(context);
20         }
21         else
22         {
23             context.Response.StatusCode = 401;
24         }
25     }
26 }
```

在第 10、11 行代码中，获取查询字符串中 password 的值，如果 password 的值不是 123，程序则执行第 23 行代码向客户端发送状态码为 401（代表"未授权"）的响应，由于没有执行 await next(context);，请求不会被传递到其他中间件，因此也不会执行 Run 中的代码，这个请求就被终止了。如果 password 检查正确，程序则在第 13 行代码中检查这个请求是否为 JSON 请求，如果为 JSON 请求则执行第 15～17 行代码，把请求报文体解析为 dynamic 类型，并且放入 context.Items。由于目前 System.Text.Json 不支持把 JSON 字符串反序列化为 dynamic 类型，因此这里使用第三方 NuGet 包 Dynamic.Json 中的 DJson 类来完成这个工作。在第 19 行代码中，通过 await next(context);把请求转给下一个中间件。

接下来，使用中间件类 CheckAndParsingMiddleware，修改后的 Program.cs 如代码 7-54 所示。

代码 7-54　调用中间件类的代码

```
1  var builder = WebApplication.CreateBuilder(args);
2  var app = builder.Build();
3  app.Map("/test", async appbuilder => {
4      appbuilder.UseMiddleware<CheckAndParsingMiddleware>();
5      appbuilder.Run(async ctx => {
6          ctx.Response.ContentType = "text/html";
7          ctx.Response.StatusCode = 200;
8          dynamic? jsonObj = ctx.Items["BodyJson"];
9          int i = jsonObj.i;
10         int j = jsonObj.j;
11         await ctx.Response.WriteAsync($"{i}+{j}={i+j}");
12     });
13 });
14 app.Run();
```

在第 4 行代码中，通过 UseMiddleware 来引入中间件类到管道中。管道中只引入了 CheckAndParsingMiddleware 中间件类，然后程序就在 Run 中执行具体的响应了。在 Run 的第 8 行代码中，从 HttpContext 的 Items 中把 CheckAndParsingMiddleware 类中设置的 dynamic 对象取出；因为 HttpContext.Items 在同一个请求中是共享的，所以可以用它来实现在多个中间件之间传递数据。在第 8～11 行代码中，把 HttpContext.Items 中的对象取出来，并且输出到响应报文。

执行程序，然后向/test?password=123 发送内容为{"i":3,"j":5}的请求，程序运行结果如图 7-35 所示。

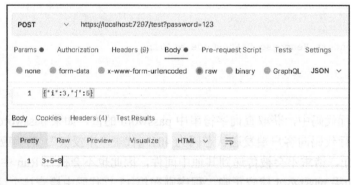

图 7-35　程序运行结果

如果我们发送的请求中没有设置 password 请求字符串或者请求字符串的值错误，则程序运行结果如图 7-36 所示，服务器端响应的状态码为我们设置的 401。

除了常用的根据路径进行请求匹配的 Map 方法，ASP.NET Core 中还提供了其他的 Map 方法，比如匹配 GET 请求的 MapGet 方法、匹配 POST 请求的 MapPost 方法。通过 MapWhen 方法中的类型为 Func<HttpContext, bool>的参数还可以使用自定义的过滤条件来进行请求的匹配，如代码 7-55 所示。

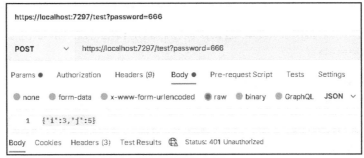

图 7-36 程序运行结果

代码 7-55 MapWhen 方法

```
1  app.MapWhen(ctx=>ctx.Request.Headers["AAA"]=="123", async appbuilder => { });
2  app.MapWhen(ctx => ctx.Request.Path.StartsWithSegments("/api"), async appbuilder =>
   { });
```

上面的第 1 行代码定义了一个所有"报文头中 AAA 的值为 123"的请求对应的管道，而第 2 行代码定义了一个所有请求路径以"/api"开头的请求对应的管道。

7.6.4 案例：自己动手模仿 Web API 框架

7.6.3 小节中，我们了解了中间件的基本使用，本小节我们将开发一个模仿 ASP.NET Core Web API 的框架，这个案例将会帮助我们进一步理解中间件，并且帮助我们理解 ASP.NET Core 的原理。当然，一个完整的 ASP.NET Core Web API 框架的代码量是非常大的，这里只是实现一个简单的框架，但是足以了解中间件的实际应用。

这个框架由 MyStaticFilesMiddleware、MyWebAPIMiddleware、NotFoundMiddleware 这 3 个中间件类组成。MyStaticFilesMiddleware 用来处理对 wwwroot 文件夹下静态文件的访问；MyWebAPIMiddleware 用来处理对控制器类的访问；如果一个请求不能被管道中任何一个中间件处理，也就是请求的地址不存在，则 ASP.NET Core 会向客户端写入状态码为 404 的响应，为了能够显示自定义的报错信息，作者开发了 NotFoundMiddleware 中间件。

我们先查看一下 MyWebAPIMiddleware 类的主干内容，如代码 7-56 所示。

代码 7-56 MyWebAPIMiddleware.cs

```
1  public class MyWebAPIMiddleware
2  {
3      private readonly RequestDelegate next;
4      private readonly ActionLocator actionLocator;
5      public MyWebAPIMiddleware(RequestDelegate next, ActionLocator actionLocator)
6      {
7          this.next = next;
```

```
8          this.actionLocator = actionLocator;
9      }
10     public async Task InvokeAsync(HttpContext context, IServiceProvider sp)
11     {
12         (bool ok,string? ctrlName,string? actionName)=PathParser.Parse(context.Request.Path);
13         if(ok==false)
14         {
15             await next(context);
16             return;
17         }
18         var actionMethod = actionLocator.LocateActionMethod(ctrlName!, actionName!);
19         if(actionMethod ==null)
20         {
21             await next(context);
22             return;
23         }
24         Type controllerType = actionMethod.DeclaringType!;
25         object controllerInstance = sp.GetRequiredService(controllerType);
26         var paraValues = BindingHelper.GetParameterValues(context, actionMethod);
27         var result = actionMethod.Invoke(controllerInstance, paraValues);
28         string jsonStr = JsonSerializer.Serialize(result);
29         context.Response.StatusCode = 200;
30         context.Response.ContentType = "application/json; charset=utf-8";
31         await context.Response.WriteAsync(jsonStr);
32     }
33 }
```

　　在构造方法中注入的 ActionLocator 是一个根据控制器的名字以及控制器方法名字来定位操作方法的类；在第 12 行代码中，我们调用 PathParser 类从请求路径中分析出控制器的名字和操作方法的名字，如果路径分析失败，返回值中 ok 的值为 false；如果 Parse 解析失败，则在第 15 行代码中把请求转给后续的中间件，如果一个请求不能被当前的中间件处理，一般不报错，而是把请求转给后续的中间件；在第 18~23 行代码中，我们使用控制器的名字和操作方法的名字来加载控制器方法对应的 MethodInfo 类型的对象，如果没有加载到对应的方法，则在第 21 行代码中把请求转给后续的中间件。

　　在第 24、25 行代码中，我们获取控制器类，并且从依赖注入容器中获取控制器类的对象。我们在 ActionLocator 类中把所有的控制器类都注册到了依赖注入容器中，因此我们就可以在第 25 行代码中通过依赖注入容器获取控制类的对象。通过依赖注入容器获取对象的好处就是可以在对象的构造方法中注入其他对象。

　　在第 26 行代码中，我们调用 BindingHelper 来完成请求报文到操作方法参数的绑定，GetParameterValues 方法的返回值就是要传递给操作方法的参数值。

　　在第 27~31 行代码中，我们通过反射调用操作方法，把方法的返回值序列化为 JSON 字符串，并且把 JSON 字符串输出到响应报文。

ActionLocator、PathParser 两个类及 MyStaticFilesMiddleware、NotFoundMiddleware 的代码请查看随书源代码中的 MiniWebAPI 项目；MiniWebAPIDemo1 项目是我们使用 MiniWebAPI 框架开发的一个演示程序，需要注意中间件的组装顺序，如代码 7-57 所示。

代码 7-57　Program.cs

```
1  app.UseMiddleware<MyStaticFilesMiddleware>();
2  app.UseMiddleware<MyWebAPIMiddleware>();
3  app.UseMiddleware<NotFoundMiddleware>();
4  app.Run();
```

我们按照顺序把 MyStaticFilesMiddleware、MyWebAPIMiddleware、NotFoundMiddleware 这 3 个中间件类添加到管道中。我们这里没有使用 Map 定义管道，而是直接用 Use 引用中间件。这种不在 Map 定义的管道中的中间件，会默认处理所有的请求。由于中间件是按照顺序执行的，因此中间件组装的顺序非常重要，比如这里的 NotFoundMiddleware 一定要放到最后，如果把 NotFoundMiddleware 放到其他中间件的前面，它就会使请求短路，从而不给后面的中间件执行的机会。

通过开发这个简单的 Web API 框架，我们深入了解了中间件的应用，并且明白了 ASP.NET Core 的原理，而且更深刻地理解了中间件组装顺序的重要性。

7.6.5　调整内置中间件的顺序，结果大不同

中间件的组装顺序非常重要，本小节中我们将用 Visual Studio 的 ASP.NET Core MVC 项目默认生成的代码来举例。

项目代码中默认启用了 StaticFiles 中间件，因此如果我们请求的路径能够匹配 wwwroot 文件夹中的静态文件，就会返回这个文件的内容。我们在 wwwroot 文件夹下创建 Home 文件夹，在 Home 文件夹下再创建 Index 文件夹，最后，在 Index 文件夹下再创建 index.html 文件，文件中写入显示"这是静态文件 index.html"字符串的网页内容。

默认生成的 ASP.NET Core MVC 项目中还存在一个 HomeController 控制器，控制器中有 Index 等操作方法。如果生成的项目中没有这个控制器，请创建一个这样的控制器。

然后启动项目，分别访问/Home/Index/和/Home/Index/index.html，访问结果分别如图 7-37 和图 7-38 所示。

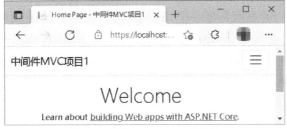

图 7-37　访问/Home/Index/的结果

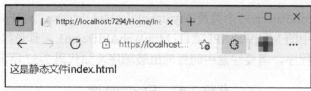

图 7-38 访问/Home/Index/index.html 的结果

可以看到，当我们访问/Home/Index/的时候，请求被 MVC 的中间件处理，因此执行了 HomeController 中的 Index 方法；当我们访问/Home/Index/index.html 的时候，由于这个请求在 wwwroot 文件夹下有对应的静态文件，因此这个请求被 StaticFiles 中间件处理，程序输出了 index.html 文件的内容。

ASP.NET Core 中内置了一个 DefaultFiles 中间件，当执行这个中间件的时候，如果客户端访问一个文件夹的路径，程序会尝试检查 wwwroot 对应的路径下是否有默认的文件（比如 default.htm、default.html、index.htm、index.html）等，如果存在这样的文件的话，请求也会被终止，并且输出默认文件的内容。

接下来，我们在 Program.cs 中的 app.UseStaticFiles 之前加上 app.UseDefaultFiles，然后执行程序并且分别访问/Home/Index/和/Home/Index/index.html，访问结果都是输出"这是静态文件 index.html"。因为 UseDefaultFiles、UseStaticFiles 这两个中间件被放在 ASP.NET Core MVC 的核心中间件 UseRouting 之前，所以/Home/Index/也被 DefaultFiles 和 StaticFiles 这两个中间件处理了。

如果我们把 UseDefaultFiles、UseStaticFiles 这两个中间件移动到 UseRouting 中间件之后，再执行程序并且分别访问/Home/Index/和/Home/Index/index.html 这两个路径，访问结果都是输出 HomeController 的 Index 方法的内容。因为 UseRouting 中间件放到了 UseDefaultFiles、UseStaticFiles 之前，而这两个请求都被 MVC 中间件处理了。

通过这个案例，我们再次认识到，中间件的组装顺序非常重要，在使用它们的时候一定要注意仔细阅读文档中关于中间件组装顺序的说明。

7.6.6 案例：Markdown 转换器中间件

Markdown 是一种非常流行的富文本格式，特别是在技术人员中应用广泛，Markdown 文件的扩展名是.md。对 Markdown 及它的语法不熟悉的读者可以搜索相关资料了解。由于 Markdown 并不是 Web 的标准，因此目前大部分浏览器并不支持直接显示 Markdown 文件。在本小节中，我们将编写一个在服务器端把 Markdown 转换为 HTML 的中间件。

我们开发的中间件是构建在 ASP.NET Core 内置的 StaticFiles 中间件之上的，并且在它之前运行。所有的*.md 文件都被放到 wwwroot 文件夹下，当我们请求 wwwroot 下其他的静态文件的时候，StaticFiles 中间件会把它们返回给浏览器，而当我们请求 wwwroot 下的*.md 文件的时候，我们编写的中间件会读取对应的*.md 文件并且把它们转换为 HTML 格式返回给浏览器。

　　*.md 文件是文本文件，存在不同编码格式的问题，因此我们调用 Ude.NetStandard 这个 NuGet 包中的 CharsetDetector 类来探测流的编码，并且从流中读取文本，如代码 7-58 所示。

代码 7-58　读取流中的文本

```
1  private static string DetectCharset(Stream stream)            //探测流的编码
2  {
3      CharsetDetector charDetector = new();
4      charDetector.Feed(stream);
5      charDetector.DataEnd();
6      string charset = charDetector.Charset ?? "UTF-8";
7      stream.Position = 0;
8      return charset;
9  }
10 private static async Task<string> ReadText(Stream stream)     //从流中读取文本
11 {
12     string charset = DetectCharset(stream);
13     using var reader = new StreamReader(stream, Encoding.GetEncoding(charset));
14     return await reader.ReadToEndAsync();
15 }
```

　　DetectCharset 方法用来探测流的编码，ReadText 方法则调用 DetectCharset 探测流的编码，然后使用这个编码读取文本内容。

　　接下来，我们创建一个中间件读取*.md 文件并且将其转换为 HTML 格式，如代码 7-59 所示。

代码 7-59　Markdown 转换器中间件

```
1  public class MarkDownViewerMiddleware
2  {
3      private readonly RequestDelegate next;
4      private readonly IWebHostEnvironment hostEnv;
5      private readonly IMemoryCache memCache;
6      public MarkDownViewerMiddleware(RequestDelegate next,
7              IWebHostEnvironment hostEnv, IMemoryCache memCache)
8      {
9          this.next = next;
10         this.hostEnv = hostEnv;
11         this.memCache = memCache;
12     }
13     public async Task InvokeAsync(HttpContext context)
14     {
15         string path = context.Request.Path.Value??"";
16         if (!path.EndsWith(".md"))
```

```
17      {
18          await next(context);
19          return;
20      }
21      var file = hostEnv.WebRootFileProvider.GetFileInfo(path);
22      if (!file.Exists)
23      {
24          await next(context);
25          return;
26      }
27      context.Response.ContentType = $"text/html;charset=UTF-8";
28      context.Response.StatusCode = 200;
29      string cacheKey = nameof(MarkDownViewerMiddleware)+path+file.LastModified;
30      var html = await memCache.GetOrCreateAsync(cacheKey, async ce => {
31          ce.AbsoluteExpirationRelativeToNow = TimeSpan.FromMinutes(1);
32          using var stream = file.CreateReadStream();
33          string text = await ReadText(stream);
34          Markdown markdown = new Markdown();
35          return markdown.Transform(text);
36      });
37      await context.Response.WriteAsync(html);
38  }
39 }
```

第 21 行代码中，我们使用 WebRootFileProvider 的 GetFileInfo 方法来获取静态文件夹下的指定文件；为了实现文件修改后用户能够立即获得最新文件，在第 29 行代码中把文件的修改时间（LastModified）作为缓存键的一部分；为了避免每次用户请求都读取和分析*.md 文件，在第 30 行代码中启用了内存缓存来保存转换后的 HTML 内容；为了避免长期没有被访问的文件占据内存，在第 31 行代码中设置了缓存的过期时间；在第 34 行代码中，我们调用的 Markdown 是 MarkdownSharp 这个 NuGet 包中用来把 Markdown 文本转换为 HTML 文本的类。

编写完成中间件代码后，我们在 wwwroot 文件夹下放置若干个*.md 文件，然后在 Program.cs 中注册这个中间件，如代码 7-60 所示。

代码 7-60　启用 Markdown 转换器中间件

```
1  app.UseMiddleware<MarkDownViewerMiddleware>();
2  app.UseStaticFiles();
```

MarkDownViewerMiddleware 一定要放到 StaticFiles 之前。完成上面的代码后，运行项目，并且访问 MD 文件，我们就可以看到 MD 文件被转换为 HTML 格式，如图 7-39 所示。

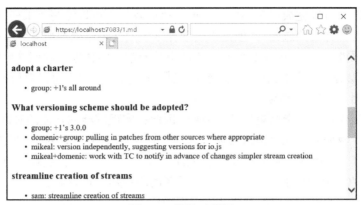

图 7-39　程序运行结果

7.6.7　筛选器与中间件的区别

读者在学习中间件的时候，可能会感觉中间件和我们在 7.5 节中学习的筛选器非常类似，它们都是通过 next 串起来的一系列的组件，并且都可以在请求处理前后执行代码，都可以通过不执行 next 来进行请求的终止。那么筛选器和中间件有什么区别和联系呢？

我们知道，中间件是 ASP.NET Core 中提供的功能，而筛选器是 ASP.NET Core MVC 中提供的功能。ASP.NET Core MVC 是由 MVC 中间件提供的框架，而筛选器属于 MVC 中间件提供的功能。因此中间件和筛选器的关系如图 7-40 所示。

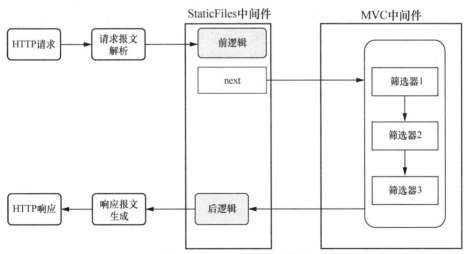

图 7-40　筛选器和中间件的关系

因此，中间件和筛选器所处的层级是不同的，中间件是一个基础的概念，而筛选器是 MVC 中间件中的机制。所以，中间件可以处理所有的请求，无论是针对控制器的请求还是针对静态文件等的请求，而筛选器只能处理对控制器的请求；由于中间件运行在一个更底层、更抽象的级别，因此在中间件中无法处理 IActionResult、ActionDescriptor 等 MVC 中间件特有的概念。

　　中间件和筛选器可以完成很多相似的功能，比如我们既可以编写"未处理异常中间件"，也可以编写"未处理异常筛选器"，但是未处理异常中间件可以处理所有管道中的异常，而未处理异常筛选器只能处理 ASP.NET Core MVC 中的异常；同样地，我们既可以编写"请求限流中间件"，也可以编写"请求限流筛选器"，但是请求限流中间件可以对所有请求进行限流，而请求限流筛选器只能对控制器的访问进行限流。

　　由于中间件工作在比筛选器更低的层级中，因此在实现同样的功能的时候，中间件的运行效率更高。比如，我们要实现"请求限流"，如果通过中间件实现，对于超限的请求，我们可以在中间件中对其进行截断；如果通过筛选器的话，超限的请求也会被管道中的多个中间件处理，其中包括 MVC 中间件的处理，从而浪费更多的服务器处理资源。

　　如果要实现相同的功能，中间件是比筛选器应用范围更广、效率更高的选择。但是，如果开发一些和 MVC 请求相关的功能，这些是不能通过中间件完成的，因为这些功能只有在 MVC 中间件中才能实现。

　　总之，在开发一个对请求进行前后逻辑编程的组件的时候，优先选择使用中间件；但是如果这个组件只针对 MVC 或者需要调用一些与 MVC 相关的类的时候，就只能选择筛选器。

7.7　本章小结

　　本章介绍了在 ASP.NET Core 中使用依赖注入、配置系统及 EF Core 的方式；还介绍了缓存、筛选器和中间件。缓存是进行系统优化的一个简单而有效的工具，本章讲解了客户端响应缓存、服务器端响应缓存、内存缓存和分布式缓存这几种缓存形式；筛选器是一种在 ASP.NET Core 中实现面向切面编程的方式，通过它可以在应用过程中插入我们要执行的代码；中间件是 ASP.NET Core 中比较底层的组件，它能让我们自定义应用程序对用户请求的处理方式。

第 8 章　ASP.NET Core 高级组件

　　我们在进行 ASP.NET Core 开发的时候，有可能会遇到一些复杂的需求，比如对用户的操作进行权限校验、服务器端向客户端进行消息推送等，本章将会介绍这些技术。首先，本章会讲解提供用户管理、权限控制等功能的 Authentication、Authorization；接下来，本章会讲解在 ASP.NET Core 中执行后台代码的托管服务；然后，本章会讲解对数据进行校验的 FluentValidation 框架；SignalR 作为从服务器端向客户端推送消息的技术，也将在本章中介绍到；最后，本章将会讲解 ASP.NET Core 网站部署需要注意的问题。

　　本章讲解的大部分技术都是 ASP.NET Core 提供的，因此无论是传统的 ASP.NET Core MVC 项目还是 ASP.NET Core Web API 项目都可以应用这些技术。由于前后端分离开发模式是现在的主流，因此本章仍然主要使用 ASP.NET Core Web API 项目来演示这些技术。

8.1　Authentication 与 Authorization

　　在一个系统中，不是所有功能都能被自由地访问的，比如有的功能需要注册用户才能访问，有的功能需要 VIP 用户才能访问。针对资源的访问限制有两个概念：Authentication、Authorization。Authentication 可以翻译为"鉴权"或者"验证"，它用来对访问者的用户身份进行验证；Authorization 可以翻译为"授权"，它用来验证访问者的用户身份是否有对资源进行访问的权限。通俗来说，Authentication 是用来验证"用户是否登录成功"的，Authorization 是用来验证"用户是否有权限访问"的。Authentication 和 Authorization 在中文技术社区中有很多不同的翻译方式，而且在编程的时候经常需要直接涉及这两个单词，为了强化这两个概念，本书将会直接使用这两个英文单词，而不使用它们的中文翻译。

　　由于 Authentication 和 Authorization 的拼写非常类似，因此读者可能非常容易混淆。这里教读者一个快速区分的技巧：Authorization 是用来验证"用户是否有权限访问"的，最常见的权限验证就是"用户是否拥有某个角色"，而"角色"的英文就是 role，role 的首字母为 r，而只有 Authorization 中才包含 r 这个字母。

　　本节中，我们将会讲解如何基于 Authentication 和 Authorization 实现安全管理。

8.1.1 标识框架

大部分系统中都需要通过数据库保存用户、角色等信息，并且需要注册、登录、密码重置、角色管理等功能。ASP.NET Core 提供了标识（identity）框架，它采用 RBAC（role-based access control，基于角色的访问控制）策略，内置了对用户、角色等表的管理及相关的接口，从而简化了系统的开发。标识框架还提供了对外部登录（比如 QQ 登录、微信登录、微软账户登录等）的支持。

标识框架使用 EF Core 对数据库进行操作，由于 EF Core 屏蔽了底层数据库的差异，因此标识框架支持几乎所有数据库。本小节将使用控制台程序连接 SQL Server 来演示标识框架的使用。

标识框架中提供了 IdentityUser<TKey>、IdentityRole<TKey> 两个实体类型，其中的 TKey 代表主键的类型，因此 IdentityUser<Guid> 就代表使用 Guid 类型主键的用户实体类。我们可以在开发的时候直接使用 IdentityUser<Guid> 等类型，不过使用起来比较麻烦，因为每次都要声明主键的泛型类型，而且我们一般还需要为实体类增加额外的属性。因此我们一般编写继承自 IdentityUser<TKey>、IdentityRole<TKey> 等的自定义类。

第 1 步，创建 ASP.NET Core Web API 项目，并通过 NuGet 安装 Microsoft.AspNetCore.Identity.EntityFrameworkCore。

第 2 步，创建用户实体类 User 和角色实体类 Role。在这个演示中，我们使用自增标识列类型的主键，因此我们编写分别继承自 IdentityUser<long>、IdentityRole<long> 的 User 类和 Role 类，如代码 8-1 所示。

代码 8-1　User 类和 Role 类

```
1  public class User: IdentityUser<long>
2  {
3      public DateTime CreationTime { get; set; }
4      public string? NickName { get; set; }
5  }
6  public class Role:IdentityRole<long>
7  {
8  }
```

IdentityUser 中定义了 UserName（用户名）、Email（邮箱）、PhoneNumber（手机号）、PasswordHash（密码的哈希值）等属性，我们在 User 中又添加了 CreationTime（创建时间）、NickName（昵称）两个属性。

除了 IdentityUser 和 IdentityRole 之外，标识框架中还有很多其他实体类，比如 IdentityRoleClaim、IdentityUserClaim、IdentityUserLogin、IdentityUserToken 等，一般情况下，我们不需要再编写这些实体类的子类。这些实体类有默认的表名，如果需要修改默认的表名或者对实体类进行进一步的配置，我们可以用 EF Core 中提供的 IEntityTypeConfiguration 来对实体类进行配置。

第 3 步，创建继承自 IdentityDbContext 的类，这是一个 EF Core 中的上下文类，我们可以通过这个类操作数据库。IdentityDbContext 是一个泛型类，有 3 个泛型参数，分别代表用户类型、角色类型和主键类型。IdDbContext 类如代码 8-2 所示。

代码 8-2　IdDbContext 类

```
1   public class IdDbContext : IdentityDbContext<User, Role, long>
2   {
3       public IdDbContext(DbContextOptions<IdDbContext> options)
4           : base(options)
5       {
6       }
7       protected override void OnModelCreating(ModelBuilder modelBuilder)
8       {
9           base.OnModelCreating(modelBuilder);
10          modelBuilder.ApplyConfigurationsFromAssembly(this.GetType().Assembly);
11      }
12  }
```

我们可以直接通过 IdDbContext 类来操作数据库，不过标识框架中提供了 RoleManager、UserManager 等类来简化对数据库的操作，这些类封装了对 IdentityDbContext 的操作。

标识框架中的方法有执行失败的可能，比如重置密码可能由于密码太简单而失败，因此标识框架中部分方法的返回值为 Task<IdentityResult>类型。IdentityResult 类型中有 bool 类型的 Succeeded 属性表示操作是否成功；如果操作失败，我们可以从 Errors 属性中获取错误的详细信息，由于有可能有多条错误信息，因此 Errors 是一个 IEnumerable<IdentityError>类型的属性。IdentityError 类包含 Code（错误码）和 Description（错误的详细信息）这两个属性。

表 8-1 所示的是 RoleManager 类中常用的方法。

表 8-1　　　　　　　　　　　RoleManager 类中常用的方法

方法	说明
Task<IdentityResult> CreateAsync(TRole role)	创建角色
Task<IdentityResult> DeleteAsync(TRole role)	删除角色
Task<bool> RoleExistsAsync(string roleName)	指定名字的角色是否存在
Task<TRole> FindByNameAsync(string roleName)	根据名字的角色获取角色对象

表 8-2 所示的是 UserManager 类中常用的方法。

表 8-2　　　　　　　　　　　UserManager 类中常用的方法

方法	说明
Task<IdentityResult> CreateAsync(TUser user, string password)	创建用户。由于在数据库中用户的密码是保存的哈希值，IdentityUser 类中没有明文密码的属性，因此我们需要通过第二个参数指定明文密码，由方法内部完成密码的哈希计算
Task<IdentityResult> UpdateAsync(TUser user)	更新用户
Task<IdentityResult> DeleteAsync(TUser user)	删除用户

续表

方法	说明
Task\<TUser\> FindByIdAsync(string userId)	根据 ID 获取用户
Task\<TUser\> FindByNameAsync(string userName)	根据用户名获取用户
Task\<TUser\> FindByEmailAsync(string email)	根据用户的邮箱获取用户
Task\<bool\> CheckPasswordAsync(TUser user, string password)	检查用户使用 password 这个密码是否能登录成功，建议如果检查失败则调用 AccessFailedAsync 以记录登录失败次数，这样当登录失败次数过多时，框架会自动把账号锁定，以避免账户被暴力破解
Task\<IdentityResult\> ChangePasswordAsync (TUser user, string currentPassword, string newPassword)	修改用户的密码，其中 currentPassword 参数是旧密码，newPassword 参数是新密码
Task\<string\> GeneratePasswordResetTokenAsync (TUser user)	由于通过 ChangePasswordAsync 修改密码需要输入旧密码，因此如果用户忘记旧密码，则可以使用 GeneratePasswordResetTokenAsync 来生成一个比较复杂的字符串作为令牌，然后把这个令牌通过邮箱、短信等方式发送给用户，要求用户填写收到的令牌，再调用 ResetPasswordAsync 方法来重置密码
Task\<IdentityResult\> ResetPasswordAsync (TUser user, string token, string newPassword)	重置用户的密码，其中 token 参数为 GeneratePasswordResetTokenAsync 生成的令牌，newPassword 参数为新密码。token 这个参数的值需要由客户端来提供
Task\<IdentityResult\> AddToRoleAsync(TUser user, string role)	为用户增加名字为 role 的角色
Task\<IdentityResult\> RemoveFromRoleAsync(TUser user, string role)	为用户删除名字为 role 的角色
Task\<IList\<string\>\> GetRolesAsync(TUser user)	获取用户拥有的所有角色的名字
Task\<bool\> IsInRoleAsync(TUser user, string role)	判断用户是否拥有指定的角色
Task\<bool\> IsLockedOutAsync(TUser user)	判断用户是否已经被锁定
Task\<DateTimeOffset?\> GetLockoutEndDateAsync(TUser user)	获取用户被锁定的结束时间
Task\<IdentityResult\> SetLockoutEndDateAsync (TUser user, DateTimeOffset? lockoutEnd)	设置用户被锁定的结束时间
Task\<IdentityResult\> AccessFailedAsync (TUser user)	记录一次"用户登录失败"，一般在处理用户登录的时候（比如 CheckPasswordAsync），如果尝试登录失败，我们就应该调用一次 AccessFailedAsync。当多次登录失败时，用户就被临时锁定一段时间，以避免账户被暴力破解

第 4 步，我们需要向依赖注入容器中注册与标识框架相关的服务，并且对相关的选项进行配置，如代码 8-3 所示。

代码 8-3 注册与标识框架相关的服务

```
1  IServiceCollection services = builder.Services;
2  services.AddDbContext<IdDbContext>(opt => {
3      string connStr = builder.Configuration.GetConnectionString("Default");
4      opt.UseSqlServer(connStr);
5  });
6  services.AddDataProtection();
```

```
7  services.AddIdentityCore<User>(options =>
8      {
9          options.Password.RequireDigit = false;
10         options.Password.RequireLowercase = false;
11         options.Password.RequireNonAlphanumeric = false;
12         options.Password.RequireUppercase = false;
13         options.Password.RequiredLength = 6;
14         options.Tokens.PasswordResetTokenProvider = TokenOptions.DefaultEmailProvider;
15         options.Tokens.EmailConfirmationTokenProvider = TokenOptions.DefaultEmailProvider;
16     });
17 var idBuilder = new IdentityBuilder(typeof(User), typeof(Role), services);
18 idBuilder.AddEntityFrameworkStores<IdDbContext>()
19     .AddDefaultTokenProviders()
20     .AddRoleManager<RoleManager<Role>>()
21     .AddUserManager<UserManager<User>>();
```

因为 UserManager、RoleManager 等服务被创建的时候需要注入非常多的服务，所以我们在使用标识框架的时候也需要注入和初始化非常多的服务，比如上面第 18~21 行代码注册的这些服务；在第 2~5 行代码中，我们对 IdDbContext 进行配置；在第 7 行代码中，我们调用 AddIdentityCore 添加标识框架的一些重要的基础服务，注意我们没有调用 AddIdentity 方法，因为 AddIdentity 方法实现的初始化比较适合传统的 MVC 模式的项目，而现在我们推荐用前后端分离开发模式。

因为过于简单的密码会带来系统的安全风险，所以标识框架默认对于密码的复杂度有苛刻的要求，比如密码中必须同时含有至少一个大写字母、一个小写字母、一个数字、一个特殊符号。这样严格的密码要求虽然能提高系统的安全性，但是用户用起来会非常麻烦。如果综合考虑项目的运营策略和安全等级等要求，需要调整这个密码的限制的话，我们就可以像第 9~15 行代码那样进行设置。我们在例子中设置的是非常宽松的密码要求：不要求小写字母、不要求大写字母、不要求数字、不要求特殊符号、长度最短为 6，而且重置密码和确认邮箱的验证码也采用比较简单的生成值，便于用户输入。需要注意的是，这里的设置只是一个例子而已，读者需要根据项目的情况进行个性化的设置，以免由于密码要求太宽松而影响系统安全性。

第 5 步，通过执行 Add-Migration、Update-database 等命令执行 EF Core 的数据库迁移，然后程序就会在数据库中生成多张数据库表，如图 8-1 所示。这些数据库表都由标识框架负责管理，开发人员一般不需要直接访问这些表。

```
⊞ ▦ dbo.AspNetRoleClaims
⊞ ▦ dbo.AspNetRoles
⊞ ▦ dbo.AspNetUserClaims
⊞ ▦ dbo.AspNetUserLogins
⊞ ▦ dbo.AspNetUserRoles
⊞ ▦ dbo.AspNetUsers
⊞ ▦ dbo.AspNetUserTokens
```

图 8-1　标识框架的数据库表

第 6 步，编写控制器的代码。我们在控制器中需要对角色、用户进行操作，也需要输出日志，因此通过控制器的构造方法注入相关的服务，如代码 8-4 所示。

代码 8-4　注入服务

```
1  private readonly ILogger<Test1Controller> logger;
2  private readonly RoleManager<Role> roleManager;
3  private readonly UserManager<User> userManager;
```

```
4   public Test1Controller(ILogger<Test1Controller> logger,
5     RoleManager<Role> roleManager, UserManager<User> userManager)
6   {
7       this.logger = logger;
8       this.roleManager = roleManager;
9       this.userManager = userManager;
10  }
```

由于 RoleManager 和 UserManager 两个类都是泛型类，因此我们需要为它们指定泛型类型。

第 7 步，编写创建角色和用户的方法 CreateUserRole，其主干内容如代码 8-5 所示。

代码 8-5　创建角色和用户的 CreateUserRole 方法的主干内容

```
1   bool roleExists = await roleManager.RoleExistsAsync("admin");
2   if (!roleExists)
3   {
4       Role role = new Role { Name="Admin"};
5       var r = await roleManager.CreateAsync(role);
6       if (!r.Succeeded)
7       {
8           return BadRequest(r.Errors);
9       }
10  }
11  User user = await this.userManager.FindByNameAsync("yzk");
12  if (user == null)
13  {
14      user=new User{UserName="yzk",Email="yangzhongke8@gmail.com",EmailConfirmed=true};
15      var r = await userManager.CreateAsync(user, "123456");
16      if (!r.Succeeded)
17      {
18          return BadRequest(r.Errors);
19      }
20      r = await userManager.AddToRoleAsync(user, "admin");
21      if (!r.Succeeded)
22      {
23          return BadRequest(r.Errors);
24      }
25  }
```

在第 1～5 行代码中，我们调用 RoleExistsAsync 方法判断名字为 “admin” 的角色是否存在，如果不存在的话，则调用 RoleManager 的 CreateAsync 方法创建角色。我们知道，标识框架中的操作有失败的可能，因此对于返回值为 Task<IdentityResult>类型的方法，我们一般都要像第 6、16、21 行代码中那样判断方法是否执行成功。

在第 11 行代码中，我们调用 FindByNameAsync 方法判断用户名为 “yzk” 的用户是否存在，如果不存在，我们会在第 14、15 行代码中创建这个用户，并且设置用户的密码为“123456”。

在第 14 行代码中，我们设置了 user 对象的 EmailConfirmed 属性为 true。由于考虑到使用邮箱注册的时候，我们需要发送确认链接或者验证码到用户邮箱，并且由用户单击确认链接或者输入验证码才能确认这个邮箱确实属于这个用户，因此标识框架为 User 实体类定义了一个 EmailConfirmed 属性，表示这个邮箱是否经过了确认，只有经过确认的邮箱才能正常使用。在实际项目中，如果这个邮箱地址在创建的时候确认是存在的，我们可以像第 14 行代码那样直接设置 EmailConfirmed 属性为 true；但是如果在创建这个用户的时候不确认这个邮箱是否真实存在，我们就需要先调用 UserManager 类的 GenerateEmailConfirmationTokenAsync 方法创建一个字符串作为"确认令牌"，我们可以通过确认链接或者验证码的形式把确认令牌发送到用户的邮箱，在用户单击确认链接或者填写验证码的时候，我们调用 UserManager 类的 ConfirmEmailAsync 方法来验证令牌，如果令牌验证成功，则邮箱地址就被确认了。

在第 20 行代码中，我们调用 UserManager 类的 AddToRoleAsync 方法为"yzk"这个用户添加名字为"admin"的角色。

执行上面的代码，并且访问 CreateUserRole 这个操作方法，如果方法执行成功，我们查看一下数据库中的角色表 AspNetRoles（见图 8-2）、用户表 AspNetUsers（见图 8-3）、用户与角色关系表 AspNetUserRoles（见图 8-4）。

Id	Name	NormalizedName	ConcurrencyStamp
1	admin	ADMIN	d02bf927-e58a-4136-825f-9b54a3b6c03b

图 8-2　AspNetRoles 表

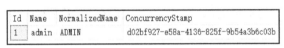

Id	CreationTime	NickName	UserName	Email	EmailConfirmed	PasswordHash
2	2021-10-09 ...	快乐...	yzk	yangzhongke8@gmail.com	1	AQAAAAEAACcQAAAAED1nwEVewCQNabC2y...

图 8-3　AspNetUsers 表

UserId	RoleId
2	1

图 8-4　AspNetUserRoles 表

从图 8-3 中可以看出，数据库中用户的密码不是明文保存的，而是以哈希值的形式保存在 PasswordHash 列中，这样就降低了明文保存密码的安全风险。

第 8 步，编写处理登录请求的操作方法 Login，如代码 8-6 所示。

代码 8-6　处理登录请求的 Login 方法

```
1  string userName = req.UserName;
2  string password = req.Password;
3  var user = await userManager.FindByNameAsync(userName);
4  if (user == null)
5    return NotFound($"用户名不存在{userName}");
6  if (await userManager.IsLockedOutAsync(user))
7    return BadRequest("LockedOut");
8  var success = await userManager.CheckPasswordAsync(user, password);
```

```
9  if (success)
10 {
11    return Ok("Success");
12 }
13 else
14 {
15    await userManager.AccessFailedAsync(user);
16 }
```

第 8 行代码中，我们调用 userManager 的 CheckPasswordAsync 方法来检查用户输入的密码是否正确；如果密码不正确，则在第 15 行代码中，调用 userManager 的 AccessFailedAsync 方法来记录一次"登录失败"，当连续多次登录失败之后，账户就会被锁定一段时间，以避免账户被暴力破解。AspNetUsers 表中的 LockoutEnd、LockoutEnabled、AccessFailedCount 就是分别用来记录这个账户的锁定时间、是否锁定、登录失败次数的。账户默认的锁定时间是 5min，锁定用户之前的登录失败次数是 5 次，我们可以在代码 8-3 中的 AddIdentityCore 方法中，增加 options.Lockout.DefaultLockoutTimeSpan 和 options.Lockout. MaxFailedAccessAttempts 这两个设置来修改默认值。

需要注意的是，代码 8-6 中的演示并没有真正完成登录，而只是校验了用户名、密码，还需要校验成功后，把用户的身份信息以合适的方式保存到 HTTP 请求中才能完成完整的登录，我们会在 8.1.5 小节中对其进行详细介绍。

8.1.2　实现密码的重置

我们在 8.1.1 小节中，演示了标识框架中实体类、上下文、RoleManager 、UserManager 等类的使用，并且演示了创建角色、创建用户、登录等场景中代码的编写。除了这些基本的用法之外，标识框架中还提供了多因素验证（短信验证、指纹验证等）、外部登录等功能，官方文档中关于这些内容的介绍非常清晰，这里不再赘述。下面演示重置密码功能的开发。

首先，我们编写一个发送重置密码请求的操作方法 SendResetPasswordToken，其方法体的主要部分如代码 8-7 所示。

代码 8-7　发送重置密码的请求

```
1  var user = await userManager.FindByEmailAsync(email);
2  string token = await userManager.GeneratePasswordResetTokenAsync(user);
3  logger.LogInformation($"向邮箱{user.Email}发送 Token={token}");
```

在第 2 行代码中，我们调用 GeneratePasswordResetTokenAsync 方法来生成一个密码重置令牌，这个令牌会被保存到数据库中，然后我们把这个令牌发送到用户邮箱。实际项目中，邮件发送一般都要调用邮件服务提供商的接口，这里没有真的发送到用户邮箱，只是把令牌输出到日志而已。GeneratePasswordResetTokenAsync 方法默认生成的令牌很长且复杂，我们必须用超链接的形式进行传递，如果我们想生成适合用户阅读、输入的短令牌，就需要像代码 8-3 中第 14 行代码中演示的那样设置 options.Tokens.PasswordResetTokenProvider 属性的值。

然后，编写重置密码的操作方法 VerifyResetPasswordToken，其方法体的主干内容如代码 8-8 所示。

代码 8-8 重置密码

```
1  string email = req.Email;
2  var user = await userManager.FindByEmailAsync(email);
3  string token = req.Token;
4  string password = req.NewPassword;
5  var r = await userManager.ResetPasswordAsync(user, token, password);
```

在第 5 行代码中，调用 ResetPasswordAsync 方法进行密码重置。

上面的代码编写完成后，运行项目，然后访问 SendResetPasswordToken 方法，如图 8-5 所示。

图 8-5 发送获取令牌的请求

我们在控制台中看到 "向邮箱 yangzhongke8@gmail.com 发送 Token=353463" 这样的日志输出。然后把我们收到的令牌及邮箱、新密码等设置到对 VerifyResetPasswordToken 的请求中，如图 8-6 所示，这样就完成了密码的重置。

图 8-6 发送重置密码的请求

8.1.3 代替 Session（会话）的 JWT

我们知道，HTTP 是无状态的，因此如果要实现 "用户登录后才能访问某些资源" 的功能，开发人员就要自己基于 HTTP 来模拟实现状态的保存。实现用户登录功能的经典做法是用 Session，也就是在用户登录验证成功后，服务器端生成唯一标识 SessionId，服务器端不仅会把 SessionId 返回给浏览器端，还会把 SessionId 和登录用户的信息的对应关系保存到服务器的内存中；当浏览器端再次向服务器端发送请求的时候，浏览器端就在 HTTP 请求中携带 SessionId，服务器端就可以根据 SessionId 从服务器的内存中取到用户的信息，这样就实现了用户登录的功能。

我们一般把 SessionId 保存在 Cookie 中，而 Session 的数据默认是保存在服务器内存中的。对于分布式集群环境，Session 数据保存在服务器内存中就不合适了，应该保存到一个供所有集群实例访问的共用的状态服务器上。ASP.NET Core 同样支持 Session 机制，而且我们也可以采用 Redis、Memcached、关系数据库等作为状态服务器，以便支持分布式集群环境。

Session 是 Web 开发中在服务器端保存客户端相关状态的经典方案，但是在分布式环境下，特别是在"前后端分离、多客户端"时代，Session 暴露出很多缺点。这些缺点包括但不局限于如下几点。

❑ 如果 Session 数据保存到内存中，当登录用户量很大的时候，Session 数据就会占用非常多的内存，而且无法支持分布式集群环境。

❑ 如果 Session 数据保存到 Redis 等状态服务器中，它可以支持分布式集群环境，但是每遇到一次客户端请求都要向状态服务器获取一次 Session 数据，这会导致请求的响应速度变慢。特别是对于一些跨多数据中心的分布式环境，跨数据中心的状态传递更是一件棘手的事情。

在现在的项目开发中，我们倾向于采用 JWT 代替 Session 实现登录。JWT 全称是 JSON web token，从名字中可以看出，JWT 是使用 JSON 格式来保存令牌信息的。JWT 机制不是把用户的登录信息保存在服务器端，而是把登录信息（也叫作令牌）保存在客户端。为了防止客户端的数据造假，保存在客户端的令牌经过了签名处理，而签名的密钥只有服务器端才知道，每次服务器端收到客户端提交的令牌的时候都要检查一下签名，如果发现数据被篡改，则拒绝接收客户端提交的令牌。

JWT 的结构如图 8-7 所示。

| 头部 | 负载 | 签名 |

{"alg":"hmac-sha256", "typ":"JWT"}　　{"id":"6","name": "admin","exp": 1633842858}　　HMACSHA256 (header+"."+payload, secKey)

图 8-7　JWT 的结构

JWT 的头部（header）中保存的是加密算法的说明，负载（payload）中保存的是用户的 ID、用户名、角色等信息，签名（signature）是根据头部和负载一起算出来的值。

JWT 实现登录的流程如下。

❑ 客户端向服务器端发送用户名、密码等请求登录。

❑ 服务器端校验用户名、密码，如果校验成功，则从数据库中取出这个用户的 ID、角色等用户相关信息。

❑ 服务器端采用只有服务器端才知道的密钥来对用户信息的 JSON 字符串进行签名，形成签名数据。

❑ 服务器端把用户信息的 JSON 字符串和签名拼接到一起形成 JWT，然后发送给客户端。

❑ 客户端保存服务器端返回的 JWT，并且在客户端每次向服务器端发送请求的时候都带上这个 JWT。

❑ 每次服务器端收到浏览器请求中携带的 JWT 后，服务器端用密钥对 JWT 的签名进行校验，如果校验成功，服务器端则从 JWT 中的 JSON 字符串中读取出用户的信息。这样服务器端就知道这个请求对应的用户了，也就实现了登录的功能。

由此可以看出，在 JWT 机制下，登录用户的信息保存在客户端，服务器端不需要保存数据，这样我们的程序就天然地适合分布式的集群环境，而且服务器端从客户端请求中就可以获取当前登录用户的信息，不需要再去状态服务器中获取，因此程序的运行效率更高。虽然用户信息保存在客户端，但是由于有签名的存在，客户端无法篡改这些用户信息，因此可以保证客户端提交的 JWT 的可信度。

8.1.4 JWT 的基本使用

下面通过代码演示 JWT 的使用，我们先创建一个程序用来创建 JWT，再创建一个程序读取 JWT。.NET 中进行 JWT 读写的 NuGet 包是 System.IdentityModel.Tokens.Jwt，因此我们要在这两个程序中都安装这个 NuGet 包。

首先，编写生成 JWT 的程序，如代码 8-9 所示。

代码 8-9　生成 JWT

```
1  var claims = new List<Claim>();
2  claims.Add(new Claim(ClaimTypes.NameIdentifier, "6"));
3  claims.Add(new Claim(ClaimTypes.Name, "yzk"));
4  claims.Add(new Claim(ClaimTypes.Role, "User"));
5  claims.Add(new Claim(ClaimTypes.Role, "Admin"));
6  claims.Add(new Claim("PassPort", "E90000082"));
7  string key = "fasdfad&9045dafz222#fadpio@0232";
8  DateTime expires = DateTime.Now.AddDays(1);
9  byte[] secBytes = Encoding.UTF8.GetBytes(key);
10 var secKey = new SymmetricSecurityKey(secBytes);
11 var credentials = new SigningCredentials(secKey,SecurityAlgorithms.HmacSha256Signature);
12 var tokenDescriptor = new JwtSecurityToken(claims: claims,
13     expires: expires, signingCredentials: credentials);
14 string jwt = new JwtSecurityTokenHandler().WriteToken(tokenDescriptor);
15 Console.WriteLine(jwt);
```

一个用户的信息可能会包含多项内容，比如身份证号、生日、邮箱、地址等，在.NET 中 Claim 就代表一条用户信息。Claim 有两个主要的属性：Type 和 Value，它们都是 string 类型的，Type 代表用户信息的类型，Value 代表用户信息的值。由于 Type 是 string 类型的，因此可以取任何值，比如第 6 行代码就创建了一个自定义的 PassPort 为 E90000082 的用户护照信息。不过，一般 Type 的值都取自 ClaimTypes 类中的成员，比如 ClaimTypes.NameIdentifier 一般代表用户

ID，ClaimTypes.Name 一般代表用户名，而 ClaimTypes.Role 则代表用户角色，ClaimTypes 类中还有 Email（邮箱）、MobilePhone（手机号）、Country（国家）等可选值。我们使用这些 ClaimTypes 类中的预置值而非自定义值的好处是可以更方便地与其他系统对接。由于 Value 也是 string 类型的，因此其他类型的值需要转换为 string 类型来保存。

上面的第 2～6 行代码创建了 5 个 Claim 对象，分别对应用户 ID、用户名、两个角色、护照编号。同样地，Type 下可以有多条 Claim 信息，比如这个用户就拥有"Admin""User"这两个角色。一个 Type 下是否允许有多条 Claim 信息是由 JWT 的读取者决定的。

第 7 行代码中的 key 变量的值是对 JWT 进行签名的密钥，这个值一定要设置得比较长、比较复杂。因为这个密钥在进行 JWT 校验的时候还会用到，所以一定要确保这个密钥不能被客户端等不可信的环境获取。

第 8 行代码中设置的是令牌的过期时间；在第 10～14 行代码中，我们根据过期时间、多个 Claim 对象、密钥来生成 JWT。

运行上面的程序，我们就能得到如图 8-8 所示的 JWT。

图 8-8　生成的 JWT

请仔细观察如图 8-8 所示的 JWT，我们会发现 JWT 被句点分隔成了 3 部分，分别是头部、负载和签名。JWT 看起来很乱，好像是加密过的，其实它们都是明文存储的，只不过进行了简单的编码而已。JWT 中使用 Base64URL 算法对字符串进行编码，这个算法跟 Base64 算法基本相同，考虑到 JWT 可能会被放到 URL 中，而 Base64 有 3 个特殊字符+、/和=，它们在 URL 里面有特殊含义，因此我们需要从 Base64 中删除=，并且把+替换成-、把/替换成_。

我们把 JWT 字符串的头部和负载解码为可读的字符串，如代码 8-10 所示。

代码 8-10　解码 JWT

```
1   string jwt = Console.ReadLine()!;
2   string[] segments = jwt.Split('.');
3   string head = JwtDecode(segments[0]);
4   string payload = JwtDecode(segments[1]);
5   Console.WriteLine("--------head--------");
6   Console.WriteLine(head);
7   Console.WriteLine("--------payload--------");
8   Console.WriteLine(payload);
9   string JwtDecode(string s)
10  {
```

```
11    s = s.Replace('-', '+').Replace('_', '/');
12    switch (s.Length % 4)
13    {
14       case 2:
15          s += "==";
16          break;
17       case 3:
18          s += "=";
19          break;
20    }
21    var bytes = Convert.FromBase64String(s);
22    return Encoding.UTF8.GetString(bytes);
23 }
```

上面的代码中，我们先使用 Split 方法用句点作为分隔符对字符串进行分隔，然后取出第一部分和第二部分作为解码之前的头部和负载，接着我们调用自定义的 JwtDecode 方法对这些部分进行解码。JwtDecode 方法除了做简单的字符串替换之外，还对替换后的字符串进行 Base64 解码。这段对 JWT 进行解码的代码中没有用到任何密钥，只是简单地解码，因为 JWT 的头部和负载部分都没有加密，实质上都是以明文的形式保存的。

运行上面的程序，得到图 8-9 所示的运行结果。

图 8-9　程序运行结果

从程序运行结果可以看出，JWT 的头部中本质上以明文的形式记录了 JWT 的签名使用的哈希算法，负载中本质上也以明文的形式记录了我们设置的多条 Claim 信息。由于 JWT 会被发送到客户端，而负载中的内容是以明文形式保存的，因此一定不要把不能被客户端知道的信息放到负载中。

服务器端可以用如代码 8-10 所示的方法来从客户端提交的 JWT 中读取出用户 ID、用户名、角色等信息，这样服务器端就可以知道这个客户端对应的登录用户信息了。但是，我们知道，JWT 的编码和解码规则都是公开的，而且负载部分的 Claim 信息也是明文的，因此恶意攻击者可以对负载部分中的用户 ID 等信息进行修改，从而冒充其他用户的身份来访问服务器上的资源。因此，服务器端需要对签名部分进行校验，从而检查 JWT 是否被篡改了。

我们可以调用 JwtSecurityTokenHandler 类对 JWT 进行解码，因为它会在对 JWT 解码前对签名进行校验，如代码 8-11 所示。

代码 8-11 JwtSecurityTokenHandler 的使用

```
1   string jwt = Console.ReadLine()!;
2   string secKey = "fasdfad&9045dafz222#fadpio@0232";
3   JwtSecurityTokenHandler tokenHandler = new();
4   TokenValidationParameters valParam = new ();
5   var securityKey = new SymmetricSecurityKey(Encoding.UTF8.GetBytes(secKey));
6   valParam.IssuerSigningKey = securityKey;
7   valParam.ValidateIssuer = false;
8   valParam.ValidateAudience = false;
9   ClaimsPrincipal claimsPrincipal = tokenHandler.ValidateToken(jwt,
10          valParam,out SecurityToken secToken);
11  foreach (var claim in claimsPrincipal.Claims)
12  {
13      Console.WriteLine($"{claim.Type}={claim.Value}");
14  }
```

上面第 2 行代码中，采用的是和生成 JWT 时一样的密钥；第 9、10 行代码中，我们调用 ValidateToken 方法对 JWT 进行解密，ValidateToken 方法的返回值是 ClaimsPrincipal 类型的，ClaimsPrincipal 类型的 Claims 属性就是解析出来的所有的 Claim。

如果我们输入的是服务器端返回的 JWT，上面的代码能够正常运行。但是，如果我们自己编写程序，随便使用一个密钥来生成一个用户 ID 等经过篡改后的 JWT，然后用这个自己生成的 JWT 的负载部分替换服务器端返回的 JWT，就可以得到一个用户 ID、用户名等被篡改的 JWT。我们使用这个被篡改的 JWT 去运行代码 8-10，这个 JWT 是可以被正常解码的，程序运行结果如图 8-10 所示。

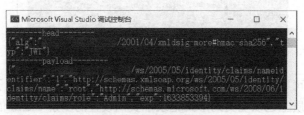

图 8-10 程序运行结果

但是，当我们使用这个被篡改的 JWT 去运行代码 8-11，程序运行时就会抛出内容为 "Signature validation failed" 的异常。这证明 ValidateToken 方法确实会对 JWT 中的签名进行校验，从而保证 JWT 不被客户端篡改。

读者如果仔细观察会发现，JWT 的负载部分还有一个名字为 exp 的值，它就是我们在生成 JWT 时设置的过期时间。ValidateToken 方法默认也会校验这个过期时间，如果服务器端收到了过期的 JWT，即使签名校验成功，ValidateToken 方法也会抛出异常。

通过本小节的学习，我们应知道 JWT 机制让我们可以把用户的信息保存到客户端，每次客户端向服务器端发送请求的时候，客户端只要把 JWT 发送到服务器端，服务器端就可以得知当前请求用户的信息，而通过签名的机制则可以避免 JWT 内容被篡改。

8.1.5 ASP.NET Core 对于 JWT 的封装

在 8.1.4 小节中，我们学习了 JWT 的原理和基本使用。ASP.NET 封装了对于 JWT 的操作，让我们在程序中使用 JWT 进行鉴权和授权更简单。本小节我们就来看看在 ASP.NET Core 中如何更简单地使用 JWT，我们将会在 8.1.1 小节中完成的项目基础上进一步开发。

第 1 步，我们先在配置系统中配置一个名字为 JWT 的节点，并在节点下创建 SigningKey、ExpireSeconds 两个配置项，分别代表 JWT 的密钥和过期时间（单位为秒）。我们再创建一个对应 JWT 节点的配置类 JWTOptions，类中包含 SigningKey、ExpireSeconds 这两个属性。

第 2 步，通过 NuGet 为项目安装 Microsoft.AspNetCore.Authentication.JwtBearer 包，这个包封装了简化 ASP.NET Core 中使用 JWT 的操作。

第 3 步，编写代码对 JWT 进行配置，把代码 8-12 的内容添加到 Program.cs 的 builder.Build 之前。

代码 8-12 对 JWT 进行配置

```
1  services.Configure<JWTOptions>(builder.Configuration.GetSection("JWT"));
2  services.AddAuthentication(JwtBearerDefaults.AuthenticationScheme)
3  .AddJwtBearer(x =>
4  {
5      var jwtOpt = builder.Configuration.GetSection("JWT").Get<JWTOptions>();
6      byte[] keyBytes = Encoding.UTF8.GetBytes(jwtOpt.SigningKey);
7      var secKey = new SymmetricSecurityKey(keyBytes);
8      x.TokenValidationParameters = new()
9      {
10        ValidateIssuer=false, ValidateAudience=false, ValidateLifetime=true,
11        ValidateIssuerSigningKey=true, IssuerSigningKey=secKey
12     };
13 });
```

第 4 步，在 Program.cs 的 app.UseAuthorization 之前添加 app.UseAuthentication。

第 5 步，在 Test1Controller 类中增加登录并且创建 JWT 的操作方法 Login2，方法体的主干部分如代码 8-13 所示。

代码 8-13 登录并创建 JWT

```
1  var user = await userManager.FindByNameAsync(userName);
2  var success = await userManager.CheckPasswordAsync(user, password);
3  if (!success)
4      return BadRequest("Failed");
5  var claims = new List<Claim>();
6  claims.Add(new Claim(ClaimTypes.NameIdentifier, user.Id.ToString()));
7  claims.Add(new Claim(ClaimTypes.Name, user.UserName));
8  var roles = await userManager.GetRolesAsync(user);
```

```
9   foreach (string role in roles)
10  {
11      claims.Add(new Claim(ClaimTypes.Role, role));
12  }
13  string jwtToken = BuildToken(claims, jwtOptions.Value);
```

Login2 方法中会检测客户端请求的用户名、密码，如果信息输入正确的话，服务器端就会把用户 ID、用户名、角色作为 Claim 加入 JWT 中；由于一个用户可能拥有多个角色，因此在第 9～12 行代码中，我们通过循环把用户拥有的所有角色都作为 Claim 加入 JWT 中。BuildToken 方法根据登录用户的多条 Claim 信息构建生成 JWT 字符串，这个方法的代码逻辑和代码 8-9 中的类似，读者可以查看随书源代码。为了突出重点、减少篇幅，Login2 方法没有实现频繁登录失败的账户锁定操作，在正式的项目中，读者请自行把与账户锁定相关的代码加上，以降低安全风险。

第 6 步，在需要登录才能访问的控制器类上添加[Authorize]这个 ASP.NET Core 内置的 Attribute，如代码 8-14 所示。

代码 8-14　Test2Controller

```
1   [Route("[controller]/[action]")]
2   [ApiController]
3   [Authorize]
4   public class Test2Controller : ControllerBase
5   {
6       [HttpGet]
7       public IActionResult Hello()
8       {
9           string id = this.User.FindFirst(ClaimTypes.NameIdentifier)!.Value;
10          string userName = this.User.FindFirst(ClaimTypes.NameIdentifier)!.Value;
11          IEnumerable<Claim> roleClaims = this.User.FindAll(ClaimTypes.Role);
12          string roleNames = string.Join(',', roleClaims.Select(c => c.Value));
13          return Ok($"id={id},userName={userName},roleNames ={roleNames}");
14      }
15  }
```

在第 3 行代码中，添加的[Authorize]表示这个控制器类下所有的操作方法都需要登录后才能访问。ControllerBase 中定义的 ClaimsPrincipal 类型的 User 属性代表当前登录用户的身份信息，我们可以通过 ClaimsPrincipal 的 Claims 属性获得当前登录用户的所有 Claim 信息，不过我们一般通过 FindFirst 方法根据 Claim 的类型来查找需要的 Claim，如果用户身份信息中含有多个同类型的 Claim，我们则可以通过 FindAll 方法来找到所有 Claim，这一点可以从第 9～11 行代码中看出来。

完成代码后，运行项目，然后访问/Test1/Login2，并且在请求报文中填上正确的用户名和密码，接着我们向服务器端发送请求，就会得到图 8-11 所示的运行结果。

响应报文中的内容就是我们登录获得的 JWT，请把这个 JWT 复制出来备用。

接下来，我们直接访问/Test2/Hello 这个路径，就会得到图 8-12 所示的请求结果。

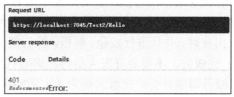

图 8-11　登录请求的运行结果　　　　　　图 8-12　请求结果

从运行结果可以看出，服务器端返回的 HTTP 状态码是 401，也就是"没有授权"。因为我们在 Test2Controller 上标注了[Authorize]，而我们请求的时候没有设置 JWT，所以 ASP.NET Core 就直接拒绝了这样非法的请求。

ASP.NET Core 要求（这也是 HTTP 的规范）JWT 放到名字为 Authorization 的 HTTP 请求报文头中，报文头的值为"Bearer JWT"。默认情况下，我们无法在 Swagger 中添加请求报文头，因此我们需要借助第三方工具来发送带自定义报文头的 HTTP 请求。以 Postman 为例，我们在请求的【Headers】中手工添加名字为 Authorization 的报文头，在 Postman 中发送的请求和服务器的响应如图 8-13 所示。

需要注意的是，Authorization 的值中的"Bearer"和 JWT 之间一定要通过空格分隔。从服务器的响应可以看出，服务器返回的 HTTP 状态码为 200，而且响应报文体中也输出了 JWT 代表的用户 ID、用户名、角色名等信息。

图 8-13　Postman 中的请求和响应

对于客户端获得的 JWT，在前端项目中，我们可以把令牌保存到 Cookie、LocalStorage 等位置，从而在后续请求中重复使用，而对于移动 App、PC 客户端，我们可以把令牌保存到配置文件中或者本地文件数据库中。当执行【退出登录】操作的时候，我们只要在客户端本地把 JWT 删除即可。

8.1.6　[Authorize]的注意事项

ASP.NET Core 中身份验证和授权验证的功能由 Authentication、Authorization 中间件提供，我们在 Program.cs 中编写的 app.UseAuthentication 和 app.UseAuthorization 就用于添加相应中间

件到管道中。

[Authorize]这个 Attribute 既可以被添加到控制器类上，也可以被添加到操作方法上。我们可以在控制器类上标注[Authorize]，那么这个控制器类中的所有操作方法都会被进行身份验证和授权验证；对于标注了[Authorize]的控制器类，如果其中某个操作方法不想被验证，我们可以在这个操作方法上添加[AllowAnonymous]。如果没有在控制器类上标注[Authorize]，那么这个控制器类中的所有操作方法都允许被自由地访问；对于没有标注[Authorize]的控制器类，如果其中某个操作方法需要被验证，我们也可以在操作方法上添加[Authorize]。

在发送请求的时候，我们只要按照 HTTP 的要求，把 JWT 按照"Bearer JWT"格式放到名字为 Authorization 的请求报文头中即可。ASP.NET Core 会按照 HTTP 的规范，从 Authorization 中取出令牌，并且进行校验、解析，然后把解析结果填充到 User 属性中，这一切都是 ASP.NET Core 完成的，不需要开发人员自己编写代码。但是，如果由于设置或者代码错误导致校验失败，服务器端只会给出状态码为 401 的响应，开发人员很难得知问题到底出在哪里。因此，对于初次接触 Authentication、Authorization 的开发人员，可能会出现无论怎么做，服务器都只返回 401，使开发人员手足无措的情况。遇到这种情况，读者请按照本书讲解的步骤仔细检查，看是否有设置错误的地方。

8.1.7　让 Swagger 中调试带验证的请求更简单

Swagger 中默认没有提供设置自定义 HTTP 请求报文头的方式，因此对于需要传递 Authorization 报文头的接口，调试起来很麻烦。我们可以通过对 OpenAPI 进行配置，从而让 Swagger 中可以发送 Authorization 报文头。

我们需要修改 Program.cs 的 AddSwaggerGen 方法调用，修改后的内容如代码 8-15 所示。

代码 8-15　对 OpenAPI 进行配置

```
1  builder.Services.AddSwaggerGen(c =>
2  {
3      var scheme = new OpenApiSecurityScheme()
4      {
5          Description = "Authorization header. \r\nExample: 'Bearer 12345abcdef'",
6          Reference = new OpenApiReference{Type = ReferenceType.SecurityScheme,
7              Id = "Authorization"},
8          Scheme = "oauth2",Name = "Authorization",
9          In = ParameterLocation.Header,Type = SecuritySchemeType.ApiKey,
10     };
11     c.AddSecurityDefinition("Authorization", scheme);
12     var requirement = new OpenApiSecurityRequirement();
13     requirement[scheme] = new List<string>();
14     c.AddSecurityRequirement(requirement);
15 });
```

添加完以上代码后，重启并运行项目，会发现在 Swagger 界面的右上角增加了一个

【Authorize】按钮，如图 8-14 所示。

单击【Authorize】按钮后，界面中就会弹出如图 8-15 所示的对话框。

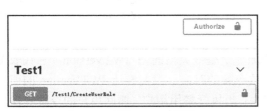

图 8-14　新的 Swagger 界面

图 8-15　授权对话框

在上面对话框的文本框中，我们输入"Bearer JWT"，然后单击【Authorize】按钮，这样在这个界面之后的请求中，浏览器都会自动在请求报文头中加入 Authorization 报文头。当然，如果界面关闭或重启了，我们就必须重新输入 Authorization 报文头的值。

> 🐾 **提醒：**
>
> 在授权对话框的文本框中，一定不要忘了写前面的"Bearer"及空格。

设置完授权对话框后，再在 Swagger 界面中发起对/Test2/Hello 的请求，可以看到服务器端的身份验证成功了，如图 8-16 所示。

图 8-16　身份验证成功

8.1.8　解决 JWT 无法提前撤回的难题

JWT 把用户信息保存到客户端，而不像 Session 那样在服务器端保存状态，因此更加适合分布式系统及前后端分离项目，但是任何技术都不是完美的，JWT 的缺点是：一旦 JWT 被发放给客户端，在有效期内这个令牌就一直有效，令牌是无法被提前撤回的。哪些场景会需要在JWT 过期之间提前撤回令牌呢？比如，用户被删除了，那么针对这个用户的令牌就要被撤回，否则会出现客户端使用已经被删除的用户身份的问题；再如，某个 JWT 被恶意攻击者拿到并用来发送恶意请求，我们也要撤回针对这个用户的令牌，以便阻断攻击者；再如，用户在 A设备上登录了，稍后又在 B 设备上登录了，我们就需要把用户在 A 设备上登录获得的 JWT 撤回，否则就会出现用户同时在多个设备上登录的问题。

上面提到的这些需求其实用传统的 Session 实现更合适，因为这些需求都是和"服务器端保持状态"相关的，而 JWT 是一种服务器端无状态的机制。如果既要用 JWT，又要解决这些和服务器端保持状态相关的问题，显然是缘木求鱼。不过考虑到 JWT 已经成为现在新的事实上的标准，如果项目不能改为用传统 Session 机制的话，我们就仍然需要寻找 JWT 下的实现方式。网上有很多解决方案，比如用 Redis 保存状态，或者用 refresh_token+access_token 机制等，这些方案各自有相应的优缺点，感兴趣的读者可以去网上搜索相关资料。这里分享一个作者摸索出来的能够满足常规需求的解决方案。

这个解决方案的思路是：在用户表中增加一个整数类型的列 JWTVersion，它代表最后一次发放出去的令牌的版本号；每次登录、发放令牌的时候，我们都让 JWTVersion 的值自增，同时将 JWTVersion 的值也放到 JWT 的负载中；当执行禁用用户、撤回用户的令牌等操作的时候，我们让这个用户对应的 JWTVersion 的值自增；当服务器端收到客户端提交的 JWT 后，先把 JWT 中的 JWTVersion 值和数据库中的 JWTVersion 值做比较，如果 JWT 中 JWTVersion 的值小于数据库中 JWTVersion 的值，就说明这个 JWT 过期了，这样我们就实现了 JWT 的撤回机制。由于我们在用户表中保存了 JWTVersion 值，因此这种方案本质上仍然是在服务器端保存状态，这是绕不过去的，只不过这种方案是一种缺点比较少的妥协方案。下面我们编写代码实现这个思路。

第 1 步，为用户实体类 User 类增加一个 long 类型的属性 JWTVersion，并且执行数据库迁移，以便在数据库表中增加对应的列。

第 2 步，修改登录并发放令牌的代码，让用户的 JWTVersion 属性的值自增，并且把 JWTVersion 的值写入 JWT。代码 8-16 所示的是把代码 8-13 的第 5～7 行改进后的结果。

代码 8-16　改进的 Login2 的代码

```
1  user.JWTVersion++;
2  await userManager.UpdateAsync(user);
3  var claims = new List<Claim>();
4  claims.Add(new Claim(ClaimTypes.NameIdentifier, user.Id.ToString()));
5  claims.Add(new Claim(ClaimTypes.Name, user.UserName));
6  claims.Add(new Claim(ClaimTypes.Version, user.JWTVersion.ToString()));
```

可以看到，上面代码中的第 1、2、6 行代码是我们增加的，分别用来实现 JWTVersion 自增、保存对 user 的修改到数据库和把版本号写入令牌的负载中。

第 3 步，编写一个操作筛选器，以统一实现对所有控制器的操作方法中 JWT 的检查操作，如代码 8-17 所示。

代码 8-17　JWTValidationFilter

```
1  public class JWTValidationFilter : IAsyncActionFilter
2  {
3      private IMemoryCache memCache;
4      private UserManager<User> userMgr;
5      public JWTValidationFilter(IMemoryCache memCache, UserManager<User> userMgr)
6      {
```

```
7          this.memCache = memCache;
8          this.userMgr = userMgr;
9      }
10     public async Task OnActionExecutionAsync(ActionExecutingContext context,
11         ActionExecutionDelegate next)
12     {
13         var claimUserId = context.HttpContext.User.FindFirst(ClaimTypes.NameIdentifier);
14         if (claimUserId==null)
15         {
16             await next();
17             return;
18         }
19         long userId = long.Parse(claimUserId!.Value);
20         string cacheKey = $"JWTValidationFilter.UserInfo.{userId}";
21         User user = await memCache.GetOrCreateAsync(cacheKey, async e=> {
22             e.AbsoluteExpirationRelativeToNow = TimeSpan.FromSeconds(5);
23             return await userMgr.FindByIdAsync(userId.ToString());
24         });
25         if(user== null)
26         {
27             var result = new ObjectResult($"UserId({userId}) not found");
28             result.StatusCode = (int)HttpStatusCode.Unauthorized;
29             context.Result = result;
30             return;
31         }
32         var claimVersion = context.HttpContext.User.FindFirst(ClaimTypes.Version);
33         long jwtVerOfReq = long.Parse(claimVersion!.Value);
34         if(jwtVerOfReq>=user.JWTVersion)
35         {
36             await next();
37         }
38         else
39         {
40             var result = new ObjectResult($"JWTVersion mismatch");
41             result.StatusCode = (int)HttpStatusCode.Unauthorized;
42             context.Result = result;
43             return;
44         }
45     }
46 }
```

对于登录、重置密码等不需要传递 Authorization 报文头的接口，在第 13 行代码中取到的返回值为 null。这种情况下，我们在第 16 行代码中把请求转给下一个筛选器。

因为系统的访问量可能非常大，如果每次控制器中的操作方法执行的时候，都在 JWTValidationFilter 中从数据库中根据用户 ID 获取用户的信息，数据库服务器的压力会非常大，而且接口的响应速度会很慢，因此第 20～24 行代码把用户信息保存在内存缓存中。

在第 25～31 行代码中，如果我们发现无法根据 JWT 中提供的用户 ID 查找到用户信息，就说明这个用户可能已经被删除了，因此给客户端返回 401 状态码。为了方便开发人员查找问题，我们在响应报文中输出了"UserId({userId}) not found"这个字符串，如果读者认为这个输出可能会有泄露服务器内部信息的风险，可以改成只有在开发环境才输出具体的报错信息。

在第 32～44 行代码中，我们从 JWT 的负载中取到客户端保存的 JWT 版本号，如果发现数据库中保存的 JWT 版本号和客户端保存的 JWT 版本号不匹配，就说明这个令牌被回收了。

注意，在第 34 行代码比较两个版本号用的不是相等比较，而是"大于或等于"，因为这里考虑到了分布式系统、高并发系统中两个版本号短时间不一致的情况。比如，我们的 ASP.NET Core 程序被部署到了两台 Web 服务器组成的集群中，第 1 次请求（登录请求）被服务器 A 处理，数据库中的 JWTVersion 变为 1，JWT 中的版本号当然也就是 1；第 2 次请求（普通请求）被服务器 A 处理，程序从数据库中读取出来的版本号为 1，并且在内存缓存中保存的版本号也是 1；第 3 次请求（又发了一次登录请求）被服务器 B 处理，数据库中的 JWTVersion 变为 2，生成的 JWT 中的版本号当然也就是 2；第 4 次请求（普通请求）被服务器 A 处理，如果第 4 次请求和第 2 次请求间隔时间很短，以至于第 2 次请求中在内存缓存中写入的版本号还没有过期，那么第 4 次请求从缓存中获取的版本号仍然是 1，就会和客户端提交的 2 不一致。因此考虑到这一点，这里采用的是"大于或等于"的比较，而不是相等比较。当然，这种方案在极端情况下仍然会有并发的问题，但是在日常业务系统中，基本不会影响使用。

第 4 步，把 JWTValidationFilter 注册到 Program.cs 中 MVC 的全局筛选器中，如代码 8-18 所示。

代码 8-18　配置 JWTValidationFilter

```
1   services.Configure<MvcOptions>(opt => {
2       opt.Filters.Add<JWTValidationFilter>();
3   });
```

当然，由于我们在 JWTValidationFilter 中用到了内存缓存，因此需要项目添加与内存缓存相关的 NuGet 包和注册相关服务。

接下来，运行并测试这个程序。首先我们执行登录请求，获得一个 JWT，然后我们反复用这个 JWT 请求/Test2/Hello，都是可以正常执行的。但是，如果我们再执行一次登录请求，然后使用第 1 次登录获得的 JWT 访问/Test2/Hello 的话，就会得到图 8-17 所示的报错响应，这说明我们编写的 JWT 撤回机制起作用了。

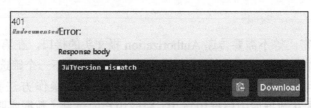

图 8-17　服务器的报错响应

除了在登录的时候我们要让 JWTVersion 值递增之外，在用户修改密码、软删除用户、退出登录的时候，我们也要让用户的 JWTVersion 值递增。系统中最好再提供一个"把所有登录设备下线"的功能，这样当用户本人或者管理员发现某个用户的账号存在问题的时候，管理员可以手动撤回用户的令牌，而把所有登录设备下线功能其实也是通过让用户的 JWTVersion 值递增来实现的。

由于考虑到针对一个用户的 JWTVersion 值递增的操作不会很频繁，一般不会有并发访问的问题，因此这里对 JWTVersion 值递增没有进行加锁等处理。如果项目情况特殊，需要考虑这些因素的话，请读者对代码进行改进。

8.1.9 总结

在本节中，我们学习了在 ASP.NET Core 中实现 Authentication 和 Authorization 的方式，学习了帮助我们简化用户数据管理的标识框架，还学习了通过 JWT 实现登录的方式。

JWT 和 Session 相比，有如表 8-3 所示的区别，我们需要权衡后在项目中选择合适的技术。

表 8-3　　　　　　　　　　JWT 和 Session 的比较

指标	JWT	Session
适应场景	前后端分离项目、为多设备提供 API 的 Web API 项目	传统的基于视图的 MVC 项目
网络流量	JWT 长度一般比 SessionId 长，因此请求的流量消耗比 Session 的大	请求的流量消耗比较小
数据安全	数据本质上以明文的形式保存在令牌的负载中，不能在负载中保存不希望客户端看到的数据	数据保存在服务器端，因此 Session 中的数据不会被客户端访问到
服务器端存储资源占用	令牌数据存放到客户端，因此服务器端存储资源（比如内存）占用小	Session 数据保存在服务器端，因此服务器端存储资源（比如内存）占用比较大
有效期续签	需要重新生成包含新有效期的 JWT	只要在服务器端对 Session 数据续期即可

8.2　利用托管服务执行后台代码

我们在进行系统开发的时候，有的代码是需要运行在后台的，比如服务器启动的时候在后台预先加载数据到缓存、每天凌晨 3 点把数据导出到备份数据库、每隔 5s 在两张表之间同步一次数据，这些代码不是运行在前台的，因此不方便写到控制器中。ASP.NET Core 中提供了托管服务（hosted service）来供我们编写运行在后台的代码。

8.2.1 托管服务的基本使用

托管服务的使用非常简单，只要编写一个实现了 IHostedService 接口的类即可。一般情况下我们编写从 BackgroundService 类继承的类，因为 BackgroundService 实现了 IHostedService 接口，并且帮我们处理了任务的取消等逻辑。我们只要实现 BackgroundService 类中定义的抽象方法 ExecuteAsync，在 ExecuteAsync 方法中编写后台执行的代码即可。BackgroundService 类实现了 IDisposable 接口，我们可以把任务结束后的清理代码写到 Dispose 方法中。

下面来编写一个简单的托管服务，如代码 8-19 所示。

代码 8-19　简单的托管服务

```
1   public class DemoBgService : BackgroundService
2   {
3       private ILogger<DemoBgService> logger;
4       public DemoBgService(ILogger<DemoBgService> logger)
5       {
6           this.logger = logger;
7       }
8       protected override async Task ExecuteAsync(CancellationToken stoppingToken)
9       {
10          await Task.Delay(5000);
11          string s =await File.ReadAllTextAsync("d:/1.txt");
12          await Task.Delay(20000);
13          logger.LogInformation(s);
14      }
15  }
```

这个托管服务完成的任务是先延迟 5s，然后从"d:/1.txt"文件中读取内容，再延迟 20s 后把读到的文件内容输出到日志。因为程序中需要操作日志，所以我们在第 4 行代码中通过构造方法注入 ILogger 服务。ExecuteAsync 方法执行结束后，这个托管服务也就执行结束了，因此我们这里编写的托管服务不会常驻后台。

为了让托管服务能够运行，我们需要在 Program.cs 中调用 AddHostedService 方法把它注册到依赖注入容器中，如代码 8-20 所示。

代码 8-20　注册托管服务

```
services.AddHostedService<DemoBgService>();
```

托管服务会随着应用程序启动，当然，托管服务是在后台运行的，不会阻塞 ASP.NET Core 中其他程序的运行。

执行上面的程序，控制台的输出结果如图 8-18 所示。

在托管服务的执行过程中，网站中其他功能是可以正常使用的，这就证明托管服务确实是运行在后台的。

我们把"d:/1.txt"文件删除，再运行程序，由于文件不存在，当程序执行到第 11 行代码的时候，就会抛出异常。从.NET 6 开始，当托管服务中发生未处理异常的时候，程序就会自动停止并退出。我们可以把 HostOptions.BackgroundServiceExceptionBehavior 设置

图 8-18　输出结果

为 Ignore，这样当托管服务中发生未处理异常的时候，程序会忽略这个异常，而不是停止程序。不过推荐读者还是采用默认的设置，因为未处理异常应该被妥善处理，而不是被忽略。"托管

服务发生未处理异常就会导致程序退出"看起来是一个很严重的问题，但是正因为要求开发人员要做好程序的异常处理，才能保证程序的逻辑正确性。

为了避免托管服务中出现未处理异常导致程序退出，我们要先做好预防工作，在代码中尽量避免异常的产生。比如在第 11 行代码读取文件之前，我们应该判断一下文件是否存在。当然，在我们做了充足的异常预防工作后，仍然不能完全杜绝程序中出现未处理异常，因此开发人员在完善托管服务的代码的同时，也要在 ExecuteAsync 方法中把代码用 try…catch "包裹"起来，当发生异常的时候，我们把异常记录到日志中或者通过报警系统发送给管理员，这样不仅不会因为托管服务中的未处理异常导致程序的退出，我们也能把托管服务中的运行错误告知管理员。

8.2.2　托管服务中使用依赖注入的陷阱

托管服务是以单例的生命周期注册到依赖注入容器中的。按照依赖注入容器的要求，长生命周期的服务不能依赖短生命周期的服务，因此我们可以在托管服务中通过构造方法注入其他生命周期为单例的服务，但是不能注入生命周期为范围或者瞬态的服务。由于日志系统的服务的生命周期为单例，因此我们在代码 8-19 中可以通过构造方法注入 ILogger 服务，但是我们通过构造方法直接注入 EF Core 的上下文的话，程序就会抛出异常，因为通过 AddDbContext 注册的服务的生命周期是范围的。

我们可以通过构造方法注入 IServiceScopeFactory 服务，它可以用来创建 IServiceScope 对象，这样我们就可以通过 IServiceScope 来创建短生命周期的服务了，具体操作将会在 8.2.3 小节中演示。

8.2.3　案例：数据的定时导出

除了那些执行完任务就退出的托管服务之外，我们还可能需要编写常驻后台的托管服务，比如监控消息队列，当有数据进入消息队列就处理。再如每隔 10s 把 A 数据库中的数据同步到 B 数据库中。本小节中，我们来看如何实现常驻后台的托管服务。

因为 BackgroundService 的 ExecuteAsync 代码执行结束后托管服务就退出了，所以常驻后台的托管服务并不需要特殊的技术，我们只要让 ExecuteAsync 中的代码一直执行不结束即可。

下面来实现一个常驻后台的托管服务，它实现的功能是每隔 5s 对数据库中的数据进行汇总，然后把汇总结果写入一个文本文件，如代码 8-21 所示。

代码 8-21　定时导出的托管服务

```
1  public class ExplortStatisticBgService : BackgroundService
2  {
3      private readonly TestDbContext ctx;
4      private readonly ILogger<ExplortStatisticBgService> logger;
5      private readonly IServiceScope serviceScope;
6      public ExplortStatisticBgService(IServiceScopeFactory scopeFactory)
7      {
```

```
8          this.serviceScope = scopeFactory.CreateScope();
9          var sp = serviceScope.ServiceProvider;
10         this.ctx = sp.GetRequiredService<TestDbContext>();
11         this.logger = sp.GetRequiredService<ILogger<ExplortStatisticBgService>>();
12     }
13     protected override async Task ExecuteAsync(CancellationToken stoppingToken)
14     {
15         while (!stoppingToken.IsCancellationRequested)
16         {
17             try
18             {
19                 await DoExecuteAsync();
20                 await Task.Delay(5000);
21             }
22             catch (Exception ex)
23             {
24                 logger.LogError(ex, "获取用户统计数据失败");
25                 await Task.Delay(1000);
26             }
27         }
28     }
29     private async Task DoExecuteAsync()
30     {
31         var items = ctx.Users.GroupBy(u => u.CreationTime.Date)
32                     .Select(e => new { Date = e.Key, Count = e.Count() });
33         StringBuilder sb = new StringBuilder();
34         sb.AppendLine($"Date:{DateTime.Now}");
35         foreach (var item in items)
36         {
37             sb.Append(item.Date).AppendLine($":{item.Count}");
38         }
39         await File.WriteAllTextAsync("d:/1.txt", sb.ToString());
40         logger.LogInformation($"导出完成");
41     }
42     public override void Dispose()
43     {
44         base.Dispose();
45         serviceScope.Dispose();
46     }
47 }
```

在第 6 行代码中，我们通过构造方法注入 IServiceScopeFactory 服务，在第 8 行代码中，我们通过 IServiceScopeFactory 的 CreateScope 方法创建 IServiceScope 对象，然后在第 10～11 行代码中我们就能获取 TestDbContext 服务的实例了。由于 IServiceScope 继承了 IDisposable 接口，因此我们需要在托管服务的 Dispose 方法中销毁 serviceScope。虽然 ILogger 是可以直接通过构造方法注入的，但是通过 IServiceScopeFactory 来获取 ILogger 服务也是可以的。

在 ExecuteAsync 方法中，我们用 try…catch 捕捉 DoExecuteAsync 中潜在的异常，这样我们就可以避免托管服务中出现未处理异常导致程序的崩溃，而且可以保证一次 DoExecuteAsync 的执行失败不会影响下一次 DoExecuteAsync 的执行。在第 13～28 行代码的 ExecuteAsync 方法中，我们通过 while 循环来实现反复执行 DoExecuteAsync 方法；在第 20 行代码中，我们通过 Delay 来实现每次执行间隔 5s；如果 DoExecuteAsync 中出现异常，那么导致异常的问题可能会持续一段时间，因此第 25 行代码中实现了每次异常发生之后暂停 1s 再尝试执行，以避免频繁重试造成的 CPU 占用率飙升。

在第 29～41 行代码中的 DoExecuteAsync 方法通过日期对数据进行分组统计，获取每一天注册的用户数量，然后把统计数据写入文本文件。

在这个例子中，我们实现了"每隔 5min 做一次统计"的功能。如果想要实现更复杂的定义任务，比如"每天凌晨 3 点执行数据备份任务"或者"每月初执行一次报表统计任务"等，那么我们可以使用 Hangfire、Quartz.Net 等更专业的定时任务开源项目。

8.3　请求数据的校验

无论是进行 ASP.NET Core MVC 还是 ASP.NET Core Web API 项目开发，我们都应该对请求数据的合法性进行校验，比如重置密码操作中，我们需要检查两次输入的密码是否一致，以及密码的长度是否符合要求。对请求数据进行充分的合法性校验不仅有助于提升用户界面的友好性，而且有助于提高后台程序的安全性和稳定性。

为了提高响应速度和界面的可用性，一般在客户端我们都会对用户填写的数据进行校验，这样不需要把数据发送到服务器端，用户就会知道数据填写错误。但是我们不能完全依赖客户端的校验，不仅因为恶意用户可以绕过客户端校验直接向服务器发起请求，而且服务器端也需要对于客户端开发人员对数据校验不到位的地方做兜底的工作。因此，服务器端的数据校验必不可少。

8.3.1　.NET Core 内置数据校验的不足

.NET Core 中内置了对数据校验的支持，在 System.ComponentModel.DataAnnotations 命名空间下定义了非常多的校验规则 Attribute，比如[Required]用来设置值必须是非空的、[EmailAddress]用来设置值必须是 Email 格式的、[RegularExpression]用来根据给定的正则表达式对数据进行校验。我们也可以使用 CustomValidationAttribute 或者模型类实现 IValidatableObject 接口来编写自定义的校验规则。关于.NET Core 内部数据校验机制的用法可以参考官方文档。

.NET Core 内置的校验机制有以下几个问题。

❑　无论是通过在属性上标注校验规则 Attribute 的方式，还是实现 IValidatableObject 接口的方式，我们的校验规则都是和模型类耦合在一起的，这违反了面向对象的"单一职责原则"。

- .NET Core 中内置的校验规则不够多，很多常用的校验需求都需要我们编写自定义校验规则。

8.3.2 FluentValidation 的基本使用

8.3.1 小节中，我们提到了.NET Core 中内置数据校验机制的不足，这里向读者推荐一个更优秀的数据校验框架——FluentValidation，它可以让我们用类似于 EF Core 中 Fluent API 的方式进行校验规则的配置，也就是我们可以把对模型类的校验放到单独的校验类中。FluentValidation 可以用于控制台、WPF、ASP.NET Core 等各种.NET 项目中，这里只讲解它在 ASP.NET Core 项目中的用法。

第 1 步，在项目中安装 NuGet 包 FluentValidation.AspNetCore。

第 2 步，在 Program.cs 中添加注册相关服务的代码，如代码 8-22 所示。

代码 8-22 注册相关服务

```
1  builder.Services.AddFluentValidation(fv => {
2      Assembly assembly = Assembly.GetExecutingAssembly();
3      fv.RegisterValidatorsFromAssembly(assembly);
4  });
```

RegisterValidatorsFromAssembly 方法用于把指定程序集中所有实现了 IValidator 接口的数据校验类注册到依赖注入容器中。因为这个例子中只有一个项目，所有的数据校验类也都写到了这个项目中，所以我们用 Assembly.GetExecutingAssembly 获取入口项目的程序集。在实际的项目中，数据校验类可能会位于多个程序集中，我们可以调用 RegisterValidatorsFromAssemblies 来指定这些程序集进行注册。

第 3 步，编写一个模型类 Login2Request，如代码 8-23 所示。

代码 8-23 Login2Request 类

```
public record Login2Request(string Email, string Password, string Password2);
```

可以看到，这里的 Login2Request 类只是一个普通的 C#类，没有标注任何的 Attribute 或者实现任何的接口，这个类的唯一责任就是传递数据。

第 4 步，编写一个继承自 AbstractValidator 的数据校验类，如代码 8-24 所示。

代码 8-24 Login2RequestValidator

```
1  public class Login2RequestValidator: AbstractValidator<Login2Request>
2  {
3      public Login2RequestValidator()
4      {
5          RuleFor(x=>x.Email).NotNull().EmailAddress()
6              .Must(v=>v.EndsWith("@qq.com")||v.EndsWith("@163.com"))
7              .WithMessage("只支持QQ和163邮箱");
```

```
8          RuleFor(x => x.Password).NotNull().Length(3, 10)
9              .WithMessage("密码长度必须介于 3 到 10 之间")
10             .Equal(x => x.Password2).WithMessage("两次密码必须一致");
11     }
12 }
```

数据校验类一般继承自 AbstractValidator，AbstractValidator 类是一个泛型类，我们需要通过泛型参数指定这个数据校验类对哪个类进行校验；校验规则写到校验类的构造方法中；我们通过 RuleFor 来指定要对哪个属性进行校验，然后使用 NotNull（非空）、EmailAddress（邮箱地址）、Length（字符串长度）等内置方法来编写校验规则；多个校验规则可以采用链式调用的写法；每个需要校验的属性对应一组 RuleFor 调用，上面的第 5~7 行代码用于对 Email 属性进行校验，而第 8~10 行代码用于对 Password 属性进行校验。

FluentValidation 中内置了丰富的校验规则，如果想编写自定义校验规则，我们可以在 Must 方法中编写，如第 6 行代码所示。

FluentValidation 内置的校验规则有默认的报错信息，我们也可以通过 WithMessage 方法自定义报错信息，WithMessage 方法设置的报错信息只作用于它之前的那个校验规则，如第 7 行代码和第 10 行代码所示。

第 5 步，我们编写一个操作方法，用 Login2Request 作为参数。然后我们在客户端向这个操作方法对应的路径发送非法的数据，服务器端响应的报文如图 8-19 所示。

图 8-19　服务器端响应的报文

可以看到，使用 FluentValidation 以后，我们可以把数据校验的规则写到单独的数据校验类中，这样模型类和数据校验类各司其职，符合"单一职责原则"，而且在 FluentValidation 中编写自定义校验代码也更加简单。FluentValidation 和.NET Core 内置的校验方式是可以共存的，也就是我们可以一部分校验规则用 FluentValidation 写，另一部分校验规则用.NET Core 内置的校验方式写，不过为了代码的统一，建议不要混用这两者。

8.3.3　FluentValidation 中注入服务

在编写数据校验代码的时候，有时候我们需要调用依赖注入容器中的服务，FluentValidation 中的数据校验类是通过依赖注入容器实例化的，因此我们同样可以通过构造方法来向数据校验类中注入服务。本小节中，我们来看 FluentValidation 中如何注入服务。

假如数据库的一张表中记录着系统中已有的用户名、密码等信息，用户表的实体类为 User，我们通过 TestDbContext 来读取数据库。EF Core 的这些代码比较简单，这里就不再重复。

下面来实现在登录的时候检查用户名是否存在的校验类。

定义一个类 Login3Request，这个类包含 UserName（用户名）、Password（密码）两个属性。然后，我们再编写一个对 Login3Request 进行校验的类，如代码 8-25 所示。

代码 8-25　Login3RequestValidator

```
1  public class Login3RequestValidator:AbstractValidator<Login3Request>
2  {
3     public Login3RequestValidator(TestDbContext dbCtx)
4     {
5        RuleFor(x => x.UserName).NotNull()
6            .Must(name=>dbCtx.Users.Any(u=>u.UserName== name))
7            .WithMessage(c => $"用户名{c.UserName}不存在");
8     }
9  }
```

可以看到，我们通过构造方法注入了 TestDbContext，并且在第 6 行代码的 Must 方法中使用了 TestDbContext 服务检查用户名是否存在。值得注意的是，我们在第 7 行代码的 WithMessage 方法中还可以用 Lambda 表达式的形式使用模型类中的属性对报错信息进行格式化。

由于异步代码通常能给系统带来更好的吞吐量，因此我们编写代码的原则是"能用异步代码就不要用同步代码"。第 6 行代码使用同步的 Any 方法判断用户名是否存在，而 EF Core 中有一个 AnyAsync 方法，它是异步版本的 Any 方法。在 FluentValidation 中我们可以用 MustAsync 和 AnyAsync 来编写异步校验规则，如代码 8-26 所示。

代码 8-26　异步校验规则

```
1  RuleFor(x => x.UserName).NotNull()
2      .MustAsync((name,_) => dbCtx.Users.AnyAsync(u => u.UserName == name))
3      .WithMessage(c => $"用户名{c.UserName}不存在");
```

8.4　SignalR 服务器端消息推送

我们知道，在传统的 HTTP 中，只能客户端主动向服务器端发起请求，服务器端无法主动向客户端发送消息。有的业务场景下，我们需要服务器端主动向客户端发送消息，比如 Web 聊天室就需要服务器端主动向客户端发送新收到的消息，OA（office automation，办公自动化）系统就需要服务器端主动向客户端发送请假申请审批结果，站内消息系统就需要服务器端主动通知客户端"有新消息"。我们可以用长轮询（long polling）来实现这样的功能，也就是浏览器端先向服务器端发送 AJAX 请求，但是服务器端不立即给浏览器端发送响应，而是一直挂起这个请求，直到服务器端有需要推送给客户端的消息，服务器端才把要推送的消息作为响应发送给浏览器端。由于 HTTP 并不是为这种长轮询机制设计的，因此长轮询对服务器的资源消耗非常大；而且由于 HTTP 是文本传输协议，因此数据传输效率低。

为了实现服务器端向客户端推送消息，在 2008 年诞生了 WebSocket 协议，并且该协议在 2011 年成为国际标准。目前所有的主流浏览器都已经支持 WebSocket 协议。WebSocket 基于 TCP（transmission control protocol，传输控制协议），支持二进制通信，因此通信效率非常高，它可以让服务器处理大量的并发 WebSocket 连接；WebSocket 是双工通信，因此服务器可以高效地向客户端推送消息。

ASP.NET Core SignalR（以下简称 SignalR）是.NET Core 平台中对 WebSocket 的封装，从而让开发人员可以更简单地进行 WebSocket 开发。本节中，我们将详细讲解 SignalR 的使用。

8.4.1　SignalR 基本使用

虽然 WebSocket 是独立于 HTTP 的，但是我们一般仍然把 WebSocket 服务器端部署到 Web 服务器上，因为我们需要借助 HTTP 完成初始的握手，并且共享 HTTP 服务器的端口，这样就可以避免为 WebSocket 单独打开新的服务器端口。因此，SignalR 的服务器端一般运行在 ASP.NET Core 项目中。

SignalR 中一个重要的组件是集线器（hub），它用于在 WebSocket 服务器端和所有客户端之间进行数据交换，所有连接到同一个集线器上的程序都可以互相通信。如图 8-20 所示，我们既可以通过集线器来完成服务器端向客户端的消息推送，也可以完成客户端之间的消息推送，当然 WebSocket 也允许客户端向服务器端发送消息。

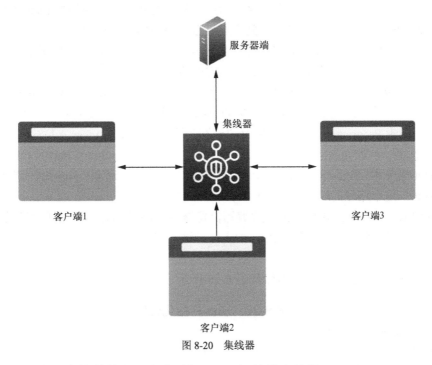

图 8-20　集线器

下面通过开发一个简单的聊天室来了解 SignalR 的基本使用。

第 1 步，创建一个 ASP.NET Core Web API 项目，并且在项目中创建一个继承自 Hub 类（位于 Microsoft.AspNetCore.SignalR 命名空间下）的 ChatRoomHub 类，所有的客户端和服务器端都通过这个集线器进行通信，如代码 8-27 所示。

代码 8-27　ChatRoomHub 类

```
1  public class ChatRoomHub:Hub
2  {
3      public Task SendPublicMessage(string message)
4      {
5          string connId = this.Context.ConnectionId;
6          string msg = $"{connId} {DateTime.Now}:{message}";
7          return Clients.All.SendAsync("ReceivePublicMessage", msg);
8      }
9  }
```

ChatRoomHub 类中定义的方法可以被客户端调用，也就是客户端可以向服务器端发送请求，方法的参数就是客户端向服务器端传送的消息，参数的个数原则上来讲不受限制，而且参数的类型支持 string、bool、int 等常用的数据类型。在 ChatRoomHub 类中，我们定义了一个方法 SendPublicMessage，方法的参数 message 为客户端传递过来的消息。在第 5 行代码中，我们获得了当前发送消息的客户端连接的唯一标识 ConnectionId；在第 6 行代码中拼接出一个包含连接 ID、当前时间、客户端消息的字符串；在第 7 行代码中，我们把 msg 字符串以名字为 "ReceivePublicMessage" 的消息发送到所有连接到集线器的客户端上。

一般来讲，在 C#中，如果一个方法的返回值是 Task 类型的，我们习惯于把方法名设置为以 Async 结尾。不过由于客户端调用 Hub 中方法的时候也是按照方法名来调用的，如果 Hub 中的方法名以 Async 结尾，那么客户端调用这个方法的时候也必须用这个以 Async 结尾的方法名，用起来比较麻烦。因此在编写 Hub 中的方法时，我们一般不设置方法名以 Async 结尾。

第 2 步，编辑 Program.cs，在 builder.Build 之前调用 builder.Services.AddSignalR 注册所有 SignalR 的服务，在 app.MapControllers 之前调用 app.MapHub<ChatRoomHub>("/Hubs/ChatRoomHub") 启用 SignalR 中间件，并且设置当客户端通过 SignalR 请求 "/Hubs/ChatRoomHub" 这个路径的时候，由 ChatRoomHub 进行处理。

因为我们需要采用前后端分离的形式编写浏览器端代码，而 WebSocket 的初始握手需要通过 HTTP 进行，所以我们需要启用 CORS 的支持，这一点在 6.5.4 小节中已经讲到了，不再赘述。

修改后的 Program.cs 的主干内容如代码 8-28 所示。

代码 8-28　Hub 初始化代码

```
1  builder.Services.AddSignalR();
2  string[] urls = new[] { "http://localhost:3000" };
3  builder.Services.AddCors(options =>
4      options.AddDefaultPolicy(builder => builder.WithOrigins(urls)
```

```
5          .AllowAnyMethod().AllowAnyHeader().AllowCredentials())
6  );
7  var app = builder.Build();
8  //这里省略其他 UseXXX 代码
9  app.UseCors();
10 app.UseHttpsRedirection();
11 app.UseAuthorization();
12 app.MapHub<ChatRoomHub>("/Hubs/ChatRoomHub");
13 app.MapControllers();
```

第 3 步，我们需要编写一个静态 HTML 页面提供交互界面。按照前后端分离的理念，我们应该把 HTML 页面放到一个单独的前端项目中。我们按照 6.5.3 小节讲解的方式创建一个前端项目，然后执行如下命令安装 SignalR 的 JavaScript 客户端 SDK（software development kit，软件开发工具包）：npm install @microsoft/signalr。

在 SignalR 的 JavaScript 客户端中，我们使用 HubConnectionBuilder 来创建从客户端到服务器端的连接；通过 withUrl 方法来设置服务器端集线器的地址，该地址必须是包含域名等的全路径，必须和在服务器端 MapHub 设置的路径一致；通过 withAutomaticReconnect 设置自动重连机制。虽然 withAutomaticReconnect 不是必须设置的，但是设置这个选项之后，如果连接被断开，客户端就会尝试重连，因此使用起来更方便。需要注意的是，客户端重连之后，由于这是一个新的连接，因此在服务器端获得的 ConnectionId 是一个新的值。对 HubConnectionBuilder 设置完成后，我们调用 build 就可以构建完成一个客户端到集线器的连接。

我们通过 build 获得的到集线器的连接只是逻辑上的连接，还需要调用 start 方法来实际启动连接。一旦连接建立完成，我们就可以通过连接对象的 invoke 函数来调用集线器中的方法，我们也可以通过 on 函数来注册监听服务器端使用 SendAsync 发送的消息的代码。

编写前端页面，如代码 8-29 所示。

代码 8-29　前端页面

```
1  <template>
2      <input type="text"  v-model="state.userMessage" v-on:keypress="txtMsgOnkeypress"/>
3      <div><ul>
4          <li v-for="(msg,index) in state.messages" :key="index">{{msg}}</li>
5      </ul></div>
6  </template>
7  <script>
8      import { reactive, onMounted } from 'vue';
9      import * as signalR from '@microsoft/signalr';
10     let connection;
11     export default {name: 'Login',
12         setup() {
13             const state = reactive({ userMessage: "", messages: [] });
14             const txtMsgOnkeypress = async function (e) {
15                 if (e.keyCode != 13) return;
```

```
16              await connection.invoke("SendPublicMessage", state.userMessage);
17              state.userMessage = "";
18          };
19          onMounted(async function () {
20              connection = new signalR.HubConnectionBuilder()
21                  .withUrl('https://localhost:7112/Hubs/ChatRoomHub')
22                  .withAutomaticReconnect().build();
23              await connection.start();
24              connection.on('ReceivePublicMessage', msg => {
25                  state.messages.push(msg);
26              });
27          });
28          return { state, txtMsgOnkeypress };
29      },
30  }
31 </script>
```

　　可以看到，在 onMounted 方法中，我们创建并且启动了客户端到服务器端集线器的连接，并且监听了服务器端向客户端发送的"ReceivePublicMessage"消息，客户端还会把收到的消息添加到页面上。

　　在第 14～18 行代码中，我们对用户在输入框内的按键进行监听，当用户按 Enter 键的时候，我们就调用集线器中的 SendPublicMessage 方法把用户输入的消息发送给服务器端，服务器端再把消息转发给连接到这个集线器的全部客户端。这样我们就实现了一个简单的聊天室。

　　接下来，启动 ASP.NET Core 项目和前端项目，然后打开两个聊天室页面，并分别在两个页面中发送一些消息。我们可以发现，在 A 页面中发送的消息，在 B 页面中能立即看到；在 B 页面中发送的消息，在 A 页面中也能立即看到，如图 8-21 所示。

图 8-21　聊天室效果

8.4.2　协议协商

　　SignalR 其实并不只是对 WebSocket 的封装，它支持多种服务器推送的实现方式，包括 WebSocket、服务器发送事件（server-sent events）和长轮询。SignalR 的 JavaScript 客户端会先尝试用 WebSocket 连接服务器；如果失败了，它再用服务器发送事件方式连接服务器；如果又失败了，它再用长轮询方式连接服务器。因此 SignalR 会自适应复杂的客户端、网络、服务器环境来支持服务器端推送的实现。

我们来看一下这个协商的过程，打开浏览器的【开发人员工具】，单击【网络】标签页，然后刷新聊天室页面，可以看到列表中有如图 8-22 所示的网络请求记录。

| ☐ negotiate?negotiateVersion=1 | 200 | fetch |
| ☐ ChatRoomHub?id=AWlruZ9WJA6flE5R1XunCw | 101 | websocket |

图 8-22 SignalR 的网络请求记录

我们可以看到，浏览器首先向服务器发出了一个 negotiate 请求，用于询问服务器"你支持什么协议"。单击这个请求，查看详细的协商响应报文体。协商的服务器响应如代码 8-30 所示。

代码 8-30 协商的服务器响应

```
{"negotiateVersion":1,"connectionId":"UYzm4b3DsZ1QhI6e-fzh-Q","connectionToken":
"MwfaCixW6ze9h5u7SASVMA","availableTransports":[{"transport":"WebSocket","transferFor
mats":["Text","Binary"]},{"transport":"ServerSentEvents","transferFormats":["Text"]},
{"transport":"LongPolling","transferFormats":["Text","Binary"]}]}
```

协商响应报文体中的 connectionId 表示服务器端为连接分配的 ID，这个 ID 与我们在服务器中通过 Context.ConnectionId 取到的值是一致的；协商响应报文体中的 availableTransports 代表服务器端支持的网络协议，我们可以看到 WebSocket、ServerSentEvents、LongPolling 这 3 种协议都被服务器端支持，由于 Chrome 浏览器也支持 WebSocket，因此 JavaScript 客户端发出了如图 8-22 所示的第二个请求。单击查看第二个请求的详细信息，如图 8-23 所示。

图 8-23 WebSocket 的第二个请求的详细信息

为了节省篇幅，这里把第二个请求的详细信息中一些无关的内容删除了。从图 8-23 可以看出，浏览器发送的是以 wss:// 开头的请求，这是 WebSocket 协议请求。我们讲过，WebSocket 和 HTTP 是不同的协议，但是这里我们发出的 HTTP 请求和 WebSocket 请求都使用了相同的网络端口，这是因为 ASP.NET Core 内部会判断请求的类型，然后根据请求报文的特点来把不同的请求分别转发给 HTTP 处理程序或者 WebSocket 处理程序。

WebSocket 请求报文头中的"Upgrade:websocket"表示客户端向服务器发起建议"我们把通信请求切换为 WebSocket 通信吧"，服务器发送回来的响应报文头中的"Upgrade:websocket"以及状态码 101 表示"切换到 WebSocket 通信"成功。之后，SignalR 客户端和服务器之间的通信就使用 WebSocket 协议了。

我们在聊天界面中发送和接收 WebSocket 消息的通信过程在【开发人员工具】的【网络】标签页中是看不到的。我们需要单击如图 8-22 所示的第二个请求，也就是 wss://的请求，然后在请求的详情页中的【消息】标签页中，就能看到 WebSocket 的消息收发情况，如图 8-24 所示。

图 8-24 WebSocket 的消息收发情况

SignalR 的 JavaScript 客户端和服务器之间会首先进行一次"协商"，确定采用什么协议进行通信，这个协商过程我们有时候也称之为"握手"。协商完成后，客户端和服务器之间再建立 WebSocket 通信。在协商的时候，服务器端就会为这个客户端后面的连接创建一些上下文信息，在建立 WebSocket 连接的时候就会使用服务器端创建的那些上下文信息，也就是说服务器端会在协商请求和 WebSocket 请求之间保持状态。在单台服务器下，这样处理没问题，但是如果在多台服务器组成的集群中，这样处理就会带来问题。比如，协商请求被服务器 A 处理，而接下来的 WebSocket 请求却被服务器 B 处理，由于服务器 A 中没有这个客户端在协商阶段的上下文信息，因此 WebSocket 请求处理失败了。

解决 SignalR 在多台服务器组成的集群中的这个问题，有两个方法：黏性会话和禁用协商。

黏性会话（sticky session）指的是，我们对负载均衡服务器进行配置，以便把来自同一个客户端的请求都转发给同一台服务器。这样就避免了协商请求和 WebSocket 请求由不同服务器处理的问题。不过，由于网络协议的特点，负载均衡服务器只能根据网络请求的客户端 IP 地址来判断客户端的同一性，也就是只要网络请求的客户端 IP 地址一样，我们就认为是同一个客户端。我们知道，在很多网络中，很多的联网设备共享同一个公网 IP 地址，因此来自这些网络中的请求都会被认为来自同一个客户端而被转发到同一台服务器，特别是有的 CDN 环境会丢弃原始客户端的 IP 地址信息。这样就会导致来自客户端的请求无法被平均分配到服务器集群中。而且，在网站面对持续增长的、长时间连接的客户端请求（比如网络直播中的公屏聊天界面）时，也会造成请求无法均匀分布在集群服务器中的问题。

禁用协商的解决策略很简单，就是 SignalR 客户端不和服务器端进行网络协议的协商，而直接向服务器发出 WebSocket 请求。由于没有协商过程，因此也就没有两次请求状态保持的问题，而且 WebSocket 连接一旦建立后，在客户端和服务器端直接就建立了持续的网络连接通道，在 WebSocket 连接中的后续往返 WebSocket 通信都由同一台服务器来处理。这种方法的缺点就是对于不支持 WebSocket 的浏览器无法降级到服务器发送事件或长轮询的实现方式，不过这不是什么大问题，因为现在主流浏览器都支持 WebSocket。在移动端，只有 Android 4.0 以下内置浏览器才不支持 WebSocket，而这样老版本的设备在市场上已经很难见到了。在桌面端，只有 IE9 及以下浏览器才不支持 WebSocket，不过 SignalR 的 JavaScript 客户端已经不支持 IE 全线产品了，因此如果读者的网站需要兼容 IE，请不要使用 SignalR。

禁用协商的使用方式很简单，我们只要在 SignalR 的 JavaScript 客户端的 withUrl 函数中设置选项即可，如代码 8-31 所示。

代码 8-31　禁用协商

```
1  const options = { skipNegotiation: true, transport: signalR.HttpTransportType.WebSocket };
2  connection = new signalR.HubConnectionBuilder()
3    .withUrl('https://localhost:7047/Hubs/ChatRoomHub', options)
4    .withAutomaticReconnect().build();
```

第 1 行代码中设置的 skipNegotiation:true 选项表示"跳过协商"，而 transport 选项表示强制采用的通信方式，我们这里把通信方式强制设置为 WebSocket。

修改前端页面后，刷新浏览器，我们再查看【开发人员工具】中的【网络】，会发现，网络通信中已经看不到协商的请求了，浏览器直接发出的就是 WebSocket 请求，如图 8-25 所示。

图 8-25　跳过协商的请求

8.4.3　SignalR 分布式部署

8.4.2 小节中我们提到了，在多台服务器组成的分布式环境中，我们可以采用黏性会话或者禁用协商的方式来保证来自同一个客户端的请求被同一台服务器处理，但是在分布式环境中，还有其他问题需要解决。

假设聊天室程序被部署在两台服务器上，客户端 1、2 连接到了服务器 A 上的

ChatRoomHub，而客户端 3、4 连接到了服务器 B 上的 ChatRoomHub，那么在客户端 1 发送群聊消息的时候，只有客户端 1、2 能够收到，而客户端 3、4 收不到；在客户端 3 发送群聊消息的时候，只有客户端 3、4 能够收到，而客户端 1、2 收不到。因为这两台服务器之间的 ChatRoomHub 没有通信。为了解决这个问题，我们可以让多台服务器上的集线器连接到一个消息队列中，通过这个消息队列完成跨服务器的消息投递。

微软官方提供了用 Redis 服务器来解决 SignalR 部署在分布式环境中数据同步的方案——Redis backplane，其使用方法如下。

第 1 步，我们通过 NuGet 安装 Microsoft.AspNetCore.SignalR.StackExchangeRedis。

第 2 步，我们在 Program.cs 中的 AddSignalR 后添加 AddStackExchangeRedis 来指定要连接的 Redis 配置，如代码 8-32 所示。

代码 8-32　配置 Redis

```
1  builder.Services.AddSignalR().AddStackExchangeRedis("127.0.0.1", options => {
2        options.Configuration.ChannelPrefix = "Test1_";
3  });
```

AddStackExchangeRedis 方法的第一个参数为 Redis 服务器的连接字符串；如果有多个 SignalR 应用程序连接同一台 Redis 服务器，那么我们需要为每一个应用程序配置唯一的 ChannelPrefix，如第 2 行代码所示。

通过如上两步，我们就完成了 Redis backplane 的配置，就可以放心地在分布式环境中使用 SignalR 了。

8.4.4　SignalR 身份认证

我们前面编写的集线器允许任意客户端连接，这样做有安全问题，应该对连接进行验证，只有通过验证的用户才能连接集线器。SignalR 支持验证和授权机制，我们同样可以用 Cookie、JWT 等方式进行身份信息的传递。由于 JWT 更符合项目的要求，因此这里讲解 SignalR 与 JWT 验证方式的使用，这些代码和 8.1.5 小节中的非常类似，这里只重点讲解不同的部分。

第 1 步，先在配置系统中配置一个名字为 JWT 的节点，然后在 JWT 节点下创建 SigningKey、ExpireSeconds 两个配置项。再创建一个类 JWTOptions，类中包含对应的 SigningKey、ExpireSeconds 两个属性。

第 2 步，通过 NuGet 安装 Microsoft.AspNetCore.Authentication.JwtBearer。

第 3 步，编写代码对 JWT 进行配置，把如代码 8-33 所示的代码添加到 Program.cs 的 builder. Build 之前。

代码 8-33　配置 JWT 的代码

```
1  var services = builder.Services;
2  services.Configure<JWTOptions>(builder.Configuration.GetSection("JWT"));
```

```
3   services.AddAuthentication(JwtBearerDefaults.AuthenticationScheme)
4   .AddJwtBearer(x =>
5   {
6       var jwtOpt = builder.Configuration.GetSection("JWT").Get<JWTOptions>();
7       byte[] keyBytes = Encoding.UTF8.GetBytes(jwtOpt.SigningKey);
8       var secKey = new SymmetricSecurityKey(keyBytes);
9       x.TokenValidationParameters = new()
10      {
11          ValidateIssuer = false,
12          ValidateAudience = false,
13          ValidateLifetime = true,
14          ValidateIssuerSigningKey = true,
15          IssuerSigningKey = secKey
16      };
17      x.Events = new JwtBearerEvents
18      {
19          OnMessageReceived = context =>
20          {
21              var accessToken = context.Request.Query["access_token"];
22              var path = context.HttpContext.Request.Path;
23              if (!string.IsNullOrEmpty(accessToken) &&
24                  (path.StartsWithSegments("/Hubs/ChatRoomHub")))
25              {
26                  context.Token = accessToken;
27              }
28              return Task.CompletedTask;
29          }
30      };
31  });
```

可以看到，这段代码和代码 8-12 几乎是一样的，不同的是，在 SignalR 中我们增加了第 17～30 行代码。在 ASP.NET Core Web 中，我们把 JWT 放到名字为 Authorization 的报文头中，但是 WebSocket 不支持 Authorization 报文头，而且 WebSocket 中也不能自定义请求报文头。我们可以把 JWT 放到请求的 URL 中，然后在服务器端检测到请求的 URL 中有 JWT，并且请求路径是针对集线器的，我们就把 URL 请求中的 JWT 取出来赋值给 context.Token，接下来 ASP.NET Core 就能识别、解析这个 JWT 了。

第 4 步，在 Program.cs 的 app.UseAuthorization 之前添加 app.UseAuthentication。

第 5 步，在控制器类 Test1Controller 中增加登录并且创建 JWT 的操作方法 Login，其方法体的主要部分如代码 8-34 所示。

代码 8-34　登录并创建 JWT

```
1   User? user = UserManager.FindByName(userName);
2   if (user==null|| user.Password!=password)
3       return BadRequest("用户名或者密码错误");
```

```
4    var claims = new List<Claim>();
5    claims.Add(new Claim(ClaimTypes.Name, userName));
6    claims.Add(new Claim(ClaimTypes.NameIdentifier, user.Id.ToString()));
7    string jwtToken = BuildToken(claims, jwtOptions.Value);
8    return Ok(jwtToken);
```

上面的代码和代码 8-13 非常类似，不用过多解析。第 1 行代码中的 UserManager 类是一个加载注册用户信息的类，User 是一个包含 Id（主键）、Name（用户名）、Password（密码）3 个属性的类，这里为了简化问题，UserManager 只是硬编码了几个用户数据的 Mock 类，具体请查看随书源代码。在实际项目中，请把这部分用标识框架等代替，从而读取真正的数据库中的注册用户。

第 6 步，在需要登录才能访问的集线器类上或者方法上添加[Authorize]，如代码 8-35 所示。

代码 8-35　ChatRoomHub

```
1    [Authorize]
2    public class ChatRoomHub:Hub
3    {
4        public Task SendPublicMessage(string message)
5        {
6            string name = this.Context.User!.FindFirst(ClaimTypes.Name)!.Value;
7            string msg = $"{name} {DateTime.Now}:{message}";
8            return Clients.All.SendAsync("ReceivePublicMessage", msg);
9        }
10   }
```

如果[Authorize]只添加到 ChatRoomHub 类的方法上，而不是 ChatRoomHub 类上的话，那么连接到这个集线器的过程是不需要验证的，这样就造成了任意的客户端都可以连接到这个集线器上监听消息，它们只是不能向服务器发送"SendPublicMessage"消息而已。大部分项目应该是不允许非验证用户连接集线器的，因此建议读者一定要把[Authorize]标注到 Hub 类上。标注到 Hub 类的方法上的[Authorize]应该用于更详细的权限控制，比如集线器中的某些方法只有管理员才能调用。

在第 6 行代码中，我们从 JWT 中获取用户名，然后把用户名拼接到发送给客户端的消息中。

第 7 步，修改前端代码。为了节省篇幅，这里只讲解重点代码，请查看随书源代码获取全部前端代码。首先，我们在页面中增加包含用户名、密码和【登录】按钮的界面元素，然后在页面的 state 中增加一个对用户名、密码进行绑定的属性，以及一个保存登录 JWT 的属性，如代码 8-36 所示。

代码 8-36　修改后的 state

```
1    const state = reactive({accessToken:"",userMessage: "", messages: [],
2        loginData: { userName:"",password:""}
3    });
```

因为这里需要完成登录验证后才能用获得的 JWT 去连接 ChatRoomHub，所以我们把连接 ChatRoomHub 的代码从 onMount 中移到 startConn 函数中，如代码 8-37 所示。

代码 8-37　startConn 函数

```
1  const startConn = async function () {
2    const transport = signalR.HttpTransportType.WebSocket;
3    const options = { skipNegotiation: true, transport: transport };
4    options.accessTokenFactory = () => state.accessToken;
5    connection = new signalR.HubConnectionBuilder()
6      .withUrl('https://localhost:7047/Hubs/ChatRoomHub', options)
7      .withAutomaticReconnect().build();
8    await connection.start();
9    connection.on('ReceivePublicMessage', msg => {
10      state.messages.push(msg);
11    });
12    alert("登录成功可以聊天了");
13 };
```

重点代码在第 4 行，这里通过 options 的 accessTokenFactory 回调函数把 JWT 传递给服务器端。

最后编写【登录】按钮的响应函数，如代码 8-38 所示。

代码 8-38　【登录】按钮的响应函数

```
1  const loginClick = async function () {
2    const resp = await axios.post('https://localhost:7047/Test1/Login', state.loginData);
3    state.accessToken = resp.data;
4    startConn();
5  };
```

在 loginClick 函数中，我们先通过 axios 向登录接口发送登录请求，然后把获得的 JWT 赋值给 state.accessToken，最后调用 startConn 函数创建连接。

运行上面的服务器端和前端项目代码，然后在浏览器端访问页面，登录后，我们就可以聊天了，如图 8-26 所示。

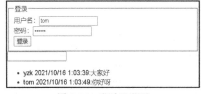

图 8-26　登录及聊天

8.4.5　针对部分客户端的消息推送

在代码 8-27 中我们使用 Clients.All.SendAsync 向连接到当前集线器的所有客户端推送消息，而在很多业务场景中，我们一般都是向部分客户端推送消息，比如 Web 聊天室中的私聊、OA 系统中向请假申请人推送审批结果。本小节中，我们来学习如何在 SignalR 中向部分客户端推送消息。因为向部分客户端推送消息通常涉及用户的认证，所以本小节中的案例将继续基于 8.4.4 小节开发。

在我们进行客户端筛选的时候，有 3 个筛选参数：ConnectionId、组和用户 ID。ConnectionId 是 SignalR 为每个连接分配的唯一标识，我们可以通过集线器的 Context 属性中的 ConnectionId 属性获取当前连接的 ConnectionId；每个组有唯一的名字，对于连接到同一个集线器中的客户端，我们可以把它们分组；用户 ID 是登录用户的 ID，它对应的是类型为 ClaimTypes.NameIdentifier 的 Claim 的值，如果使用用户 ID 进行筛选，我们需要在客户端登录的时候设定类型为 ClaimTypes.NameIdentifier 的 Claim。

Hub 类的 Groups 属性为 IGroupManager 类型，它可以用于对组成员进行管理，IGroupManager 类包含表 8-4 所示的方法。

表 8-4　　　　　　　　　　　　　　IGroupManager 类的方法

方法名	参数列表	说明
AddToGroupAsync	string connectionId, string groupName	将 ConnectionId 为 connectionId 的连接添加到名字为 groupName 的组中
RemoveFromGroupAsync	string connectionId, string groupName	将 ConnectionId 为 connectionId 的连接从名字为 groupName 的组中移除

我们在把连接加入组中的时候，如果指定名字的组不存在，SignalR 会自动创建组。因为连接和组的关系是通过 ConnectionId 建立的，所以客户端重连之后，我们就需要把连接重新加入组。

Hub 类的 Clients 属性为 IHubCallerClients 类型，它可以用来对连接到当前集线器的客户端进行筛选。IHubCallerClients 类包含如表 8-5 所示的成员。

表 8-5　　　　　　　　　　　　　　IHubCallerClients 类的成员

成员名	参数列表	说明
Caller	这是一个只读属性	获取当前连接的客户端
Others	这是一个只读属性	获取除了当前连接之外的所有客户端
OthersInGroup	string groupName	获取名字为 groupName 的组中除了当前连接之外的其他客户端
All	这是一个只读属性	获取所有连接的客户端
AllExcept	IReadOnlyList<string> excludedConnectionIds	获取所有客户端，除了 ConnectionId 在 excludedConnectionIds 之外的客户端
Client	string connectionId	获取 ConnectionId 为 connectionId 的客户端
Clients	IReadOnlyList<string> connectionIds	获取 ConnectionId 包含在 connectionIds 中的客户端
Group	string groupName	获取所有在组名为 groupName 的组中的客户端
Groups	IReadOnlyList<string> groupNames	获取多个组的客户端，groupNames 为多个组的组名
GroupExcept	string groupName, IReadOnlyList<string> excludedConnectionIds	获取所有在组名为 groupName 的组中的除了 ConnectionId 在 excludedConnectionIds 之外的客户端
User	string userId	获取用户 ID 为 userId 的客户端
Users	IReadOnlyList<string> userIds	获取用户 ID 包含在 userIds 中的客户端

这些成员的属性值、返回值都是 IClientProxy 类型的，我们可以通过 IClientProxy 向筛选到的客户端发送消息。IClientProxy 类型中只定义了一个用来向客户端发送消息的

SendCoreAsync 方法，我们调用的 SendAsync 方法是用来简化 SendCoreAsync 调用的扩展方法。基于性能、准确度等的考虑，我们并不能获得筛选到的每一个客户端的信息，只能向筛选到的客户端推送消息。

　　了解了在 SignalR 中对客户端进行筛选的方式后，下面我们来为之前编写的 Web 聊天室增加"发送私聊消息"的功能。

　　第 1 步，我们在 ChatRoomHub 中增加一个发送私聊消息的 SendPrivateMessage 方法，如代码 8-39 所示。

代码 8-39　发送私聊消息的 SendPrivateMessage 方法

```
1   public async Task<string> SendPrivateMessage(string destUserName,string message)
2   {
3       User? destUser = Users.FindByName(destUserName);
4       if(destUser == null)
5           return "DestUserNotFound";
6       string destUserId = destUser.Id.ToString();
7       string srcUserName = this.Context.User!.FindFirst(ClaimTypes.Name)!.Value;
8       string time = DateTime.Now.ToShortTimeString();
9       await this.Clients.User(destUserId).SendAsync("ReceivePrivateMessage",
10          srcUserName, time, message);
11      return "ok";
12  }
```

　　SendPrivateMessage 方法的 destUserName 参数为私聊目标的用户名，message 参数为私聊的消息。在代码 8-27 中，我们把发送消息者的 ConnectionId 发送到了聊天室中，这样所有聊天室中的用户都可以看到其他人的 ConnectionId，这样是很不安全的，这样写只是一个简单演示而已。基于安全考虑，在正式的项目中，ConnectionId 不能被泄露给除了服务器和当前客户端之外的第三方。因此，这里目标用户的参数没有选择用 ConnectionId，而是使用用户名来代替。

　　第 9 行代码使用用户的 ID 来过滤目标客户端，因此在第 3～6 行代码中根据用户名来获取用户的 ID；第 7 行代码中，我们用和在 ASP.NET Core 中一样的方法来从请求负载中获取当前登录用户的用户名；在第 9、10 行代码中，我们使用 User 方法根据用户名获取目标客户端，并且向客户端发送 ReceivePrivateMessage 消息，这里我们没有在服务器端把当前用户名、当前时间、消息等拼接为一个字符串，而是将其以多个参数的形式发送到客户端，这样客户端可以决定展现这些信息的形式；集线器中的方法是可以设置返回值的，SendPrivateMessage 的返回值是 Task<string>类型。

　　需要注意的是，SignalR 不会对消息进行持久化，因此即使目标用户当前不在线，第 9 行代码的调用也不会出错，而且用户上线后也不会收到离线期间的消息。同样的道理也适用于分组发送消息，用户在上线后才能加入一个分组，因此用户也无法收到离线期间该组内的消息。如果我们的系统需要实现接收离线期间的消息的功能，就需要再自行额外开发消息的持久化功能，比如服务器端在向客户端发送消息的同时，也要把消息保存到数据库中；在用户上线时，程序要先到数据库中查询历史消息。

第 2 步，在前端页面增加私聊功能的界面和代码，全部代码请查看随书源代码。发送私聊消息的主要部分如代码 8-40 所示。

代码 8-40　发送私聊消息的主要部分

```
const ret = await connection.invoke("SendPrivateMessage", destUserName, msg);
```

第 3 步，网页端监听服务器端发送的 ReceivePrivateMessage 消息，把收到的私聊消息添加到聊天消息界面中，如代码 8-41 所示。

代码 8-41　监听 ReceivePrivateMessage 消息

```
1  connection.on('ReceivePrivateMessage', (srcUser,time,msg) => {
2      state.messages.push(srcUser+"在"+time+"发来私信:"+msg);
3  });
```

程序运行结果如图 8-27 所示。

在代码 8-27 中实现的聊天室功能把所有的用户都放到一个聊天室中，如果我们想实现多个聊天室的效果，就可以把用户放入不同的分组中，这样每个分组就是一个聊天室。

图 8-27　程序运行结果

8.4.6　在外部向集线器推送消息

我们除了可以在集线器中向客户端推送消息，也可以在 MVC 控制器、托管服务等外部向客户端推送消息，这在一些场景下非常有用。比如，在 Web 聊天室中，管理员通过控制器的操作方法把某一个群成员设置为群管理员了，我们就需要在操作方法中向所有客户端推送这个消息；再如，在后台的托管服务中，我们检测到数据发生变化了，就在托管服务中向客户端推送数据变化的通知。

下面来实现在后台中新增一个用户的时候，通知聊天室中所有的客户端"欢迎新人 XXX加入"。Hub 类中可以从依赖注入容器中注入上下文服务，因此我们可以在 ChatRoomHub 中编写用于新增用户的 AddUser 方法，在 AddUser 中执行数据库插入新用户的操作，然后把消息推送给客户端。这样在前端中新增用户的时候，我们直接通过 SignalR 调用 ChatRoomHub 中的 AddUser 方法来完成用户的新增。不过，在使用 SignalR 的时候，Hub 类中的方法不应该有数据库操作等比较耗时的操作，因为这会影响 SignalR 的性能，Hub 类中的方法只应该用于消息的发布，而不应该用来写业务逻辑。SignalR 中客户端给服务器端传递消息的超时时间为 30s，如果对 Hub 类中的方法的调用执行时间超过 30s，程序就会报错。虽然我们可以调整默认的超时时间，但是作者强烈不建议这样做，因为如果出现 Hub 类中的方法执行时间很长，那么一定是在方法中编写了除了消息发布之外的代码。因此，我们一般仍然在控制器中编写业务逻辑代码，只是通过集线器向客户端推送消息。

在 Hub 类之外，我们可以通过注入 IHubContext< THub>来获取对集线器进行操作的服务，其中泛型 THub 为要操作的 Hub 类。IHubContext 中定义了可以进行客户端筛选的 IHubClients 类的 Clients 属性，以及进行分组操作的 IGroupManager 类的 Groups 属性，它们的用法和 Hub 类非常类似，这里不进行过多解释。

下面我们来实现 Web API 中完成新增用户操作后，向客户端推送消息的功能。

第 1 步，在 ASP.NET Core Web API 的控制器类中通过构造方法注入一个 IHubContext 服务，如代码 8-42 所示。因为我们要向连接到 ChatRoomHub 的这个集线器的客户端推送消息，因此 IHubContext 的泛型类型为 ChatRoomHub。

代码 8-42 注入 IHubContext 服务

```
1  private readonly IHubContext<ChatRoomHub> hubContext;
2  public Test1Controller(IHubContext<ChatRoomHub> hubContext)
3  {
4      this.hubContext = hubContext;
5  }
```

第 2 步，为控制器类增加一个用于新增用户的操作方法，如代码 8-43 所示。

代码 8-43 AddUser 方法

```
1  public async Task<IActionResult> AddUser(AddNewUserRequest req)
2  {
3      //这里省略执行用户注册的代码
4      await hubContext.Clients.All.SendAsync("UserAdded",req.UserName);
5      return Ok();
6  }
```

为了节省篇幅，这里省略了执行用户注册的代码；第 4 行代码中，我们调用 hubContext 方法筛选所有客户端，并且调用 SendAsync 方法推送"UserAdded"消息，并且把新增用户的用户名作为参数发送给客户端。

第 3 步，在前端中增加监听"UserAdded"消息的代码，并且把消息添加到聊天记录中，如代码 8-44 所示。

代码 8-44 前端代码

```
1  connection.on('UserAdded', userName => {
2      state.messages.push("系统消息: 欢迎" + userName+"加入我们!");
3  });
```

完成上面的代码后，运行项目，然后在 Web API 页面中调用 AddUser 方法新增用户，就可以在聊天室页面中看到在控制器中向客户端推送的消息了，如图 8-28 所示。

细心的读者可能会发现，IHubContext 接口和 Hub 类有如下的区别：IHubContext 接口中没有 Hub 类中的上下文属性 Context；IHubContext 接口的 Clients 属性是 IHubClients 类型的，而 Hub 类中的 Clients 属性是 IHubCallerClients 类型的。IHubCallerClients 类型继承自

IHubClients 类型，IHubClients 类型中定义了 All、Client、Group、User 等成员，而 IHubCallerClients 类型中增加了 Caller（当前客户端）、Others（除了当前客户端之外的其他客户端）。也就是说，在 IhubContext 接口中不能调用 Caller、Others 等成员。换而言之，我们通过 IHubContext 接口，可以向集线器中所有客户端、某一个组的客户端、某个 ConnectionId 对应的客户端、某个用户 ID 对应的客户端推送消息，但是不能向"当前连接的客户端""除了

图 8-28　程序执行结果

当前连接之外的其他客户端"推送消息，因为我们是在控制器等集线器的外部调用 IHubContext 服务，这些请求并不在一个 SignalR 连接中，所以也就没有"当前 SignalR 连接"的概念。即使我们是在和 SignalR 客户端同样的前端页面中通过 AJAX 调用控制器的操作方法，由于 AJAX 请求和 SignalR 的 WebSocket 请求是不同的请求，我们在控制器中也无法获得 SignalR 的"当前连接"。

8.4.7　案例：导入英汉词典到数据库并显示进度

本小节中，我们将实现一个从开源的英汉词典中导入单词到数据库中的功能，因为数据量非常大，导入过程比较耗时，所以我们需要在网页中显示导入进度。

要导入的英汉词典是 GitHub 上的一个名字为 ECDICT 的开源项目，我们把这个开源项目中的词典文件 stardict.csv 下载到电脑上。这个文件的格式如图 8-29 所示。

stardict.csv 是一个 CSV 格式的文本文件，文件的第一行是表头，除了第一行之外，其他每行文本是一个单词的相关信息，用逗号分隔的就是各个列的值，第 1 列是单词，第 2 列是音标，第 3 列是单词的英文解释，第 4 列是单词的中文解释，其他列的含义请查看项目的文档。

图 8-29　stardict.csv 的格式

我们要编写程序把这个文件导入数据库的 T_WordItems 表中，T_WordItems 表包含如下列：Id（主键）、Word（单词）、Phonetic（音标）、Definition（英文解释）、Translation（中文翻译）。接下来，我们开始编写数据导入的代码。

第 1 步，我们创建一个触发数据导入的 Hub 类 ImportDictHub，再创建一个执行数据导入的类 ImportExecutor，把这两个类都注册到 Program.cs 中。ImportDictHub 类如代码 8-45 所示。

代码 8-45　ImportDictHub 类

```
1  public class ImportDictHub:Hub
2  {
3      private readonly ImportExecutor executor;
4      public ImportDictHub(ImportExecutor executor)
```

```
5      {
6        this.executor = executor;
7      }
8      public Task Import()
9      {
10       _=executor.ExecuteAsync(this.Context.ConnectionId);
11       return Task.CompletedTask;
12     }
13 }
```

我们不能把耗时操作的代码写入集线器中，因此这里把这些代码写入 ImportExecutor 类的 ExecuteAsync 方法中。ExecuteAsync 是一个异步方法，由于这个方法执行非常耗时，因此第 10 行代码没有使用 await 来调用 ExecuteAsync 方法。为了能在 ImportExecutor 类中把导入进度推送到客户端，第 10 行代码把当前连接的 ConnectionId 传递给 ExecuteAsync 方法。

第 2 步，编写执行导入任务的 ImportExecutor 类，如代码 8-46 所示。

代码 8-46　ImportExecutor 类

```
1  public class ImportExecutor
2  {
3      private readonly IOptions<ConnStrOptions> optionsConnStr;
4      private readonly IHubContext<ImportDictHub> hubContext;
5      private readonly ILogger<ImportExecutor> logger;
6      public ImportExecutor(IOptions<ConnStrOptions> optionsConnStr,
7          IHubContext<ImportDictHub> hubContext, ILogger<ImportExecutor> logger)
8      {
9          this.optionsConnStr = optionsConnStr;
10         this.hubContext = hubContext;
11         this.logger = logger;
12     }
13     public async Task ExecuteAsync(string connectionId)
14     {
15         try
16         {
17             await DoExecuteAsync(connectionId);
18         }
19         catch (Exception ex)
20         {
21             await hubContext.Clients.Client(connectionId).SendAsync("Failed");
22             logger.LogError(ex, "ImportExecutor 出现异常");
23         }
24     }
25     public async Task DoExecuteAsync(string connectionId)
26     {
27         string[] lines = await File.ReadAllLinesAsync("d:/stardict.csv");//读取文件
28         var client = hubContext.Clients.Client(connectionId);
```

```
29              await client.SendAsync("Started");
30              string connStr = optionsConnStr.Value.Default;              //读取连接字符串
31              using SqlConnection conn = new SqlConnection(connStr);
32              await conn.OpenAsync();
33              using SqlBulkCopy bulkCopy = new SqlBulkCopy(conn);
34              bulkCopy.DestinationTableName = "T_WordItems";
35              bulkCopy.ColumnMappings.Add("Word", "Word");
36              bulkCopy.ColumnMappings.Add("Phonetic", "Phonetic");
37              bulkCopy.ColumnMappings.Add("Definition", "Definition");
38              bulkCopy.ColumnMappings.Add("Translation", "Translation");
39              DataTable dataTable = new DataTable();
40              dataTable.Columns.Add("Word");
41              dataTable.Columns.Add("Phonetic");
42              dataTable.Columns.Add("Definition");
43              dataTable.Columns.Add("Translation");
44              int count = lines.Length;
45              for (int i = 1; i < count; i++)//跳过表头
46              {
47                  string line = lines[i];
48                  string[] segments = line.Split(',');
49                  string word = segments[0];
50                  string? phonetic = segments[1];
51                  string? definition = segments[2];
52                  string? translation = segments[3];
53                  var dataRow = dataTable.NewRow();
54                  dataRow["Word"] = word;
55                  dataRow["Phonetic"] = phonetic;
56                  dataRow["Definition"] = definition;
57                  dataRow["Translation"] = translation;
58                  dataTable.Rows.Add(dataRow);
59                  if (dataTable.Rows.Count == 1000)
60                  {
61                      await bulkCopy.WriteToServerAsync(dataTable);
62                      dataTable.Clear();
63                      await client.SendAsync("ImportProgress", i, count);
64                  }
65              }
66              await client.SendAsync("ImportProgress", count, count);
67              await bulkCopy.WriteToServerAsync(dataTable);              //处理剩余的一组
68              await client.SendAsync("Completed");
69          }
70  }
```

DoExecuteAsync 方法是数据导入的主要方法，因为数据导入过程中可能出现未处理异常，为了能够记录未处理异常并且通知给客户端，我们需要把捕获到的异常记录到日志，并且向客户端发送 "Failed" 消息，如第 19~23 行代码所示。

为了提高数据的导入速度，这里使用 SQL Server 数据库提供的批量导入数据的类 SqlBulkCopy 来完成数据导入，并且每 1 000 条数据执行一次数据批量插入的操作，如第 31～ 65 行代码所示。第 63 行代码中，我们向客户端发送"ImportProgress"消息，并且把当前的进度及总数据条数也一并发送给客户端。

第 3 步，编写前端代码。前端代码主要在【导入】按钮被单击后，调用 ImportDictHub 的 Import 方法来启动数据导入，并且监听服务器端推送的 Started（准备导入）、ImportProgress（导入进度）、Failed（导入失败）、Completed（导入完成）等消息，然后更新页面中的进度条。前端代码比较简单，为了节省篇幅，这里不再列出，读者可以查看随书源代码。

图 8-30　导入进度

完成上面的代码后，运行程序，然后在前端页面中单击【导入】按钮，就可以看到页面上显示的导入进度了，如图 8-30 所示。

8.4.8　SignalR 实践指南

在 SignalR 中还有其他一些需要注意的问题，本小节做简要说明。

Hub 类的生命周期是瞬态的，也就是每次调用集线器的时候都会创建一个新的 Hub 类实例，因此我们不要在 Hub 类中通过属性、成员变量等方式保存状态。

如果服务器的压力比较大，作者建议把 ASP.NET Core 程序和 SignalR 服务器端部署到不同的服务器上，以免它们互相干扰。

如果需要在客户端连接到集线器或者在集线器断开的时候执行代码，我们可以覆盖 Hub 类中的 OnConnectedAsync 和 OnDisconnectedAsync 方法。

SignalR 除了提供了供浏览器使用的 JavaScript 客户端，官方还提供了.NET、Java 客户端，开源社区还提供了 C++、Swift 等语言的客户端，因此我们也可以编写 WPF、WinForm、Android、iOS 等程序来连接服务器端。

SignalR 的 JavaScript 客户端不支持 IE，因此如果读者的项目需要兼容 IE，请不要使用 SignalR。ASP.NET Core 把 SignalR 底层的 WebSocket 封装为了单独的组件，我们可以使用这个组件来编写原生的 WebSocket 程序，这样我们就可以在 IE10、IE11 等不被 SignalR 支持的浏览器中进行服务器消息推送的开发。

因为 Windows 10、Windows 11 等是桌面操作系统，这些桌面操作系统上的 IIS 有 10 个并发连接的限制，如果我们使用这些操作系统测试 SignalR，就会发现 SignalR 的服务器端并发能力非常差，所以这些桌面操作系统只能作为开发机使用。在生产环境中，请使用 Windows Server 系列操作系统或者使用 Linux。

8.5　ASP.NET Core 系统的部署

到目前为止，我们开发的系统都是运行在开发人员的开发环境中的。在系统开发完成后，我们需要把项目部署、运行在生产环境的服务器上。本节中，我们将会讲解如何将一个用

ASP.NET Core 开发的网站部署在服务器上，并且还会讲解如何进行服务器的安全设置。

本节中，我们将使用 ASP.NET Core Web API 默认的新项目模板作为待部署的项目进行演示。

8.5.1 ASP.NET Core 网站的发布

我们在开发环境中运行的项目所加载的程序集是为了方便开发工具调试而生成的调试版程序集，运行效率并不高，因此我们不能直接把项目文件夹下 bin/Debug 中的程序集部署到生产环境的服务器上。我们应该创建网站的发布版，创建网站发布版的过程简称为"发布"。

在发布一个 ASP.NET Core 网站的时候，我们有两种部署模式可供选择，分别是"框架依赖"和"独立"。在框架依赖模式下，我们发布生成的程序集中不包含.NET 运行时，所以我们需要在服务器上安装对应版本的.NET 运行时；在独立模式下，我们发布生成的程序集中嵌入了.NET 运行时，所以我们不需要在服务器上安装.NET 运行时。对于大部分情况来讲，独立模式更符合项目的部署要求，在独立模式下，我们只要把程序集复制到服务器上就可以运行，不需要再去安装额外的运行时，而且如果服务器上同时安装了多个.NET Core 应用，这些应用的运行时不会产生干扰，比如 A 应用可以采用.NET Core 3.1 运行，而 B 应用可以采用.NET 6 运行。独立模式唯一的缺点就是生成的程序包比框架依赖的大，毕竟独立模式把.NET 运行时打包到了程序包中，但是利大于弊。

在独立模式下，我们需要在程序包中包含.NET 运行时，虽然.NET 程序集是跨平台的，但是由于.NET 运行时需要和操作系统打交道，因此不同操作系统下的.NET 运行时有一定的差异性，在用独立模式部署的时候，我们需要选择目标操作系统和 CPU 类型。目前可供选择的操作系统有 Windows、Linux、macOS 等，可供选择的 CPU 类型有 x86、x64、ARM 等。

如果读者做过国内的政企项目，可能会有在龙芯等国产 CPU 上运行.NET 程序的需要。国内的龙芯团队进行过.NET Core 的移植，在编写本书的时候，龙芯 CPU 已经支持.NET 6。当然，龙芯 CPU 上目前还没有比较好的.NET 开发工具，开发人员可以在 Windows 下用 Visual Studio 调试开发，最后把代码复制到龙芯计算机上进行编译、测试。

下面我们就来看看如何在 Visual Studio 中发布 ASP.NET Core 项目。

第 1 步，选择发布的目标。在 Visual Studio 待发布的项目上右击，选择菜单中的【发布】，会显示图 8-31 所示的对话框。

这个对话框供我们选择项目的发布目标。比如，如果我们的网站要发布在微软的 Azure 云服务平台上，可以选择【Azure】；再如，如果我们的网站要发布在以 Docker 为容器的环境中，可以选择【Docker 容器注册表】。我们在这里选择经典的【文件夹】，也就是把程序生成到磁盘的一个文件夹下，然后我们再把生成的程序复制并发布到 Web 服务器中。

我们选择【文件夹】后，单击【下一步】按钮，Visual Studio 就会提示我们选择程序要生成的目标文件夹，我们选择程序要生成的目标文件夹后，单击【完成】按钮，即可完成发布目标的选择。

第 2 步，配置发布选项。在上一步操作完成后打开的界面中，单击【显示所有设置】按钮，Visual Studio 将会显示图 8-32 所示的对话框。

图 8-31 选择发布目标　　　　　图 8-32 配置的详细设置

【配置】选择默认的【Release】，这样我们可以生成为生产环境优化的程序集；【部署模式】选择【独立】。我们一旦把【部署模式】选择为【独立】，【目标运行时】中就会有【win-x86】、【win-x64】、【linux-x64】等选项可供选择，这是用来选择嵌入的.NET 运行时的版本，请根据目标服务器的操作系统和 CPU 的类型选择合适的目标运行时。

单击展开【文件发布选项】，建议勾选【启用 ReadyToRun 编译】，因为它会尝试在发布的时候把部分程序集编译为本地代码，从而提高程序的启动速度。

如图 8-32 所示，我们还可以看到【数据库】和【Entity Framework 迁移】两个选项，它们分别用来在发布的时候修改连接字符串为生产环境的数据库配置，以及对生产环境的数据库执行数据库迁移。这两个选项不太符合大部分项目的上线流程，因此我们一般不使用它们。

第 3 步，单击【发布】按钮，我们就启动了发布流程。根据项目的规模及计算机的配置不同，发布的耗时也不同，一般至少也要几十秒，所以启动发布流程之后请耐心等待。项目发布完成后，我们只要把发布目录下生成的 DLL 等全部文件复制到服务器的操作系统上就可以了。

我们也可以用同样的独立部署模式发布用.NET 6 编写的 WinForm、WPF 程序，虽然 WinForm、WPF 程序不能跨平台运行在非 Windows 操作系统下，但是我们的程序依然可以不需要提前安装.NET 运行时就在目标计算机上运行。

8.5.2 网站部署需要注意的几个问题

网站发布后生成的程序是可以运行的，比如我们发布生成以 Windows 服务器为目标的独立部署模式的程序，然后直接运行生成目录下的 WebApplication1.exe（具体文件名和项目的名字一致），会发现程序能够正常运行，如图 8-33 所示。

从运行结果可以看出，程序监听 5000、5001 两个端口，5000 端口上是 HTTP 服务，5001 端口上是 HTTPS 服务。由于我们启用了 UseHttpsRedirection 中间件，所有的 HTTP 请求都会被重定向为 HTTPS 请求。

我们在浏览器中访问 https://localhost:5001/WeatherForecast 就可以正常地访问这个网站，

因为 ASP.NET Core 内置的 Kestrel 就是一个跨平台、功能丰富、性能强大的 Web 服务器，所以我们使用 ASP.NET Core 开发的网站不需要像.NET Framework 的那样必须部署到 IIS 服务器下，ASP.NET Core 这样独立部署、自带 Web 服务器的优势使得它更适合如今的项目开发的需求。

我们也可以发布运行在 Linux 服务器上的独立部署模式的程序，把生成的程序复制到 Linux 服务器上，然后在终端中运行程序生成目录下的 WebApplication1（具体文件名和项目的名字一致），我们会发现程序也能够在 Linux 服务器上正常运行，如图 8-34 所示。

图 8-33　运行发布后生成的程序

图 8-34　Linux 下的运行结果

尽管 Kestrel 已经强大到足以作为一个独立的 Web 服务器使用了，但是在比较复杂的项目中，我们仍然不会让 Kestrel 直接面对终端用户的请求，而是在应用程序和用户之间部署负载均衡服务器。用户的请求直接到达负载均衡服务器，然后负载均衡服务器再把用户的请求转发给应用程序中的 Kestrel。因为 Kestrel 中很多操作都需要编写代码来完成，比如配置域名证书、记录请求日志、URL 重写等，而在 Nginx、IIS 等服务器中，这些工作不需要我们编写代码，我们只要修改配置文件即可完成这些任务，所以 Kestrel 对运维工作不友好。更重要的是，为了提高系统的可用性，网站目前都是多服务器部署，同样一个网站部署到多台 Web 服务器上，由负载均衡服务器决定把用户请求转发给哪台服务器。

一个 ASP.NET Core 网站有很多部署方式。在 Windows 下，我们既可以把网站用"进程内托管模型"方式插入 IIS 管道中运行，以获得更好的性能、更好的操控性，也可以用"进程外托管模型"方式把 IIS 当成反向代理服务器使用。当然，在 Windows 下，我们也可以不使用 IIS，而让应用程序的 Kestrel 直接处理用户请求或者处理外部负载均衡服务器转发过来的请求。在 Linux 服务器下，我们既可以把 Nginx 等当成反向代理服务器使用，也可以把应用程序部署、运行到容器中，把负载均衡服务器收到的请求转发给容器中的应用程序中的 Kestrel 来处理。

不同的部署方式、不同的操作系统、不同的负载均衡服务器的安装、配置、使用方法都不相同，本书无法对它们逐一进行介绍，读者可参考微软的文档等资料。这里讲几个网站部署的重要问题。

问题一，推荐的部署方式。如果公司有比较好的运维能力，并且系统的复杂度比较高，那么作者建议采用 Linux 作为服务器的操作系统，并且采用容器化部署，让应用程序运行在容器中，用 Kubernetes 进行容器的管理，这种做法是目前行业的推荐做法，也符合.NET Core 的设计初衷。如果公司没有对容器化研究深入的技术人员，但有技术能力支撑使用 Linux 服务器，那么可以采用 Linux 服务器部署网站，然后把外部负载均衡服务器的请求转发到应用程序的

Kestrel 中。如果公司没有足够的 Linux 技术能力，那么可以使用 Windows 服务器，推荐用进程内托管模型方式来让网站以托管的方式运行在 IIS 中，因为这样性能更好，而且可以避免编写 Windows 服务让网站应用程序"随操作系统启动"。

问题二，HTTPS 证书等配置在哪里。由于 HTTPS 具有避免运营商劫持、保护通信过程不被窃听等优点，因此现在大部分网站都已经启用 HTTPS，微信小程序、苹果 App 等更是要求应用程序的网络接口必须采用 HTTPS。

对于采用了负载均衡服务器的部署方式来讲，我们一般把证书配置在负载均衡服务器上。由于 HTTPS 通信要进行加密和解密，因此启用 HTTPS 之后网站的内存、CPU 压力会增大，如果负载均衡服务器到网站应用程序之间的通信是安全可信的，那么我们在网站应用程序中就不启用 HTTPS 了，也就是用户到负载均衡服务器是 HTTPS 通信，而负载均衡服务器到网站应用程序的 Kestrel 之间是 HTTP 通信。如果我们配置了负载均衡服务器到网站应用程序之间采用 HTTP 通信，那么一定要删掉 Program.cs 中的 UseHttpsRedirection，以避免程序把 HTTP 请求重定向到 HTTPS 请求。

问题三，如何获取客户端的 IP 地址。对于启用了负载均衡服务器的网站来讲，由于用户的请求由负载均衡服务器转发给网站应用程序，因此在网站应用程序看来，请求是负载均衡服务器发出的，我们在使用 HttpContext.Connection.RemoteIpAddress 获取客户端的 IP 地址的时候，获取的其实是负载均衡服务器地址，而非原始的用户 IP 地址。

大部分负载均衡服务器都支持开启把原始的用户 IP 地址放到名字为 X-Forwarded-For 的请求报文头中的设置。在负载均衡服务器上开启这个设置后，我们只要为应用程序安装 ForwardedHeadersMiddleware 中间件，这样 ASP.NET Core 就会把请求报文头中的 X-Forwarded-For（如果有的话）值应用到 HttpContext.Connection.RemoteIpAddress 中，因此我们无论是否使用负载均衡服务器，都可以用 HttpContext.Connection.RemoteIpAddress 获取客户端的 IP 地址。

当然，使用 HttpContext.Connection.RemoteIpAddress 获取用户 IP 地址的时候，一定要注意 X-Forwarded-For 造假的问题。防范这种问题的手段有两点需要注意：如果网站应用程序直接面对用户请求，而没有使用负载均衡服务器的话，就不要启用 ForwardedHeadersMiddleware 中间件；在面向最终用户的负载均衡服务器上，请设置忽略客户端请求报文头中的 X-Forwarded-For。

问题四，程序的更新。.NET 程序在运行时会锁定 DLL 等文件，因此如果我们有新版网站应用程序要替换在运行中的版本的时候，操作系统会提示"文件被占用"，从而无法完成替换。

如果网站部署在 IIS 中，有两种解决方法。一种方法是我们编写一个内容包含"网站正在更新"的 HTML 文件，文件名是 app_offline.htm，然后把这个文件放到网站的根目录下，当 IIS 检测到这个文件以后，就会关闭网站，我们就可以覆盖程序进行更新了。在更新期间，对于新的请求，IIS 会把 app_offline.htm 的内容返回给客户端，因此访问者看到的就是"网站正在更新"这样的提示信息。当网站完成更新后，我们删除 app_offline.htm 即可，下一个请求到来后 IIS 将自动启动并应用。这种方法比较适合企业内部应用等允许有下线时间的系统，对于互联网网站等不允许有下线时间的系统，我们可以使用 .NET 6 新增的"影子拷贝"（shadow-copying），它允许我们在程序运行时替换程序集，具体用法请查看微软文档。

无论是 app_offline.htm 还是影子拷贝，它们都只能在 IIS 中部署网站时使用。如果我们使用容器+负载均衡服务器的方式来部署网站，只要启动新版网站的容器，然后把旧版网站的容器停止就可以了。如果我们用 Kestrel+负载均衡服务器的方式部署网站，因为我们有多台应用服务器，所以我们可以分批更新，也就是先停止其中一批服务器，对它们的程序进行更新，然后重新启动这些服务器，再停止另一批服务器，对它们的程序进行更新，最后重新启动这些服务器。由于我们不是一次性把所有服务器都停止，因此我们的更新操作不会影响用户的访问。

无论采用哪种方式更新网站，只要我们用负载均衡服务器把用户请求转发给多台网站服务器，就会存在新旧版网站同时运行的短暂时间，甚至有可能来自同一个用户的属于同一个业务流程的两个连续的请求分别被新旧版两个程序处理。因此我们在编写新版系统的时候，要考虑规避这样的短时间内新旧版程序共存导致的逻辑混乱的问题。

8.5.3　如何构建一个安全的系统

对于一个系统，特别是开放给互联网用户使用的系统来讲，系统的安全性是重要问题。一个系统，如果系统架构差一点儿，最多开发效率低；代码写得差一点儿，最多系统运行速度慢；但是如果系统安全有问题，导致核心业务数据被泄露或者系统被黑客攻击，那就是危及企业存亡的灾难性问题。因此公司的所有人员都必须对系统的安全性提高警惕。系统的安全管控是一个非常庞大的话题，这里主要从开发人员的角度来谈一下需要注意的一些事项。

网站一定要启用 HTTPS，从而避免网站内容被运营商劫持，以及避免网站通信被窃听。

Web 服务器一定要只开放 Web 服务的端口，其他端口不要开放。如果运维人员需要通过远程桌面或者 SSH（secure shell，安全外壳）连接到服务器，那么一定要在服务器的防火墙上设置只允许运维人员的 IP 段访问相关端口。

要启用负载均衡服务器。这样恶意攻击者就只知道负载均衡服务器的 IP 地址，而不知道 Web 服务器的 IP 地址，降低恶意攻击者直接访问 Web 服务器的安全风险。

要启用 WAF（Web application firewall，Web 应用程序防火墙），WAF 可以阻挡相当一部分潜在的网络攻击。

数据库服务器只允许 Web 服务器的 IP 地址访问；数据库服务器一定要设置定时自动备份机制，并且把备份文件异地保存，以便在出现问题时及时恢复数据。

严格区分开发环境和生产环境，增强生产环境的访问权限管理，避免开发人员直接访问生产环境的服务器。

对开发人员的代码进行审查，特别要防范 CSRF（cross-site request forgery，跨站请求伪造）、XSS（cross site scripting，跨站脚本攻击）、SQL 注入漏洞、请求重放攻击等。

不要相信客户端提交的任何数据，要对客户端提交的数据进行校验，因为客户端提交的数据有可能是造假的。比如我们要实现"删除评论"的功能，我们限定"只有评论的作者才能删除自己发表的评论"，如果我们只是在非当前用户发表的评论中不显示"删除评论"链接的话，恶意用户就可以直接找到删除评论的链接，然后把其他人发表的链接的 ID 拼接到"删除评论"的链接中，从而删除其他人发表的评论。应对这样的漏洞的解决方案就是在所有操作中都要对请求的数据进行校验，比如在"删除评论"操作中，我们就要校验被删除的评论是否是当前用户发表的。

防范关键业务数据的"可预测性"。如果我们用自动增长值作为订单的主键的话，竞争对手就可以从订单的主键推测出我们的业务量，而且竞争对手也可以通过对订单主键值的简单递增遍历来批量抓取数据。这个问题的解决方案就是用 Guid 等不可预测的值作为主键值。

避免服务器端发送给客户端的报错信息造成的泄密，尽量不要把服务器内部的细节发送给客户端。比如我们不能直接把服务器端的异常堆栈发送到客户端，因为异常堆栈中可能包含系统重要的技术秘密，甚至可能包含数据库的连接配置等信息。再如，登录失败给客户端的报错信息应该是"用户名或者密码错误"这样比较笼统的信息，如果服务器端给客户端的报错信息是"用户名不存在"，那么就会给恶意攻击者通过这个报错信息猜测合法用户名的机会。特别应该注意的一个问题是，我们不要直接把 EF Core 中的实体类对象作为请求的响应报文体，因为实体类对象中可能包含一些不应该发送给客户端的数据。

8.6　本章小结

本章介绍了 Authentication 与 Authorization 这两个组件的用法，并且介绍了 JWT 这种目前非常流行的用户认证方式；接下来，本章讲解了在后台运行代码的托管服务，以及对请求数据进行验证的 FluentValidation 框架；为了提供更好的交互体验，我们需要在服务器端向客户端推送消息，因此本章还介绍了 SignalR 技术；最后，本章介绍了如何发布 ASP.NET Core 项目，并且讲解了部署网站的时候应该注意的几个重要问题。

第 9 章 DDD 实战

微服务架构是目前系统设计的主流架构，而 DDD（domain-driven design，领域驱动设计）是设计一个优秀的微服务架构的指导思想。然而，由于 DDD 概念过于抽象，而且没有一个标准的实现方式，很多开发人员对 DDD 有不同的理解和实现，因此开发人员入门 DDD 的时候可能会感觉迷茫和无助。本章将首先讲解 DDD 的基本概念，然后讲解如何通过代码落地 DDD 的概念；最后，本章还将通过一个实际的项目案例来演示 DDD 的具体实施。学完本章后，读者应能深刻地理解 DDD，而且应掌握在项目中落地 DDD 的方式。

9.1 架构设计的术与道

代码是软件系统的组件，而架构是软件系统的结构，如果一个系统的架构设计有问题，那么即使代码再优秀，这个系统也很有可能失败。因此对于一个软件系统来讲，架构设计非常重要。不少技术人员在架构设计上会犯很多错误，本节将对这些错误进行分析，并且给出相关建议。

9.1.1 架构设计之怪现状

和具体的代码编写不同，架构设计存在一定的主观因素，而且因行业、公司、团队的不同而不同，并没有哪个架构设计是绝对对的或错的，没有最好的架构，只有最适合的架构。但是不少技术人员在架构设计上容易犯"迷信大公司""迷信流行技术"等错误。

有的人员在进行架构设计的时候，会说"某某大公司采用这样的架构"，言下之意就是"大公司都这样做，我们这样做肯定没错"，但是他并不了解那个大公司为什么采用这样的架构，自己所在的项目是否适合这样的架构。比如，多年前，国内某大公司采用"中台战略"，很多公司也就追随这家公司采用"中台战略"，然而其中有的公司并不适合采用"中台战略"。2021 年年初，有传闻说这家大公司要"拆中台"，因为他们发现"中台战略"效果并不好，很多本来执行"中台战略"很好的公司又开始跟风"拆中台"。

IT 行业的发展瞬息万变，新技术层出不穷，很多技术人员出于个人兴趣、个人职业发展等考虑而选择一些流行的新技术，他们会把各种复杂的架构模式、高精尖的技术都加入架构中，这增加了项目的复杂度、延长了交付周期、增加了项目的研发成本。有些技术并不符合公司的情况，最后项目失败了，某些技术人员就拿着"精通某某流行技术"的简历去找下家了，给公司留下一地鸡毛。

因此，我们做架构设计的时候，一定要分析行业情况、公司情况、公司未来发展、项目情况、团队情况等来设计适合自己的架构，不能盲目跟风。

9.1.2 架构是进化而来的

罗马不是一天建成的，大公司的复杂架构也不是一蹴而就的，而是从简单到复杂演变、进化而来的。以淘宝网为例，它的第一个版本是几名开发人员用了一个月时间基于一个 PHP（page hypertext preprocessor，页面超文本预处理器）版拍卖网站改造的，上线的时候淘宝网只有一台 Web 服务器和一台数据库服务器。在淘宝网近 20 年的发展中，随着网站访问量越来越大、功能越来越多，淘宝网才逐渐进化到现在这样复杂的架构。而现在很多网站在开发第一版的时候就以"上亿人访问，百万并发量"为架构设计目标，导致项目迟迟无法交付、研发成本高昂，好不容易网站开发完成了，但是由于项目交付延迟，公司已经错过了绝佳的市场机会，上线后才几千个注册用户，最后网站无疾而终。

按照"精益创业"的理念，我们应该用最低的成本、最短的时间开发出一个"最小的可行性产品"，然后把产品投入市场，根据市场的反馈再进行产品的升级。这里并不是让读者开发一个新产品的时候，也像淘宝网一样写普通的 PHP 代码、部署到普通服务器上。经过 IT 行业的发展，我们现在已经可以用非常低的成本、在很短的时间内构建一个可承担较大访问量的高可用系统。我们只要基于成熟的技术进行开发，并且对项目未来较短一段时间内的发展进行预测，在项目架构上做必要的准备就可以了，没必要"想得太长远"。架构设计在满足必要的可扩展性、隔离性的基础上，要尽可能简单。

一个优秀的架构不应该是初期版本简单、升级过程中经常需要推倒重来的，而是要从简单开始，并且可以顺滑地持续升级。也就是架构最开始的版本很简单，但是为后续的进化、升级做好了准备，以便后续可以完美地升级架构。这样可以持续升级的架构，叫作"演进式架构"。设计一个优秀的演进式架构比设计一个大而全的架构对架构设计人员的要求更高。

.NET 是一个可以很好地支撑演进式架构的技术平台。在前期网站访问量低、没有专业运维人员的情况下，我们可以把用.NET 开发的程序部署到单机 Windows 服务器上，随着网站规模的扩大，我们可以在不修改代码的情况下，把程序迁移到 Linux+Docker 的环境下；在网站访问量低的时候，我们可以用内存作为缓存，随着网站访问量的增大，我们可以切换为使用 Redis 作为缓存；.NET 的依赖注入让我们可以替换服务的实现类，而不需要修改服务消费者的代码。

一个好的软件架构应该是可以防止软件退化的。软件退化指的是在软件升级的时候，随着功能的增加和系统复杂度的提升，代码的质量越来越差，系统的稳定性和可维护性等指标越来越差。一个退化中的软件的明显特征就是：软件的第一个版本是代码质量最高的版本，之后的版本中代码质量越来越差。软件的需求是不断变更的，软件的升级也是必然的，因此我们应该在进行架构设计的时候避免后续软件需求变更导致软件退化，并且在软件的升级过程中，我们要适时地进行架构的升级，以保持高质量的软件设计。如果我们在每次软件升级的时候没有及时地调整程序结构，而是在原有的程序结构上不断地加入代码，最终软件就会退化。

9.2　DDD 的基本概念

随着 IT 行业的发展，传统的单体结构项目已经无法满足如今的软件项目的要求，越来越多的项目采用微服务架构进行开发，DDD 是一个很好的应用于微服务架构的方法论。本节中，我们将会对微服务和与 DDD 相关的概念进行讲解。本节讲解的与 DDD 相关的概念比较晦涩难懂，这也是 DDD 学习中比较高的门槛。如果只是学习 DDD 的概念而没有了解如何在实践中应用它，我们会感觉概念没有落地；如果我们过早关注这些概念的落地，会导致我们对于概念的理解过于片面。在 DDD 的学习中，我们一般会经历多次"从理论到实践，在实践中应用一段时间，再回到理论"这样的过程，才会对于 DDD 的概念及实践有螺旋式上升的认知。

在编写本书的时候，作者曾经考虑在讲解一个概念的时候，直接给出这个概念在实际项目中的技术落地，但是最后还是决定把概念的讲解和技术落地分开来讲，也就是作者会先在本节中把所有的相关概念介绍一遍，让读者对于这些概念有一个整体的认知，然后在 9.3 节中对这些概念的技术落地进行介绍，避免读者在学习这些概念的时候立即陷入技术落地的细节，而无法对整个体系有宏观的了解。

9.2.1　什么是微服务

传统的软件项目大部分都是单体结构，也就是项目中的所有代码都放到同一个应用程序中，一般它们也都运行在同一个进程中，如图 9-1 所示。

单体结构的项目有结构简单、部署简单等优点，但是有如下的缺点。

- ❑ 代码之间耦合严重，代码的可维护性低。
- ❑ 项目只能采用单一的语言和技术栈，甚至采用的开发包的版本都必须统一。
- ❑ 一个模块的崩溃就会导致整个项目的崩溃。
- ❑ 我们只能整体进行服务器扩容，无法对其中一个模块进行单独的服务器扩容。
- ❑ 当需要更新某一个功能时，我们需要把整个系统重新部署一遍，这会导致新功能的上线流程变长。

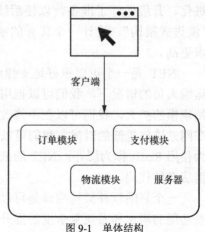

图 9-1　单体结构

微服务架构把项目拆分为多个应用程序，每个应用程序单独构建和部署，如图 9-2 所示。

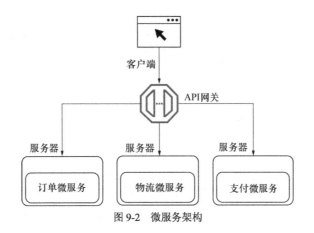

图 9-2　微服务架构

微服务架构有如下的优点。

- ❑　每个微服务只负责一个特定的业务，业务逻辑清晰、代码简单，对于其他微服务的依赖非常低，因此易于开发和维护。
- ❑　不同的微服务可以用不同的语言和技术栈开发。
- ❑　一个微服务的运行不会影响其他微服务。
- ❑　可以对一个特定的微服务进行单独扩容。
- ❑　当需要更新某一个功能的时候，我们只需要重新部署这个功能所在的微服务即可，不需要重新部署整个系统。

当然，万事万物都不会只有优点没有缺点，微服务架构的缺点如下。

- ❑　在单体结构中，运维人员只需要保证一个应用的正常运行即可，而在微服务架构中，运维人员需要保证多个应用的正常运行，这给运维工作带来了更大的挑战。
- ❑　在单体结构中，各模块之间是进程内调用，数据交互的效率高，而在微服务架构中，各微服务之间要通过网络进行通信，数据交互的效率低。
- ❑　在单体结构中，各模块之间的调用都是在进程内进行的，实现容错、事务一致性等比较容易，而在微服务架构中，各微服务之间通过网络通信，实现容错、事务一致性等非常困难。

9.2.2　微服务架构的误区

在应用微服务架构的时候，我们可能会有微服务切分过细和微服务之间互相调用过于复杂这两个主要的误区。

有的技术人员并没有深刻理解微服务的本质，迷信微服务，把一个很简单的项目拆分成了几十个甚至上百个微服务，这么多微服务的管理是非常麻烦的，运维人员苦不堪言。在设计不好的微服务架构中，微服务之间的调用关系非常复杂，一个来自客户端的请求甚至要经过七八层的微服务调用，这样糟糕的设计不仅导致系统间耦合严重，而且使得服务器端的处理效率非常低，如图 9-3 所示。

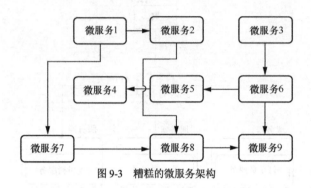

图 9-3 糟糕的微服务架构

我们讲过，架构应该是进化而来的，同样微服务架构也应该是进化而来的。因此在进行系统架构设计的时候，我们应该认真思考"这个项目真的需要微服务架构吗"。如果经过思考后，我们仍然决定要采用微服务架构，那么也要再思考"能不能减少微服务的数量"。第一个版本的项目可以只有几个微服务，随着系统的发展，当我们发现一个微服务中某个功能已经发展到可以独立的程度时（比如某个功能被高频访问、某个功能经常被其他微服务访问），我们再把这个功能拆分为一个微服务。总之，是否采用微服务及如何采用微服务，应该是仔细思考后的结果，我们不能盲目跟风。马丁·福勒（Martin Fowler）[1]曾经提过"分布式第一定律"，那就是"避免使用分布式"，由此，作者提出"微服务第一定律"，那就是"避免使用微服务，除非有充足的理由"。

9.2.3 DDD 为什么难学

在 9.2.2 小节中我们讲到了，我们需要合理的架构设计来避免微服务的滥用，而 DDD 是一种很好的指导微服务架构设计的范式，就像面向对象设计模式是一种很好的指导面向对象编程的范式一样。DDD 是由埃里克·埃文斯（Eric Evans）在 2004 年提出来的，但是一直停留在理论层次，多年来的实际应用并不广泛，直到 2014 年，马丁·福勒与詹姆斯·刘易斯（James Lewis）共同提出了微服务的概念，人们才发现 DDD 是一种很好的指导微服务架构设计的模式。DDD 的诞生早于微服务的诞生，DDD 并不是为微服务而生的，DDD 也可以用于单体结构项目的设计，但是在微服务架构中 DDD 能发挥出更大的作用。

DDD 并不是一个技术，而是一种架构设计的指导原则；DDD 不是一种强制性的规范，各个项目可以根据自己的情况进行个性化的设计。DDD 就像烹饪中餐时"盐少许、油少许"一样让人难以捉摸，而且 DDD 中的概念非常多，表述非常晦涩，因此很多人都对 DDD 望而生畏。

不同项目的行业情况、公司情况、团队情况、业务情况等不同，因此 DDD 不能给我们一

---

① 马丁·福勒，软件开发专家，敏捷开发方法论首创者，著有《重构》《企业应用架构模式》。

个拿来就能照着用的操作手册。每个人、每个团队对 DDD 的理解不同，如果说"一千个人心中就有一千个哈姆雷特"的话，那么也可以说"一千个人心中就有两千个 DDD"，因为同一个人对 DDD 也可能在不同时期有着不同的理解。

很多开发人员把 DDD 当成一个技术，这是非常大的一个误区。DDD 是一种设计思想，它分为战略设计和战术设计两个层次：DDD 的战略设计可以帮助公司的领导人进行团队的划分、人员的组织、产品线的规划等，也可以帮助产品经理对产品功能进行规划，还可以帮助架构师进行项目架构的规划、技术栈的选择等；DDD 的战术设计则是对公司全员进行 DDD 具体实施过程的指导。

不同的人对 DDD 的理解及对 DDD 概念落地的理解有所不同，并不存在绝对的错与对，在情况 A 下成功的 DDD 实战经验放到情况 B 下可能就会失败。正如古人所说"橘生淮南则为橘，生于淮北则为枳"，读者不要在众多的对 DDD 解读的文章中迷失，也不要执着于寻找根本就不存在的"DDD 最佳实践"，而要认真聆听各方的解读，并且根据项目的自身情况来个性化地实现 DDD 的落地。只要读者能够用 DDD 很好地指导项目，那么该落地方案就是最优解。

很多开发人员学习 DDD 的时候感觉无从下手，主要原因就是他们把 DDD 当成一个整体去学习，从而找不到学习的"落脚点"。无论是公司管理人员、业务人员、架构师还是开发人员，在学习 DDD 的时候，应该先从自己能够把握的方面去学习 DDD，随着对 DDD 应用的深入再逐渐了解 DDD 的全貌。本书是写给开发人员的，因此本书主要专注于与代码编写相关的 DDD 概念。本书在讲解这些概念的时候会把它们和具体的实现代码结合起来。在 DDD 的概念落地的时候，不同的技术栈的选择也会导致这些概念的实现方式不同。为了避免陷入泛泛而谈的地步，本书讲解的实现代码和本章的项目中采用的技术栈一致，通过本书选择的技术栈理解了 DDD 的概念之后，读者就可以在自己所在的项目中用不同的技术栈去实践 DDD。需要特别注意的是，即使对于相同的技术栈，不同人落地 DDD 的方式也不同，不存在"正确答案"，读者可以在理解了某个落地方式之后，在项目中使用不同的方式落地。

那么到底什么是 DDD 呢？DDD 的英文全称是 domain driven design，翻译成中文就是"领域驱动设计"。这里的主干词是"设计"，也就是说 DDD 是一种设计思想。这里的形容词是"领域驱动"，那么什么是"领域"呢？领域其实指的就是业务，因此 DDD 其实就是一种用业务驱动的设计。传统的软件设计把业务和实现技术割裂，在系统的需求设计完成后，技术人员把业务人员描述的需求文档转换为代码去实现，业务人员和技术人员对系统的理解并不完全匹配。随着系统的升级，技术人员对代码进行修改，业务人员和技术人员对系统的理解偏差越来越大，从而造成系统的扩展性、可维护性越来越差。而 DDD 则是指在项目的全生命周期内，管理、产品、技术、测试、实施、运维等所有岗位的人员都基于对业务的相同理解来开展工作。技术人员在把业务落地为设计、代码的时候，也直接把业务映射到代码中，而不是用代码去实现业务。DDD 的核心理念就是所有人员站在用户的角度、业务的角度去思考问题，而不是站在技术的角度去思考问题。

9.2.4　领域与领域模型

"领域"（domain）是一个比较宽泛的概念，主要指的是一个组织做的所有事情，比如一家银行做的所有事情就是银行的领域。为了缩小讨论问题的范围，我们通常会把领域细分为多个"子领域"（简称"子域"），比如银行的领域就可以划分为"对公业务子域""对私业务子域""内部管理子域"等，子域还可以继续划分为更细粒度的子域，比如"对私业务子域"可以划分为"柜台业务子域""ATM（automated teller machine，自动柜员机）业务子域""网银业务子域"等。划分出子域之后，我们就能专注于子域内部的领域相关业务的处理。

领域（包含子域）可以按照功能划分为核心域、支撑域、通用域。核心域指的是解决项目的核心问题的领域，支撑域指的是解决项目的非核心问题的领域，而通用域指的是解决通用问题的领域。核心域是和组织业务紧密相关的、个性化的领域，支撑域则具有组织特性，但不具有通用性，而通用域则是可以被很多其他领域复用的领域。

领域的划分可以不限于技术相关的问题。举个例子，对于一家手机公司来讲，手机的研发、制造、销售业务就属于核心域，售后业务、财务业务就属于支撑域，而保洁、保安则属于通用域。领域划分为不同类别后，我们就可以为不同的领域投入不同的资源：对于核心域我们要投入重点资源，对于通用域我们可以采购外部服务，比如很多公司的保洁人员都是外包的第三方服务公司提供的。一个公司对于领域的不同分类也决定了公司业务方向的不同。一家注重销售的手机公司，可能手机都是从第三方采购的，只是把手机贴上自己的商标而已，对于这样的公司来讲，研发、制造业务就是通用域。

从软件开发技术这个层面来讲，领域的不同分类也决定了公司的研发重点。对于一家普通软件公司来讲，业务逻辑代码属于核心域，权限管理、日志模块等属于支撑域，而报表工具、工作流引擎等属于可以从外部采购的通用域。但是对于一家提供云计算基础服务的公司来讲，服务器资源管理、安全监控等属于核心域，云服务器 SDK、技术文档、沙箱环境、计费模块等则属于支撑域，而操作系统、数据库等属于通用域。对于一家想要通过研发自己的操作系统、数据库系统从而最大化地利用服务器资源的云计算公司来讲，操作系统、数据库等就属于支撑域甚至核心域了。

确定一个领域之后，我们就要对领域内的对象进行建模，从而抽象出模型的概念，这些领域中的模型就叫作领域模型（domain model）。比如银行的柜台业务领域中，就有储户、柜员、账户等领域模型。建模是 DDD 中非常核心的事情，一旦定义出了领域模型，我们就可以用领域模型驱动项目的开发。使用 DDD，我们在分析完产品需求后，就应该创建领域模型，而不是考虑如何设计数据库和编写代码。使用领域模型，我们可以一直用业务语言去描述和构建系统，而不是使用技术人员的语言。

与领域模型对应的概念是"事务脚本"（transaction script），事务脚本是指使用技术人员的语言去描述和实现业务事务，说通俗一点儿就是没有太多设计，没有考虑可扩展性、可维护性，通过使用 if、for 等语句用流水账的形式编写代码。如代码 9-1 所示，"柜员取款"业务的伪代码就是一个典型的事务脚本。

代码 9-1　典型的事务脚本

```
1   string Withdraw(string account,double amount)
2   {
3     if(!this.User.HasPermission("Withdraw"))
4        return "当前柜员没有取款权限";
5     double? balance = Query($"select Balance from Accounts where Number={account}");
6     if(balance==null)
7        return "账号不存在";
8    if(balance<amount)
9        return "账号余额不足";
10    Query($"Update Accounts set Balance=Balance-{amount} where Number={account}");
11    return "ok";
12  }
```

在这段代码中，我们检查当前柜员是否拥有操作取款业务的权限，然后检查账户的余额，最后完成扣款。包括作者在内的很多开发人员的职业生涯中都写过这样流水账式的代码。这样的代码可以满足业务需求，而且编写简单、自然，非常符合开发人员的思维方式。事务脚本代码的问题在于，本应该属于支撑域中的权限的概念出现在了核心域的代码中，我们应该通过AOP（aspect-oriented programming，面向切面编程）等方式把权限校验的代码放到单独的权限校验支撑域中。这段代码的另外一个问题是，它对于需求变更的响应是非常糟糕的，比如系统需要增加一个"取款金额大于 5 万元需要主管审批"的功能，我们就要在第 5 行代码之前加上一些 if 判断语句；再比如系统需要增加一个取款成功后发送通知短信的功能，我们就要在第11 行代码之前加上发送短信的代码……随着系统需求的膨胀，Withdraw 方法中可能膨胀出上千行代码，代码的可维护性、可扩展性非常差。

而根据领域模型、DDD 开发完成的系统，代码的可维护性、可扩展性会非常高。读者可以在学习完本书后，尝试重构这段代码。

9.2.5　通用语言与界限上下文

在进行系统开发的时候，非常容易导致歧义的是不同人员对于同一个概念的不同描述。比如用户说"我想要商品可以被删除"，开发人员就开发了一个使用 Delete 语句把商品从数据库中删除的功能；后来用户又说"我想把之前删除的商品恢复回来"，开发人员就会说"数据已经被删除了，恢复不了"，用户就会生气地说"Windows 里的文件删除后都能从回收站里恢复，你们删除的怎么就恢复不了呢"。这其实就是开发人员和用户对于"删除"这个词语的理解不同造成的。再如，电商系统的支付模块的开发人员和后台管理模块的开发人员聊了许久关于"用户管理"的功能，最后才发现支付模块开发人员说的"用户"指的是购买商品的"客户"，而后台管理模块开发人员说的"用户"指的是"网站管理员"。

从上面两个例子我们可以看出，在描述业务对象的时候，拥有确切含义的、没有二义性的语言是非常重要的，这样的语言就是"通用语言"。在应用 DDD 的时候，团队成员必须对于系统内的每一个业务对象有确定的、无二义性的、公认的定义。通用语言离不开特定的语义环境，只有确定了通用语言所在的边界，才能没有歧义地描述一个业务对象。比如，后台管理模块中的"用户"和支付模块的"用户"就处于不同的边界中，它们在各自的边界内有着各自的含义。界限上下文就是用来确定通用语言的边界的，在一个特定的界限上下文中，通用语言有着唯一的含义。

在学习 DDD 的时候，我们需要了解很多的名词，比如领域、子域、实体类、值对象、聚合等，尽管这些概念比较晦涩难懂，但是所有学习和应用 DDD 的人员拥有同样一套通用语言，所有人员都用同样的通用语言进行表述和沟通，可以减少误解。同时，DDD 中的这些概念也是在 DDD 这个界限上下文中才有这些含义的，在其他界限上下文中可能就有其他含义了。

9.2.6　实体类与值对象

在 DDD 中，"标识符"用来唯一定位一个对象，在数据库中我们一般用表的主键来实现标识符。当谈到标识符的时候，我们是站在业务的角度思考问题，而谈到主键的时候，我们是站在技术的角度思考问题。

在 DDD 中大量存在着这样一类对象，它们拥有唯一的标识符，标识符的值不会改变，而对象的其他状态则会经历各种变化，这样的对象可能会被持久化地保存在存储设备中，即使软件重启，我们也可以把持久化在存储设备中的对象还原出来，我们把这样的对象称为实体类（entity）。标识符是用来跟踪对象状态变化的，一个实体类的对象无论经历怎样的变化，只要看到标识符的值没有变化，我们就知道它们还是那个对象。

在具体实现 DDD 的时候，实体类一般的表现形式就是 EF Core 中的实体类，实体类的 Id 属性一般就是标识符，Id 属性的值不会变化，它标识着唯一的对象，实体类的其他属性则可能在运行时被修改，但是只要 Id 不变，我们就知道前后两个对象指的是同一个对象。我们可以把实体类的对象保存到数据库中，也可以把它从数据库中读取出来。

在 DDD 中还存在着一些没有标识符的对象，它们也有多个属性，它们依附于某个实体类对象而存在，这些没有标识符的对象叫作值对象。同一个值对象不会被多个实体类对象引用；值对象一般是不可变的，也就是值对象的属性不可以修改。因此如果我们要修改实体类中的一个值对象属性，我们只能创建一个新的值对象来替换旧的值对象。

比如，在电子地图系统中，"商家"就是一个实体类，该实体类包含营业执照编号、名称、经纬度位置、电话等属性。一个商家的营业执照编号是不可以修改的，而商家的名称、经纬度位置、电话都是可以修改的，只要两个商家的营业执照编号一样，我们就认定两个商家是同一家，因此营业执照编号就可以看作标识符。而经纬度位置就是一个值对象，经纬度位置这个值对象包含"经度"和"纬度"两个属性，经纬度位置没有标识符，而且经纬度位置的经度和纬度两个属性也不会被修改，如果商家搬家了，我们只要重新创建一个新的经纬度位置的对象，然后重新赋值商家的经度和纬度属性就可以了。当然，我们也可以取消经纬度位置这个值对象属性，直接改为经度、纬度两个属性，也就是商家实体类包含营业执照编号、名称、经度、纬度、电话等属性，但是把经度和纬度作为一个值对象更能够体现它们的整体关系。

实体类帮助我们跟踪对象的变更，而值对象则帮助我们把多个相关属性当作一个整体。

9.2.7　聚合与聚合根

　　一个系统中会有很多的实体类（包含值对象），这些实体类之间有的关系紧密，有的关系很弱，有的没有关系。面向对象设计的一个重要原则就是"高内聚，低耦合"，我们同样希望有关系的实体类紧密协作，而关系很弱或者没有关系的实体类可以很好地被隔离。因此，我们可以把关系紧密的实体类放到一个聚合（aggregate）中，每个聚合中有一个实体类作为聚合根（aggregate root），所有对聚合内实体类的访问都通过聚合根进行，外部系统只能持有对聚合根的引用，聚合根不仅仅是实体类，还是所在聚合的管理者。

　　聚合并不是简单地把实体类组合在一起，而要协调聚合内若干实体类的工作，让它们按照统一的业务规则运行，从而实现实体类数据访问的一致性，这样我们就能够实现聚合内的"高内聚"；聚合之间的关系很弱，一个聚合只能引用另外一个聚合的聚合根，这样我们就能够实现聚合间的"低耦合"。

　　聚合体现的是现实世界中整体和部分的关系，比如订单与订单明细。整体封装了对部分的操作，部分与整体有相同的生命周期。部分不会单独与外部系统交互，与外部系统的交互都由整体来负责。

　　聚合的设计是 DDD 中比较难的工作，因为系统中很多实体类都存在着关系，这些关系到底是设计为聚合之间的关系还是聚合之内的关系是非常容易让人困惑的。判断的标准就是看它们是否是整体和部分的关系，是否存在着相同的生命周期，如果是的话，它们就是聚合内的关系，反之，则不是。

　　比如，订单与订单明细之间显然是整体和部分的关系，因为删除了订单，订单明细也就消失了，而且外部系统不会直接引用订单明细，只会引用订单。因此我们把订单和订单明细设计为一个聚合，并且把订单作为聚合根，外部系统只能引用订单，对订单明细的操作都通过订单来进行。

　　而用户和订单之间的关系就不是整体与部分的关系，因为删除了订单，用户还是可以存在的。有人可能会认为，删除了用户，这个用户的订单也就消失了，因此用户和订单是整体和部分的关系。但是聚合关系还有一个判断标准就是"实体类能否单独和外部系统交互"，很显然，在系统中订单是可以单独和外部系统交互的，比如支付系统中就可以直接引用订单，因此用户和订单之间不是聚合关系。

　　有的情况下，聚合关系的划分也不是一成不变的，不同的业务流程决定了不同的划分方式。比如新闻和新闻的评论就既可以设计成同一个聚合，也可以放到不同的聚合中。如果在网站中，新闻和评论都是一起出现的，评论不会单独出现，我们就可以把它们设计成同一个聚合，把新闻设置为聚合根。但是如果在网站中，有"全站热门评论榜""分享评论到朋友圈"等把评论作为一个独立的实体类看待的情况，我们就可以把新闻和评论设置为两个聚合。

　　在设计聚合的时候，要尽量把聚合设计得小一点儿，一个聚合只包含一个聚合根实体类和密不可分的实体类，实体类中只包含最小数量的属性。小聚合有助于进行微服务的拆分，也有助于减少数据修改冲突。设计聚合的一个原则就是：聚合宁愿设计得小一点儿，也不要设计得太大。

在实践中，一个微服务中可以包含多个聚合。由于聚合之间的关系都是聚合根之间的关系，因此耦合性低。当我们需要进行微服务架构演进的时候，我们就能以聚合为单位轻松地进行微服务的拆分了。这证明了 DDD 是指导微服务架构的强有力的思想。

9.2.8　领域服务与应用服务

聚合根的实体类中没有业务逻辑代码，只有对象的创建、对象的初始化、状态管理等与个体相关的代码。对于聚合内的业务逻辑，我们编写领域服务（domain service），而对于跨聚合协作的逻辑，我们编写应用服务（application service）。应用服务协调多个领域服务来完成一个用例。

在 DDD 中，一个典型的用例的处理流程如下。

第 1 步，准备业务操作所需要的数据，一般是从数据库或者其他外部数据源获取数据。

第 2 步，执行由一个或者多个领域模型做出的业务操作，这些操作会修改实体类的状态，或者生成一些操作结果。

第 3 步，把对实体类的改变或者操作结果应用于外部系统，比如保存对实体类的修改到数据库或者把计算结果通过短信发送给用户。

在上面的步骤中，只有第 1 步和第 3 步涉及与外部系统的交互，第 2 步是对领域模型的业务逻辑操作。这 3 步组成一个典型的应用服务的逻辑，而若干个领域服务被编排完成第 2 步的工作。领域模型与外部系统（数据库、缓存等）是隔离的，不会发生直接交互，也就是说领域服务不会涉及读写数据库的操作。这样我们可以很好地实现责任的划分：业务逻辑放入领域服务，而与外部系统的交互由应用服务来负责。因为领域服务是用来协调领域对象完成业务逻辑操作的，所以领域服务是无状态的，状态由领域对象来管理。

需要注意的是，领域服务不是必需的，在一些简单的业务处理（比如增、删、改、查）中是没有领域知识（也就是业务逻辑）的，这种情况下应用服务可以完成所有操作，不需要引入领域服务，这样我们可以避免系统出现过度设计的问题。如果随着系统的进化，应用服务中出现了业务逻辑，我们就要把业务逻辑放入领域服务。

和聚合相关的两个概念是"仓储"（repository）和"工作单元"（unit of work）。聚合中的实体类不负责数据的读取和保存，这些工作是由仓储负责的，因此实体类负责业务逻辑的处理，仓储负责按照要求从数据库中读取数据以及把领域服务修改的数据保存回数据库，一个聚合对应一个用来实现数据持久化的仓储。聚合内数据操作的关系是非常紧密的，我们要保证事务的强一致性，而聚合间的协作是关系不紧密的，因此我们只要保证事务的最终一致性即可。聚合内的若干相关联的操作组成一个"工作单元"，这些工作单元要么全部成功，要么全部失败。

因为领域服务不依赖外部系统、不保存状态，所以领域服务比应用服务更容易进行单元测试，这对于提高系统的质量是非常有帮助的。

9.2.9　领域事件与集成事件

我们在进行系统开发的时候，经常会遇到"当发生某事件的时候，执行某个动作"。比如，在一个问答系统中，当有人回复了提问者的提问的时候，系统就向提问者的邮箱发送通知邮件，如果我们使用事务脚本的方式来实现这个功能，就会用到如代码 9-2 所示的伪代码。

代码 9-2 "保存答案"的事务脚本

```
1  void 保存答案(long id,string answer)
2  {
3      保存到数据库(id,answer);
4      string email = 获取提问者邮箱(id);
5      发送邮件(email,"你的问题被回答了");
6  }
```

这样编写的代码有如下几个问题。

问题一，代码会随着需求的增加而持续膨胀。比如网站又增加了一个功能"如果用户回复的答案中有疑似违规的内容，则先把答案隐藏，并且通知管理员进行审核"，那么我们就要把"保存答案"方法修改成如代码 9-3 所示的形式。

代码 9-3 修改的方法

```
1  void 保存答案(long id,string answer)
2  {
3      long aId = 保存到数据库(id,answer);
4      if(检查是否疑似违规(answer))
5      {
6          隐藏答案(aId);
7          通知管理员审核();
8      }
9      else
10     {
11         string email = 获取提问者邮箱(id);
12         发送邮件(email,"你的问题被回答了");
13     }
14 }
```

随着系统的升级，这个方法的代码也越来越长、越来越复杂，充斥着大量一层嵌套一层的判断语句。这样的代码经过几任开发人员的接手，可能没有任何一个开发人员能够完全理解这个方法。当需要为这个方法增加新的功能的时候，开发人员不敢修改前任的代码，他只能"胆战心惊"地找到一个位置插入自己编写的代码，如果代码恰好能够运行，又没有导致原有功能出现 bug，就是一件"天大的喜事"。这样新版本的代码又成为了继任的开发人员不敢动的"祖传代码"。总之，这样的事务脚本的可读性和可维护性非常差。

问题二，代码可扩展性低。在后续版本中，我们可能要把"发送邮件"改成"发送短信"，那么我们就要把第 11、12 行代码改成与发送短信相关的代码；如果后续我们又要把逻辑改成"向普通会员发邮件，向 VIP 会员发短信"，那我们就要把第 11、12 行代码改成由多个判断语句组成的代码块。面向对象设计中有一个原则是"开闭原则"，即"对扩展开放，对修改关闭"，通俗来讲就是"当需要增加新的功能的时候，我们可以通过增加扩展代码来完成，而不需要修改现有的代码"。很显然,我们这种事务脚本的写法是很难满足开闭原则的。

　　问题三,用户体验很差。这段代码中除了"保存答案"这个核心的业务逻辑之外,掺杂了"检查是否疑似违规""发送邮件"等业务逻辑,这些业务逻辑的执行一般都比较耗时,会拖慢"保存答案"方法的执行速度,造成每次用户单击【保存答案】按钮的时候都要等待很长时间。

　　问题四,容错性差。"检查是否疑似违规"可能需要调用第三方的鉴黄服务,"发送邮件"需要访问邮件服务,这些都需要访问外部系统,这些外部系统并不总是稳定的。比如,在发送邮件时,邮件服务器的暂时故障可能会造成用户单击【保存答案】按钮后,系统提示"操作失败",因此用户体验是极差的。

　　为了解决这些问题,我们可以在保存答案后,发出一个"答案已保存"的通知事件,内容审核模块和邮件发送模块监听这个事件来分别进行各自的处理。采用事件机制的伪代码如代码 9-4 所示。

代码 9-4　采用事件机制的伪代码

```
1   void 保存答案(long id,string answer)
2   {
3       long aId = 保存到数据库(id,answer);
4       发布事件("答案已保存",aId,answer);
5   }
6
7   [绑定事件("答案已保存")]
8   void 审核答案(long aId,string answer)
9   {
10      if(检查是否疑似违规(answer))
11      {
12          隐藏答案(aId);
13          发布事件("内容待审核",aId);
14      }
15  }
16
17  [绑定事件("答案已保存")]
18  void 发邮件给提问者(long aId,string answer)
19  {
20      long qId = 获取问题 Id(aId);
21      string email = 获取提问者邮箱(qId);
22      发送邮件(email,"你的问题被回答了");
23  }
```

　　我们在第 4 行代码中发布了一个"答案已保存"事件,在第 8 行代码和第 18 行代码中把"审核答案""发邮件给提问者"方法绑定到这个事件上,当发生"答案已保存"事件的时候,"审核答案""发邮件给提问者"这两段代码会被执行。

　　采用这样的事件机制的代码有如下优点。

　　❑　关注点分离。3 个方法各司其职,各自的业务逻辑没有混杂到一起,代码的可读性、可维护性都非常高。

❑ 扩展容易。如果我们需要实现"保存答案后，刷新缓存"，只要再增加一个新的方法并且将其绑定到"答案已保存"事件即可，现有的代码不用做任何修改，符合"开闭原则"。

❑ 用户体验好。我们可以把"审核答案""发邮件给提问者"等这些对事件的处理异步运行，这样这些处理就不会影响用户体验。

❑ 容错性更好。如果外部系统调用失败，我们可以进行失败重试或者服务降级等处理。

在我们对用户需求进行分析的时候，如果发现有"如果发生了某事，则执行某个动作"这样的描述的时候，我们都可以把它们通过事件机制来实现。

DDD 中的事件分为两种类型：领域事件（domain events）和集成事件（integration events）。聚合内一般不需要通过领域事件进行事件传递，领域事件主要用于在同一个微服务内的聚合之间的事件传递，而集成事件用于跨微服务的事件传递。比如在问答微服务中，当用户保存答案的时候，审核答案的逻辑我们一般通过领域事件实现。如果项目中有专门的邮件发送微服务，则当用户保存答案的时候，发送邮件给提问者的操作就要通过集成事件来实现。

领域事件由于是在同一个进程内进行的，我们通过进程内的通信机制就可以完成；集成事件由于需要跨微服务进行通信，我们就要引入事件总线（eventbus）来实现事件的传递。我们一般使用消息队列服务器中的"发布/订阅"模式来实现事件总线。

9.3　DDD 的技术落地

在 9.2 节中，我们学习了 DDD 的相关概念，在本节中，我们将会讲解在.NET 中如何落地实现这些概念。在学习本节的时候，作者推荐读者学习完 DDD 的技术落地实现后，再返回来理解前面讲到的 DDD 的概念，相信读者会对 DDD 的概念有更深入的理解。

9.3.1　贫血模型与充血模型

在面向对象的设计中有贫血模型和充血模型两种风格。所谓的贫血模型指的是一个类中只有属性或者成员变量，没有方法，而充血模型指的是一个类中既有属性、成员变量，也有方法。下面用一个用户的例子来说明它们的区别。

假设我们需要定义一个类，这个类中可以保存用户的用户名、密码、积分；用户必须具有用户名；为了保证安全，密码采用密码的哈希值保存；用户的初始积分为 10；每次登录成功奖励 5 个积分，每次登录失败扣 3 个积分（这样的需求肯定是不合理的，这里只是为了方便演示而已）。

如果采用贫血模型，我们就会如代码 9-5 所示定义 User 类。

代码 9-5　贫血模型的 User 类

```
1  class User
2  {
3      public string UserName { get; set; }     //用户名
```

```
4      public string PasswordHash { get; set; }//密码的哈希值
5      public int Credit { get; set; }              //积分
6  }
```

这是一个典型的只包含属性、不包含逻辑方法的类，这样的类通常被叫作 POCO 类，这就是典型的"贫血模型"。使用这样的类，我们编写代码来进行用户创建、登录、积分变动操作，如代码 9-6 所示。

代码 9-6　使用贫血模型的代码

```
1  User u1 = new User();
2  u1.UserName = "yzk";
3  u1.Credit = 10;
4  u1.PasswordHash = HashHelper.Hash("123456");//计算密码的哈希值
5  string pwd = Console.ReadLine();
6  if(HashHelper.Hash(pwd)==u1.PasswordHash)
7  {
8      u1.Credit += 5;                         //登录成功，奖励 5 个积分
9      Console.WriteLine("登录成功");
10 }
11 else
12 {
13     if (u1.Credit < 3)
14     {
15         Console.WriteLine("积分不足，无法扣减");
16     }
17     else
18     {
19         u1.Credit -= 3;                     //登录失败，则扣 3 个积分
20         Console.WriteLine("登录成功");
21     }
22     Console.WriteLine("登录失败");
23 }
```

第 4 行代码中，调用 HashHelper.Hash 方法来计算字符串的哈希值；第 5 行代码中，等待用户输入一个密码，以便进行密码正确性的检查。上面的代码可以正常地实现需求，但有如下问题。

第一，一个 User 对象必须具有用户名，但是在第 1 行代码中创建的 User 类的对象的 UserName 属性为 null。虽然我们很快在第 2 行代码中为 UserName 属性赋值了，但是如果 User 类使用不当，User 类的对象有可能处于非法状态。

第二，"用户的初始积分为 10"这样的领域知识是由使用者在第 3 行代码中设定的，而不是由 User 类内化的行为。

第三，"保存用户密码的哈希值"这样的 User 类内部的领域知识需要类的使用者了解，这样类的使用者才能在第 4 行代码和第 6 行代码完成设置密码及判断用户输入的密码是否正确。

第四，用户的积分余额很显然不能为负值，因此我们在第 13～21 行代码中进行积分扣减的时候进行了判断，可是这样的行为应该被封装到 User 类中，而不应该由 User 类的使用者进行判断。

面向对象编程的基本特征是"封装性"：把类的内部实现细节封装起来，对外提供可供安全调用的方法，从而让类的使用者无须关心类的内部实现。一个类中核心的元素是数据和行为，数据指的是类的属性或者成员变量，而行为指的是类的方法。而我们设计的 User 类只包含数据，不包含行为，我们用心设计的类只能利用面向对象编程的一部分能力。

如果我们按照面向对象的原则来重新设计 User 类，应该如代码 9-7 所示。

代码 9-7　使用充血模型的 User 类

```
1  class User
2  {
3      public string UserName { get; init; }
4      public int Credit { get; private set; }
5      private string? passwordHash;
6      public User(string userName)
7      {
8          this.UserName = userName;
9          this.Credit =10;
10     }
11     public void ChangePassword(string newValue)
12     {
13         if(newValue.Length<6)
14         {
15             throw new ArgumentException("密码太短");
16         }
17         this.passwordHash = HashHelper.Hash(newValue);
18     }
19     public bool CheckPassword(string password)
20     {
21         string hash = HashHelper.Hash(password);
22         return passwordHash== hash;
23     }
24     public void DeductCredits(int delta)
25     {
26         if(delta<=0)
27         {
28             throw new ArgumentException("额度不能为负值");
29         }
30         this.Credit -= delta;
31     }
32     public void AddCredits(int delta)
33     {
34         this.Credit += delta;
```

```
35    }
36 }
```

User 类中，UserName 属性设置为只读并且只能在初始化时被赋值，Credit 属性设置为只读并且只能在 User 类内部被修改。通过合理设置 User 类的属性的访问修饰符，我们有效地避免了外部访问者对类内部数据的随意修改，这样的类就是典型的"充血模型"。

在第 6 行代码中，我们为 User 类提供了构造方法，确保了 User 类的对象在创建出来的时候就处于合法的状态，而且我们把"初始积分为 10"这样的行为内化在了 User 类中。

在第 5 行代码中，我们把密码的哈希值设置为一个私有的成员变量，因为密码的哈希值是不应该被外部系统访问的。为了让外部系统能够发送修改密码请求以及检查用户输入的密码是否正确，我们在第 11～23 行代码中提供了 ChangePassword、CheckPassword 方法，它们把保存密码和校验用户密码的工作封装了起来。

为了能够提供扣减积分和奖励积分的能力，我们分别在第 24～35 行代码中封装了 DeductCredits、AddCredits 两个方法，并且在方法中提供了数据合法性的检查。

经过 User 类的封装，我们把应该封装到 User 类中的行为都隐藏到了 User 类中，类的使用者需要了解的领域知识非常少。代码 9-8 所示的是调用新版 User 类的代码。

代码 9-8　使用充血模型的新版 User 类

```
1  User u1 = new User("yzk");
2  u1.ChangePassword("123456");
3  string pwd = Console.ReadLine();
4  if (u1.CheckPassword(pwd))
5  {
6      u1.AddCredits(5);
7      Console.WriteLine("登录成功");
8  }
9  else
10 {
       u1.DeductCredits(3);
11     Console.WriteLine("登录失败");
12 }
```

可以看到，User 类的使用者的工作量减少了很多，他们需要了解的领域知识也少了很多。

有的读者可能会认为，无论是贫血模型还是充血模型，只不过是逻辑代码放置的位置不同而已，本质上没什么区别。这样的观点是错误的。首先，从代码的角度来讲，把本应该属于 User 类的行为封装到 User 类中，这是符合"单一职责原则"的，当系统中其他地方需要调用 User 类的时候就可以复用 User 中的方法。其次，贫血模型是站在开发人员的角度思考问题的，而充血模型是站在业务的角度思考问题的。领域专家不明白什么是"把用户输入的密码进行哈希运算，然后把哈希值保存起来"，但是他们明白"修改密码、检查密码成功"等充血模型反映出来的概念，因此领域模型中的所有行为应该有业务价值，而不应该只是反映数据属性。

尽管充血模型带来的好处更明显，但是贫血模型依然很流行，其根本原因就在于早期的很多持久性框架（比如 ORM 等）要求实体类的所有属性必须是可读可写的，而且我们可以很简单地把数据库中的表按照字段逐个映射为一个贫血模型的 POCO 类，这样"数据库驱动"的思维方法更简单直接，因此我们就见到"到处都是贫血模型"的情况了。值得欣慰的是，目前大部分主流的持久性框架都已经支持充血模型的写法了，比如 EF Core 对充血模型的支持就非常好，因此我们就没有再继续编写贫血模型的理由了。采用充血模型编写代码，我们能更好地实现 DDD 和模型驱动编程。

9.3.2 EF Core 对实体类属性操作的秘密

EF Core 对实体类属性的读写操作有一个非常不容易被发现的秘密，了解这个秘密之后，我们能更好地在 EF Core 中实现充血模型，因此本小节将会为读者揭示这个秘密。

按照常规的面向对象的要求，对于属性的读写操作都要通过 get、set 代码块进行，因此当我们通过 EF Core 把实体类对象写入数据库或者把数据从数据库中加载到实体类对象的时候，EF Core 也应该通过实体类对象的属性的 get、set 进行属性的读写。但是基于性能和对特殊功能支持的考虑，EF Core 在读写属性的时候，如果可能，它会直接跳过 get、set，而直接操作真正存储属性值的成员变量。下面通过一个例子来进行演示。首先，我们定义一个实体类 Dog，如代码 9-9 所示。

代码 9-9 Dog 类

```
1   class Dog
2   {
3     public long Id { get; set; }
4     private string name;
5     public string Name
6     {
7       get
8       {
9         Console.WriteLine("get 被调用");
10        return name;
11      }
12      set
13      {
14        Console.WriteLine("set 被调用");
15        this.name = value;
16      }
17    }
18  }
```

Dog 类只有 Id、Name 两个属性；为了方便我们观察代码对 Name 属性的 get、set 代码块的调用情况，我们编写 Name 属性的代码时没有使用{get;set;}这样简化的语法，而是使用完全的 get、set 代码块，把属性的值显式地保存到名字为 name 的成员变量中，并且在 get 和 set

代码块中都加入了调试输出信息。

EF Core 环境的搭建、上下文类代码的编写等这里不再赘述。下面我们创建 Dog 类的对象，并且把它插入数据库，如代码 9-10 所示。

代码 9-10　将对象插入数据库

```
1  Dog d1 = new Dog { Name= "goofy" };
2  Console.WriteLine("Dog 初始化完毕");
3  ctx.Dogs.Add(d1);
4  ctx.SaveChanges();
5  Console.WriteLine("SaveChanges 完毕");
```

运行上面的程序，然后查看程序的运行结果，如图 9-4 所示。

我们发现，Name 属性的 get 代码块竟然没有被调用。按照常理来讲，SaveChanges 方法在将对象插入数据库的时候，需要读取 Name 属性，应该会调用 get 代码块，但是实验的结果表明 get 代码块没有被调用，那 EF Core 是怎么得到 Name 属性的值的呢？

图 9-4　程序运行结果

我们再来尝试从数据库读取数据，如代码 9-11 所示。

代码 9-11　读取数据

```
1  Console.WriteLine("准备读取数据");
2  Dog d2 = ctx.Dogs.First(d=>d.Name== "goofy");
3  Console.WriteLine("读取数据完毕");
```

运行上面的程序，然后查看程序的运行结果，如图 9-5 所示。

我们发现，Name 属性的 set 代码块竟然也没有被调用。按照常理来讲，EF Core 在从数据库中读取数据的时候，应该会调用 set 代码块为对象的 Name 属性赋值，但是实验的结果表明 set 代码块没有被调用，那 EF Core 是怎么设置 Name 属性的值的呢？

图 9-5　程序运行结果

答案其实很简单，EF Core 在读写实体类对象的属性时，会查找类中是否有与属性的名字一样（忽略大小写）的成员变量，如果有这样的成员变量的话，EF Core 会直接读写这个成员变量的值，而不是通过 set 和 get 代码块来读写。如果我们采用 stirng Name{get;set;}这种简化的语法来声明属性，编译器会为我们生成名字为<Name>k__BackingField 的成员变量来保存属性的值，因此 EF Core 除了查找与属性同名的成员变量之外，也会查找符合<Name>k__BackingField 规则的成员变量，还会查找 "_name" "m_name" 等常见写法的成员变量。

由于 EF Core 直接读写属性背后的成员变量，而不是通过执行 get、set 代码块来读写属性的值，因此我们编写的 get、set 代码块就不会被 EF Core 执行了。接下来，我们对 Dog 类中的保存 Name 属性的成员变量名进行修改，让 EF Core 无法识别出这个成员变量和 Name 属性的关系，比如，我们把成员变量 name 改名为 xingming，如代码 9-12 所示。

代码 9-12　修改成员变量名

```
1   class Dog
2   {
3       public long Id { get; set; }
4       private string xingming;
5       public string Name
6       {
7           get
8           {
9               Console.WriteLine("get 被调用");
10              return xingming;
11          }
12          set
13          {
14              Console.WriteLine("set 被调用");
15              this.xingming = value;
16          }
17      }
18  }
```

完成上述修改之后，重新运行代码 9-10 和代码 9-11，程序运行结果分别如图 9-6 和图 9-7 所示。

图 9-6　程序运行结果

图 9-7　程序运行结果

从程序运行结果可以看出，属性的 get、set 代码块被调用了。因为我们把和 Name 属性关联的成员变量改名为 xingming，EF Core 无法在运行时通过反射得知 Name 属性和 xingming 的关系，因此它只能通过 Name 属性的 get、set 代码块进行属性读写。

综上所述，EF Core 会尝试按照命名规则去直接读写属性对应的成员变量，只有无法根据命名规则找到对应成员变量的时候，EF Core 才会通过属性的 get、set 代码块来读写属性值。当然，我们可以在 Fluent API 中通过 UsePropertyAccessMode 方法来修改这个默认的行为，不过这很少用。

9.3.3　EF Core 中实现充血模型

EF Core 中对充血模型提供了比较好的支持，本小节我们来学习如何在 EF Core 中把充血模型风格的实体类映射到数据库表中。充血模型中的实体类和 POCO 类相比，有如下的特征。

特征一：属性是只读的或者只能被类内部的代码修改。

特征二：定义了有参构造方法。

特征三：有的成员变量没有对应属性，但是这些成员变量需要映射为数据库表中的列，也就是我们需要把私有成员变量映射到数据库表中的列。

特征四：有的属性是只读的，也就是它的值是从数据库中读取出来的，但是我们不能修改属性值。

特征五：有的属性不需要映射到数据列，仅在运行时被使用。

我们来研究如何在 EF Core 中实现这些特征。

首先，我们来实现特征一，也就是"实体类包含只读属性或者属性只能被类内部的代码修改"。因为 EF Core 会把数据库表的列直接加载到属性对应的成员变量中，所以我们可以把属性的 set 定义为 private 或者 init，然后通过构造方法为这些属性赋初始值。

然后，我们实现特征二，也就是"实体类可能包含有参构造方法"。因为如果开发人员能够调用实体类对象的无参构造方法，那么就有实体类对象存在非法值的可能性，所以我们应该避免用户直接调用实体类的无参构造方法。EF Core 中的实体类如果没有无参构造方法，则有参构造方法中的参数的名字必须和属性的名字一致，因为在 EF Core 从数据库中加载数据的时候，它会用反射来调用有参构造方法以初始化实体类的对象。只有构造方法的参数名字和属性的名字一致，EF Core 才知道构造方法中参数和数据库表的对应关系。因此，要避免开发人员调用实体类的无参构造方法，保证 EF Core 能正确地从数据库中读取数据并赋值给实体类对象，我们有如下两种实现方式。

❑　实体类中可以定义无参构造方法，但是无参构造方法定义为 private。由于开发人员无法直接调用私有的无参构造方法，而只能调用有参构造方法，这样就可以避免开发人员创建包含非法属性值的对象；EF Core 可以调用私有构造方法，因此 EF Core 在从数据库中加载数据到实体类对象的时候，会调用这个私有构造方法创建实体类的对象，然后对各个属性进行赋值。

❑　实体类中不定义无参构造方法，只定义有意义的有参构造方法，但是要求构造方法中的参数的名字和属性的名字一致。无论是开发人员还是 EF Core 加载数据的时候，都调用这些无参构造方法来完成对象的初始化。

第一种方式比较简单，而且对于有参构造方法的参数名等没有限制，但是这种方式存在着开发人员通过反射调用私有的无参构造方法来创建包含非法值对象的可能。第二种方式对开发人员和 EF Core 具有同样的限制，避免了第一种方式中通过反射来跳过限制的问题，不过它对于参数名字等的限制更加严格。

接下来，我们实现特征三，也就是"把不属于属性的成员变量映射为数据列"，在 EF Core 中我们只要在配置实体类的代码中，使用 builder.Property("成员变量名")来配置即可。

接下来，我们实现特征四，也就是"从数据列中读取值的只读属性"。EF Core 中提供了"支持字段"（backing field）来支持这种写法，具体用法是，在配置实体类的代码中，使用

HasField("成员变量名")来配置属性。

最后，我们实现特征五，也就是"不需要映射数据列的属性"。在 EF Core 中我们只要在配置实体类的代码中，使用 Ignore 来配置忽略相关属性即可。

下面通过 User 类来综合演示这 5 种特征的实现，如代码 9-13 所示。

代码 9-13　充血模型的 User 类

```
1  public record User
2  {
3     public int Id { get; init; }                    //特征一
4     public DateTime CreatedDateTime { get; init; }   //特征一
5     public string UserName { get; private set; }     //特征一
6     public int Credit { get; private set; }
7     private string? passwordHash;                    //特征三
8     private string? remark;
9     public string? Remark                            //特征四
10    {
11       get { return remark; }
12    }
13    public string? Tag { get; set; }                 //特征五
14    private User()                                   //特征二
15    {
16    }
17    public User(string yhm)                          //特征二
18    {
19       this.UserName = yhm;
20       this.CreatedDateTime = DateTime.Now;
21       this.Credit = 10;
22    }
23    public void ChangeUserName(string newValue)
24    {
25       this.UserName = newValue;
26    }
27    public void ChangePassword(string newValue)
28    {
29       if (newValue.Length < 6)
30       {
31          throw new ArgumentException("密码太短");
32       }
33       this.passwordHash = HashHelper.Hash(newValue);
34    }
35 }
```

为了让编译器帮我们生成 User 类的 ToString 方法，从而简化在控制台中输出 User 对象的代码，我们把 User 类声明为记录类型，这不是必须的，读者也可以把 User 声明为普通类。

因为 Id 是由数据库生成的自增字段，我们无法修改它的值，所以我们把 Id 属性修饰为 init；

CreatedDateTime（创建日期）在对象创建的时候初始化，如第 20 行代码所示，之后我们就不能修改这个属性的值，因此我们同样把 CreatedDateTime 属性修饰为 init；UserName（用户名）、Credit（积分）这两个属性可以由类内部的代码修改，因此我们把它们的 set 操作修饰为私有的；用户设置的密码要以哈希值的形式保存到数据库中，但是哈希值不应该被外界读取，因此我们声明了一个用于保存密码的哈希值的私有成员变量 passwordHash，并把它映射到数据库表中；Remark（备注）是一个只读属性，它的值只能从数据库中读取；Tag 属性不被映射到数据库表中；我们采用把无参构造方法设置为私有的方式来实现特征二，为了体现这种实现方式对于有参构造方法没有要求，我们在第 17 行代码中把为 UserName 属性赋值的参数名故意改成一个和 UserName 不一致的名字。

因为特征三、四、五还需要通过 Fluent API 来完成，所以我们对 User 实体类进行配置，如代码 9-14 所示。

代码 9-14　对 User 类进行配置

```
1   class UserConfig : IEntityTypeConfiguration<User>
2   {
3       public void Configure(EntityTypeBuilder<User> builder)
4       {
5           builder.Property("passwordHash");                   //特征三
6           builder.Property(u => u.Remark).HasField("remark"); //特征四
7           builder.Ignore(u => u.Tag);                         //特征五
8       }
9   }
```

接下来，我们编写测试代码，如代码 9-15 所示。

代码 9-15　插入数据

```
1   User u1 = new User("Zack");
2   u1.Tag = "MyTag";
3   u1.ChangePassword("123456");
4   ctx.Users.Add(u1);
5   ctx.SaveChanges();
```

因为 User 类的无参构造方法为私有的，所以我们只能调用设定初始用户名的构造方法，这样就保证了对象值的合法性。上面的代码会在数据库中插入一条记录，我们修改数据库中 Remark 列的值为"杨中科先生"，然后执行如代码 9-16 所示的查询。

代码 9-16　查询数据

```
1   User u1 = ctx.Users.First(u=>u.UserName=="Zack");
2   Console.WriteLine(u1);
```

程序运行结果如图 9-8 所示，这和我们期望的结果一致。

图 9-8 程序运行结果

9.3.4 EF Core 中实现值对象

在定义实体类的时候，实体类中的一些属性之间有着紧密的联系，比如我们要在表示城市的实体类 City 中定义表示地理位置的属性，因为地理位置包含"经度"（longitude）和"纬度"（latitude）两个值，所以我们可以为 City 类增加 Longitude、Latitude 两个属性。这也是大部分人的做法，这样做没什么太大的问题。不过，从逻辑上来讲，这样定义的经纬度和主键、名字等属性之间是平等的关系，体现不出来经度和纬度的紧密关系。如果我们能定义一个包含 Longitude、Latitude 两个属性的 Geo 类型，然后把 City 的"地理位置"属性定义为 Geo 类型，这样经度、纬度的关系就更紧密了。Geo 类型的 Longitude、Latitude 两个属性通常不会被单独修改，因此 Geo 被定义成不可变类，也就是值对象。

在定义实体类的时候，实体类中有的属性为数值类型，比如"商品"实体类中的质量属性。我们如果把质量定义为 double 类型，那么其实隐含了一个"质量单位"的领域知识，使用这个实体类的开发人员就需要知道这个领域知识，而且我们还要通过文档等形式把这个领域知识记录下来，这又面临一个文档和代码修改同步的问题。在 DDD 中，我们要尽量减少文档中不必要的领域知识。如果我们定义一个包含 Value（数值）、Unit（质量单位）的 Weight 类型，然后把"商品"的质量属性设置为 Weight 类型，这样的代码中天然包含了数值和质量单位信息。在定义实体类的时候，很多数值类型的属性其实都是隐含了单位的，比如金额隐含了币种信息。理想情况下，这些数值类型的属性都应该定义为包含了计量单位信息的类型。这些包含数值和计量单位的类也一般被定义为不可变的值对象。

我们在编写实体类的时候，有一些属性的可选值范围是固定的，比如"员工"中用来定义职位级别的属性为 int 类型，可选范围为 1～3，它们分别表示"初级""中级""高级"。我们用 int 类型表示级别，因此我们同样需要在文档中说明不同数值的含义。如果我们用 C#中的枚举类型来表示这些固定可选值范围的属性，就可以让代码的可读性更强，也就更加符合 DDD 的思想。

EF Core 中提供了对于没有标识符的值对象进行映射的功能，那就是"从属实体类"（owned entities）类型，我们只要在主实体类中声明从属实体类型的属性，然后使用 Fluent API 中的 OwnsOne 等方法来配置。

在 EF Core 中，实体类的属性可以定义为枚举类型，枚举类型的属性在数据库中默认是以 int 类型来保存的。对于直接操作数据库的人员来讲，0、1、2 这样的值没有"CNY"（人民币）、"USD"（美元）、"NZD"（新西兰元）等这样的 string 类型的值可读性强。EF Core 中可以在 Fluent API 中用 HasConversion<string>把枚举类型的值配置成字符串。

我们通过"地区"实体类 Region 来举例。一个省、一个市等都可以表示为一个地区，Region

类含有 Name（名字）、Area（面积）、Level（级别）、Population（总人口）、Location（地理位置）等属性；Name 中既包含中文名字，也包含英文名字，因此我们把它们定义到 MultilingualString 值对象中；Area 定义为包含 Value（数值）、Unit（计量单位）两个属性的 Area 类型；Location 定义为包含 Longitude（经度）、Latitude（纬度）两个属性的 Geo 类型；Level 定义为包含 Province（省）、City（市）、County（县）、Town（镇）几个可选值的枚举类型 RegionLevel。Region 类如代码 9-17 所示。

代码 9-17　Region 类

```
1  record Region
2  {
3      public long Id { get; init; }
4      public MultilingualString Name { get; init; }
5      public Area Area { get; init; }
6      public RegionLevel Level { get; private set; }
7      public long? Population { get; private set; }
8      public Geo Location { get; init; }
9      private Region() { }
10     public Region(MultilingualString name,Area area,Geo location,
11         RegionLevel level)
12     {
13         this.Name = name;
14         this.Area = area;
15         this.Location = location;
16         this.Level = level;
17     }
18     public void ChangePopulation(long value)
19     {
20         this.Population = value;
21     }
22     public void ChangeLevel(RegionLevel value)
23     {
24         this.Level = value;
25     }
26 }
```

Region 类的 Name、Area、Location 都是不变的，因此我们把 Id、Name、Area、Location 属性设置为 init；Level 和 Population 是可变的，因此 Level 和 Population 属性设置为 private set。

MultilingualString、Geo、Area 等类以及 RegionLevel、AreaType 等枚举类型如代码 9-18 所示。

代码 9-18　其他类

```
1  record MultilingualString(string Chinese, string? English);
2  record Area(double Value, AreaType Unit);
```

```
3   enum AreaType {SquareKM, Hectare,CnMu };//平方公里、公顷、市亩
4   enum RegionLevel{Province,City,County,Town};
5   record Geo
6   {
7      public double Longitude { get; init; }
8      public double Latitude { get; init; }
9      public Geo(double longitude, double latitude)
10     {
11        if(longitude<-180||longitude>180)
12        {
13           throw new ArgumentException("longitude invalid");
14        }
15        if (latitude < -90 || latitude > 90)
16        {
17           throw new ArgumentException("longitude invalid");
18        }
19        this.Longitude = longitude;
20        this.Latitude = latitude;
21     }
22  }
```

MultilingualString、AreaType 都是以整体出现的，因此我们把它们通过 record 定义为不可变类型。从属实体类型并不要求必须为不可变类型，不过我们一般都把它们定义为不可变类型，这样能够提供更清晰的语义。

我们还需要通过 Fluent API 来对 Region 中的枚举类型以及从属实体类型进行配置，如代码 9-19 所示。

代码 9-19　Region 实体类的配置

```
1   class RegionConfig : IEntityTypeConfiguration<Region>
2   {
3      public void Configure(EntityTypeBuilder<Region> builder)
4      {
5         builder.OwnsOne(c => c.Area, nb => {
6            nb.Property(e=>e.Unit).HasMaxLength(20)
7            .IsUnicode(false).HasConversion<string>();
8         });
9         builder.OwnsOne(c=>c.Location);
10        builder.Property(c=>c.Level).HasMaxLength(20)
11           .IsUnicode(false).HasConversion<string>();
12        builder.OwnsOne(c=>c.Name, nb => {
13           nb.Property(e=>e.English).HasMaxLength(20).IsUnicode(false);
14           nb.Property(e=>e.Chinese).HasMaxLength(20).IsUnicode(true);
15        });
16     }
17  }
```

我们用 OwnsOne 对从属实体类型属性进行配置。默认情况下，EF Core 将会按照约定对从属实体类型属性进行配置，如第 9 行代码所示；如果我们需要对从属实体类型属性进行自定义配置，可以像第 5~8 行代码以及第 12~15 行代码那样在 OwnsOne 方法的第二个参数中进行配置。为了让枚举类型在数据库中映射为 string 类型而不是默认的 int 类型，我们在第 7 行代码和第 11 行代码分别对于实体类 Region 以及从属实体类型 Area 中的枚举类型属性用 HasConversion<string>方法进行配置。

接下来，我们编写上下文类并执行数据库迁移，数据库中就会生成如图 9-9 所示的数据库表。

从数据库表中我们可以看出，这些从属实体类型的属性在数据库中是保存在和实体类同样的表中的，列名以"实体类中的属性名_"开头，比如 Name 属性对应 Name_Chinese、Name_English 两列。

列名	数据类型	允许 null 值
Id	bigint	☐
Name_Chinese	nvarchar(20)	☐
Name_English	varchar(20)	☑
Area_Value	float	☐
Area_Unit	varchar(20)	☐
[Level]	varchar(20)	☐
Population	bigint	☑
Location_Longitude	float	☐
Location_Latitude	float	☐

图 9-9　数据库表

编写代码向数据库中插入数据，如代码 9-20 所示。

代码 9-20　插入数据

```
1  MultilingualString name1 = new MultilingualString("北京","BeiJing");
2  Area area1 = new Area(16410, AreaType.SquareKM);
3  Geo loc = new Geo(116.4074, 39.9042);
4  Region c1 = new Region(name1,area1, loc,RegionLevel.Province);
5  c1.ChangePopulation(21893100);
6  ctx.Cities.Add(c1);
7  ctx.SaveChanges();
```

上面的程序执行完成后，数据库表中的数据如图 9-10 所示。

Id	Name_Chinese	Name_English	Area_Value	Area_Unit	Level	Population	Location_Longitude	Location_Latitude
2	北京	BeiJing	16410	SquareKM	Province	21893100	116.4074	39.9042

图 9-10　数据库表中的数据

我们除了可以用从属实体类来保存值对象，也可以通过自定义 ValueConverter 把值对象以 JSON 字符串的形式保存到文本类型的列中。不过，这种方式对于 DBA（database administrator，数据库管理员）以及通过 SQL 语句来操作数据库并不友好，因此一般不这样用。

在 DDD 理论中，实体类的标识符也应该是强类型的，而不是 long、Guid 等看不出具体实体类型的标识符。比如书籍类的标识符应该是 BookId 类型的，用户类的标识符应该是 UserId 类型的，这样的标识符被称为"强类型标识符"（strongly-typed Id）。强类型标识符的语义更加清晰，代码的可读性、可维护性也更强，比如看到 Find(BookId id)这样的方法我们就知道它是根据书籍的 ID 来查询数据的，而看到 Find(long id)这样的方法我们就知道需要借助于注释、文档等才能了解 id 参数的意义。EF Core 中我们可以实现部分强类型标识符效果，但是 EF Core 还无法完美地支持强类型标识符，因此本书就不再讲解这个技术的实现，读者可以关注作者的社交媒体账号，等找到比较好的解决方案以后，作者再分享给读者。

9.3.5　案例：构建表达式树，简化值对象的比较

在目前版本的 EF Core 中，如果我们需要进行数据的筛选，值对象的属性不能直接进行相等比较。比如我们不能用这样的方式来获取城市：ctx.Cities.Where(c=>c.Name==new MultilingualString("北京","BeiJing"))。我们需要把值对象的各个属性逐个进行比较，也就是用如下的形式：ctx.Cities.Where(c=>c.Name.Chinese== "北京"&&c.Name.English="BeiJing")。如果值对象的属性比较多或者需要进行相等比较的代码比较多的话，这样的操作就会比较麻烦，而且这样不能清晰地反映值对象的语义，因为从语义上讲，值对象应该是可以直接进行相等比较的。

我们可以通过构建表达式树来生成一个进行相等比较的表达式，从而简化 EF Core 中值对象的比较。如代码 9-21 所示，我们用 ctx.Cities.Where(MakeEqual ((Region c)=>c.Name, new MultilingualString("北京","BeiJing")))这样的方式来实现数据查询。

代码 9-21　简化值对象的比较

```
1   public static Expression<Func<TItem, bool>> MakeEqual<TItem, TProp>
2   (Expression<Func<TItem, TProp>> propAccessor, TProp? other)
3     where TItem : class where TProp : class
4   {
5     var e1 = propAccessor.Parameters.Single();
6     BinaryExpression? conditionalExpr = null;
7     foreach (var prop in typeof(TProp).GetProperties())
8     {
9       BinaryExpression equalExpr;
10      object? otherValue = null;
11      if (other != null)
12        otherValue = prop.GetValue(other);
13      Type propType = prop.PropertyType;
14      var leftExpr = MakeMemberAccess(propAccessor.Body,prop);
15      Expression rightExpr = Convert(Constant(otherValue), propType);
16      if (propType.IsPrimitive)
17      {
18        equalExpr = Equal(leftExpr, rightExpr);
19      }
20      else
21      {
22        equalExpr = MakeBinary(ExpressionType.Equal,
23          leftExpr, rightExpr, false,
24          prop.PropertyType.GetMethod("op_Equality")
25        );
26      }
27      if (conditionalExpr == null)
28        conditionalExpr = equalExpr;
29      else
```

```
30              conditionalExpr = AndAlso(conditionalExpr, equalExpr);
31      }
32      return Lambda<Func<TItem, bool>>(conditionalExpr, e1);
33 }
```

MakeEqual 方法的第一个参数为待比较属性的表达式，第二个参数为待比较的值对象；第 5 行代码中，我们获取待比较属性的表达式所属对象的参数；第 7 行代码中，我们遍历值对象的每一个属性，并且在第 12 行代码中，通过反射获取待比较的值对象中对应属性的值；对于每个属性的比较操作来讲，我们在第 14 行代码中获取待比较属性的表达式，并且在第 15 行代码中获取对应属性值的常量表达式；在构建表达式树的时候，int、bool 等基本数据类型的相等比较直接使用 Equal 运算，而 string 等非基本数据类型的相等比较要调用相等运算符，因此在第 16～26 行代码中，我们根据属性的类型来构建不同的相等比较表达式；在表达式树中，多个连续的相等比较是由一系列的 AndAlso 操作所组成的二叉树，因此我们在第 28 行代码中构建二叉树的第一个节点，然后在第 30 行代码中构建其他节点。

有了这个 MakeEqual 方法，我们就可以非常简单地、按照领域模型的语义进行值对象的比较，而不需要关心值对象内部属性值的比较。

9.3.6　千万不要面向数据库建模

我们在进行程序开发的时候，容易走入的误区是"面向数据库建模"，也就是在设计实体类的时候，总是先考虑实体类在数据库中如何保存，这样设计出的实体类和数据库表具有直接的对应关系，实体类中属性的个数与类型和数据库表中的列几乎完全一致。这样设计出的类称不上"实体类"，只能被称为数据对象（data object）。这样的数据对象反映的是数据库的细节，数据库表和真正的领域模型存在差异，当开发人员使用这样的"伪实体类"进行开发的时候，无法真正地实现面向领域模型的开发。因此，作者不推荐开发人员采用 EF Core 的"反向工程"来根据已有的数据库表生成所谓"实体类"的方式进行开发。采用反向工程生成的实体类进行开发是"面向数据库开发"，而不是"模型驱动开发"。

数据库只是我们用来保存领域对象的一个介质而已。我们在进行开发的时候，应该在不考虑数据库实现的情况下进行领域模型建模，然后使用 Fluent API 等对实体类和数据库做配置。通俗来讲就是，在进行领域模型建模的时候，不考虑数据库，而是最后使用 Fluent API 来处理数据库实现的细节。比如，我们在代码 9-17 的 Region 类中设计建模的时候，为了保证领域模型的结构清晰，我们把 Location、Area 等设计为值对象，然后在代码 9-19 的 Region 实体类的配置中再考虑数据库中如何保存 Region 类。当然，受制于技术条件，有一些领域模型中的设计我们无法实现，这种情况下，我们可以稍微妥协，修改领域模型中的设计，以便这个设计能够实现，但是不应该在建模的时候就先考虑具体的实现。

9.3.7　聚合在 .NET 中的实现

上下文可以从数据库中查询出数据并且跟踪对象状态的改变，然后把对象状态的改变保存到数据库中，因此上下文就是一个天然的仓储的实现；上下文会跟踪多个对象状态的改变，然后在 SaveChanges 方法中把所有的改变一次性提交到数据库中，这是一个"要么全部成功，要么全部失败"的操作，因此上下文也是一个天然的工作单元的实现。

有一些开发人员会再编写仓储和工作单元的接口以封装上下文的操作，这样可以把 EF Core 的操作封装起来，不仅可以让代码不依赖于 EF Core，而且今后如果我们需要把 EF Core 替换为其他持久化机制，代码切换起来也会更容易。但是本书将直接用上下文作为仓储，而不是定义一个仓储的抽象层，微软也是这样建议的。因为 EF Core 是一个很好的仓储和工作单元的实现框架，很难找到另一款可以很好实现 DDD 的 ORM 框架，无论抽象层怎么定义，如果需要把 EF Core 替换为其他 ORM 框架，代码就不可能不做任何改变。我们直接用上下文做仓储，这样可以最大化地利用 EF Core 的特性，从而提供更高性能的仓储实现。

在 EF Core 中，我们可以不为每个实体类都声明对应的 DbSet 类型的属性，即使一个实体类没有声明对应的 DbSet 类型的属性，只要 EF Core 遇到实体类对象，EF Core 仍然会像对待其他实体类对象一样对其进行处理。由于除了聚合根实体类之外，聚合中其他实体类不应该被开发人员访问到，因此我们可以在上下文中只为聚合根实体类声明 DbSet 类型的属性。

还有一个问题需要讨论，如果一个微服务中有多个聚合根，那么我们是把每个聚合根实体类放到一个单独的上下文中，还是把所有实体类放到同一个上下文中？前者的优点是上下文的耦合度更低，聚合根之间的界限划分更清晰，缺点就是开发起来比较麻烦，而且实现跨聚合查询的时候也比较麻烦；后者的优点是开发难度低，跨聚合查询也简单，缺点就是聚合根在上下文里有一定程度的耦合，我们无法很容易地看到聚合的划分。作者倾向于选择后者，也就是把同一个微服务中的所有实体类都放到同一个上下文中，因为虽然聚合之间的关系不紧密，但是它们毕竟属于同一个微服务，它们之间的关系仍然比它们和其他微服务中的实体类关系更紧密，而且我们还会在应用服务中进行跨聚合的组合操作，如果参与应用服务的组合操作的聚合都属于同一个上下文，我们在进行联合查询的时候可以获得更好的性能，在进行跨聚合的数据修改的保存的时候，也能更容易地实现强一致性的事务。当然，如果经过良好的微服务拆分设计之后，一个微服务中的部分聚合和其他聚合的关系仍然不紧密，我们也可以把它们放到不同的上下文中。

如果选择了把一个微服务中所有聚合中的实体类都放到同一个上下文中，为了区分聚合根实体类和其他实体类，我们可以定义一个不包含任何成员的标识接口，比如 IAggregateRoot，然后要求所有的聚合根实体类都实现这个接口。

由于聚合之间是松耦合关系，它们只通过聚合根的 Id 进行关联，因此所有跨聚合的数据查询都应该是通过领域服务的协作来完成的，而不应该直接在数据库表之间进行 join 查询。当然，对于统计、汇总等报表类的应用，则不需要遵循聚合的规范，我们可以通过执行原生 SQL 语句进行跨表的查询。

9.3.8　用 MediatR 实现领域事件

领域事件可以切断领域模型之间的强依赖关系，事件发布完成后，由事件的处理者决定如何响应事件，这样我们可以实现事件发布和事件处理之间的解耦。在.NET 中实现领域事件的时候，我们可以使用 C#的事件语法，但是事件语法要求事件的处理者被显式地注册到事件的发布者对象中，耦合性很强，作者推荐使用 MediatR 实现领域事件。

MediatR 是一个在.NET 中实现进程内事件传递的开源库，它可以实现事件的发布和事件的处理之间的解耦。MediatR 中支持"一个发布者对应一个处理者"和"一个发布者对应多个处理者"两种模式，后者的应用更广泛，因此本小节将会讲解这种用法。

第 1 步，创建一个 ASP.NET Core 项目，然后通过 NuGet 安装 MediatR.Extensions.Microsoft. DependencyInjection。

第 2 步，在项目的 Program.cs 中调用 AddMediatR 方法把与 MediatR 相关的服务注册到依赖注入容器中，AddMediatR 方法的参数中一般指定事件处理者所在的若干个程序集。注册 MediatR 如代码 9-22 所示。

代码 9-22　注册 MediatR

```
builder.Services.AddMediatR(Assembly.Load("领域事件1"));
```

第 3 步，定义一个在事件的发布者和处理者之间进行数据传递的类 TestEvent，这个类需要实现 INotification 接口，如代码 9-23 所示。

代码 9-23　TestEvent

```
public record TestEvent(string UserName) : INotification;
```

TestEvent 中的 UserName 属性代表登录用户的用户名。事件一般都是从发布者传递到处理者的，很少有在事件的处理者处直接反向通知事件发布者的需求，因此实现 INotification 的 TestEvent 类的属性一般都是不可变的，我们用 record 语法来声明这个类。

第 4 步，事件的处理者要实现 NotificationHandler<TNotification>接口，其中的泛型参数 TNotification 代表此事件处理者要处理的消息类型。所有 TNotification 类型的事件都会被事件处理者处理。我们编写两个事件处理者，如代码 9-24 所示，它们分别把收到的事件输出到控制台和写入文件。

代码 9-24　事件处理者

```
1  public class TestEventHandler1 : INotificationHandler<TestEvent>
2  {
3      public Task Handle(TestEvent notification, CancellationToken cancellationToken)
4      {
5          Console.WriteLine($"我收到了{notification.UserName}");
6          return Task.CompletedTask;
7      }
8  }
9  public class TestEventHandler2 : INotificationHandler<TestEvent>
10 {
11     public async Task Handle(TestEvent notification, CancellationToken cancellationToken)
12     {
```

```
13        await File.WriteAllTextAsync("d:/1.txt", $"来了{notification.UserName}");
14    }
15 }
```

第 5 步，在需要发布事件的类中注入 IMediator 类型的服务，然后我们调用 Publish 方法来发布。注意不要错误地调用 Send 方法来发布事件，因为 Send 方法是用来发布一对一事件的，而 Publish 方法是用来发布一对多事件的。我们需要在控制器的登录方法中发布事件，这里我们省略了实际的登录代码，如代码 9-25 中的第 11 行代码所示。

代码 9-25　发布事件

```
1  public class TestController : ControllerBase
2  {
3      private readonly IMediator mediator;
4      public TestController(IMediator mediator)
5      {
6          this.mediator = mediator;
7      }
8      [HttpPost]
9      public async Task<IActionResult> Login(LoginRequest req)
10     {
11         await mediator.Publish(new TestEvent(req.UserName));
12         return Ok("ok");
13     }
14 }
```

运行上面的程序，然后调用登录接口，我们就可以看到控制台和文件中都有代码输出的信息，这说明两个事件处理者都被执行了，如图 9-11 所示。

如果我们使用 await 的方式来调用 Publish 方法，那么程序会等待所有的事件处理者的 Handle 方法执行完成后才继续向后执行，因此事件发布者和事件处理者的代码是运行在相同的调用堆栈中的，这样我们可以轻松地实现强一致性的事务。如果事件发布者不需要等待事

图 9-11　程序运行结果

件处理者的执行，那么我们可以不用 await 方法来调用 Publish 方法；即使我们需要使用 await 方法来调用 Publish 方法发布事件，如果某个事件处理者的代码执行太耗时，为了避免影响用户体验，我们也可以在事件处理者的 Handle 方法中异步执行事件的处理逻辑。如果我们选择不等待事件处理者，就要处理事务的最终一致性。

9.3.9　EF Core 中发布领域事件的合适时机

领域事件大部分发生在领域模型的业务逻辑方法上或者领域服务上，我们可以在一个领域事件发生的时候立即调用 IMediator 的 Publish 方法来发布领域事件。我们一般在聚合根的实体类对象的 ChangeName、构造方法等方法中发布领域事件，因为无论是应用服务还是领域服务，

最终都要调用聚合根中的方法来操作聚合，我们这样做可以确保领域事件不会被漏掉。但是在实体类的业务方法中立即进行领域事件的发布可能会有如下的问题。

- ❑ 可能存在重复发送领域事件的情况。比如，在"修改用户信息"这个应用服务操作中，我们分别调用实体类的 ChangeName、ChangeAge、ChangeEmail 方法修改用户的姓名、年龄和邮箱。因为每个 ChangeXXX 方法中都会发布"实体类被修改"的领域事件，所以领域事件的处理者就会被多次调用，这是没有必要的，其实只要发布一次"实体类被修改"的领域事件即可。

- ❑ 领域事件发布太早。为了确保新增加的实体类能够发布"新增实体类"的领域事件，我们需要在实体类的构造方法中发布领域事件，但是有可能因为数据验证没有通过等原因，我们最终没有把这个新增的实体类保存到数据库中，这样在构造方法中过早地发布领域事件就可能导致"误报"的问题。

参考微软开源的 eShopOnContainers 项目中的做法，作者把领域事件的发布延迟到上下文保存修改时。也就是实体类中只注册要发布的领域事件，然后在上下文的 SaveChanges 方法被调用时，我们再发布领域事件。领域事件是由聚合根进行管理的，因此我们定义了供聚合根进行事件注册的接口 IDomainEvents，如代码 9-26 所示。

代码 9-26　IDomainEvents

```
1  public interface IDomainEvents
2  {
3      IEnumerable<INotification> GetDomainEvents();//获取注册的领域事件
4      void AddDomainEvent(INotification eventItem);//注册领域事件
5      void AddDomainEventIfAbsent(INotification eventItem);//如果领域事件不存在，则注册事件
6      void ClearDomainEvents();                          //清除注册的领域事件
7  }
```

为了简化实体类的代码编写，我们编写实现了 IDomainEvents 接口的抽象实体类 BaseEntity，如代码 9-27 所示。

代码 9-27　BaseEntity

```
1   public abstract class BaseEntity : IDomainEvents
2   {
3       private List<INotification> DomainEvents = new();
4       public void AddDomainEvent(INotification eventItem)
5       {
6           DomainEvents.Add(eventItem);
7       }
8       public void AddDomainEventIfAbsent(INotification eventItem)
9       {
10          if (!DomainEvents.Contains(eventItem))
11              DomainEvents.Add(eventItem);
12      }
```

```
13      public void ClearDomainEvents()
14      {
15          DomainEvents.Clear();
16      }
17      public IEnumerable<INotification> GetDomainEvents()
18      {
19          return DomainEvents;
20      }
21 }
```

我们需要在上下文中保存数据的时候发布注册的领域事件。在 DDD 中，每个聚合都对应一个上下文，因此项目中的上下文类非常多。为了简化上下文代码的编写，我们编写 BaseDbContext 类，将在 SaveChanges 中发布领域事件的代码封装到这个类中，如代码 9-28 所示。

代码 9-28　BaseDbContext

```
1  public abstract class BaseDbContext : DbContext
2  {
3      private IMediator mediator;
4      public BaseDbContext(DbContextOptions options, IMediator mediator) : base(options)
5      {
6          this.mediator = mediator;
7      }
8      public override int SaveChanges(bool acceptAllChangesOnSuccess)
9      {
10         throw new NotImplementedException("Don't call SaveChanges");
11     }
12     public async override Task<int> SaveChangesAsync(bool acceptAllChangesOnSuccess,
13          CancellationToken cancellationToken = default)
14     {
15         var domainEntities = this.ChangeTracker.Entries<IDomainEvents>()
16                     .Where(x => x.Entity.GetDomainEvents().Any());
17         var domainEvents = domainEntities.SelectMany(x => x.Entity.GetDomainEvents())
18                     .ToList();
18         domainEntities.ToList().ForEach(entity => entity.Entity.ClearDomainEvents());
19         foreach (var domainEvent in domainEvents)
20         {
21             await mediator.Publish(domainEvent);
22         }
23         return await base.SaveChangesAsync(acceptAllChangesOnSuccess, cancellationToken);
24     }
25 }
```

因为我们需要发布注册的领域事件，所以我们通过构造方法注入 IMediator 服务；我们重写了父类的 SaveChangesAsync 方法，在调用父类的 SaveChangesAsync 方法保存修改之前，我们把所有实体类中注册的领域事件发布出去；第 15 行代码中获得的 ChangeTracker 是上下文中用来对实体类的变化进行追踪的对象，Entries<IDomainEvents> 获得的是所有实现了 IDomainEvents 接口的追踪实体类；我们在项目中强制要求不能使用同步的 SaveChanges 方法，因此第 10 行代码中对 SaveChanges 的调用抛出异常。

至此，我们完成了 EF Core 中简化领域事件发布的几个接口和抽象类的开发。接下来，我们编写用来测试的实体类和上下文。首先我们编写代表用户的实体类 User，其主干内容如代码 9-29 所示。

代码 9-29　User 实体类

```
1   public class User: BaseEntity
2   {
3       public Guid Id { get; init; }
4       public string UserName { get; init; }
5       public string Email { get; private set; }
6       public string? NickName { get; private set; }
7       public int? Age { get; private set; }
8       public bool IsDeleted { get; private set; }
9       private User(){}
10      public User(string userName,string email)
11      {
12          this.Id = Guid.NewGuid();
13          this.UserName = userName;
14          this.Email = email;
15          this.IsDeleted = false;
16          AddDomainEvent(new UserAddedEvent(this));
17      }
18      public void ChangeNickName(string? value)
19      {
20          this.NickName = value;
21          AddDomainEventIfAbsent(new UserUpdatedEvent(Id));
22      }
23      public void ChangeAge(int value)
24      {
25          this.Age = value;
26          AddDomainEventIfAbsent(new UserUpdatedEvent(Id));
27      }
28      public void SoftDelete()
29      {
30          this.IsDeleted = true;
31          AddDomainEvent(new UserSoftDeletedEvent(Id));
32      }
33  }
```

我们在第 16 行代码的有参构造方法中，发布了 UserAddedEvent 领域事件，这样当我们创建新的实体类并且保存修改的时候，这个领域事件就会被发布。但是如果 EF Core 从数据库中加载已有数据的时候，也执行第 16 行代码的有参构造方法，就会导致在加载数据的时候也发布 UserAddedEvent 领域事件，这就发生逻辑错误了，因此我们在第 9 行代码中提供了一个无参构造方法供 EF Core 从数据库中加载数据时使用。

因为我们可能连续调用 ChangeNickName 、ChangeAge 等方法，所以我们在第 21、26 行代码中通过 AddDomainEventIfAbsent 注册领域事件，从而避免消息的重复发布。

UserUpdatedEvent 等类是自定义的传递领域事件的类，如代码 9-30 所示。

代码 9-30　传递领域事件的类

```
1  public record UserAddedEvent(User Item):INotification;
2  public record UserUpdatedEvent(Guid Id):INotification;
3  public record UserSoftDeletedEvent(Guid Id):INotification;
```

接下来，我们编写事件处理类来对这些领域事件进行处理。首先我们编写响应 UserAddedEvent 领域事件，然后向用户发送注册邮件的 NewUserSendEmailHandler 类，如代码 9-31 所示。

代码 9-31　NewUserSendEmailHandler

```
1  public class NewUserSendEmailHandler : INotificationHandler<UserAddedEvent>
2  {
3     private readonly ILogger<NewUserSendEmailHandler> logger;
4     public NewUserSendEmailHandler(ILogger<NewUserSendEmailHandler> logger)
5     {
6        this.logger = logger;
7     }
8     public Task Handle(UserAddedEvent notification, CancellationToken cancellationToken)
9     {
10       var user = notification.Item;
11       logger.LogInformation($"向{user.Email}发送欢迎邮件");
12       return Task.CompletedTask;
13    }
14 }
```

为了减少篇幅，第 11 行代码用日志输出代替真正的日志发送。在实际项目中，由于邮件发送比较耗时，作者建议把邮件发送的代码放到后台线程执行，而不是异步等待邮件发送的结果。

下面我们再实现一个"当用户的个人信息被修改后，发邮件通知用户的事件处理者"的功能，如代码 9-32 所示。

代码 9-32　ModifyUserLogHandler

```
1  public class ModifyUserLogHandler : INotificationHandler<UserUpdatedEvent>
2  {
3     private readonly UserDbContext context;
4     private readonly ILogger<ModifyUserLogHandler> logger;
```

```
5     public ModifyUserLogHandler(UserDbContext context, ILogger<ModifyUserLogHandler> logger)
6     {
7         this.context = context;
8         this.logger = logger;
9     }
10    public async Task Handle(UserUpdatedEvent notification, CancellationToken
      cancellationToken)
11    {
12        var user = await context.Users.FindAsync(notification.Id);
13        logger.LogInformation($"通知用户{user.Email}的信息被修改");
14    }
15 }
```

因为 UserUpdatedEvent 中只包含被修改用户的标识符，所以我们在第 12 行代码中通过 FindAsync 获取被修改用户的详细信息。因为 FindAsync 会首先从上下文的缓存中获取对象，而修改操作之前被修改的对象已经存在于缓存中了，所以用 FindAsync 不仅能够获取还没有提交到数据库的对象，而且由于 FindAsync 操作不会再到数据库中查询，因此程序的性能更高。

由于我们这里只是演示领域事件的用法，其他处理类的代码也都是向日志中输出消息，代码比较简单，因此这里不再列出全部代码，请读者查看随书源代码。这里只列出更新用户的操作方法 Update，如代码 9-33 所示。

代码 9-33　Update 方法

```
1  public async Task<IActionResult> Update(Guid id,UpdateUserRequest req)
2  {
3      User? user = context.Users.Find(id);
4      user.ChangeAge(req.Age);
5      user.ChangeEmail(req.Email);
6      user.ChangeNickName(req.NickName);
7      await context.SaveChangesAsync();
8      return Ok();
9  }
```

最后，我们编写一个控制器类 UsersController 来执行用户新增、用户修改等操作，代码比较简单，请查看随书源代码。运行上面的程序，执行控制器中的新增用户、修改用户的操作后，可以看到日志输出结果如图 9-12 所示。

图 9-12　日志输出结果

可以看到，UserAddedEvent 和 UserUpdatedEvent 两个领域事件的事件处理者的代码都执行了。在 UsersController 中，我们调用了多个 ChangeXXX 方法，这些方法都通过 AddDomainEventIfAbsent 方法向聚合根中注册领域事件，只有一个领域事件注册成功了，因此在修改用户的时候，UserUpdatedEvent 事件只被发布了一次。

代码 9-33 所示的是一个典型的应用服务。我们在 ChangeAge 等领域方法中只修改数据，并不会立即把修改保存到数据库中，因为只有应用服务才是最终面对用户请求的地方，只有应用服务才知道什么时候把对数据的修改保存到数据库中。在第 7 行代码中，我们调用 context.SaveChangesAsync 标志工作单元的结束，由于我们在 SaveChangesAsync 方法中把发布领域事件的代码放到了调用父类上下文的 SaveChangesAsync 方法之前，而领域事件的处理者的代码也是同步运行的，因此领域事件的处理者的代码也会在把上下文中模型的修改保存到数据库之前执行，这样所有的代码都在同一个数据库事务中执行，就构成了一个强一致性的事务。

9.3.10　RabbitMQ 的基本使用

和领域事件不同，集成事件用于在微服务间进行事件的传递，因为这是服务器间的通信，所以必须借助于第三方服务器作为事件总线。我们一般使用消息中间件来作为事件总线，目前常用的消息中间件有 Redis、RabbitMQ、Kafka、ActiveMQ 等，本项目使用 RabbitMQ。

我们先来了解一下 RabbitMQ 中的几个基本概念。

（1）信道（channel）：信道是消息的生产者、消费者和服务器之间进行通信的虚拟连接。为什么叫"虚拟连接"呢？因为 TCP 连接的建立是非常消耗资源的，所以 RabbitMQ 在 TCP 连接的基础上构建了虚拟信道。我们尽量重复使用 TCP 连接，而信道是可以用完就关闭的。

（2）队列（queue）：队列是用来进行消息收发的地方，生产者把消息放到队列中，消费者从队列中获取消息。

（3）交换机（exchange）：交换机用于把消息路由到一个或者多个队列中。

RabbitMQ 有非常多的使用模式，读者可以查阅相关文档。这里介绍在集成事件中用到的模式，即 routing 模式，如图 9-13 所示。

在这种模式中，生产者把消息发布到交换机中，消息会携带 routingKey 属性，交换机会根据 routingKey 的值把消息发送到一个或者多个队列；消费者会从队列中获取消息；交换机和队列都位于 RabbitMQ 服务器内部。这种模式的优点在于，即使消费者不在线，消费者相关的消息也会被保存到队列中，当消费者上线之后，就可以获取离线期间

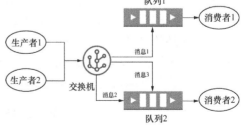

图 9-13　routing 模式

错过的消息。我们知道，在软件系统中，消息的生产者和消费者都不可能 24 小时在线，这种模式可以保证消费者收到因为服务器重启等原因而错过的消息。

RabbitMQ 服务的安装比较简单，这里主要讲解如何在.NET 中连接 RabbitMQ 进行消息收发。

首先，我们分别创建发送消息的项目和接收消息的控制台项目，这两个项目都需要安装

NuGet 包 RabbitMQ.Client。

接下来，我们如代码 9-34 所示进行消息发送。

代码 9-34　发送消息

```
1   var factory = new ConnectionFactory();
2   factory.HostName = "127.0.0.1";                          //RabbitMQ 服务器地址
3   factory.DispatchConsumersAsync = true;
4   string exchangeName = "exchange1";                       //交换机的名字
5   string eventName = "myEvent";                            //routingKey 的值
6   using var conn = factory.CreateConnection();
7   while(true)
8   {
9       string msg = DateTime.Now.TimeOfDay.ToString();     //待发送消息
10      using (var channel = conn.CreateModel())            //创建虚拟信道
11      {
12          var properties = channel.CreateBasicProperties();
13          properties.DeliveryMode = 2;
14          channel.ExchangeDeclare(exchange: exchangeName, type: "direct");//声明交换机
15          byte[] body = Encoding.UTF8.GetBytes(msg);
16          channel.BasicPublish(exchange: exchangeName,routingKey: eventName,
17              mandatory: true,basicProperties: properties,body: body);       //发布消息
18      }
19      Console.WriteLine("发布了消息:" + msg);
20      Thread.Sleep(1000);
21  }
```

第 6 行代码创建了一个客户端到 RabbitMQ 的 TCP 连接，这个 TCP 连接我们尽量重复使用；第 9 行代码把当前时间作为待发送的消息；第 10 行代码创建了虚拟信道，这个虚拟信道是可以用完就关闭的，需要注意的是，信道关闭之后，消息才会发出；第 14 行代码使用 ExchangeDeclare 方法声明了一个指定名字的交换机，如果指定名字的交换机已经存在，则不再重复创建，type 参数设置为 direct 表示这个交换机会根据消息 routingKey 的值进行相等性匹配，消息会发布到和它的 routingKey 绑定的队列中去；因为 RabbitMQ 中的消息都是按照 byte[] 类型进行传递的，所以我们在第 15 行中把 string 类型的消息转换为 byte[]类型；为了便于演示，这里使用一个无限循环来实现每隔 1s 发送一次消息。

最后，我们来编写消息的消费端项目的代码，如代码 9-35 所示。

代码 9-35　消息的消费端项目

```
1   var factory = new ConnectionFactory();
2   factory.HostName = "127.0.0.1";
3   factory.DispatchConsumersAsync = true;
4   string exchangeName = "exchange1";
5   string eventName = "myEvent";
6   using var conn = factory.CreateConnection();
```

```
7   using var channel = conn.CreateModel();
8   string queueName = "queue1";
9   channel.ExchangeDeclare(exchange: exchangeName,type: "direct");
10  channel.QueueDeclare(queue: queueName,durable: true,
11      exclusive: false,autoDelete: false,arguments: null);
12  channel.QueueBind(queue: queueName,
13      exchange: exchangeName,routingKey: eventName);
14  var consumer = new AsyncEventingBasicConsumer(channel);
15  consumer.Received += Consumer_Received;
16  channel.BasicConsume(queue: queueName, autoAck: false,consumer: consumer);
17  Console.ReadLine();
18  async Task Consumer_Received(object sender, BasicDeliverEventArgs args)
19  {
20      try
21      {
22          var bytes = args.Body.ToArray();
23          string msg = Encoding.UTF8.GetString(bytes);
24          Console.WriteLine(DateTime.Now + "收到了消息" + msg);
25          channel.BasicAck(args.DeliveryTag, multiple: false);
26          await Task.Delay(800);
27      }
28      catch (Exception ex)
29      {
30          channel.BasicReject(args.DeliveryTag, true);
31          Console.WriteLine("处理收到的消息出错"+ex);
32      }
33  }
```

在第 9 行代码中，我们声明了和消息发送端的名字一样的交换机，如果消息发送端已经声明了同名的交换机，这里的调用就会被忽略。但是第 9 行代码仍然是不可缺少的，因为有可能是消息的消费端先于消息的发送端启动。

第 10 行代码中，我们声明了一个队列用于接收交换机转发过来的消息，若已经存在指定名字的队列，则忽略调用 QueueDeclare 方法。因为消息被取走之后，这条消息就被从队列中移除了，所以队列的命名非常重要。如果我们有 A、B 两个程序都想读取同一条消息，那么它们声明的队列不能同名，也就是我们要创建两个队列；如果两个程序声明的队列同名，也就是它们共享同一个队列，那么一条消息就只能按照"先到先得"的原则被其中一个程序收到。

在第 12、13 行代码中，我们把队列绑定到交换机中，并且设定了 routingKey 参数。这样，当交换机收到 routingKey 的值和设定的值相同的消息的时候，就会把消息转发到我们指定的队列。一个交换机可以绑定多个队列，如果这些队列 routingKey 的值相同，那么当交换机收到一个同样 routingKey 值的消息的时候，它就会把这条消息同时转发给这些队列，也就是同样一条消息可以被多个消费者接收到。这在微服务环境中非常重要，因为一个微服务发出的集成事件可能有多个微服务都希望接收到，比如订单系统发布的"订单创建完成"事件就可能会被物流系统、支付系统、日志系统等多个微服务接收到。

第 14～17 行代码中，我们创建了一个 AsyncEventingBasicConsumer 对象用于从队列中接收消息，当一条消息被接收到的时候，Received 事件就会被触发，我们在 Consumer_Received 方法中处理收到的消息。

BasicConsume 调用不是用于阻塞执行的，我们测试的时候创建的是控制台程序，为了避免程序执行完 BasicConsume 方法就退出，我们在第 17 行代码中等待用户按 Enter 键之后再退出程序。

第 22～24 行代码中，我们把收到的消息转换为 string 类型，然后输出到控制台。为了能够显示消息的接收时间，我们把接收到消息的时间也输出。

RabbitMQ 中的消息支持"失败重发"，也就是消费者在接收到消息并处理的过程中，如果消息的处理过程出错导致消息没有被完整处理，队列会再次尝试把这条消息发送给消费者。消费者需要在消息处理成功后调用 BasicAck 通知队列"消息处理完成"，如果消息处理出错，则需要调用 BasicReject 通知队列"消息处理出错"。因此我们在第 25 行代码中调用了 BasicAck 进行消息的确认，并且把消息的处理过程用 try…catch 代码块包裹起来，当代码块中发生异常的时候，BasicReject 会被调用以便安排消息重发。由于同样一条消息可能会被重复投递，因此我们一定要确保消息处理的代码是幂等的。

AsyncEventingBasicConsumer 的 Received 是用于阻塞执行的，也就是当一条消息触发的 Received 的回调方法执行完成后，才会触发下一条消息的 Received 事件。为了演示 Received 事件阻塞执行的效果，我们在第 26 行代码中加入了一个延迟操作。

完成上面的代码之后，我们分别运行消息发送端和消费端的程序。从图 9-14 可以看到，两个程序能够得到预期的运行效果，即使消费端关闭，等消费端重新启动之后，也能收到离线的这段时间内错过的消息。

图 9-14　程序运行结果

9.3.11　案例：简化集成事件的框架

从 9.3.10 小节可以看出，RabbitMQ 的用法还是比较复杂的，而且我们的代码和 RabbitMQ 深度耦合，如果一个使用 RabbitMQ 实现领域事件的程序改为使用其他消息中间件的话，我们需要改动的代码也比较多。作者参考并改进了微软开源的 eShopOnContainers 中集成事件的实现，开发了简化领域事件编程的开发包 Zack.EventBus。下面先介绍这个包的使用，然后介绍它的实现原理。

第 1 步，我们创建两个 ASP.NET Core Web API 项目，它们分别是发布集成事件的项目和消费集成事件的项目，然后我们为这两个项目都安装 NuGet 包 Zack.EventBus。

第 2 步，我们在配置系统下创建一个名字为 EventBus 的节点，节点下包含 HostName、ExchangeName 两个属性，它们分别代表 RabbitMQ 服务器的地址和交换机的名字，如代码 9-36 所示。这个节点对应的配置类型是 IntegrationEventRabbitMQOptions。

代码 9-36　EventBus 节点

```
1  "EventBus": {
2    "HostName": "127.0.01",
3    "ExchangeName": "EventBusDemo1"
4  }
```

第 3 步，我们在两个项目的 Program.cs 文件中的 builder.Build 上面增加对 IntegrationEvent RabbitMQOptions 进行配置的代码，以及对 AddEventBus 的调用，然后还要在 builder.Build 下面调用 UseEventBus。代码 9-37 所示的是发布方项目的 Program.cs 的主要代码。

代码 9-37　发布方项目配置

```
1  var eventBusSec = builder.Configuration.GetSection("EventBus");
2  builder.Services.Configure<IntegrationEventRabbitMQOptions>(eventBusSec);
3  builder.Services.AddEventBus("EventBusDemo1_Q1",Assembly.GetExecutingAssembly());
4  var app = builder.Build();
5  app.UseEventBus();
```

代码 9-38 所示的是消费方项目的 Program.cs 的主要代码。

代码 9-38　消费方项目配置

```
1  var eventBusSec = builder.Configuration.GetSection("EventBus");
2  builder.Services.Configure<IntegrationEventRabbitMQOptions>(eventBusSec);
3  builder.Services.AddEventBus("EventBusDemo1_Q2",Assembly.GetExecutingAssembly());
4  var app = builder.Build();
5  app.UseEventBus();
```

可以看到，这两个项目的配置代码几乎一样，只有第 3 行代码中调用的 AddEventBus 方法的第一个参数 queueName 的值不一样，因为这个参数用来设定程序绑定的队列的名字，一般每个微服务项目的 queueName 参数值都不同，以便每个程序都能收到消息。对于同一个微服务的多个部署的集群实例，我们一般设置它们的 queueName 参数值相同，这样对于同一个消息，同一个微服务项目只有一个集群实例收到该消息，这符合大部分项目的需求。如果需要同一个微服务项目的每个集群实例都收到消息，则需要把每个集群实例的 queueName 参数值设置为不同的值，比如在原有的 queueName 后面再附加机器名、IP 地址等集群内的唯一标识信息。

AddEventBus 方法的第二个参数为含有监听集成事件的处理者代码的程序集，因为我们这里演示的项目中所有的代码都写到了 ASP.NET Core 项目中，所以这里通过 Assembly.GetExecutingAssembly 来获取当前运行的程序集。在实际的项目中，很多微服务都既是集成事件的发布者，又是其他微服务发布的集成事件的消费者，因此即使我们的项目中暂时没有监听集成事件的代码，也要调用 AddEventBus 方法。

第 4 步，我们在需要发布领域事件的类中注入 IEventBus 服务，然后调用 IEventBus 的 Publish 方法发布消息，如代码 9-39 所示。

代码 9-39 发布事件

```
1  eventBus.Publish("UserAdded",new {UserName="yzk",Age=18});
```

Publish 方法的第一个参数是事件的名字，第二个参数是和事件相关的数据。

第 5 步，我们创造一个实现了 IIntegrationEventHandler 接口的类，这个类用来处理收到的事件，如代码 9-40 所示。

代码 9-40 事件的处理者

```
1  [EventName("UserAdded")]
2  public class UserAddesEventHandler : IIntegrationEventHandler
3  {
4      private readonly ILogger<UserAddesEventHandler> logger;
5      public UserAddesEventHandler(ILogger<UserAddesEventHandler> logger)
6      {
7          this.logger = logger;
8      }
9      public Task Handle(string eventName, string eventData)
10     {
11         logger.LogInformation("新建了用户:" + eventData);
12         return Task.CompletedTask;
13     }
14 }
```

在第 1 行代码中，我们使用[EventName("UserAdded")]设定这个类监听的事件的名称，EventName 的参数值和发送消息时调用的 Publish 方法的第一个参数值一致。我们可以在一个类上添加多个[EventName]，以便让类监听多个事件。

当收到一个领域事件的时候，Handle 方法就会被调用。Handle 方法的第一个参数为事件的名字，这样当一个处理者监听多个事件的时候，我们可以通过这个参数知道这次调用的对应事件的名字。Handle 方法的第二个参数就是消息发布方在 Publish 方法的第二个参数中设置的数据。

编写完成上面的程序后，我们分别运行两个项目，触发消息发布的代码，然后就可以在另外一个项目中看到 UserAddesEventHandler 被调用执行了，如图 9-15 所示。

可以看到，这个框架能够让事件的发布和消费变得非常简单，而且业务代码不再依赖 RabbitMQ。

IIntegrationEventHandler 接口的 Handle 方法的第

图 9-15 程序运行结果

二个参数是 string 类型的，也就是事件的数据是以 JSON 格式的字符串被接收到的。

Zack.EventBus 中提供了自动把接收到的 JSON 字符串解析为强类型的 .NET 对象的 JsonIntegrationEventHandler<T>类，如代码 9-41 所示。

代码 9-41　消息解析为强类型对象

```
1  [EventName("UserAdded")]
2  public class UserAddesEventHandler3 : JsonIntegrationEventHandler<UserData>
3  {
4     private readonly ILogger<UserAddesEventHandler3> logger;
5     public UserAddesEventHandler3(ILogger<UserAddesEventHandler3> logger)
6     {
7        this.logger = logger;
8     }
9     public override Task HandleJson(string eventName, UserData eventData)
10    {
11       logger.LogInformation($"Json:{eventData.UserName}");
12       return Task.CompletedTask;
13    }
14 }
15 public record UserData(string UserName, int Age);
```

　　进行微服务开发的时候，为了降低耦合，我们一般不要在消息发布方和消息消费方的项目中引用同样的消息数据类的定义，因此我们需要在两个项目中分别声明消息数据类的定义。如果读者不想定义额外的消息数据类，也可以使用 DynamicIntegrationEventHandler 来把收到的 JSON 字符串解析为 dynamic 类型，如代码 9-42 所示。

代码 9-42　把 JSON 字符串解析为 dynamic 类型

```
1  [EventName("UserAdded")]
2  public class UserAddesEventHandler2 : DynamicIntegrationEventHandler
3  {
4     private readonly ILogger<UserAddesEventHandler2> logger;
5     public UserAddesEventHandler2(ILogger<UserAddesEventHandler2> logger)
6     {
7        this.logger = logger;
8     }
9     public override Task HandleDynamic(string eventName, dynamic eventData)
10    {
11       logger.LogInformation($"Dynamic:{eventData.UserName}");
12       return Task.CompletedTask;
13    }
14 }
```

　　运行上面的程序，再次发送事件后，可以看到事件的消费者项目中的日志输出内容如图 9-16 所示。

　　可以看到，项目中的 3 个监听 UserAdded 事件的事件处理类都被执行了，因为 Zack.EventBus

支持同一个微服务中有多个类监听同一个事件。

RabbitMQ 等消息中间件的消息发布和消费的过程是异步的，也就是消息发布者将消息放入消息中间件就返回了，并不会等待消息的消费过程。因此集成事件不仅能够减小微服务之间的耦合度，还能够起到削峰填谷的作用，避免一个微服务中的突发请求导致其他微服务雪崩的情况出现，而且消息

图 9-16　日志输出内容

中间件的失败重发机制可以提高消息处理的成功率，从而保证事务的最终一致性。

除了使用作者开发的 Zack.EventBus 外，还有很多类似的领域事件框架，比如开源项目 CAP，它提供的功能更丰富，而且支持除 RabbitMQ 之外的消息中间件，对此感兴趣的读者可以了解一下。

对于发生在进程内的领域事件，我们可以很容易地使用数据库事务等机制实现强一致性事务；集成事件由于跨越多个微服务，因此很难实现强一致性的事务，我们只能实现最终一致性的事务。最终一致性的事务实现并不像强一致性的事务实现那样简单，Zack.EventBus、CAP 等所谓最终一致性的框架也仅是提供了领域事件的处理、失败消息的重发等机制，并不是把我们的业务流程的代码放到框架里就能够保证事务的最终一致性。仍然需要开发人员对业务流程和程序的执行流程进行设计，必要时我们还需要人工处理来保证事务的最终一致性。总之，强一致性事务是可以通过纯技术手段达到的，而最终一致性事务则需要开发人员对流程进行精细的设计，甚至有时候需要引入人工补偿操作。

由此可见，微服务之间通过事件总线进行集成事件的传递带来了低耦合度、强健壮性、高可扩展性等优点，但也会增加开发的复杂度，因此是否采用集成事件，需要开发人员结合项目的情况进行综合考虑。

9.3.12　案例：Zack.EventBus 源代码讲解

本小节将会分析 Zack.EventBus 的主干源代码，完整内容请查看随书源代码中的 Zack.EventBus 项目。

RabbitMQConnection 类提供的是 RabbitMQ 连接的失败重连机制；SubscriptionsManager 类提供的是事件处理的注册和事件的分发机制，从而使得同样一个领域事件可以被微服务内多个事件处理者收到，SubscriptionsManager 使用 Dictionary 来记录注册的事件处理者，其中的 AddSubscription(string eventName, Type eventHandlerType)方法用来把 eventHandlerType 指定的事件处理类注册为 eventName 事件的处理类；ServicesCollectionExtensions 类中的 AddEventBus 方法用来把集成事件处理类注册到 SubscriptionsManager 中，它会扫描指定程序集中所有实现了 IIntegrationEventHandler 接口的类，然后读取类上标注的所有[EventName]，把指定监听的事件注册到 SubscriptionsManager 中；RabbitMQEventBus 类用来进行事件的注册和分发，这个类的代码和我们在 9.3.10 小节中讲解的 RabbitMQ 的使用非常类似，读者对照着进行学习即可。

9.3.13 整洁架构（洋葱架构）

我们讨论了充血模型、聚合、领域事件、集成事件等概念，需要一个软件架构把这些组件组合在一起，才能形成一个完整的微服务。分层架构是把各个组件按照"高内聚、低耦合"的原则组合在一起的非常有效的形式，各层代码的内部紧密地聚合在一起，而各层之间通过清晰的边界划分和低耦合的协作来共同完成应用程序的目标。

经典的软件分层架构是三层架构，应用程序分为用户界面层、业务逻辑层、数据访问层，如图 9-17 所示。

在三层架构中，对数据库进行访问的代码被放到数据访问层中，业务逻辑的代码被放到业务逻辑

图 9-17 三层架构

层中，而数据校验、界面交互、数据显示等代码被放到用户界面层中。各层只能调用下一层的代码，也就是业务逻辑层只能调用数据访问层的代码，而不能调用用户界面层的代码；用户界面层也只能调用业务逻辑层的代码，而不能直接调用数据访问层的代码。

三层架构能够带来高内聚、低耦合的效果，但是有以下的几个缺点。

❑ 三层架构仍然采用的是面向数据库的思维方式，尽管数据访问层屏蔽了数据库的实现细节，但是各层服务的实现仍然是站在数据库的角度进行的。

❑ 对于一些简单的、不包含业务逻辑的增、删、改、查类操作，仍然需要业务逻辑层进行转发，因此业务逻辑层中存在大量的对数据访问层的操作进行简单转发的代码。

❑ 各层之间都要进行 DTO（data transfer object，数据传输对象）的转换，增加了不必要的工作量，并且降低了性能。

❑ 因为依赖关系是单向的，所以下一层中的代码不能使用上一层中的逻辑。

2012 年，罗伯特·塞西尔·马丁（Robert Cecil Martin）[1]提出了整洁架构，如图 9-18 所示。

在整洁架构中，不同的同心圆代表软件的不同部分，内层的部分比外层的部分更加抽象，也就是内层表达抽象，外层表达实现。外层的代码只能调用内层的代码，内层的代码可以通过依赖注入的形式来间接调用外层的代码。整洁架构这样的同心圆结构非常类似洋葱，因此又被称为"洋葱架构"。整洁架构拥有如下的优点。

❑ 整洁架构的内层使用领域驱动的思想进行设计，因此架构的抽象程度更高。

❑ 外层的代码可以调用所有内层的代码，也就是可以跨层直接调用，不需要所有的调用都逐层进行，因此代码更灵活、更简洁。

图 9-18 整洁架构

---

[1] 罗伯特·塞西尔·马丁，设计模式和敏捷开发先驱，著有《代码整洁之道》《敏捷软件开发：原则、模式和实践》等书。

❑ 服务的接口定义在内层，服务的实现定义在外层，内层的代码可以通过依赖注入的服务接口的形式调用外层提供的服务，实现了抽象定义和具体实现的分离。

无论是传统的三层架构还是整洁架构，它们要解决的问题和思路都是类似的，具体实现的代码结构也有很多相似的地方，这就造成很多实践过三层架构的开发人员在应用整洁架构的时候，容易出现仍然在应用三层架构的传统思想的问题。因此，在应用整洁架构的时候，一定要用 DDD 的思维方式去思考，把抽象级别高的问题放到高优先级考虑，不要过早考虑具体的实现细节。

需要注意的是，整洁架构中的每一层并不一定直接对应代码中的一个项目，这些层之间是逻辑上的划分，在实际技术实现的时候，可能会出现一层的代码位于多个项目中、一个项目中包含多层的代码这样的情况。

在进行项目开发的时候，我们除了要用到数据库之外，还会用到一些外部服务，比如我们要发送短信就要调用短信发送服务，要保存文件就要调用存储服务。这些外部服务实现的变化会比较频繁，甚至我们会进行服务供应商的切换。为了屏蔽这些服务实现的变化，我们把这些服务定义为接口，在内层代码中只定义和使用接口，在外层代码中定义接口的实现。这样我们在需要修改服务的实现的时候，只要修改外层代码中接口的实现代码即可，内层的代码不需要改动。这种对变化较大的外部服务进行屏蔽的层称为防腐层。

9.4　DDD 案例实战：用户管理及登录

9.3 节中，我们介绍了整洁架构、聚合等概念，但是没有演示它们在代码中的具体实现，也没有演示它们与充血模型、领域事件等的综合应用。本节中，我们将会通过实现一个项目案例来演示这些 DDD 概念的综合性技术落地。

这个案例是一个包含用户管理、用户登录功能的微服务，系统的后台允许添加用户、解锁用户、修改用户密码等；系统的前台允许用户使用手机号加密码进行登录，也允许用户使用手机号加短信验证码进行登录；如果多次尝试登录失败，则账户会被锁定一段时间；为了便于审计，无论是登录成功的操作还是登录失败的操作，我们都要记录操作日志。为了简化问题，这个案例中没有对接口调用进行鉴权，也没有防暴力破解等安全设置。

9.4.1　实现整洁架构项目分层

这个案例分为 Users.Domain、Users.Infrastructure、Users.WebAPI 这 3 个项目，如图 9-19 所示。

Users.Domain 是领域层项目，主要包含实体类、值对象、领域事件数据类、领域服务、仓储接口、防腐层接口等；Users.Infrastructure 是基础设施项目，主要包含实体类的配置、上下文类的定义、仓储服务、防腐层接口的实现、基础工具类等；Users.WebAPI 是 ASP.NET Web API 项目，主要包含应用服务、Controller 类、领域事件处理者、数据校验、权限校验、工作单元、事务处理等代码。Users.Domain 项目对应的是整洁架构中的领域模型和领域服务，

Users.Infrastructure 项目对应的是整洁架构中的基础设施、数据库、外部服务，Users.WebAPI 项目对应的是整洁架构中的用户界面和应用服务。这里的项目拆分并不是必须遵守的规范，不同的项目有不同的拆分方法。

图 9-19　整洁架构的项目分层

　　领域模型不应该和具体的数据库耦合，因此 Users.Domain 项目中只定义了实体类、值对象，而上下文类、实体类的配置等和具体的数据库相关的代码被定义在 Users.Infrastructure 项目中。领域服务是和领域模型相关的，因此 UserDomainService 被定义在 Users.Domain 项目中。UserDomainService 需要调用仓储功能来获取数据、保存数据，因此体现仓储功能的接口 IUserDomainRepository 也被定义在 Users.Domain 项目中。由于仓储的具体实现是和具体数据库相关的，因此仓储接口 IUserDomainRepository 的实现类 UserDomainRepository 被定义在 Users.Infrastructure 项目中。

　　领域服务中需要发送短信验证码，因此防腐层接口 ISmsCodeSender 被定义在 Users.Domain 项目中，而 ISmsCodeSender 接口的实现类 MockSmsCodeSender 则被定义在 Users.Infrastructure 项目中。

　　对于 ASP.NET Core Web API 项目来讲，是否需要拆分出应用服务层和用户界面层，业界有不同的观点。有的人认为前端代码是用户界面，而 Web API 的控制器的代码就是应用服务；有的人认为控制器也是一种用户界面，因此需要再拆分出一个应用服务层，由控制器再调用应用服务层。作者赞同前者，因此本书的项目中都是直接用控制器作为应用服务层，只有特殊情况下作者才编写单独的应用服务层。

　　领域事件的响应是由应用服务层或者用户界面层来处理的，因此我们把领域事件的处理者代码放到 Users.WebAPI 项目中。

　　工作单元标志着一系列操作的开始和结束，在工作单元结束后会进行修改的提交，工作单元是应用服务层才有能力清晰定义的，因此我们把实现工作单元的 UnitOfWorkFilter 定义到 Users.WebAPI 项目中。

　　这 3 个项目的引用依赖关系如图 9-20 所示。

　　从图 9-20 中可以看出，Users.Domain 不依赖任何项目，Users.Infrastructure 依赖于

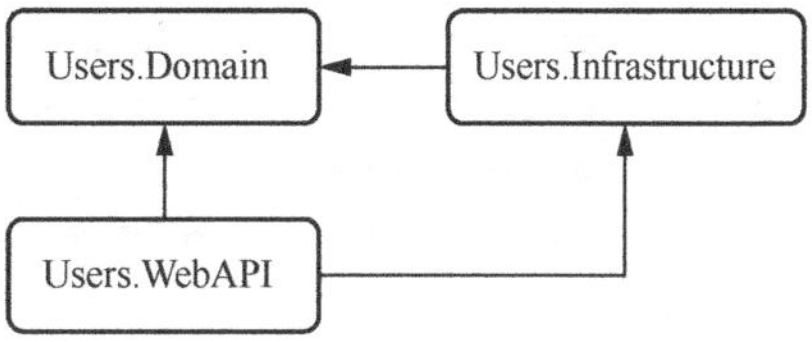

图 9-20　3 个项目的引用依赖关系

Users.Domain，而 Users.WebAPI 同时依赖于 Users.Domain 和 Users.Infrastructure。因此 Users.WebAPI 既可以调用 Users.Domain 中的领域服务，也可以直接调用 Users.Infrastructure 中上下文的代码，而 Users.Domain 则不可以直接访问 Users.Infrastructure，但是 Users.Domain 可以通过访问 IUserDomainRepository 来间接调用 Users.Infrastructure 中的服务。

9.4.2　领域模型的实现

本小节中，我们将实现实体类、值对象等基础的领域模型，并且识别和定义出聚合及聚合根，这是 DDD 的战术起点。这些代码都位于 Users.Domain 项目中。

作为一个用户管理系统，"用户"（User）是我们识别出的第一个实体类；"用户登录失败次数过多则锁定"这个需求并不属于"用户"这个实体类中一个常用的特征，我们应当把它拆分到一个单独的实体类中，因此我们识别出一个单独的"用户登录失败"（UserAccessFail）实体类；"用户登录记录"（UserLoginHistory）也应该识别为一个单独的实体类。User 和 UserAccessFail 的关系是非常紧密的，UserAccessFail 不会独立于 User 存在，而且我们只有访问到 User 的时候才会访问 UserAccessFail，因此该 User 和 UserAccessFail 设计为同一个聚合，并且把 User 设置为聚合根；由于我们有单独查询一段时间内的登录记录等独立于某个用户的需求，因此我们把 UserLoginHistory 设计为一个单独的聚合。

我们的系统中需要保存手机号，由于该系统可能被海外用户访问，而海外用户的手机号还需要包含"国家/地区码"，因此我们设计了用来表示手机号的值对象 PhoneNumber，如代码 9-43 所示，其中 RegionCode 属性为国家/地区码，而 Number 属性为手机号。

代码 9-43　PhoneNumber

```
public record PhoneNumber(int RegionCode,string Number);
```

为了区分聚合根实体类和普通实体类，我们定义了不包含任何成员的标识接口 IAggregateRoot，并且让所有的聚合根实体类实现这个接口。

"用户"实体类 User 如代码 9-44 所示。

代码 9-44　User 类

```
1    public record User : IAggregateRoot
2    {
3        public Guid Id { get; init; }
4        public PhoneNumber PhoneNumber { get; private set; }//手机号
5        private string? passwordHash;                        //密码的哈希值
6        public UserAccessFail AccessFail { get; private set; }
7        private User(){}                                     //供 EF Core 加载数据使用
8        public User(PhoneNumber phoneNumber)
9        {
10           Id = Guid.NewGuid();
11           PhoneNumber = phoneNumber;
12           this.AccessFail = new UserAccessFail(this);
```

```
13        }
14        public bool HasPassword()                                 //是否设置了密码
15        {
16            return !string.IsNullOrEmpty(passwordHash);
17        }
18        public void ChangePassword(string value)                  //修改密码
19        {
20            if (value.Length <= 3)
21                throw new ArgumentException("密码长度不能小于3");
22            passwordHash = HashHelper.ComputeMd5Hash(value);
23        }
24        public bool CheckPassword(string password)                //检查密码是否正确
25        {
26            return passwordHash == HashHelper.ComputeMd5Hash(password);
27        }
28        public void ChangePhoneNumber(PhoneNumber phoneNumber) //修改手机号
29        {
30            PhoneNumber = phoneNumber;
31        }
32 }
```

可以看到，作为聚合根，User 类实现了 IAggregateRoot 接口，而且它是一个充血模型。密码的哈希值不应该被外界访问到，因此 passwordHash 被定义为私有的成员变量。由于用户可以不设置密码，而使用手机号加短信验证码登录，因此 passwordHash 被定义为可空的 string 类型，并且提供了 HasPassword 方法用于判断用户是否设置了密码。ChangePassword、CheckPassword 两个方法分别用于修改密码和检查用户输入的密码是否正确，由于"密码采用哈希值保存"属于 User 类的内部实现细节，因此计算明文密码的哈希值的操作在 ChangePassword、CheckPassword 两个方法中完成。

接下来，我们编写 UserAccessFail 类，如代码 9-45 所示。

代码 9-45 UserAccessFail 类

```
1  public record UserAccessFail
2  {
3      public Guid Id { get; init; }
4      public Guid UserId { get; init; }                         //用户 ID
5      public User User { get; init; }                           //用户
6      private bool lockOut;                                     //是否锁定
7      public DateTime? LockoutEnd { get; private set; }         //锁定结束期
8      public int AccessFailedCount { get; private set; }        //登录失败次数
9      private UserAccessFail(){}
10     public UserAccessFail(User user)
11     {
12         Id = Guid.NewGuid();
13         User = user;
```

```
14        }
15        public void Reset()                          //重置登录失败信息
16        {
17            lockOut = false;
18            LockoutEnd = null;
19            AccessFailedCount = 0;
20        }
21        public bool IsLockOut()                       //是否已经锁定
22        {
23            if (lockOut)
24            {
25                if (LockoutEnd >= DateTime.Now)
26                {
27                    return true;
28                }
29                else                                  //锁定已经到期
30                {
31                    AccessFailedCount = 0;
32                    LockoutEnd = null;
33                    return false;
34                }
35            }
36            else
37            {
38                return false;
39            }
40        }
41        public void Fail()                            //处理一次"登录失败"
42        {
43            AccessFailedCount++;
44            if (AccessFailedCount >= 3)
45            {
46                lockOut = true;
47                LockoutEnd = DateTime.Now.AddMinutes(5);
48            }
49        }
50    }
```

UserAccessFail 类同样是充血模型,当用户登录失败一次时,我们就调用 Fail 方法来记录一次登录失败,如果发现登录失败超过 3 次,我们就锁定这个账户 5min;我们通过 IsLockOut 方法判断这个账户是否已经被锁定;一旦登录成功一次,我们就调用 Reset 方法来重置登录失败信息。由于实体类中进行的都是抽象操作,并不会直接进行数据库操作,因此我们编写的实体类中的 Fail、Reset 等方法都只是修改实体类的属性,并没有写入数据库的操作。

最后,我们编写记录用户登录信息的 UserLoginHistory 类,如代码 9-46 所示。

代码 9-46　UserLoginHistory 类

```
1  public record UserLoginHistory : IAggregateRoot
2  {
3      public long Id { get; init; }
4      public Guid? UserId { get; init; }              //用户 ID
5      public PhoneNumber PhoneNumber { get; init; }   //手机号
6      public DateTime CreatedDateTime { get; init; }  //时间
7      public string Messsage { get; init; }           //消息
8      private UserLoginHistory(){}
9      public UserLoginHistory(Guid? userId, PhoneNumber phoneNumber, string message)
10     {
11         this.UserId = userId;
12         this.PhoneNumber = phoneNumber;
13         this.CreatedDateTime = DateTime.Now;
14         this.Messsage = message;
15     }
16 }
```

如果用户输入了一个在系统中不存在的手机号，我们也要把它记录到日志中，因此 UserId 属性为可空的 Guid 类型。由于 UserLoginHistory 类是独立的聚合，而在 DDD 中，聚合之间只通过聚合根实体类的标识来引用，因此 UserLoginHistory 类中只定义 UserId 属性，而不定义 User 属性，这样我们就把聚合之间的耦合度降低了。从逻辑上来讲，UserLoginHistory 类的 UserId 属性是一个指向 User 实体类的外键，但是在物理上，我们并没有创建它们的外键关系，这不符合经典的数据库范式理论，但是这样做有利于分库分表、数据库迁移并且性能更好，因此这种不建物理外键的做法越来越常见。

9.4.3　领域服务的实现

领域服务需要使用仓储接口来通过持久层读写数据，因此我们需要在 Users.Domain 项目中编写仓储接口 IUserDomainRepository，如代码 9-47 所示。这些代码都位于 Users.Domain 项目中。

代码 9-47　IuserDomainRepository 接口

```
1  public interface IUserDomainRepository
2  {
3      Task<User?> FindOneAsync(PhoneNumber phoneNumber);
4      Task<User?> FindOneAsync(Guid userId);
5      Task AddNewLoginHistoryAsync(PhoneNumber phoneNumber, string msg);
6      Task PublishEventAsync(UserAccessResultEvent eventData);
7      Task SavePhoneCodeAsync(PhoneNumber phoneNumber, string code);
8      Task<string?> RetrievePhoneCodeAsync(PhoneNumber phoneNumber);
9  }
```

两个 FindOneAsync 方法分别用于根据手机号和用户 ID 查找用户；AddNewLoginHistoryAsync 方法用于记录一次登录操作；PublishEventAsync 方法用于发布领域事件；SavePhoneCodeAsync 方法用于保存短信验证码，而 RetrievePhoneCodeAsync 方法用于获取保存的短信验证码。

如代码 9-48 所示，ISmsCodeSender 是用于发送短信验证码的防腐层接口。

代码 9-48　ISmsCodeSender 接口

```
1   public interface ISmsCodeSender
2   {
3       Task SendCodeAsync(PhoneNumber phoneNumber,string code);
4   }
```

实体类中定义的方法只是和特定实体类相关的业务逻辑代码，而跨实体类、跨聚合的代码需要定义在领域服务或者应用服务中。因此我们编写领域服务 UserDomainService，如代码 9-49 所示。

代码 9-49　UserDomainService

```
1   public class UserDomainService
2   {
3       private readonly IUserDomainRepository repository;
4       private readonly ISmsCodeSender smsSender;
5       public UserDomainService(IUserDomainRepository repository, ISmsCodeSender smsSender)
6       {
7           this.repository = repository;
8           this.smsSender = smsSender;
9       }
10      public async Task<UserAccessResult> CheckLoginAsync(PhoneNumber phoneNum,
11          string password)
12      {
13          User? user = await repository.FindOneAsync(phoneNum);
14          UserAccessResult result;
15          if (user == null)                      //找不到用户
16              result = UserAccessResult.PhoneNumberNotFound;
17          else if (IsLockOut(user))              //用户被锁定
18              result = UserAccessResult.Lockout;
19          else if(user.HasPassword()==false)     //没设密码
20              result = UserAccessResult.NoPassword;
21          else if(user.CheckPassword(password))  //密码正确
22              result = UserAccessResult.OK;
23          else                                   //密码错误
24              result = UserAccessResult.PasswordError;
25          if(user!=null)
26          {
27              if (result == UserAccessResult.OK)
28                  this.ResetAccessFail(user);    //重置
29              else
30                  this.AccessFail(user);         //处理登录失败
31          }
32          UserAccessResultEvent eventItem = new(phoneNum, result);
```

```
33      await repository.PublishEventAsync(eventItem);
34      return result;
35  }
36  public async Task<UserAccessResult> SendCodeAsync(PhoneNumber phoneNum)
37  {
38      var user = await repository.FindOneAsync(phoneNum);
39      if (user == null){return UserAccessResult.PhoneNumberNotFound;}
40      if (IsLockOut(user)){return UserAccessResult.Lockout;}
41      string code = Random.Shared.Next(1000, 9999).ToString();
42      await repository.SavePhoneCodeAsync(phoneNum, code);
43      await smsSender.SendCodeAsync(phoneNum, code);
44      return UserAccessResult.OK;
45  }
46  public async Task<CheckCodeResult> CheckCodeAsync(PhoneNumber phoneNum,string code)
47  {
48      var user = await repository.FindOneAsync(phoneNum);
49      if (user == null){return CheckCodeResult.PhoneNumberNotFound;}
50      if (IsLockOut(user)){return CheckCodeResult.Lockout;}
51      string? codeInServer = await repository.RetrievePhoneCodeAsync(phoneNum);
52      if (string.IsNullOrEmpty(codeInServer)){return CheckCodeResult.CodeError;}
53      if (code == codeInServer){return CheckCodeResult.OK;}
54      else
55      {
56          AccessFail(user);
57          return CheckCodeResult.CodeError;
58      }
59  }
60  //其他方法的代码见随书源代码
61  }
```

因为在实现领域服务的时候，我们需要调用仓储服务和短信发送服务，所以我们通过构造方法注入 IUserDomainRepository 和 ISmsCodeSender，这样我们在 UserDomainService 中就可以调用这两个服务进行业务逻辑代码的编写了。我们在调用这两个服务的方法的时候，并不需要关心它们是由哪个类实现的，以及是如何实现的，这就是"依赖于接口，而非依赖于实现"的依赖反转带给系统架构的好处。

CheckLoginAsync 方法用于检查用户输入的手机号和密码是否正确，方法的返回值 UserAccessResult 是一个包含了 OK（成功）、PhoneNumberNotFound（手机号不存在）、Lockout（账户被锁定）、NoPassword（账号没有设置密码）、PasswordError（密码错误）等可选值的枚举类型。如果登录失败，则在第 30 行代码中进行登录失败的响应操作。无论登录成功还是失败，我们都需要记录登录日志，由于登录日志不属于 User 聚合负责，因此我们在第 33 行代码中，把登录的结果以领域事件的形式发布，由应用服务层代码来处理这个事件。

UserDomainService 类的 SendCodeAsync 方法用来发送短信验证码，CheckCodeAsync 方法用来检查短信验证码，因为逻辑比较简单，这里不再讲解。

由于 User 是聚合根，所有对 UserAccessFail 的操作都通过 User 进行，因此我们在 UserDomainService 中定义的 AccessFail 等方法都是通过 User 进行的。

User 等实体类中都是和实体类相关的代码，而 UserDomainService 领域服务中都是跨实体类操作的代码。

9.4.4　基础设施的实现

领域模型、领域服务中只定义了抽象的实体类、防腐层和仓储，我们需要在基础设施中对它们进行落地和实现。这些代码都位于 Users.Infrastructure 项目中。

实体类、值对象的定义是和持久机制无关的，它们需要通过 EF Core 的配置、上下文等建立和数据库的关系，User 的配置如代码 9-50 所示。

代码 9-50　UserConfig

```
1  class UserConfig : IEntityTypeConfiguration<User>
2  {
3      public void Configure(EntityTypeBuilder<User> builder)
4      {
5          builder.ToTable("T_Users");
6          builder.OwnsOne(x => x.PhoneNumber, nb => {
7              nb.Property(x => x.RegionCode).HasMaxLength(5).IsUnicode(false);
8              nb.Property(x => x.Number).HasMaxLength(20).IsUnicode(false);
9          });
10         builder.Property("passwordHash").HasMaxLength(100).IsUnicode(false);
11         builder.HasOne(x => x.AccessFail).WithOne(x => x.User)
12             .HasForeignKey<UserAccessFail>(x=>x.UserId);
13     }
14 }
```

在第 6～9 行代码中，我们对值对象 PhoneNumber 进行了配置；由于 passwordHash 是一个私有成员变量，因此我们通过第 10 行代码对它进行特殊的配置。UserAccessFail、UserLoginHistory 两个实体类的配置代码比较简单，这里不再赘述。

UserDbContext 定义在 Users.Infrastructure 项目中，并且只为 User、UserLoginHistory 两个聚合根实体类声明 DbSet 属性，而不为 User 聚合中的 UserAccessFail 实体类定义 DbSet 属性，这样就约束开发人员尽量通过聚合根来操作聚合内的实体类。

仓储接口 IUserDomainRepository 的实现类 UserDomainRepository 如代码 9-51 所示。

代码 9-51　UserDomainRepository 类

```
1  public class UserDomainRepository : IUserDomainRepository
2  {
3      private readonly UserDbContext dbCtx;
4      private readonly IDistributedCache distCache;
5      private readonly IMediator mediator;
```

```
6      public UserDomainRepository(UserDbContext dbCtx,
7          IDistributedCache distCache, IMediator mediator)
8      {
9          this.dbCtx = dbCtx;
10         this.distCache = distCache;
11         this.mediator = mediator;
12     }
13     public Task<User?> FindOneAsync(PhoneNumber phoneNumber)
14     {
15         return dbCtx.Users.Include(u => u.AccessFail)
16         .SingleOrDefaultAsync(MakeEqual((User u) => u.PhoneNumber, phoneNumber));
17     }
18     public Task<User?> FindOneAsync(Guid userId)
19     {
20         return dbCtx.Users.Include(u => u.AccessFail).SingleOrDefaultAsync(u =>
           u.Id == userId);
21     }
22     public async Task AddNewLoginHistoryAsync(PhoneNumber phoneNumber, string msg)
23     {
24         var user = await FindOneAsync(phoneNumber);
25         UserLoginHistory history = new UserLoginHistory(user?.Id,phoneNumber, msg);
26         dbCtx.LoginHistories.Add(history);//没有 SaveChangesAsync
27     }
28     public Task<string?> RetrievePhoneCodeAsync(PhoneNumber phoneNumber)
29     {
30         string fullNumber = phoneNumber.RegionCode + phoneNumber.Number;
31         string cacheKey = $"LoginByPhoneAndCode_Code_{fullNumber}";
32         string? code = distCache.GetString(cacheKey);
33         distCache.Remove(cacheKey);
34         return Task.FromResult(code);
35     }
36     public Task PublishEventAsync(UserAccessResultEvent eventData)
37     {
38         return mediator.Publish(eventData);
39     }
40     public Task SavePhoneCodeAsync(PhoneNumber phoneNumber, string code)
41     {
42         string fullNumber = phoneNumber.RegionCode + phoneNumber.Number;
43         var options = new DistributedCacheEntryOptions();
44         options.AbsoluteExpirationRelativeToNow = TimeSpan.FromSeconds(60);
45         distCache.SetString($"LoginByPhoneAndCode_Code_{fullNumber}", code, options);
46         return Task.CompletedTask;
47     }
48 }
```

因为 PhoneNumber 是值对象，所以我们在第 16 行代码中用代码 9-21 中封装的 MakeEqual

方法进行手机号的相等性比较。

在第 26 行代码中，我们把创建的 UserLoginHistory 对象添加到上下文中以后，并没有立即把数据保存到数据库中，因为到底什么时候保存工作单元中的修改是由应用服务层来决定的，仓储和领域层中都不能执行 SaveChangesAsync 操作。

在第 45 行代码中，我们把短信验证码保存在分布式缓存中，当然我们也可以把短信验证码保存到数据库、Redis 等地方。验证码保存到什么地方是由 UserDomainRepository 类来决定的，IUserDomainRepository 服务的使用者并不需要知道这些细节。这就是整洁架构的内层定义和使用接口，以及外层实现接口所带来的好处。

我们编写的短信发送服务 ISmsCodeSender 的实现类 MockSmsCodeSender 是一个把信息输出到日志的 Mock 类，读者可以调用自己编写的短信发送接口。

9.4.5 工作单元的实现

工作单元由应用服务层来确定，其他层不应该调用 SaveChangesAsync 方法保存对数据的修改。我们把 Web API 的控制器当成应用服务，而且对于大部分应用场景来讲，一次对控制器中方法的调用就对应一个工作单元，因此我们可以开发一个在控制器的方法调用结束后自动调用 SaveChangesAsync 的机制。这样就能大大简化应用服务层代码的编写，从而避免对 SaveChangesAsync 方法的重复调用。当然，对于特殊的应用服务层代码，我们可能仍然需要手动决定调用 SaveChangesAsync 方法的时机。

我们定义一个 Attribute，将其添加到需要启动自动提交工作单元的操作方法上，如代码 9-52 所示。

代码 9-52　UnitOfWorkAttribute

```
1  [AttributeUsage(AttributeTargets.Class|AttributeTargets.Method,
2     AllowMultiple = false, Inherited = true)]
3  public class UnitOfWorkAttribute:Attribute
4  {
5      public Type[] DbContextTypes { get; init; }
6      public UnitOfWorkAttribute(params Type[] dbContextTypes)
7      {
8          this.DbContextTypes = dbContextTypes;
9      }
10 }
```

如果一个控制器上标注了 UnitOfWorkAttribute，那么这个控制器中所有的方法都会在执行结束后自动提交工作单元，我们也可以把 UnitOfWorkAttribute 添加到控制器的方法上。因为一个微服务中可能有多个上下文，所以我们通过 DbContextTypes 来指定工作单元结束后程序自动调用哪些上下文的 SaveChangesAsync 方法，DbContextTypes 属性用来指定上下文的类型。

接下来，我们实现一个全局的 ActionFilter，来实现在控制器的操作方法执行结束后自动提交工作单元的功能，如代码 9-53 所示。

代码 9-53 UnitOfWorkFilter

```
1   public class UnitOfWorkFilter: IAsyncActionFilter
2   {
3       private static UnitOfWorkAttribute? GetUoWAttr(ActionDescriptor actionDesc)
4       {
5           var caDesc = actionDesc as ControllerActionDescriptor;
6           if(caDesc==null)
7               return null;
8           var uowAttr = caDesc.ControllerTypeInfo.GetCustomAttribute<UnitOfWorkAttribute>();
9           if(uowAttr != null)
10              return uowAttr;
11          else
12              return caDesc.MethodInfo.GetCustomAttribute<UnitOfWorkAttribute>();
13      }
14      public async Task OnActionExecutionAsync(ActionExecutingContext context,
15          ActionExecutionDelegate next)
16      {
17          var uowAttr = GetUoWAttr(context.ActionDescriptor);
18          if (uowAttr == null)
19          {
20              await next();
21              return;
22          }
23          List<DbContext> dbCtxs = new List<DbContext>();
24          foreach (var dbCtxType in uowAttr.DbContextTypes)
25          {
26              var sp = context.HttpContext.RequestServices;
27              DbContext dbCtx = (DbContext)sp.GetRequiredService(dbCtxType);
28              dbCtxs.Add(dbCtx);
29          }
30          var result = await next();
31          if (result.Exception == null)
32          {
33              foreach (var dbCtx in dbCtxs)
34              {
35                  await dbCtx.SaveChangesAsync();
36              }
37          }
38      }
39  }
```

GetUoWAttr 方法尝试先读取控制器上标注的[UnitOfWork]，如果找不到的话，再尝试读取操作方法上标注的[UnitOfWork]。因为 UnitOfWorkAttribute 的 DbContextTypes 属性指定了需要进行事务提交的所有上下文的类型，所以我们在第 23~29 行代码中通过依赖注入获取所有上下文的对象。如果操作方法执行成功，我们在第 33~36 行代码中依次调用每个上下文的 SaveChangesAsync 方法。

最后，我们只要把 UnitOfWorkFilter 注册为 ASP.NET Core 的全局筛选器，所有添加了 [UnitOfWork]的控制器或者操作方法就都能自动进行工作单元的提交了。除非我们需要进行个性化的工作单元的控制，否则我们不需要手动调用 SaveChangesAsync 方法。

9.4.6 应用服务层的实现

在本书的设计中，ASP.NET Core Web API 中的控制器就是应用服务层，因此我们在 ASP.NET Core 的项目 Users.WebAPI 中编写的代码就是应用服务层代码。

在 Users.WebAPI 的 Program.cs 中，除了要进行上下文、UnitOfWorkFilter 全局筛选器的注册、分布式缓存配置、MediatR 配置等之外，我们还需要注册各层所需要的服务，如代码 9-54 所示。

代码 9-54 服务的注册

```
1  builder.Services.AddScoped<UserDomainService>();
2  builder.Services.AddScoped<ISmsCodeSender,MockSmsCodeSender>();
3  builder.Services.AddScoped<IUserDomainRepository, UserDomainRepository>();
```

在上面的代码中，我们不仅把应用服务 UserDomainService 注册到依赖注入容器中，还把短信的防腐层接口 ISmsCodeSender、仓储服务和它们的实现类注册到依赖注入容器中，这样领域服务中才可以使用这些服务。

接下来，我们编写代码来响应代码 9-49 的第 32 行中发布的 UserAccessResultEvent 事件，然后向数据库中插入登录记录，如代码 9-55 所示。

代码 9-55 领域事件处理器

```
1  public class UserAccessResultEventHandler:INotificationHandler<UserAccessResultEvent>
2  {
3      private readonly IUserDomainRepository repository;
4      public UserAccessResultEventHandler(IUserDomainRepository repository)
5      {
6          this.repository = repository;
7      }
8      public Task Handle(UserAccessResultEvent notification, CancellationToken
         cancellationToken)
9      {
10         var result = notification.Result;
11         var phoneNum = notification.PhoneNumber;
12         string msg;
13         switch(result)
14         {
15             case Domain.UserAccessResult.OK:
16                 msg = $"{phoneNum}登录成功";
17                 break;
18             case Domain.UserAccessResult.PhoneNumberNotFound:
19                 msg = $"{phoneNum}登录失败，因为用户不存在";
```

```
20              break;
21          case Domain.UserAccessResult.PasswordError:
22              msg = $"{phoneNum}登录失败，密码错误";
23              break;
24          case Domain.UserAccessResult.NoPassword:
25              msg = $"{phoneNum}登录失败，没有设置密码";
26              break;
27          case Domain.UserAccessResult.Lockout:
28              msg = $"{phoneNum}登录失败，被锁定";
29              break;
30          default:
31              throw new NotImplementedException();
32      }
33      return repository.AddNewLoginHistoryAsync(phoneNum,msg);
34  }
35 }
```

由于领域事件的处理器是运行在工作单元中的，因此我们只要在第 33 行代码中把对象加入 repository 即可，不需要手动调用 SaveChangesAsync。

接下来，我们实现登录的控制器，先在控制器上添加[UnitOfWork(typeof (UserDbContext))]，这样控制器中的所有操作方法都会自动进行工作单元的提交，然后为控制器注入 UserDomainService 服务，再编写根据手机号和密码进行登录的操作方法，如代码 9-56 所示。

代码 9-56　手机号+密码登录

```
1  public async Task<IActionResult> LoginByPhoneAndPwd(LoginByPhoneAndPwdRequest req)
2  {
3    if(req.Password.Length<3)
4       return BadRequest("密码的长度不能小于 3");
5    var phoneNum = req.PhoneNumber;
6    var result = await domainService.CheckLoginAsync(phoneNum, req.Password);
7    switch(result)
8    {
9      case UserAccessResult.OK:
10         return Ok("登录成功");
11     case UserAccessResult.PhoneNumberNotFound:
12         return BadRequest("手机号或者密码错误");
13     case UserAccessResult.Lockout:
14         return BadRequest("用户被锁定，请稍后再试");
15     case UserAccessResult.NoPassword:
16     case UserAccessResult.PasswordError:
17         return BadRequest("手机号或者密码错误");
18     default:
19         throw new NotImplementedException();
20   }
21 }
```

可以看到，应用服务层主要进行的是数据的校验、请求数据的获取、领域服务返回值的显示等处理，并没有复杂的业务逻辑，因为主要的业务逻辑都被封装在领域层。应用服务层是非常"薄"的一层，应用服务层主要进行安全认证、权限校验、数据校验、事务控制、工作单元控制、领域服务的调用等。从理论上来讲，应用服务层中不应该有业务规则或者业务逻辑。不要将应该放在领域层的业务逻辑放到应用服务层中实现，因为庞大的应用服务层会使得领域模型的作用变小，软件会逐渐退化为传统的三层架构。

接下来，我们还可以实现发送短信验证码和通过短信验证码登录的功能，它们的实现和 LoginByPhoneAndPwd 的类似，这里不再重复，读者可以查看随书源代码。

接下来，我们实现对用户进行增、删、改、查的管理接口。因为代码中要用到 UserDbContext、UserDomainService 和 IUserDomainRepository，所以我们通过构造方法注入这些服务，然后编写新增用户的操作方法，如代码 9-57 所示。

代码 9-57　新增数据

```
1  public async Task<IActionResult> AddNew(PhoneNumber req)
2  {
3      if ((await repository.FindOneAsync(req))!=null)
4          return BadRequest("手机号已经存在");
5      User user = new User(req);
6      dbCtx.Users.Add(user);
7      return Ok("成功");
8  }
```

因为我们需要检查指定的手机号是否已经存在，而 IUserDomainRepository 中定义了根据手机号获取用户的方法 FindOneAsync，所以我们在第 3 行代码中调用这个方法检查手机号是否已经存在。因为把新增的用户对象加入上下文的代码并不常见，只有在新增用户的时候用到，所以无论是在 IUserDomainRepository 中还是在 UserDomainService 中，都没有封装对应的方法，我们可以直接在应用服务层把新建的 User 对象加入上下文，这种灵活的跨层调用也是整洁架构相对于三层架构的优点。严格来讲，AddNew 方法的代码存在着业务逻辑，这并不是一个很好的应用服务层代码，我们应该把它们挪到领域层中。但是对于增、删、改、查等简单的业务场景，我们没必要拘泥于 DDD 的原则，毕竟架构是为了减轻我们的工作，而不是给我们的工作添麻烦的。

9.5　本章小结

本章首先介绍了 DDD 中的基本概念，比如领域模型、实体类、值对象、聚合、领域服务、应用服务、领域事件、集成事件等，这些概念比较抽象，因此本章通过实际的代码展示了这些概念在.NET 中的落地方式；最后，本章通过一个实际案例对 DDD 的各个概念进行了综合应用。DDD 只是一个指导原则，它并没有一个强制的技术落地方式，因此不同的人对于 DDD 的理解和落地方式不同，读者可以在理解了本章讲解的内容之后，根据自己的理解来实现满足自己要求的 DDD 落地方案。

第10章　项目案例：英语学习网站

本章将会基于前面章节讲解的知识来开发一个真实的项目。在项目的开发过程中，作者将会使用 DDD 的理念进行系统的设计，为项目进一步演化成微服务架构做准备。项目的实现将采用前后端分离的开发方式。因为本书主要讲解后端开发，所以本章不会讲解前端代码。

这个项目的有效代码有 3 万多行，受篇幅所限，作者不能把每行代码都放到书里进行讲解。本章只讲解读者可能理解起来有难度的关键性代码。可以通过本书配套资源获得全部代码。

10.1　需求说明及项目演示

基于本书讲解的知识，作者开发了一个英语学习网站，读者可以在这个网站上练习英语听力、查看听力原文；网站管理员也可以在后台对听力音频及听力原文等进行管理。项目采用微服务的思想进行服务的拆分，不同的模块被放到不同的服务中。由于整个微服务的技术体系是非常复杂的，本书不讲解微服务，而只使用 Nginx 实现简单的 API 网关。读者如果想深入研究微服务的相关技术，可以关注微软发布的第三代微服务框架 Dapr。

10.1.1　网站需求说明

因为网站的用户有不同的英语水平，所以听力音频分为两层级别，第一层级别叫作"类别"（category），比如高考、雅思考试、四六级考试等不同的考试就是不同的类别；第二层级别叫作"专辑"（album），比如"高考"类别下有全国高考真题听力、北京高考模拟题听力等不同的专辑；专辑下有若干音频（episode），比如全国高考真题听力这个专辑下有 2019 年高考真题听力、2020 年高考真题听力等音频。

每个音频除了有听力音频文件之外，还有与之对应的听力原文。听力原文中包含每一句话对应音频的起止时间，因此我们可以使用听力原文实现类似于音乐歌词的每句话都显示对应原文的效果。

听力练习的页面不需要用户登录。管理员可以在后台对类别、专辑、音频等进行管理，也可以对网站的管理员进行管理。管理员在上传音频的时候，可以上传音频文件和听力原文。MP3 等音频格式在某些浏览器中无法实现精确的播放进度控制，也就是播放器报告"目前音频播放到了第 10s"，但是其实音频已经播放到了第 12s，因此如果使用 MP3 等格式的音频就可能存在听力原文显示错乱的问题，而使用 M4A 格式的音频则没有这个问题。如果管理员上传的音频文件不是 M4A 格式的，我们就需要把音频文件自动转换为 M4A 格式。

为了降低 Web 服务器的压力并且提高音频文件的加载速度，音频文件需被上传到单独的文件服务器中。因为这些文件服务器都是由第三方的云存储服务提供商提供的，为了隔离不同提供商的实现差异并且方便系统切换使用不同的云存储服务提供商，我们要开发单独的存储微服务来处理文件的上传问题。为了保证数据的安全，我们还会把上传的文件再保存到一台备份文件服务器上。

网站也提供搜索功能，允许用户进行听力原文的搜索。

10.1.2　网站结构说明

整个系统采用前后端分离的开发模式，前端包含管理模块和听力模块两个项目，而后端划分为如下几个服务。

（1）文件服务（FileService）：处理用户上传的文件，并且把文件再上传到云存储服务器及备份文件服务器。

（2）认证服务（IdentityService）：处理管理员的增、删、改、查、登录等。

（3）听力网站后台服务（Listening.Admin）：处理类别、专辑、音频的管理。

（4）听力网站前台服务（Listening.Main）：提供类别、专辑、音频的查看接口。

（5）转码服务（MediaEncoder）：提供音频的转码服务。

（6）搜索服务（SearchService）：提供听力原文内容的索引和搜索服务。

图 10-1 所示的是项目的整体结构。

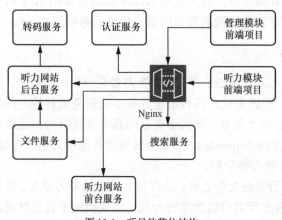

图 10-1　项目的整体结构

不同的服务运行在不同的服务器或者不同的端口上，为了便于统一前端对后端接口的调用，这里用 Nginx 反向代理所有的后端服务。

10.1.3 项目结构说明

我们来看一下解决方案的文件结构，如图 10-2 所示。

为了便于管理，我们把不同服务的项目放到不同的解决方案文件夹下，解决方案文件夹 Commons 下的项目是一些公用的类库。各服务的解决方案文件夹下都包含 Domain、Infrastructure、WebAPI 这 3 个项目，它们分别对应领域层、基础设施层、应用服务层。听力网站前台和听力网站后台共享相同的领域层和基础设施层，因此在解决方案文件夹 Listening 下有 4 个项目。

因为所有的项目都用到了领域事件、集成事件、中心配置服务器、JWT、工作单元、CORS、FluentValidation 等，所以作者开发了 CommonInitializer 项目来复用这些组件的初始化代码。

有一点需要特别注意，如果我们创建的是 ASP.NET Core 项目，在项目中我们可以使用 WebApplicationBuilder、IApplicationBuilder、IWebHostEnvironment 等类型，但是在类库项目中我们则不能直接使用这些类型。这些类型都定义在 Microsoft.AspNetCore.Hosting. Abstractions、Microsoft.AspNetCore 等程序集中，但是 NuGet 中这些程序集的版本非常低，而且已经多年没有更新，如图 10-3 所示。

图 10-2 解决方案的文件结构

图 10-3 NuGet 中的程序集

自从.NET Core 3.0 开始，ASP.NET Core 的包不再单独发布到 NuGet 中，而是直接内建在.NET Core SDK 中。因此如果我们想要在非 ASP.NET Core 项目中引用这些 ASP.NET Core 的类型，请在 csproj 中添加<FrameworkReference Include="Microsoft.AspNetCore.App" />，请参考随书源代码中 CommonInitializer、FileService.Infrastructure 等项目的 csproj 文件。

解决方案文件夹 Commons 下其他的项目中的代码大部分都在本书的前面章节中讲到过，这里不再赘述，读者可以参照之前的章节来复习这些代码。为了方便读者查阅之前的章节，作者制作了表 10-1 所示的速查表，方便读者快速定位到相应的章节。

表 10-1　　　　　　　　　　　　　速查表

项目	类	说明	章节编号
Zack.ASPNETCore	DistributedCacheHelper	分布式缓存帮助类	7.4.10
	MemoryCacheHelper	内存缓存帮助类	7.4.8
	UnitOfWorkFilter	工作单元筛选器	9.4.5
Zack.Commons	Validators 文件夹	FluentValidation 的扩展类	8.3
	ModuleInitializerExtensions	把服务注册代码放到各自的项目中	7.1.3
Zack.DomainCommons	IAggregateRoot	聚合根标识接口	9.3.7
	BaseEntity AggregateRootEntity	领域事件的发布	9.3.9
	MultilingualString	多语言值对象	9.3.4
Zack.EventBus		集成事件总线	9.3.11
Zack.Infrastructure	BaseDbContext	领域事件的发布	9.3.9
	EFCoreInitializerHelper	上下文的自动化注册	7.3.3
	ExpressionHelper	简化值对象的相等性比较	9.3.5
	MediatorExtensions	领域事件的注册	9.3.9
Zack.JWT		使用 JWT 实现登录令牌	8.1.5

10.1.4　项目运行环境搭建

我们来看如何运行这个项目。这个项目使用 Microsoft SQL Server 作为数据库服务器、用 Nginx 作为网关、用 Redis 实现分布式缓存、用 RabbitMQ 实现领域事件、用 Elasticsearch 作为搜索引擎服务器，在运行项目的代码之前，请确保这些软件已经正确安装和启动。这些软件的安装和配置请读者参考相关资料，这里不再讲解。

请下载随书源代码，使用 Visual Studio 打开名字为 YouZack-VNext 的解决方案。

第 1 步，在生产环境下，我们一般会把不同的服务放到不同的服务器上，因此不会出现多个 ASP.NET Core 网站同时运行造成的端口冲突问题，但是如果我们需要在 Visual Studio 中同时运行多个 ASP.NET Core 项目，就可能会遇到这些项目的端口冲突的问题。如果我们用 Visual Studio 中的 IIS Express 来运行网站的话，可以修改 ASP.NET Core 项目的 Properties 文件夹下的 launchSettings.json 文件，在 iisExpress 节点下配置指定项目运行的端口，如图 10-4 所示。

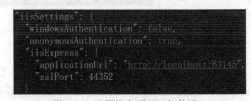

图 10-4　配置指定项目运行的端口

演示项目的时候，我们分别让 FileService.WebAPI、IdentityService.WebAPI、Listening.Admin.WebAPI、Listening.Main.WebAPI、MediaEncoder.WebAPI、SearchService.WebAPI 运行在 44339、44392、44352、44375、44353、44310 端口下。

第 2 步，为了统一前端访问后端的不同服务的接口，我们配置 Nginx 来反向代理后端的接口。以 IdentityService 服务为例，我们在 Nginx 的 nginx.conf 文件中的 server 节点下增加代码 10-1 所示的配置，其他服务的配置方式与此类似。

代码 10-1　Nginx 配置

```
1   location /IdentityService/ {
2       proxy_pass   https://localhost:44392/;
3       proxy_set_header Host $host;
4       proxy_set_header X-Real-IP $remote_addr;
5       proxy_set_header X-Real-PORT $remote_port;
6       proxy_set_header X-Forwarded-For $proxy_add_x_forwarded_for;
7       proxy_set_header X-Forwarded-Proto  $scheme;
8   }
```

上面配置的 proxy_set_header 是用来方便我们在 ASP.NET Core 中获取客户端 IP 地址的，需要配合 ForwardedHeaders 中间件使用。

配置完 Nginx 后，只要重启 Nginx 服务器即可让配置生效，然后我们访问 https://localhost/IdentityService/就可以访问 IdentityService 的接口了，这样前端就可以通过统一的端口来访问后端服务。

第 3 步，CommonInitializer 中的初始化代码是设定从"DefaultDB:ConnStr"路径中读取数据库的连接字符串，因此请在环境变量中配置名字为 DefaultDB:ConnStr 的数据库连接字符串，然后在各个项目中运行 EF Core 数据库迁移来生成数据库表。

第 4 步，按照 7.2.4 小节的要求，我们在数据库中增加一个名字为 T_Configs 的表，并且在表中增加图 10-5 所示的配置项。

Id	Name	Value
1	Cors	{"Origins":["http://localhost:3000"]}
2	FileService:SMB	{"WorkingDir":"e:/temp/upload/"}
6	Redis	{"ConnStr":"localhost"}
7	RabbitMQ	{"HostName":"127.0.0.1","ExchangeName":"youzack_event_bus"}
9	ElasticSearch	{"Url":"http://elastic:pxAAeyJgStG9eNSYXzNi@localhost:9200/"}
10	JWT	{"Issuer": "my", "Audience": "my","Key": "afafafdfa23jyuobc@123","ExpireSeconds": 31536000}

图 10-5　T_Configs 表的数据

名字为 Cors 的配置项为项目的跨域设置，我们在其中可以指定一个或者多个前端项目的路径；名字为 FileService:SMB 的配置项为文件备份服务器的根目录，图 10-5 中指定的是本机中的一个文件夹，在生产环境中，我们可以把它配置为 NAS（network attached storage，网络附接存储）等的 SMB（server message block，服务器消息块）路径；名字为 Redis 的配置项为 Redis 服务器的连接配置；名字为 RabbitMQ 的配置项为集成事件相关 RabbitMQ 的配置，HostName 属性为服务器的地址，ExchangeName 属性为集成事件的交换机名字；名字为 ElasticSearch 的配置项为 ElasticSearch 服务器的配置，其中的用户名、密码需要和读者安装的 ElasticSearch 服务的配置一致；名字为 JWT 的配置项为登录令牌的 JWT 配置，Key 等属性的值一定要进行个性化的设置，并且确保 Key 属性的值不泄露给第三方。

第 5 步，在 Visual Studio 中同时启动多个项目。请在【解决方案资源管理器】中的根节点上右击，选择【设置启动项目】，在弹出的对话框中【启动项目】选择【多个启动项目】，把名字以 WebAPI 结尾的几个项目的【操作】都设置为【启动】，然后单击【确定】按钮，如图 10-6

所示。

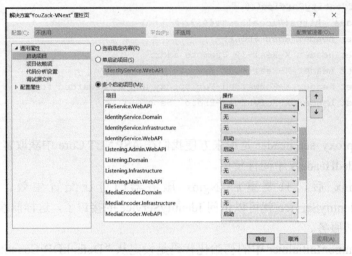

图 10-6　设置启动多个项目

　　完成上面的设置后，我们在 Visual Studio 中单击工具栏中的【启动】按钮，多个网站项目就会被启动。

　　作者在 IdentityService.WebAPI 的 LoginController 中编写了一个自动创建默认角色和管理员的操作方法 CreateWorld，我们直接访问它就可以创建出用户名为 admin、密码为 123456 的管理员。为了保证安全，在生产环境中读者一定要删除这个方法。

　　接下来，我们再运行前端项目，ListeningAdminUI、ListeningMainUI 分别是管理后台和前台的前端项目。我们在命令提示符中，分别进入这两个文件夹，然后依次执行 yarn dev 和 yarn 就能运行这两个前端项目了。如果两个前端项目同时运行，那么它们的端口就会不同，我们需要把它们的网站根目录配置到 T_Configs 的 Cors 配置项中。在后续的演示中，我们会分别运行这两个项目，而不会同时运行它们，因此我们用默认的 3000 端口来访问这两个前端项目。

10.1.5　主要功能演示

　　本小节中，我们将站在用户的角度来看一下这个网站前后台的使用。我们只有了解了如何使用这个网站，才能更好地理解项目的源代码。

　　首先，我们来看一下网站的后台。在访问后台其他页面之前，我们需要先进行管理员登录，如图 10-7 所示。

　　从安全角度考虑，在登录、注册、修改密码、发送短信验证码等操作中，一定要对用户的请求进行验证，以避免机器人和暴力破解的问题。传统的用户验证的方法是使用图形验证码，在前后端分离的项目中，图形验证码的显示和验证一般由前端项目在服务器端完成。当然，传统的图形验证码的用户体验不好，而且随着图像识别算法的升级，图形验证码的安全性也受到越来越大的挑战，因此现在越来越多的网站采用行为验证码，如图 10-8 所示。

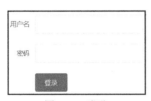

用户名
密码
登录

图 10-7　登录

拖动下方滑块完成拼图
单击完成验证

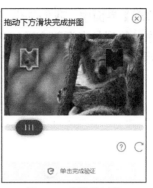

图 10-8　行为验证码

行为验证码采用人工智能算法检测用户的行为，从而能更加友好地、更安全地对用户进行验证。不过，由于行为验证码需要算法持续不断地基于海量的用户行为进行学习、进化，因此普通网站很难拥有自己的行为验证码服务器，我们一般会采用第三方的行为验证码服务，比如网易云盾、腾讯防水墙、极验、阿里云验证码等。这些服务都是按调用次数收费的，读者在项目中基于各种考虑选择购买适合自己的服务。为了方便读者体验运行这个项目并且不把技术实现锁定到某一家服务供应商，本书将不使用验证码。

管理员登录完成后，可以在【管理员的管理】界面中进行管理员的增、删、改、查，如图 10-9 所示。

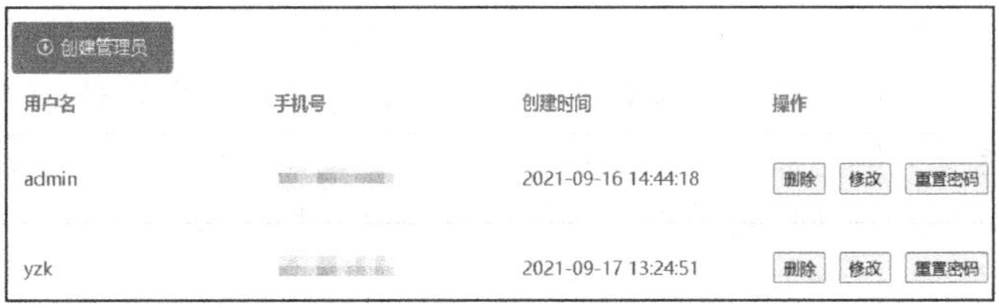
创建管理员
用户名
手机号
创建时间
操作
admin
2021-09-16 14:44:18
删除
修改
重置密码
yzk
2021-09-17 13:24:51
删除
修改
重置密码

图 10-9　管理员的管理

为了强制保证密码的复杂度，系统中不允许手动设置密码，新建的管理员的密码由程序自动生成。在新建管理员和重置密码之后，新的密码会通过手机短信发送给对应的管理员。

在【听力管理】界面中，我们可以进行类别、专辑、音频的管理。类别管理如图 10-10 所示。

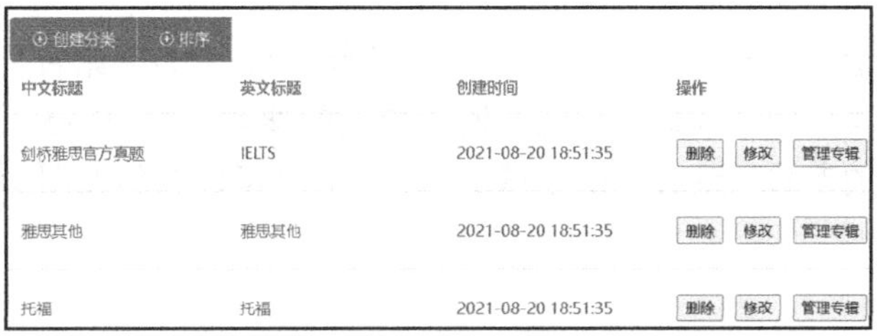
创建分类
排序
中文标题
英文标题
创建时间
操作
剑桥雅思官方真题
IELTS
2021-08-20 18:51:35
删除
修改
管理专辑
雅思其他
雅思其他
2021-08-20 18:51:35
删除
修改
管理专辑
托福
托福
2021-08-20 18:51:35
删除
修改
管理专辑

图 10-10　类别管理

在【听力管理】界面中，我们提供了【排序】按钮来允许管理员调整类别、专辑、音频中内容的显示顺序，管理员在调整完顺序后需要单击【保存排序】按钮，如图 10-11 所示。

图 10-12 所示的是新建和上传音频的界面。

图 10-11　排序　　　　　　　　　　　　图 10-12　新建和上传音频

字幕文件不仅包含音频中的原文信息，而且包含每一句原文的起止时间，这样程序就可以根据音频的播放进度来显示当前播放的原文句子。字幕文件有很多种格式，比如 LRC、SRT、VTT 等，图 10-12 所示的【字幕】是 LRC 格式的字幕文件。这些字幕文件是用专业的字幕工具制作出来的，我们需要逐句地制作校对，随书资源中的"供测试用的音频及字幕"文件夹下是一些供读者测试的文件。

管理员可以在【音频路径】中输入已有的音频文件网址，也可以单击【选择文件】按钮选择本地磁盘中的文件，然后单击【上传】按钮把文件上传到文件服务器。管理员在设置完成中英文标题、字幕（原文）等之后，就可以单击【保存】按钮。如果管理员选择的不是 M4A 格式的音频文件，则这个音频文件会被提交到转码服务器转换为 M4A 格式，等转码完毕后再保存到数据库中。在转码的过程中，界面中会显示当前的转码状态，比如准备转码、转码中、转码完成等，如图 10-13 所示。

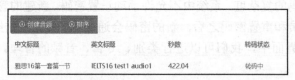

图 10-13　显示转码进度

接下来，我们再运行网站前台项目。图 10-14 所示的是听力网站首页。

在网站顶部的搜索框中，我们可以进行听力原文的搜索。图 10-15 所示的是搜索结果。

我们打开类别下的专辑，然后单击专辑下的音频，就可以看到如图 10-16 所示的听力练习界面。

图 10-14　听力网站首页

图 10-15　搜索结果

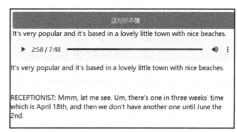

图 10-16　听力练习界面

在听力练习界面中，我们可以播放音频，音频的上方会随着播放进度显示相应句子的原文，我们也可以单击【这句听不懂】按钮把当前播放的句子添加到句子列表中，供以后单独播放。

10.2 文件服务的开发

文件服务用来将用户上传的音频文件上传到文件服务器和备份服务器。为了提高处理速度和避免文件重复上传，当用户上传服务器中已经存在的文件时，文件服务器会直接把之前的文件返回给上传者。

10.2.1　开发文件服务的领域层

FileService.Domain 是文件服务的领域层项目。文件服务中只有一个领域模型"上传项"（UploadedItem），每一次用户上传的文件就是一个"上传项"。UploadedItem 实体类中定义了如下几个主要的属性。

（1）Id：Guid 类型，代表主键。

（2）FileSizeInBytes：long 类型，代表以字节为单位的文件大小。

（3）FileName：string 类型，代表用户上传的原始文件名，不包含路径。

（4）FileSHA256Hash：string 类型，代表文件内容的哈希值（采用 SHA-256 算法）。

（5）BackupUrl：Url 类型，代表备份服务器中文件的路径，该路径平时用不到。

（6）RemoteUrl：Url 类型，代表文件服务器中文件的路径，网站前台页面中的音频路径用的就是该路径。

用户上传的文件会进一步被保存到备份服务器及云存储服务器，因为不同的存储服务器的实现差别比较大，而且我们也可能会切换使用不同的存储服务器，所以为了屏蔽这些存储服务器的差异，我们定义了一个防腐层接口 IStorageClient，如代码 10-2 所示。

代码 10-2　IStorageClient

```
1  public interface IStorageClient
2  {
3      StorageType StorageType { get; }
4      Task<Uri> SaveAsync(string key, Stream content, CancellationToken
       cancellationToken);
5  }
```

IStorageClient 的 StorageType 属性是枚举类型，用来表示存储服务器的类型，有 Public、Backup 两个可选值，分别代表供公众访问的存储服务器和供内网备份用的存储服务器；SaveAsync 方法用来把 content 参数所代表的文件内容保存到存储服务器中，key 参数的值一般为文件在服务器端的保存路径，SaveAsync 的返回值为保存的文件的全路径。

接下来，我们定义一个仓储接口 IFSRepository，如代码 10-3 所示。

代码 10-3　IFSRepository

```
1  public interface IFSRepository
2  {
3      Task<UploadedItem?> FindFileAsync(long fileSize, string sha256Hash);
4  }
```

IFSRepository 接口的 FindFileAsync 方法用来查找文件大小为 fileSize 并且文件的哈希值为 sha256Hash 的上传记录。

最后，我们开发文件服务的领域服务 FSDomainService，如代码 10-4 所示。

代码 10-4　FSDomainService

```
1   public class FSDomainService
2   {
3      private readonly IFSRepository repository;
4      private readonly IStorageClient backupStorage; //备份服务器
5      private readonly IStorageClient remoteStorage; //文件存储服务器
6      public FSDomainService(IFSRepository repository,IEnumerable<IStorageClient>
       storageClients)
7      {
8          this.repository = repository;
9          this.backupStorage = storageClients.First(c => c.StorageType == StorageType.
           Backup);
10         this.remoteStorage = storageClients.First(c => c.StorageType == StorageType.
    Public);
```

```
11        }
12    public async Task<UploadedItem> UploadAsync(Stream stream, string fileName,
13      CancellationToken cancellationToken)
14    {
15        string hash = HashHelper.ComputeSha256Hash(stream);
16        long fileSize = stream.Length;
17        DateTime today = DateTime.Today;
18        string key = $"{today.Year}/{today.Month}/{today.Day}/{hash}/{fileName}";
19        var oldUploadItem = await repository.FindFileAsync(fileSize, hash);
20        if (oldUploadItem != null)
21            return oldUploadItem;
22        Uri backupUrl = await backupStorage.SaveAsync(key, stream,cancellationToken);
23        stream.Position = 0;
24        Uri remoteUrl = await remoteStorage.SaveAsync(key, stream,cancellationToken);
25        stream.Position = 0;
26        Guid id = Guid.NewGuid();
27        return UploadedItem.Create(id, fileSize, fileName, hash, backupUrl, remoteUrl);
28    }
29 }
```

在 FSDomainService 的构造方法的第 9、10 行代码中，我们注入所有的 IStorageClient 服务，然后根据 StorageType 来筛选出备份服务器和文件服务器。Autofac 等第三方的依赖注入框架有"根据条件注入"的功能，其实我们也可以在 .NET 内置的依赖注入框架中像 FSDomainService 这样实现按照条件注入服务的效果。

在 FSDomainService 的 UploadAsync 方法中，我们计算文件的哈希值及文件的上传路径。我们用上传日期来构造文件的上传路径，这样可以让用户上传的文件比较均匀地分布在存储服务器上；文件路径中包含文件内容的哈希值，这样避免了文件名相同但是内容不同的文件互相覆盖的问题；文件路径以用户上传的文件名作为结尾，这样我们通过文件的路径就能知道文件的原始文件名。

在第 18~21 行代码中，我们会查找与当前上传文件的大小和哈希值一样的上传记录，如果存在这样的上传记录，我们会直接返回历史记录，而不再重复上传。

在第 22~25 行代码中，我们依次把文件保存到备份服务器和文件服务器。虽然数据库中也提供了 Blob 等类型用来保存文件，但是这会急剧降低数据库的性能，因此我们一般不要直接在数据库中保存文件，而是把文件保存到存储服务器，数据库中只是保存文件的路径而已。

10.2.2 开发文件服务的基础设施层

FileService.Infrastructure 是文件服务的基础设施层项目。

UploadedItem 实体类采用 Guid 类型的主键，Guid 类型的主键有很多优点，但是也有聚集索引造成的数据插入时的性能问题，具体详见 4.3.6 小节。由于这个项目中我们采用的是 SQL Server 数据库，因此我们需要取消 Id 主键的聚集索引；由于我们每次上传都要按照文件的大小和哈希值来查找历史记录，因此我们设置 FileSHA256Hash 和 FileSizeInBytes 组成复合索引。UploadedItem 的配置如代码 10-5 所示。

代码 10-5　UploadedItem 的配置

```
1   class UploadedItemConfig : IEntityTypeConfiguration<UploadedItem>
2   {
3       public void Configure(EntityTypeBuilder<UploadedItem> builder)
4       {
5           builder.ToTable("T_FS_UploadedItems");
6           builder.HasKey(e => e.Id).IsClustered(false);//取消主键的聚集索引
7           builder.Property(e => e.FileName).IsUnicode().HasMaxLength(1024);
8           builder.Property(e => e.FileSHA256Hash).IsUnicode(false).HasMaxLength(64);
9           builder.HasIndex(e => new { e.FileSHA256Hash, e.FileSizeInBytes });//复合索引
10      }
11  }
```

项目中的 SMBStorageClient 通过 Windows 共享文件夹来访问备份服务器。因为通过 SMB 协议访问存储服务器使用的是标准的文件 API，这个类的代码完成的都是普通的 I/O 操作，所以这里不再讲解。在开发、测试阶段，为了方便演示，读者可以把本地磁盘作为 SMBStorageClient 的目标文件夹，但是在生产环境下，一定要配备专门的存储服务器，并且不能允许外网访问这台存储服务器。

UpYunStorageClient 是适配"又拍云"云存储厂商的 IStorageClient 接口的实现类，读者如果使用"又拍云"实现云存储，那么可以直接使用它。即使读者使用其他厂商的云存储，也可以参考这个类来编写对应的 IStorageClient 接口的实现类。

为了方便读者体验运行这个项目，并且不把技术实现锁定到某一家云存储厂商，作者开发了一个供开发、演示阶段使用的 IStorageClient 接口的实现类 MockCloudStorageClient，它会把文件服务器当成一个云存储服务器。当然这仅供开发、演示阶段使用，在生产环境中，一定要用专门的云存储服务器来代替。

接下来，我们编写 IFSRepository 的仓储实现类 FSRepository，如代码 10-6 所示。

代码 10-6　FSRepository

```
1   class FSRepository : IFSRepository
2   {
3       private readonly FSDbContext dbContext;
4       public FSRepository(FSDbContext dbContext)
5       {
6           this.dbContext = dbContext;
7       }
8       public Task<UploadedItem?> FindFileAsync(long fileSize, string sha256Hash)
9       {
10          return dbContext.UploadItems.FirstOrDefaultAsync(u => u.FileSizeInBytes ==
11              fileSize && u.FileSHA256Hash == sha256Hash);
12      }
13  }
```

　　两个文件大小相同并且文件哈希值相同，我们就认为它们是相同的文件，因此在第 10、11 行代码中，我们用文件的大小和哈希值一起来匹配历史记录。

　　最后，我们在项目的 ModuleInitializer 中把基础设施中的服务注册到依赖注入容器中，如代码 10-7 所示。

代码 10-7　ModuleInitializer

```
1  class ModuleInitializer : IModuleInitializer
2  {
3     public void Initialize(IServiceCollection services)
4     {
5        services.AddHttpContextAccessor();
6        services.AddScoped<IStorageClient, SMBStorageClient>();
7        services.AddScoped<IStorageClient, MockCloudStorageClient>();
8        services.AddScoped<IFSRepository, FSRepository>();
9        services.AddScoped<FSDomainService>();
10       services.AddHttpClient();
11    }
12 }
```

　　可以看到，7.1.3 小节中提供的 IModuleInitializer 机制让我们可以把项目中的服务在项目中进行注册，而不用统一注册到应用服务层项目中。

　　FileService.WebAPI 是文件服务的应用服务层项目，FileService.SDK.NETCore 项目把 FileService.WebAPI 中的 HTTP 接口封装为一个供其他.NET 程序调用的 SDK。这两个项目的代码都比较简单，这里不再讲解。

10.3　认证服务的开发

　　认证服务用来验证用户登录并颁发 JWT，也提供用户管理等 API。认证服务的实现代码都基于第 8 章中讲解的 Authentication 与 Authorization，对于前面已经讲过的部分，本节中不再重复。

10.3.1　开发认证服务的领域层

　　IdentityService.Domain 是认证服务的领域层项目。ASP.NET Core 的标识框架中已经提供了 IdentityRole、IdentityUser 等基础的实体类，我们只要编写它们的子类，然后根据需要再添加自定义的属性即可，如代码 10-8 所示。

代码 10-8　IdentityRole 和 IdentityUser 实体类

```
1  public class Role : IdentityRole<Guid>
2  {
3     public Role()
4     {
5        this.Id = Guid.NewGuid();
```

```
6      }
7  }
8  public class User : IdentityUser<Guid>
9  {
10     public DateTime CreationTime { get; init; }           //注册时间
11     public DateTime? DeletionTime { get; private set; }   //删除时间
12     public bool IsDeleted { get; private set; }           //是否软删除
13     public User(string userName) : base(userName)
14     {
15         Id = Guid.NewGuid();
16         CreationTime = DateTime.Now;
17     }
18     public void SoftDelete()                              //软删除
19     {
20         this.IsDeleted = true;
21         this.DeletionTime = DateTime.Now;
22     }
23 }
```

在根据手机号加短信验证码进行登录的时候，我们需要实现发送短信的功能，而短信验证码发送服务的提供商也比较多，为了屏蔽不同提供商的代码，我们开发了一个防腐层接口 ISmsSender，如代码 10-9 所示。

代码 10-9　IsmsSender 接口

```
1  public interface ISmsSender
2  {
3      public Task SendAsync(string phoneNum, params string[] args);
4  }
```

接下来，我们定义仓储接口 IIdRepository，这个接口中的方法比较多，但是都比较简单，每个方法都有注释，读者查看随书源代码即可。

最后，我们开发认证领域服务 IdDomainService，这个类的代码行数比较多，读者请查看随书源代码，这里只列出主要代码，如代码 10-10 所示。

代码 10-10　IdDomainService 的主要代码

```
1  public class IdDomainService
2  {
3      public async Task<(SignInResult Result, string? Token)>
4          LoginByUserNameAndPwdAsync(string userName, string password)
5      {
6          var checkResult = await CheckUserNameAndPwdAsync(userName, password);
7          if (checkResult.Succeeded)
8          {
9              var user = await repository.FindByNameAsync(userName);
10             string token = await BuildTokenAsync(user);
```

```
11          return (SignInResult.Success, token);
12      }
13      else
14      {
15          return (checkResult, null);
16      }
17   }
18 }
```

LoginByUserNameAndPwdAsync 方法用来根据用户名、密码进行登录。这个方法需要返回是否执行成功和登录成功后生成的 JWT 两个值。在以前版本的.NET 中，我们需要定义一个包含这两个属性的类，然后把这个类作为方法的返回值。C# 7.0 中增加了元组类型的语法，让我们可以更简单地实现一个方法的多返回值效果，这里的 LoginByUserNameAndPwdAsync 方法用的就是这个语法。

10.3.2　开发认证服务的基础设施层

IdentityService.Infrastructure 是认证服务的基础设施层项目。我们首先需要实现 ISmsSender 接口来提供短信服务。为了方便开发、演示时模拟短信发送，我们开发了一个 MockSmsSender 类，它用日志输出来模拟短信发送，而 SendCloudSmsSender 是使用 SendCloud 公司的短信接口来发送短信的实现类。IdRepository 类是仓储接口的实现类，这个类的代码行数虽多，但是都比较简单，读者查看随书源代码即可。

10.3.3　开发认证服务的应用服务层

IdentityService.WebAPI 是认证服务的应用服务层项目。ASP.NET Core 的项目使用 FluentValidation 来实现请求数据的验证。为了方便管理，我们把请求参数类型和它的数据校验类写到了同一个 C#文件中，这样管理起来更加方便，我们在查看请求参数类的时候，一眼就能够看到数据校验类的代码。读者可以查看 AddAdminUserRequest.cs 文件了解这种做法。

LoginController 是用来处理登录的控制器，这里讲解一下用来根据用户名、密码进行登录的 LoginByUserNameAndPwd 方法，如代码 10-11 所示。

代码 10-11　根据用户名和密码登录

```
1  public async Task<ActionResult<string>> LoginByUserNameAndPwd(
2      LoginByUserNameAndPwdRequest req)
3  {
4      (var checkResult, var token) = await idService
5          .LoginByUserNameAndPwdAsync(req.UserName, req.Password);
6      if (checkResult.Succeeded) {return token!;}
7      else if (checkResult.IsLockedOut)//尝试登录次数太多
8      {   return StatusCode((int)HttpStatusCode.Locked, "用户已经被锁定");}
9      else
10     {
```

```
11        string msg = checkResult.ToString();
12        return BadRequest("登录失败" + msg);
13    }
14 }
```

如果登录失败，第 12 行代码只是告诉前端"登录失败"，而没有给出"用户名不存在""密码错误"等详细的错误信息，这样可以避免恶意用户通过详细的错误信息来尝试找到系统中存在的用户名等漏洞。

> 🐷 提醒：
>
> 　　在生产项目中，读者一定要把图形验证码或者行为验证码加上，以保证接口的安全。

LoginController 类中定义了用来获取当前登录用户信息的 GetUserInfo 方法，如代码 10-12 所示。

代码 10-12　GetUserInfo 方法

```
1 public async Task<ActionResult<UserResponse>> GetUserInfo()
2 {
3     string userId = this.User.FindFirstValue(ClaimTypes.NameIdentifier);
4     var user = await repository.FindByIdAsync(Guid.Parse(userId));
5     if (user == null) return NotFound();
6     return new UserResponse(user.Id, user.PhoneNumber, user.CreationTime);
7 }
```

我们并没有直接把 FindByIdAsync 方法返回的 User 对象返回给前端，因为 User 对象中包含的信息太多，比如密码的哈希值等，如果把这些信息都返回给前端，可能会造成服务器端机密信息泄露的问题。因此我们定义了一个只包含 Id、PhoneNumber、CreationTime 等 3 个属性的 UserResponse 类，然后把 User 对象转换为 UserResponse 对象返回给前端。

UserAdminController 类用来提供对管理员进行增、删、改、查操作的接口，这个类的代码比较简单，读者查看随书源代码即可。

接下来我们编写新增管理员的 AddAdminUser 方法，如代码 10-13 所示。

代码 10-13　新增管理员的方法

```
1 public async Task<ActionResult> AddAdminUser(AddAdminUserRequest req)
2 {
3     (var result,var user,var password) = await repository
4         .AddAdminUserAsync(req.UserName, req.PhoneNum);
5     if (!result.Succeeded) return BadRequest(result.Errors.SumErrors());
6     var userCreatedEvent = new UserCreatedEvent(user.Id, req.UserName, password,
            req.PhoneNum);
7     eventBus.Publish("IdentityService.User.Created", userCreatedEvent);
8     return Ok();
9 }
```

在第 3、4 行代码中，我们使用元组类型的语法调用仓储类中用来新增管理员的 AddAdminUserAsync 方法；在第 6、7 行代码中，我们通过事件总线发布"IdentityService. User.Created"（用户已经创建）集成事件。

我们直接在同一个项目中响应 IdentityService.User.Created 事件，在事件的处理代码中把用户的初始密码通过手机短信发送到用户的手机，如代码 10-14 所示。

代码 10-14　响应事件

```
1  [EventName("IdentityService.User.Created")]
2  public class UserCreatedEventHandler : JsonIntegrationEventHandler<UserCreatedEvent>
3  {
4      private readonly ISmsSender smsSender;
5      public UserCreatedEventHandler(ISmsSender smsSender)
6      {
7          this.smsSender = smsSender;
8      }
9      public override Task HandleJson(string eventName, UserCreatedEvent? eventData)
10     {
11         return smsSender.SendAsync(eventData.PhoneNum, eventData.Password);
12     }
13 }
```

10.4　英语听力服务的开发

Listening 这个解决方案文件夹含有 4 个项目，分别是领域层 Listening.Domain、基础设施层 Listening.Infrastructure、后台应用服务层 Listening.Admin.WebAPI、前台应用服务层 Listening.Main.WebAPI。也就是说，两个 ASP.NET Core 项目共享领域层和基础设施层。

10.4.1　开发英语听力服务的领域层

很显然，英语听力服务中含有类别、专辑、音频 3 个实体类。这 3 个实体类是有一定关系的，比如一个类别下有若干专辑，一个专辑属于某个类别。但是由于我们可以直接访问某个专辑或者某个音频，比如在原文搜索中我们可以直接访问搜索到的某个音频，如果我们把这 3 个实体类放到以"类别"为聚合根的聚合中，那么我们每次访问音频的时候都要先加载类别和专辑，效率会比较低，因此我们在这里把这 3 个实体类放到 3 个聚合之中。

类别实体类 Category 的代码比较简单，读者请查看随书源代码。代码 10-15 所示的是专辑实体类 Album。

代码 10-15　Album 实体类

```
1  public class Album : AggregateRootEntity, IAggregateRoot
2  {
3      private Album() { }
```

```
4      public bool IsVisible { get; private set; }
5      public MultilingualString Name { get; private set; }
6      public int SequenceNumber { get; private set; }
7      public Guid CategoryId { get; private set; }
8      public static Album Create(Guid id, int seqNum, MultilingualString name,
              Guid categoryId)
9      {
10        Album album = new Album();
11        album.Id = id;
12        album.SequenceNumber = seqNum;
13        album.Name = name;
14        album.CategoryId = categoryId;
15        album.IsVisible = false;//Album 新建以后专辑默认不可见
16        return album;
17     }
18     public Album ChangeSequenceNumber(int value)
19     {
20        this.SequenceNumber = value;
21        return this;
22     }
23     public Album ChangeName(MultilingualString value)
24     {
25        this.Name = value;
26        return this;
27     }
28     public Album Hide()
29     {
30        this.IsVisible = false;
31        return this;
32     }
33     public Album Show()
34     {
35        this.IsVisible = true;
36        return this;
37     }
38 }
```

在一个专辑刚被创建的时候，我们还没来得及向专辑中添加全部音频，如果这时用户访问到这个专辑，就会发现专辑里什么内容都没有。为了避免这样的情况出现，我们为 Album 实体类定义了一个 IsVisible 属性，表示这个专辑是否可见。从第 15 行代码可以看出，Album 对象刚创建的时候，专辑默认是不可见的，当专辑内的音频都添加完成之后，我们再调用第 33 行代码的 Show 方法把专辑显示出来。Album 类是一个充血模型，我们使用 Album 类提供的 Hide、Show 方法进行专辑的隐藏和显示的语义，会比直接为 IsVisible 属性赋值的语义更强。

第 8 行代码定义了一个静态方法 Create 来作为创建对象的方法，当然读者可以把它改成我们之前用的构造方法的写法。

由于专辑的标题支持中英双语，因此表示专辑标题的 Name 属性定义为 MultilingualString 类型；SequenceNumber 属性表示专辑在分类中的显示顺序，数字越大表示专辑在列表中顺序越靠后；由于 Album 和 Category 属于两个聚合，它们之间只能通过聚合根的标识符引用，因此我们只为 Album 类定义了代表 Category 主键的 CategoryId 属性，而没有定义 Category 类型的主键。

接下来，我们编写 Episode 实体类，其主干内容如代码 10-16 所示。因为这个类的完整代码有 200 多行，所以这里列出主干内容，全部代码请查看随书源代码。

代码 10-16　Episode 的主干内容

```
1   public class Episode : AggregateRootEntity, IAggregateRoot
2   {
3       private Episode() { }
4       public int SequenceNumber { get; private set; }        //序号
5       public MultilingualString Name { get; private set; }//标题
6       public Guid AlbumId { get; private set; }              //专辑 ID
7       public Uri AudioUrl { get; private set; }              //音频路径
8       public double DurationInSecond { get; private set; }//音频时长（秒）
9       public string Subtitle { get; private set; }           //原文字幕内容
10      public string SubtitleType { get; private set; }       //原文字幕格式
11      public bool IsVisible { get; private set; }
12      public IEnumerable<Sentence> ParseSubtitle()
13      {
14          var parser = SubtitleParserFactory.GetParser(this.SubtitleType);
15          return parser.Parse(this.Subtitle);
16      }
17      public class Builder
18      {
19          private Guid id;
20          private int sequenceNumber;
21          private MultilingualString name;
22          public Builder Id(Guid value)
23          {
24              this.id = value;
25              return this;
26          }
27          public Builder SequenceNumber(int value)
28          {
29              this.sequenceNumber = value;
30              return this;
31          }
32          public Builder Name(MultilingualString value)
33          {
34              this.name = value;
35              return this;
```

```
36              }
37          public Episode Build()
38          {
39              Episode e = new Episode();
40              e.Id = id;
41              e.SequenceNumber = sequenceNumber;
42              e.Name = name;
43              e.AddDomainEvent(new EpisodeCreatedEvent(e));
44              return e;
45          }
46      }
47  }
```

因为 Episode 类的属性非常多，如果我们用 Create 方法或者有参构造方法等方式来初始化对象的话，那么方法的参数至少有 8 个。在代码规范中，一个方法的参数不建议多于 5 个。我们可以把 Episode 的所有属性都设置为可读可写的，然后把 Episode 的无参构造方法设置为公开的，不过这样会导致对象处于非法状态的可能性增加。这里采用 Builder 模式编写了专门用来构建 Episode 对象的 Builder 类，如第 17~45 行代码所示。Builder 类是定义在 Episode 类内部的类，因此 Builder 类可以为 Episode 类的私有属性赋值。引入 Builder 类之后，我们就可以用如代码 10-17 所示的方式来创建 Episode 对象。

代码 10-17　使用 Builder 创建对象

```
1  var builder = new Episode.Builder();
2  builder.Id(id).SequenceNumber(maxSeq + 1).Name(name).AlbumId(albumId)
3      .AudioUrl(audioUrl).DurationInSecond(durationInSecond)
4      .SubtitleType(subtitleType).Subtitle(subtitle);
5  Episode episode = builder.Build();
```

可以看到，Builder 模式让我们既可以用比较优美的方式来初始化对象的创建，又能按照 DDD 的原则保证对象的状态完整性。

为了表示字幕文件中每一句话的起止时间和原文内容，我们定义了一个值对象 Sentence，如代码 10-18 所示。StartTime 和 EndTime 属性分别表示一句话的起止时间，而 Value 属性则表示原文内容。

代码 10-18　Sentence

```
1  public record Sentence(TimeSpan StartTime, TimeSpan EndTime, string Value);
```

Episode 类中需要保存音频对应的字幕文件的内容。按照 DDD 的原则，实体类中不应该考虑对象在数据库中的保存格式，因此我们应该定义一个 Sentence[]类型的属性，然后编写 EF Core 的 ValueConverter 来完成数据库中的字幕文本和 Sentence[]之间的转换。不过这样设计的话，会导致我们每次从数据库中读取 Episode 的时候，都会执行字幕文本转换的代码，这会降低程序的性能。因此我们做了一个折中的设计，Episode 中直接定义 string 类型的 Subtitle 属性来保存字幕原文，如代码 10-16 中第 9 行代码所示，然后我们定义一个 ParseSubtitle 方法来完成字幕文本到 Sentence[]的转换，如第 12～16 行代码所示，这样当程序需要转换字幕原文时，我们再调用 ParseSubtitle 方法。

因为我们需要在新建音频的时候通知搜索服务收录音频的原文，也需要在修改音频或者隐藏音频的时候更新或者删除搜索服务所收录的音频原文，所以我们在如代码 10-16 所示的第 43 行代码以及 ChangeSubtitle、Hide 等方法中发布领域事件。

我们提到过，字幕文件有 SRT、LRC、VTT 等不同的格式，为了能够适应不同格式的字幕文件的解析，我们定义了字幕解析器接口 ISubtitleParser，如代码 10-19 所示。

代码 10-19　ISubtitleParser

```
1   interface ISubtitleParser
2   {
3      bool Accept(string typeName);
4      IEnumerable<Sentence> Parse(string subtitle);
5   }
```

ISubtitleParser 接口的 Accept 方法用来判断指定的格式是否被这个字幕解析器支持，Parse 方法用于把参数指定的字幕原文解析为 Sentence 的集合。

代码 10-20 所示的是解析 SRT、VTT 等格式字幕文本的 ISubtitleParser 接口的实现类 SrtParser，读者还可以查看随书源代码中的 LrcParser、JsonParser 等其他格式解析器的代码。

代码 10-20　SrtParser

```
1   class SrtParser : ISubtitleParser
2   {
3      public bool Accept(string typeName)
4      {
5         return typeName.Equals("srt", StringComparison.OrdinalIgnoreCase)
6            || typeName.Equals("vtt", StringComparison.OrdinalIgnoreCase);
7      }
8      public IEnumerable<Sentence> Parse(string subtitle)
9      {
10        var srtParser = new SubtitlesParser.Classes.Parsers.SubParser();//NuGet包SubtitlesParser
11        using (MemoryStream ms = new MemoryStream(Encoding.UTF8.GetBytes(subtitle)))
12        {
13           var items = srtParser.ParseStream(ms);
14           return items.Select(s => new Sentence(TimeSpan.FromMilliseconds(s.StartTime),
15              TimeSpan.FromMilliseconds(s.EndTime), String.Join(" ", s.Lines)));
16        }
17     }
18 }
```

代码 10-21 所示的 SubtitleParserFactory 是用来根据字幕的格式名称获取解析器类的工厂类，我们调用这个类的 GetParser 方法就可以获得指定格式的 ISubtitleParser 接口的实现类。

代码 10-21　SubtitleParserFactory

```
1   static class SubtitleParserFactory
2   {
3       private static List<ISubtitleParser> parsers = new();
4       static SubtitleParserFactory()
5       {
6           var parserTypes = typeof(SubtitleParserFactory).Assembly.GetTypes()
7           .Where(t => typeof(ISubtitleParser).IsAssignableFrom(t) && !t.IsAbstract);
8           foreach (var parserType in parserTypes)
9           {
10              ISubtitleParser parser = (ISubtitleParser)Activator.CreateInstance(parserType);
11              parsers.Add(parser);
12          }
13      }
14      public static ISubtitleParser? GetParser(string typeName)
15      {
16          foreach (var parser in parsers)
17          {
18              if (parser.Accept(typeName)) return parser;
19          }
20          return null;
21      }
22  }
```

SubtitleParserFactory 会遍历当前程序集中所有实现了 ISubtitleParser 接口的类，然后 GetParser 方法会依次调用每个解析器的 Accept 方法找到能解析我们指定的字幕格式的解析器。我们也可以把 ISubtitleParser 注册到依赖注入容器中，然后用依赖注入容器来简化 SubtitleParserFactory 反射部分的代码。如果我们需要支持新的字幕格式，只要编写一个新的 ISubtitleParser 接口的实现类即可，而不用修改现有的其他代码，这符合面向对象设计的"开闭原则"。

IListeningRepository 是领域层中定义的仓储接口，接口中的方法是与类别、专辑和音频相关的，这里用和音频相关的方法为例来讲解，如代码 10-22 所示。

代码 10-22　IListeningRepository 的部分方法

```
1   public interface IListeningRepository
2   {
3       public Task<Episode?> GetEpisodeByIdAsync(Guid episodeId);
4       public Task<int> GetMaxSeqOfEpisodesAsync(Guid albumId);
5       public Task<Episode[]> GetEpisodesByAlbumIdAsync(Guid albumId);
6   }
```

其中 GetEpisodeByIdAsync 方法用来根据主键获取音频对象，GetMaxSeqOfEpisodesAsync 方法用于获取指定专辑下所有音频的序号的最大值，GetEpisodesByAlbumIdAsync 方法用于获取指定专辑下所有的音频。

　　ListeningDomainService 是听力的领域服务，这个类中定义的方法是与类别、专辑和音频相关的，这里只用和音频相关的方法为例来讲解，如代码 10-23 所示。

代码 10-23　ListeningDomainService 的部分方法

```
1  public class ListeningDomainService
2  {
3    private readonly IListeningRepository repository;
4    public ListeningDomainService(IListeningRepository repository)
5    {
6      this.repository = repository;
7    }
8    public async Task<Episode> AddEpisodeAsync(MultilingualString name,Guid albumId,
9      Uri audioUrl,double durationInSecond, string subtitleType, string subtitle)
10   {
11     int maxSeq = await repository.GetMaxSeqOfEpisodesAsync(albumId);
12     var id = Guid.NewGuid();
13     var builder = new Episode.Builder();
14     builder.Id(id).SequenceNumber(maxSeq + 1).Name(name).AlbumId(albumId)
15       .AudioUrl(audioUrl).DurationInSecond(durationInSecond)
16       .SubtitleType(subtitleType).Subtitle(subtitle);
17     return builder.Build();
18   }
19   public async Task SortEpisodesAsync(Guid albumId, Guid[] sortedEpisodeIds)
20   {
21     int seqNum = 1;
22     foreach (Guid episodeId in sortedEpisodeIds)
23     {
24       var episode = await repository.GetEpisodeByIdAsync(episodeId);
25       episode.ChangeSequenceNumber(seqNum);
26       seqNum++;
27     }
28   }
29 }
```

　　AddEpisodeAsync 方法用于新建音频对象，而 SortEpisodesAsync 方法用于对 sortedEpisodeIds 参数指定的音频按照顺序重新排序。

　　英语听力服务的基础设施层项目 Listening.Infrastructure 的代码比较简单，请读者查看随书源代码。

10.4.2　开发英语听力服务的后台应用服务层

　　Listening.Admin.WebAPI 是英语听力服务的后台应用服务层项目，主要用于类别、专辑、音频的管理。CategoryController、AlbumController、EpisodeController 分别提供了对类别、专

辑、音频进行管理的接口。如代码 10-24 所示，这里只讲解 EpisodeController 中的部分方法的代码，全部代码请查看随书源代码。

代码 10-24　EpisodeController 中的部分方法

```
1  public class EpisodeController : ControllerBase
2  {
3      private readonly ListeningDbContext dbContext;
4      private readonly EncodingEpisodeHelper encHelper;
5      private readonly IEventBus eventBus;
6      private readonly ListeningDomainService domainService;
7      public async Task<ActionResult<Guid>> Add(EpisodeAddRequest req)
8      {
9          if (req.AudioUrl.ToString().EndsWith("m4a"))
10         {
11             Episode episode = await domainService.AddEpisodeAsync(req.Name, req.AlbumId,
12                 req.AudioUrl, req.DurationInSecond, req.SubtitleType, req.Subtitle);
13             dbContext.Add(episode);
14             return episode.Id;
15         }
16         else
17         {
18             Guid episodeId = Guid.NewGuid();
19             EncodingEpisodeInfo encodingEpisode = new EncodingEpisodeInfo(episodeId, req.Name,
20                 req.AlbumId, req.DurationInSecond, req.Subtitle, req.SubtitleType, "Created");
21             await encHelper.AddEncodingEpisodeAsync(episodeId, encodingEpisode);
22             eventBus.Publish("MediaEncoding.Created", new { MediaId = episodeId,
23                 MediaUrl = req.AudioUrl, OutputFormat = "m4a", SourceSystem = "Listening" });
24             return episodeId;
25         }
26     }
27 }
```

在用户新建一个音频的时候，系统会把音频文件的路径提交到后台。如果用户提交的音频文件是 M4A 格式的，系统可以直接把这个音频插入数据库，但是如果用户提交的音频文件不是 M4A 格式的，系统就需要先把音频文件转码为 M4A 格式。

在实现新建音频这个功能的时候，作者的第一版代码是为 Episode 实体类增加一个 bool 类型的 IsReady 属性，用来表示这个音频是否可以正常使用。无论用户上传的音频文件是否为 M4A 格式，系统都会把它立即插入数据库中，只不过非 M4A 格式的音频文件的 IsReady 属性的值为 false，只有转码完成后 IsReady 属性的值才被更新为 true。这样就导致代码中充斥着对 IsReady 属性的特殊处理，比如前台加载音频列表的时候要把 IsReady=false 的音频过滤掉，IsReady=false 的音频不能编辑、不能删除、不能隐藏。对 IsReady 属性特殊处理的根本原因就在于它让我们的 Episode 对象有处于不完整状态的可能性。按照 DDD 的设计原则，一个实体类不应该有处于不完整状态的时刻，这样才能减少程序中对于不完整状态进行处理的代码。

从理论上来讲，一个没有完成转码的 Episode 对象就不应该存在于数据库中，数据库中的数据都应该是完整的、可用的 Episode 对象。因此，在第二版代码中作者做了如下的设计：如果用户上传的音频文件不是 M4A 格式的，系统不会立即把这个音频文件插入数据库，而是把用户提交的数据先暂存到 Redis 中，然后启动音频文件转码，转码完成后，程序再把 Redis 中暂存的音频数据保存到数据库中。这样就保证了 Episode 对象一直处于完整状态，也就是数据库中的音频记录一定是可用的，代码就简单很多了。

在第 9~15 行代码中，我们检测用户上传的音频文件格式，如果发现用户上传的是 M4A 格式的音频文件，则直接把音频相关数据插入数据库；如果用户上传的不是 M4A 格式的音频文件，我们就在第 19~21 行中把用户提交的数据保存到 Redis 中，然后在第 22、23 行代码中通过事件总线发布"请求转码"的集成事件，转码服务会异步响应这个集成事件，执行转码。第 4 行代码中用到的 EncodingEpisodeHelper 类是一个用来读写 Redis 中暂存数据的帮助类，请读者查看随书源代码。当然，暂存数据并不是一定要放到 Redis 中，把它们保存到数据库中也是可以的。

为了能够让前端页面随时看到转码状态的变化，我们通过 SignalR 把转码状态推送给前端。转码服务会在转码开始、转码失败、转码完成等事件出现的时候，发布名字分别为 MediaEncoding.Started、MediaEncoding.Failed、MediaEncoding.Completed 等的集成事件，因此我们只要监听这些集成事件，然后把转码状态的变化推送到前端页面即可。作者编写了集成事件的处理者，主干内容如代码 10-25 所示。

代码 10-25　响应转码事件的主干内容

```
1  [EventName("MediaEncoding.Started")]
2  [EventName("MediaEncoding.Completed")]
3  class MediaEncodingStatusChangeIntegrationHandler : DynamicIntegrationEventHandler
4  {
5      private readonly ListeningDbContext dbContext;
6      private readonly IListeningRepository repository;
7      private readonly EncodingEpisodeHelper encHelper;
8      private readonly IHubContext<EpisodeEncodingStatusHub> hubContext;
9      public override async Task HandleDynamic(string eventName, dynamic eventData)
10     {
11         Guid id = Guid.Parse(eventData.Id);
12         switch (eventName)
13         {
14             case "MediaEncoding.Started":
15                 await encHelper.UpdateEpisodeStatusAsync(id, "Started");
16                 await hubContext.Clients.All.SendAsync("OnMediaEncodingStarted", id);
17                 break;
18             case "MediaEncoding.Completed":
19                 await encHelper.UpdateEpisodeStatusAsync(id, "Completed");
20                 Uri outputUrl = new Uri(eventData.OutputUrl);
21                 var encItem = await encHelper.GetEncodingEpisodeAsync(id);
22                 Guid albumId = encItem.AlbumId;
```

```
23                  int maxSeq = await repository.GetMaxSeqOfEpisodesAsync(albumId);
24                  var builder = new Episode.Builder();
25                  builder.Id(id).SequenceNumber(maxSeq+1).Name(encItem.Name)
26                      .AlbumId(albumId).AudioUrl(outputUrl)
27                      .DurationInSecond(encItem.DurationInSecond)
28                      .SubtitleType(encItem.SubtitleType).Subtitle(encItem.Subtitle);
29                  dbContext.Add(builder.Build());
30                  await dbContext.SaveChangesAsync();
31                  await hubContext.Clients.All.SendAsync("OnMediaEncodingCompleted", id);
32                  break;
33              default:
34                  throw new ArgumentOutOfRangeException(nameof(eventName));
35          }
36      }
37  }
```

　　上面的代码只是部分主干内容，请查看随书源代码获取完整的代码。在第 1、2 行代码中，我们设置第 3 行代码中定义的类来监听 MediaEncoding.Started、MediaEncoding.Completed 两个集成事件；当转码开始的时候，我们通过第 15、16 行代码更新暂存的状态并且通知客户端；当转码完成的时候，我们通过第 19～31 行代码更新暂存的状态、把音频插入数据库并且通知客户端。可以看到，只有在转码成功的时候，我们才把音频文件插入数据库，这样就保证了 Episode 实体类的完整性。

　　我们在新建音频的时候，还要通知搜索服务收录新建的音频的原文。在代码 10-16 的第 43 行代码中，我们在新建音频的时候，会发布领域事件 EpisodeCreatedEvent，但是领域事件只能被微服务内的代码监听到，而搜索服务属于一个独立的微服务，因此我们需要监听 EpisodeCreatedEvent 领域事件，然后发布一个集成事件，如代码 10-26 所示。

代码 10-26　监听创建音频的领域事件

```
1   public class EpisodeCreatedEventHandler:INotificationHandler<EpisodeCreatedEvent>
2   {
3       private readonly IEventBus eventBus;
4       public EpisodeCreatedEventHandler(IEventBus eventBus)
5       {
6           this.eventBus = eventBus;
7       }
8       public Task Handle(EpisodeCreatedEvent notification, CancellationToken ct)
9       {
10          var episode = notification.Value;
11          var sentences = episode.ParseSubtitle();
12          eventBus.Publish("ListeningEpisode.Created", new {Id=episode.Id,episode.Name,
13          Sentences=sentences,episode.AlbumId,episode.Subtitle,episode.SubtitleType});
14          return Task.CompletedTask;
15      }
16  }
```

除了新增音频之外，修改音频、隐藏音频、删除音频等也都会发出相应的领域事件，因此我们也需要监听这些领域事件，然后发布集成事件，从而让搜索服务更新或者删除对应内容的收录。

无论是将用户上传的 M4A 格式的文件立即插入数据库还是将非 M4A 格式的文件转码完成后插入数据库，插入操作都能触发 EpisodeCreatedEvent 领域事件，因此我们把领域事件的注册代码放到 Episode 的内部类 Builder 的 Build 方法中，无论哪个地方需要创建 Episode 对象都要经过 Build 方法，这样就确保了只要创建 Episode 并且将其保存到数据库，与之相关联的领域事件一定会被触发。这就是领域层封装领域行为所带来的好处。

10.4.3　开发英语听力服务的前台应用服务层

前台应用服务层项目主要为前端页面提供类别、专辑、音频的数据，这里主要分析音频相关的 EpisodeController 类，其主干内容如代码 10-27 所示。

代码 10-27　EpisodeController 类的主干内容

```
1  public class EpisodeController : ControllerBase
2  {
3      private readonly IListeningRepository repository;
4      private readonly IMemoryCacheHelper cacheHelper;
5      public async Task<ActionResult<EpisodeVM>> FindById(Guid id)
6      {
7          var episode = await cacheHelper.GetOrCreateAsync($"EpisodeController.FindById.{id}",
8              async (e) => EpisodeVM.Create(await repository.GetEpisodeByIdAsync(id), true));
9          if (episode == null)
10             return NotFound($"没有 Id={id}的 Episode");
11         return episode;
12     }
13     public async Task<ActionResult<EpisodeVM[]>> FindByAlbumId(Guid albumId)
14     {
15         Task<Episode[]> FindData()
16         {
17             return repository.GetEpisodesByAlbumIdAsync(albumId);
18         }
19         var task = cacheHelper.GetOrCreateAsync($"EpisodeController.FindByAlbumId.{albumId}",
20             async (e) => EpisodeVM.Create(await FindData(), false));
21         return await task;
22     }
23 }
```

因为前台页面被访问的频率很高，而且对于任何用户来讲，它们请求相同的听力资源获得的响应都是一样的，所以为了降低数据库的压力，我们把从数据库中读取的数据放入缓存。这里没有采用分布式缓存的必要，而且内存的访问速度比 Redis、Memcached 等的更快，因此这里选择了使用内存缓存，如第 7、19 行代码所示。

缓存的过期时间我们用的是 IMemoryCacheHelper 默认的 60s，也就是如果后台修改了资源，则前台最多需要 60s 才能看到变化，这对于听力网站来讲是可以接受的。如果需要后台修改资源后，前台立即刷新到最新的内容，我们可以在资源发生变化的时候发布集成事件，然后在前台项目中响应这些事件后及时更新缓存。

在第 15～18 行代码中，在方法中定义方法的语法采用的是 C# 7.0 中引入的"本地函数"语法，适用于封装一个仅供特定方法使用的方法。

在第 10 行代码中，如果客户端请求的 ID 在数据库中找不到的话，我们在返回的 NotFound 中设定了自定义消息的参数。这是作者推荐的做法，因为这样可以帮助前端的开发人员把"请求路径写错"导致的 404 错误和"传递的 ID 不存在"导致的 404 错误区分开，从而简化前端开发人员的工作。

细心的读者可能会发现，EpisodeController 类的两个操作方法的返回值都是 EpisodeVM 类型的，而非仓储返回的 Episode 类型。EpisodeVM 类型如代码 10-28 所示。

代码 10-28　EpisodeVM 类型

```
1  public record EpisodeVM(Guid Id, MultilingualString Name, Guid AlbumId, Uri AudioUrl,
2      double DurationInSecond, IEnumerable<SentenceVM>? Sentences)
3  {
4      public static EpisodeVM? Create(Episode? e, bool loadSubtitle)
5      {
6          if (e == null) return null;
7          List<SentenceVM> sentenceVMs = new();
8          if (loadSubtitle)
9          {
10             var sentences = e.ParseSubtitle();
11             foreach (Sentence s in sentences)
12             {
13                 SentenceVM vm = new SentenceVM(s.StartTime.TotalSeconds,
14                     s.EndTime.TotalSeconds, s.Value);
15                 sentenceVMs.Add(vm);
16             }
17         }
18         return new EpisodeVM(e.Id, e.Name, e.AlbumId, e.AudioUrl,
19             e.DurationInSecond, sentenceVMs);
20     }
21     public static EpisodeVM[] Create(Episode[] items, bool loadSubtitle)
22     {
23         return items.Select(e => Create(e, loadSubtitle)!).ToArray();
24     }
25 }
```

我们把 Episode 类型转换为 EpisodeVM 类型再返回给客户端的理由有如下几点。

❑ Episode 类型中有一些不希望被暴露给客户端的属性，比如 Subtitle（听力字幕的文本）、CreationTime（创建时间）等。

- ❏ 我们希望把听力的字幕文本在服务器端解析，而不是在客户端解析。
- ❏ 在加载音频的列表的时候，不需要加载听力的字幕，以避免增加网络流量的消耗，而在加载某一个音频的时候才需要加载听力的字幕。

基于以上几点考虑，我们把 Episode 类型的返回值转换为 EpisodeVM 类型再返回给客户端；第 4 行代码中的 loadSubtitle 参数用来决定是否解析加载的字幕，因为 FindByAlbumId 用不到字幕。

如果在项目中客户端对于加载的数据要求比较灵活，比如对同一个接口的不同的请求要返回的字段不同，后端要硬编码满足这些要求的话，开发工作量会比较大，而且客户端开发人员也只能等待服务器端开发人员。如果项目中有这种要求，则作者推荐采用 GraphQL，它允许前端开发人员指定要加载的字段，甚至还可以对于后端返回的数据进行进一步的过滤，从而减少数据传输的数据量。

10.5 转码服务的开发

转码服务用于把其他音频格式转换为 M4A 格式。由于以后系统中可能会有视频、文档等其他格式的转码需求，因此转码服务要设计得扩展性比较强，方便我们为它增加更多的格式转换功能。MediaEncoder.Domain 是转码服务的领域层项目，MediaEncoder.Infrastructure 是转码服务的基础设施层项目，MediaEncoder.WebAPI 是转码服务的应用服务层项目。

10.5.1 开发转码服务的领域层

服务处理的每一条任务对应一个 EncodingItem 实体类，该实体类的主干内容如代码 10-29 所示。

代码 10-29　EncodingItem 实体类的主干内容

```
1   public class EncodingItem : BaseEntity, IAggregateRoot
2   {
3       public DateTime CreationTime { get; private set; }
4       public string SourceSystem { get; private set; }        //源系统
5       public long? FileSizeInBytes { get; private set; }      //文件大小
6       public string Name { get; private set; }                //文件名字（非全路径）
7       public string? FileSHA256Hash { get; private set; }     //文件哈希值
8       public Uri SourceUrl { get; private set; }              //待转码的文件
9       public Uri? OutputUrl { get; private set; }             //转码完成的文件
10      public string OutputFormat { get; private set; }        //目标类型
11      public ItemStatus Status { get; private set; }          //任务的处理状态
12      public string? LogText { get; private set; }            //转码的输出日志
13      public void Start()
14      {
```

```
15        this.Status = ItemStatus.Started;
16        AddDomainEvent(new EncodingItemStartedEvent(Id, SourceSystem));
17    }
18    public void Complete(Uri outputUrl)
19    {
20        this.Status = ItemStatus.Completed;
21        this.OutputUrl = outputUrl;
22        this.LogText = "转码成功";
23        AddDomainEvent(new EncodingItemCompletedEvent(Id, SourceSystem, outputUrl));
24    }
25 }
```

EncodingItem 的 Status 属性是枚举类型 ItemStatus 的，它表示任务当前的状态。ItemStatus 枚举类型有如下可选值：Ready（任务刚创建完成）、Started（开始转码）、Completed（转码成功）、Failed（转码失败）；从第 16、23 行等代码可以看出，在一个任务被创建、开始转码、转码成功、转码失败等的时候，程序会发布 EncodingItemStartedEvent、EncodingItemCompletedEvent 等领域事件。

IMediaEncoderRepository 是转码仓储接口，如代码 10-30 所示。

代码 10-30　转码仓储接口

```
1  public interface IMediaEncoderRepository
2  {
3     Task<EncodingItem?> FindCompletedOneAsync(string fileHash, long fileSize);
4     Task<EncodingItem[]> FindAsync(ItemStatus status);
5  }
```

FindCompletedOneAsync 方法用来根据文件的哈希值和文件的大小查询一条转码完成的历史记录，FindAsync 方法用来查找指定状态的所有任务。

IMediaEncoder 是转码器接口，如代码 10-31 所示。

代码 10-31　转码器接口

```
1  public interface IMediaEncoder
2  {
3     bool Accept(string format);
4     Task EncodeAsync(FileInfo srcFile, FileInfo destFile, string format, string[]? args,
5        CancellationToken ct);
6  }
```

Accept 方法用于判断转码器是否能进行目标格式为 format 的转码；EncodeAsync 用于执行转码任务，srcFile、destFile、format 这 3 个参数分别代表源文件、目标文件和目标格式；考虑到转码操作比较耗时，因此 EncodeAsync 方法还定义了一个 CancellationToken 参数，用于中途取消转码任务。

MediaEncoderFactory 类用来加载所有转码器，并且创建合适的转码器，如代码 10-32 所示。

代码 10-32 MediaEncoderFactory 类

```
1  public class MediaEncoderFactory
2  {
3      private readonly IEnumerable<IMediaEncoder> encoders;
4      public MediaEncoderFactory(IEnumerable<IMediaEncoder> encoders)
5      {
6          this.encoders = encoders;
7      }
8      public IMediaEncoder? Create(string outputFormat)
9      {
10         foreach (var encoder in encoders)
11         {
12             if (encoder.Accept(outputFormat))
13                 return encoder;
14         }
15         return null;
16     }
17 }
```

所有的转码器都要注册到依赖注入容器中，因此我们在构造方法中要求注入所有转码器；Create 方法用于获取支持目标格式为 outputFormat 的转码器。

10.5.2 开发转码服务的基础设施层

我们使用 FFmpeg 这个强大的开源多媒体工具来完成音频文件转码。请把 ffmpeg.exe 放到项目的根目录，并且设定这个文件的【复制到输出目标】为【如果较新则复制】，这样 ffmpeg.exe 就会被复制到网站的根目录。我们使用 xFFmpeg.NET 这个 NuGet 包来调用 FFmpeg，转码器如代码 10-33 所示。

代码 10-33 ToM4AEncoder

```
1  public class ToM4AEncoder : IMediaEncoder
2  {
3      public bool Accept(string outputFormat)
4      {
5          return "m4a"==outputFormat;
6      }
7      public async Task EncodeAsync(FileInfo sourceFile, FileInfo destFile,
8        string destFormat, string[]? args, CancellationToken ct)
9      {
10         var inputFile = new InputFile(sourceFile);
11         var outputFile = new OutputFile(destFile);
12         string baseDir = AppContext.BaseDirectory;//获取网站根目录
13         string ffmpegPath = Path.Combine(baseDir, "ffmpeg.exe");
14         var ffmpeg = new Engine(ffmpegPath);
15         string? errorMsg = null;
```

```
16        ffmpeg.Error += (s, e) =>{ errorMsg = e.Exception.Message;}
17        await ffmpeg.ConvertAsync(inputFile, outputFile, ct);
18        if (errorMsg != null) throw new Exception(errorMsg);
19    }
20 }
```

10.5.3　开发转码服务的应用服务层

其他服务需要转码的时候，会发布一个名字为 **MediaEncoding.Created** 的集成事件，比如代码 10-24 的第 22 行代码。因此我们编写一个监听这个集成事件的处理器，从事件携带的数据中解析出待转码的文件路径等信息，然后把数据以 EncodingItem 对象的形式插入数据库即可完成转码任务的排队，如代码 10-34 所示。

代码 10-34　MediaEncodingCreatedHandler

```
1  [EventName("MediaEncoding.Created")]
2  public class MediaEncodingCreatedHandler : DynamicIntegrationEventHandler
3  {
4      private readonly IEventBus eventBus;
5      private readonly MEDbContext dbContext;
6      public MediaEncodingCreatedHandler(IEventBus eventBus, MEDbContext dbContext)
7      {
8          this.eventBus = eventBus;
9          this.dbContext = dbContext;
10     }
11     public override async Task HandleDynamic(string eventName, dynamic eventData)
12     {
13         Guid mediaId = Guid.Parse(eventData.MediaId);
14         Uri mediaUrl = new Uri(eventData.MediaUrl);
15         string sourceSystem = eventData.SourceSystem;
16         string fileName = mediaUrl.Segments.Last();
17         string outputFormat = eventData.OutputFormat;
18         bool exists = await dbContext.EncodingItems
19             .AnyAsync(e => e.SourceUrl == mediaUrl && e.OutputFormat == outputFormat);
20         if (exists) return;
21         var encodeItem = EncodingItem.Create(mediaId, fileName, mediaUrl,
22         outputFormat, sourceSystem);
23         dbContext.Add(encodeItem);
24         await dbContext.SaveChangesAsync();
25     }
26 }
```

因为 RabbitMQ 有重复发送一条消息的可能，所以我们要确保集成事件处理器是幂等的。因此在第 18～20 行代码中如果检测到这个任务已经被插入数据库了，就不再继续向下执行。

在转码任务被创建、开始转码、转码成功时，领域模型会发布领域事件，我们需要监听这个领域事件并且再次把这个事件以集成事件的形式发布出去，以便英语听力后台管理程序及时更新页面，如代码 10-25 所示。因此，我们编写了 EncodingItemStartedEventHandler、EncodingItemCompletedEventHandler、EncodingItemFailedEventHandler 等领域事件处理器，相关代码比较简单，请读者查看随书源代码。

　　完成转码任务的最主要的类就是后台服务 EncodingBgService，它的全部代码有 200 多行，代码 10-35 所示的是它的主干内容，全部代码请查看随书源代码。

代码 10-35　EncodingBgService 的主干内容

```
1  public class EncodingBgService : BackgroundService
2  {
3      private readonly MEDbContext dbContext;
4      private readonly IMediaEncoderRepository repository;
5      private readonly List<RedLockMultiplexer> redLockMultiplexerList;
6      private async Task ProcessItemAsync(EncodingItem encItem, CancellationToken ct)
7      {
8        Guid id = encItem.Id;
9        var expiry = TimeSpan.FromSeconds(30);
10       var redlockFactory = RedLockFactory.Create(redLockMultiplexerList);
11       string lockKey = $"MediaEncoder.EncodingItem.{id}";
12       using var redLock = await redlockFactory.CreateLockAsync(lockKey, expiry);
13       if (!redLock.IsAcquired) return;
14       encItem.Start();
15       await dbContext.SaveChangesAsync(ct);
16       (var downloadOk, var srcFile) = await DownloadSrcAsync(encItem, ct);
17       FileInfo destFile = BuildDestFile(encItem);
18       long fileSize = srcFile.Length;
19       string srcFileHash = ComputeSha256Hash(srcFile);
20       string outputFormat = encItem.OutputFormat;
21       await EncodeAsync(srcFile, destFile, outputFormat, ct);
22       Uri destUrl = await UploadFileAsync(destFile, ct);
23       encItem.Complete(destUrl);
24       encItem.ChangeFileMeta(fileSize, srcFileHash);
25     }
26     protected override async Task ExecuteAsync(CancellationToken ct)
27     {
28         while (!ct.IsCancellationRequested)
29         {
30             var readyItems = await repository.FindAsync(ItemStatus.Ready);
31             foreach (EncodingItem readyItem in readyItems)
32             {
33                 await ProcessItemAsync(readyItem, ct);
34                 await this.dbContext.SaveChangesAsync(ct);
35             }
36             await Task.Delay(5000);
```

```
37          }
38        }
39 }
```

从第 28～37 行代码可以看出，这个后台任务每隔 5s 扫描一次数据库中是否有待转码任务，如果有，则调用 ProcessItemAsync 进行处理。由于转码是一个消耗资源的操作，因此即使有多条待转码任务，我们也是逐条处理的。如果服务器的性能比较好，我们也可以设定允许多个转码任务并行执行。

如果网站的音频文件上传非常频繁，造成一台转码服务器忙不过来的话，我们可以部署多台转码服务器来分担转码任务。为了避免多台转码服务器同时处理一个转码任务，我们采用 Redis 提供的 RedLock 分布式锁来确保一个任务只能被一台转码服务器处理，如第 9～13 行代码所示。

我们调用 DownloadSrcAsync 方法下载待转码的音频文件，然后调用 EncodeAsync 方法完成转码，并且调用 UploadFileAsync 方法把转码完成的文件上传到云存储服务器。

10.6　搜索服务的实现

搜索服务主要使用 Elasticsearch 来完成音频原文的索引和搜索。由于不涉及数据库等操作，因此这个服务没有划分领域层、基础设施层，只有一个 ASP.NET Core 的项目 SearchService.WebAPI。

Elasticsearch 的使用非常简单，我们只要调用它的接口把要索引的数据存入 Elasticsearch 即可。当执行搜索操作的时候，我们同样调用它的接口，它就会帮我们高效地进行搜索，而且也提供了模糊搜索、近义词搜索、高亮显示等各种搜索引擎的功能。读者可以查看 Elasticsearch 的官方文档了解它的详细用法，这里只为读者讲解我们项目中用到的代码。

Elasticsearch 是一个独立运行的服务器，对外提供 HTTP 接口。我们一般借助于封装好的 NuGet 包 NEST 来调用 Elasticsearch 的接口。NEST 包的升级比较频繁，读者可能会遇到之前的写法到新版中无法运行的问题，因此一切的用法以官方文档为准。

我们在 Program.cs 中注册 Elasticsearch 客户端的服务，如代码 10-36 所示。

代码 10-36　注册 Elasticsearch 客户端的服务

```
1 builder.Services.AddScoped<IElasticClient>(sp =>
2 {
3     string url = "http://用户名:密码@localhost:9200/";
4     var settings = new ConnectionSettings(url);
5     return new ElasticClient(settings);
6 });
```

第 3 行代码中设置的是 Elasticsearch 服务器的用户名、密码、服务器地址等。

在英语听力后台的应用服务层，我们会在新建一个音频的时候发布一个 ListeningEpisode.

Created 集成事件，如代码 10-26 的第 12、13 行代码所示。因此我们编写一个监听这个集成事件的处理器，然后把原文等数据写入 Elasticsearch，如代码 10-37 所示。

代码 10-37　写入索引的代码

```
1  [EventName("ListeningEpisode.Created")]
2  [EventName("ListeningEpisode.Updated")]
3  public class ListeningEpisodeUpsertEventHandler : DynamicIntegrationEventHandler
4  {
5      private readonly IElasticClient elasticClient;
6      public ListeningEpisodeUpsertEventHandler(IElasticClient elasticClient)
7      {
8          this.elasticClient = elasticClient;
9      }
10     public override async Task HandleDynamic(string eventName, dynamic eventData)
11     {
12         Guid id = Guid.Parse(eventData.Id);
13         string cnName = eventData.Name.Chinese;
14         string engName = eventData.Name.English;
15         Guid albumId = Guid.Parse(eventData.AlbumId);
16         List<string> sentences = new List<string>();
17         foreach (var sentence in eventData.Sentences)
18         {
19             sentences.Add(sentence.Value);
20         }
21         string plainSentences = string.Join("\r\n", sentences);
22         Episode episode = new Episode(id, cnName, engName, plainSentences, albumId);
23         await elasticClient.IndexAsync(episode, idx => idx.Index("episodes").Id(episode.Id));
24     }
25 }
```

在第 16～21 行代码中，我们把听力原文的文本部分拼接起来，然后在第 23 行代码中把它保存到 Elasticsearch 服务器。读者可能已经注意到，这里的处理器还监听了更新音频的 ListeningEpisode.Updated 集成事件，如果指定 ID 的文档已经存在，第 23 行代码调用的 IndexAsync 方法也会更新这个文档。因此这个处理器既可以处理新建的文档，也可以处理更新的文档。

为了供前端调用接口完成搜索功能，我们开发了 SearchController 这个控制器类，代码 10-38 所示的是 SearchController 类中 SearchEpisodes 方法的代码。

代码 10-38　SearchEpisodes 方法的代码

```
1  public async Task<SearchEpisodesResponse> SearchEpisodes(SearchEpisodesRequest req)
2  {
3      int from = req.PageSize * (req.PageIndex - 1);
4      string kw = req.Keyword;
5      Func<QueryContainerDescriptor<Episode>, QueryContainer> query = (q) =>
```

```
6                    q.Match(mq => mq.Field(f => f.CnName).Query(kw))
7                    || q.Match(mq => mq.Field(f => f.EngName).Query(kw))
8                    || q.Match(mq => mq.Field(f => f.PlainSubtitle).Query(kw));
9       Func<HighlightDescriptor<Episode>, IHighlight> highlightSelector = h => h
10          .Fields(fs => fs.Field(f => f.PlainSubtitle));
11      var result = await this.elasticClient.SearchAsync<Episode>(s => s.Index("episodes").From(from)
12          .Size(req.PageSize).Query(query).Highlight(highlightSelector));
13      List<Episode> episodes = new List<Episode>();
14      foreach (var hit in result.Hits)
15      {
16          string highlightedSubtitle;
17          if (hit.Highlight.ContainsKey("plainSubtitle"))
18              highlightedSubtitle = string.Join("\r\n", hit.Highlight["plainSubtitle"]);
19          else
20              highlightedSubtitle = hit.Source.PlainSubtitle.Cut(50);
21          var episode = hit.Source with { PlainSubtitle = highlightedSubtitle };
22          episodes.Add(episode);
23      }
24      return new SearchEpisodesResponse(episodes, result.Total);
25  }
```

　　请求参数中的 PageSize 为每页的条数，PageIndex 为当前页码，Keyword 为待搜索词；第 5～12 行代码中，我们调用 Elasticsearch 的 SearchAsync 方法来完成搜索，其中第 5～8 行代码设定同时从中文标题、英文标题和原文中搜索；第 16～20 行代码用来对搜索结果进行高亮显示；第 24 行代码中，我们调用的 result.Total 为搜索结果的总条数，前端可以通过这个数据来构建分页显示控件。

10.7　性能优化的原则

　　在采用 DDD 进行开发的时候，我们要优先做领域建模，不要过早关注底层数据库的实现，更不要采用"先建数据库表，再建实体类"这样的"数据库驱动"的开发模型，我们只把数据库作为一个保存数据的持久层技术即可。但是，我们也要给予数据库适当的关注，因为数据最终仍然是持久化在数据库中的，如果一味地追求 DDD 的原则而不追求性能优化，就犯了教条主义错误。软件设计和开发过程中的一切原则都不是不能突破的，解决实际问题是一切原则、技术的出发点。尽管通过 DDD 模式编写的数据库操作的代码并不是性能最优的，但是只要没有遇到性能瓶颈，我们就不需要采用"手写 SQL 语句"等方式，以免犯"过早优化"的错误。

　　"过早优化"是很多开发人员容易犯的一个错误。代码是由开发人员写出来的，一名合格的开发人员对于程序的优化有着天然的追求，这是一件好事，也是优秀的开发人员区别于平庸的开发人员的一个明显标志。但是，一名开发人员在进行程序开发的时候，如果没有全局的意识，过早关注局部的程序性能优化，就可能会导致时间资源投入不合理。因此开发人员应该对于项目的优化目标进行选择，把精力放到重要的事情上。

　　从逻辑上来讲，不同的微服务应该管理自己的数据库，因此不同的微服务不应该共享同一个数据库。当然，出于便于 DBA 管理等考虑，也许多个微服务的数据库表被暂时放到了同一个数据库中，但是以后我们可能会把微服务的数据库表迁移到独立的数据库服务器上，因此我们要避免在业务层面的代码中进行跨服务的数据库表联合查询。

　　在一个服务内部，由于聚合之间通过聚合根的标识符来引用，因此为了减小表之间的耦合度，并且降低以后把某个聚合拆分为单独服务的难度，我们一般不在这些表之间建立物理的外键关系。在有的互联网项目中，表的外键是不推荐使用的，除了外键会导致数据的插入、更新的性能变差之外，还要考虑的是分库分表会导致外键根本无法发挥作用。因此，如果读者所在的项目也恰好要求不使用外键的话，那么采用聚合的划分可以满足这个要求。当然，聚合内部实体类之间的外键关系默认仍然是存在的，而且 EF Core 也没有提供默认取消外键关系的方法，即使采用分库分表，我们一般也要求紧密关联的数据放到一个数据库、同一个表中，因此聚合内的外键关系默认启用即可。如果读者所在的项目要求完全禁用外键，那么可以在每次执行数据库迁移后，执行单独的删除外键的脚本。不同类型数据库删除外键的写法不一样，读者请自行去网上搜索。

　　在前后端分离的项目中，有可能一个操作就需要前端页面向后台服务器发送多个请求，这不仅会给前端的开发带来麻烦，而且也可能带来不好的用户体验；有时候前端会对后端接口的返回数据进行微调，这些工作如果前端等待后端开发人员来完成，就可能会严重影响项目的进度。因此作者建议在前端项目中引入 Node.js 作为中间层，这样前端开发人员就可以在这个中间层中进行请求的合并及增加额外的数据处理，这样不仅能够加快项目的开发进度，而且能够提升前端的性能。

10.8　项目总结

　　至此，我们完成了整个项目。这个项目采用了 DDD 的思想进行设计和实现，并且进行了服务的拆分，经过拆分的服务可以进一步采用微服务技术进行构建。

　　我们采用 DDD 的思想对服务进行了拆分，对实体类、值对象等进行了建模，并且根据模型间的紧密程度来进行聚合的划分；和实体类相关的逻辑，我们采用充血模型把它们放到实体类的方法中，跨实体类的逻辑我们则放到领域服务中；在应用服务中我们把领域服务、领域模型编织在一起对外提供业务接口；领域内部发生的事件通过领域事件进行发布，领域内的代码监听这些领域事件，从而完成强一致性的事务操作；对于希望其他微服务监听到的事件，我们则把它们发布为集成事件，集成事件一般是异步处理的，因此实现的是最终一致性的事务。

　　DDD 是很好的指导原则，但是不要让它束缚了我们的思想，不要总是担心"这样做是不是 DDD 的最佳做法"，我们不要为了 DDD 而 DDD，否则就可能会过度设计，导致项目的复杂度增加，最终提高项目的成本甚至可能会导致项目失败。任何设计原则都有它的底层逻辑，理解了这些底层逻辑之后，我们才可以灵活地使用这些原则，不必受限于条条框框，适合当前项目的方法就是最好的方法。

在进行服务拆分的时候，我们要对代码之间的逻辑边界进行识别，从而找到耦合度最低的边界然后对服务进行拆分。设计微服务的时候，我们不仅要设计好服务之前的边界，还要定义好服务内部的边界，我们要做好聚合的划分，并且通过领域事件等来减小服务内部代码的耦合度。当服务的某一个聚合膨胀或者某一个聚合承受的压力过大的时候，我们就可以轻松地把该聚合拆分为一个单独的服务。如果在实现服务的时候，内部没有做好聚合等拆分，这个服务就会逐渐演变成一个大的单体项目，从而很难进行服务的拆分。DDD 对微服务而言最大的意义并不在于初始的项目版本，而在于让我们可以在项目的后续版本迭代过程中轻松地进行服务的拆分或者重组。

10.9 本章小结

本章通过一个实际的项目案例演示了 DDD 在微服务拆分和服务内部实现中的应用。在刚接触 DDD 相关概念的时候，读者可能会感觉这些概念太抽象、难以理解，但是经过 DDD 技术落地的讲解以及项目开发之后，读者可能已经对 DDD 有了更直观的认识。这里强烈推荐读者再返回到讲解 DDD 概念的章节进行复习，相信读者会对这些概念有更深入的认知，这就是"从理论到实践，再从实践回到理论"的螺旋式上升过程。